Praxis der Zerspantechnik

Jochen Dietrich · Arndt Richter

Praxis der Zerspantechnik

Verfahren, Prozesse, Werkzeuge

13. überarbeitete und ergänzte Auflage

Jochen Dietrich
University of Applied Sciences Dresden/Hochschule für Technik und Wirtschaft
Dresden, Deutschland

Arndt Richter
EXAPT Systemtechnik GmbH Aachen
Dresden, Deutschland

ISBN 978-3-658-30966-4   ISBN 978-3-658-30967-1 (eBook)
https://doi.org/10.1007/978-3-658-30967-1

Die Deutsche Nationalbibliothek verzeichnet diese Publikation in der Deutschen Nationalbibliografie; detaillierte bibliografische Daten sind im Internet über http://dnb.d-nb.de abrufbar.

Springer Vieweg
Ab der 4. Auflage erschien das Buch im Vieweg Verlag unter dem Titel „Praxiswissen Zerspantechnik", seit der 6. Auflage im Jahr 2002 unter dem Titel „Praxis der Zerspantechnik". Der Begründer und langjährige Autor des Werkes, Prof. Dr.-Ing. E.h. Heinz Tschätsch, wurde bis zur 11. Auflage als weiterer Autor genannt.

Springer Vieweg ist ein Imprint der eingetragenen Gesellschaft Springer Fachmedien Wiesbaden GmbH und ist ein Teil von Springer Nature.
Die Anschrift der Gesellschaft ist: Abraham-Lincoln-Str. 46, 65189 Wiesbaden, Germany

Vorwort

Die Zerspantechnik oder die spanende Formgebung, wie Prof. Tschätsch in der ersten Auflage dieses Fachbuches 1988 im Hoppenstedt Verlag titelte, stellt in der Fertigungstechnik durch ihren erheblichen Anteil an der Wertschöpfung in der industriellen Fertigung einen bedeutenden Schwerpunkt dar.

Prof. Tschätsch war einer der ersten Absolventen der „Dresdner Schule der Fertigungstechnik" (DSF), die Prof. Alfred Richter an der traditionsreichen 1828 als Technische Bildungsanstalt gegründeten jetzigen TU Dresden ab 1954 als akademisches Zentrum der Fertigungstechnik entwickelte. So ist die beispielhafte Behandlung der Spanbildungsvorgänge und der Zerspankraftermittlung am Beispiel des Drehens und exemplarische Übertragung auf andere spanende Verfahren, die Bedeutung der Schneidstoffe und der Bearbeitungsgeschwindigkeiten charakteristisch für diese Schule. Prof. Tschätsch hat darauf aufbauend in all seinen Lehr- und Fachbücher zur Fertigungstechnik diese im Studium erworbenen Grundlagen seiner Ausbildung eigenständig ausgebaut.

Nach der Rückkehr in seine sächsische Heimat 1993 hat er sich maßgebend in die richtungsweisende Entwicklung der sächsischen Fachhochschullandschaft eingebracht, was auch mit einem Dr.-Ing. E.h. gewürdigt wurde.

Beginnend mit der 6. Auflage hat er den wissenschaftlichen Ansatz seines Lehrers, die Fertigungsverfahren im Prozesszusammenhang zu betrachten, durch die Öffnung dieses Fachbuches für die neuesten Entwicklungen wie Hochgeschwindigkeitsbearbeitung, hybride Verfahren, Verfahrenskombinationen (Spanen und Umformen) und das Abtragen weitergeführt.

Visionär kann man die Publizierung eines Musterpraktikums „Räumen" auf einer dem Buch beigelegten CD-ROM im Jahr 2002 bezeichnen.

Der Springer Vieweg Verlag hat sich entschlossen in Anbetracht der schnell voranschreitenden Digitalisierung der Industrie und der damit verbundenen zunehmenden Umstellung der Ingenieurausbildung auf digitale Formen, diese Inhalte wieder auf dem Server unter folgenden Link https://www.springer.com/gp/book/9783658309664 zur Verfügung zu stellen, so dass auch andere Hochschulen und berufsbildende Einrichtungen dies als Vorlage und als Anregung für zusätzliche Praktikumsangebote nutzen können. Durch das mit der 12. Auflage parallel publizierte eBook hat sich eine exponentielle Nutzung der

Inhalte, die von unabhängigen Quellen ermittelten Download-Zahlen bewegen sich im 6-stelligen Bereich, ergeben.

Verlagsseitige Restriktionen für die Printausgabe bedingen eine Auslagerung folgender Inhalte der 12. Auflage auf o. gen. Link: Kapitel 9 Sägen, ISO-Normen und VDI-Richtlinien.

Mit der Aufnahme von zwei neuen Kapiteln zur Produktionsdatenorganisation und zu CAD/CAM wird der Inhalt dieses Fachbuches weiter geöffnet und der aktuelle Entwicklungsstand der modernen Produktion hin zur durchgehenden Digitalisierung der Produktion (Industrie 4.0) konsequent im Sinne der Dresdner Schule der Fertigungstechnik umgesetzt.

Die in den einzelnen Grundlagen-Kapiteln enthaltenen Berechnungsaufgaben beziehen sich immer auf die dem Buch beigefügten Richtwerttabellen. Es wird dem kreativen Nutzer empfohlen, die in den Kapiteln 14, 15 und 16 genutzten betrieblichen und überbetrieblichen Datenspeicher der Werkzeughersteller und Anbieter von Werkzeugmaschinen alternativ für die Berechnungen zu nutzen und so auch den Entwicklungsfortschritt zu erkennen. Prof. Alfred Richter auch anerkennend „Spänerichter" genannt, hat seine Studenten und Mitarbeiter in Anlehnung an Schlesinger mit den Worten:"Das Werkzeug bestimmt die Effektivität der Fertigung…" auf den auch heute noch zutreffenden Zusammenhang zwischen leistungsfähigen Schneidstoffen und Werkzeugen auf die Konkurrenzfähigkeit der Fertigungsindustrie hingewiesen.

Großen Dank möchte ich an dieser Stelle Prof. Arndt Richter von der HTW Dresden als Co-Autor für die neuen Inhalte zur Digitalisierung der Produktion aussprechen.

Auch diese 13. Auflage, wie so viele vorher, wurde in enger vertrauensvollen Zusammenarbeit mit dem Lektor, Herrn Dipl.-Ing. Thomas Zipsner gestaltet, dem wir beide hiermit herzlich danken und einen guten zweiten Lebensabschnitt wünschen.

Dresden   Jochen Dietrich
Mai 2020

Begriffe, Formelzeichen und Einheiten

Größe	Formelzeichen	Einheit
Schnitttiefe bzw. Schnittbreite	a_p	mm
Arbeitseingriff	a_e	mm
Spanungsdicke	h	mm
Mittenspandicke	h_m	mm
Spanungsbreite	b	mm
Spanungsquerschnitt	A	mm^2
Vorschub pro Schneide	f_z	mm
Vorschub pro Umdrehung	f	mm
Anzahl der Schneiden	z_E	–
Drehzahl	n	min^{-1}
Vorschubgeschwindigkeit	v_f	mm/min
Vorschubgeschwindigkeit (tangential)	v_t	mm/min
Schnittgeschwindigkeit	v_c	m/min
Schnittgeschwindigkeit beim Drehen für $f = 1$ mm/U, $a_p = 1$ mm, $T = 1$ min	$v_{c1.1.1}$	m/min
Spezifische Schnittkraft bezogen auf $h = 1$ mm, $b = 1$ mm	$k_{c1.1}$	N/mm^2
Spezifische Schnittkraft	k_c	N/mm^2
Werkstoffkonstante (Exponent)	z	–
Resultierende Zerspankraft	F	N
Vorschubkraft	F_f	N
Passivkraft	F_p	N
Hauptschnittkraft	F_c	N
Drehmoment	M	Nm
Wirkleistung	P_c	kW
Schnittleistung	P_c	kW
Vorschubleistung	P_f	kW
Maschinenantriebsleistung	P	kW
Maschinenwirkungsgrad	η	–
Standzeit (Drehen)	T	min
Standweg (Bohren, Fräsen)	l	m

Größe	Formelzeichen	Einheit
Werkstoffvolumen	Q_w	mm³/min
Spanvolumen (Volumen der ungeordneten Spanmenge)	Q_{sp}	mm³/min
Spanraumzahl	R	–
Rautiefe	R_t	μm
gemittelte Rautiefe	R_z	μm
arithmetischer Mittenrauwert	R_a	μm
Spitzenradius am Drehstahl	r	mm
Hauptzeit	t_h	min
Werkstücklänge	l	mm
Anlaufweg	l_a	mm
Überlaufweg	l_u	mm
Gesamtweg	L	mm
Fräserdurchmesser	D	mm
Schleifscheibendurchmesser	D_s	mm
Bohrer- bzw. Werkstückdurchmesser	d	mm
Spanwinkel	γ	° (Grad)
Freiwinkel	α	° (Grad)
Keilwinkel	β	° (Grad)
Einstellwinkel	χ	° (Grad)
Neigungswinkel	λ	° (Grad)
Spitzenwinkel (Bohrer)	σ	° (Grad)
Vorschubrichtungswinkel (Fräsen) Öffnungswinkel (Drehen)	φ	° (Grad)
Wirkrichtungswinkel	η	° (Grad)
Fasenfreiwinkel	α_f	° (Grad)
Fasenspanwinkel	γ_f	° (Grad)

Inhaltsverzeichnis

Einleitung

Die Verfahren der spanenden Formung (Zerspantechnik) sind nach der DIN 8580 der Hauptgruppe Trennen zugeordnet, d. h. die Formänderung erfolgt unter örtlicher Aufhebung des Stoffzusammenhaltes. Charakteristisch für diese Verfahren ist das Abtrennen von Materialteilchen in Form von Spänen, die Abfall darstellen.

Im Vergleich zu den ur- und umformenden Verfahren ergibt sich oft ein höherer Material- und Energieaufwand. Der wirtschaftliche Einsatz der spanenden Verfahren ist meist bei der Fertigbearbeitung von ur- oder umgeformter Ausgangsformen gegeben, da dort nur relativ geringe Aufmaße auf die Fertigkontur zu entfernen sind. Bei kleinen Stückzahlen und/oder geforderter hoher Fertigungsgenauigkeit kann auch der mit diesen Verfahren verbundene große Materialverlust kompensiert werden. Die hohe Flexibilität der spanenden Verfahren hinsichtlich der Geometrieerzeugung und die möglichen hohe Fertigungsgenauigkeiten (Maß-, Form- und Lagegenauigkeiten), sowie erreichbare Oberflächenqualitäten ergeben gute Einsatzmöglichkeiten speziell im Bereich der End- bzw. Fertigbearbeitung.

Als Beispiel soll die spanende Herstellung eines Bolzens nach Abb. 1.1 betrachtet werden.

Der Ausgangsdurchmesser des Rohlings muss für ein spanendes Verfahren mindestens dem größten Durchmesser des Fertigteils entsprechen. Dazu kommt noch das Bearbeitungsaufmaß, so dass der Rohling bei Verwendung von gewalztem Material ungefähr die Abmessungen (Durchmesser × Länge) 100 mm × 185 mm haben müsste.

Abb. 1.1 Kopfbolzen aus E 295, 46 % des Materialeinsatzgewichtes werden zerspant

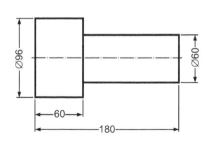

© Springer Fachmedien Wiesbaden GmbH, ein Teil von Springer Nature 2020
J. Dietrich, A. Richter, *Praxis der Zerspantechnik*,
https://doi.org/10.1007/978-3-658-30967-1_1

Bei diesem Beispiel wird 46 % der Materialeinsatzmasse im Drehvorgang zerspant.

Im Vergleich zu den umformenden Fertigungsverfahren, bei denen der innere Faserlauf erhalten bleibt, d. h. unter Einwirkung der Umformspannungen sich dieser an die äußere Kontur des Werkstückes anpasst (z. B. beim Gewindewalzen), wird beim Zerspanvorgang die Faser zerschnitten. Dadurch entsteht in vielen Fällen eine Festigkeitsminderung. Andererseits kommt es beim Zerspanungsvorgang u. U. zum Abbau von Spannungen, die durch vorherige Kaltverformung im Werkstück entstanden sind. Bei unterschiedlicher Härte zwischen Randzone und Kern kann es bei Guss- und Schmiedestücken oder thermisch behandelten Teilen beim Zerspanen zu einem Abbau von Spannungen kommen.

Durch den Zerspanungsprozess kommt es in Abhängigkeit von den gewählten Parametern zu Veränderungen in der Randzone der Werkstücke, die zu Verfestigungen bis hin zu Gefügeveränderungen führen können und speziell für hochbelastete Werkstücke hinsichtlich der Lebensdauer beachtet werden müssen. Bei der nachfolgenden Behandlung der Verfahren der Zerspantechnik wird auf diese Zusammenhänge und das Zusammenwirken der Haupteinflussgrößen des Zerspanprozesses auf das Endergebnis detailliert eingegangen.

Zur Einteilung der spanenden Verfahren wird das Ordnungssystem der DIN 8589, das zwei Untergruppen definiert, genutzt:

1. Spanen mit geometrisch bestimmten Schneiden
   Die Werkzeuge haben alle eine geometrisch genau definierte Form, die Anzahl der Schneiden, die Lage und Winkel der Schneidkeile sind bekannt, dazu zählen z. B. die Verfahren Drehen, Bohren, Fräsen.
2. Spanen mit geometrisch unbestimmten Schneiden
   Bei diesen Werkzeugen sind die Schneiden regellos und damit geometrisch nicht definiert angeordnet, sie können in loser oder gebundener Form zur Anwendung kommen, dazu zählen z. B. die Verfahren Schleifen, Honen und Läppen.

Die Schnittbedingungen sind beim Zerspanungsvorgang so zu wählen, dass

- die erforderliche Antriebsleistung der Maschine optimal genutzt
- die Standzeit der Werkzeuge vernünftig
- die Schnittzeit klein

wird.

Die Schnittkraft soll, bei gegebenem Spanquerschnitt, durch die richtige Wahl der Schnittbedingungen möglichst klein sein. Je kleiner die Schnittkraft, umso geringer die Beanspruchung von Werkzeug und Maschine.

Die Späne sollen möglichst kurzbrüchig sein, weil dadurch die Unfallgefahr an der Maschine vermindert wird. Darüber hinaus können sie leichter transportiert und aufbereitet werden.

Die Spanformen, die sich beim Zerspanungsvorgang bilden, sind abhängig von den zu zerspanenden Werkstoffen und von den Schnittbedingungen.

Bezüglich des Transportvolumens unterscheidet man zwischen bestimmten Spanformen, denen Kennzahlen (R = Spanraumzahl) zugeordnet werden.

Als Werkzeugwerkstoffen werden hauptsächlich

- Hochleistungsschnellstähle
- Hartmetalle
- Schneidkeramiken
- Bornitride
- Diamanten

eingesetzt.

Besondere Bedeutung haben heute die beschichteten Werkzeugwerkstoffe, bei denen auf den Grundstoff zusätzlich dünne Schichten von besonders harten und verschleißfesten Werkstoffen, wie z. B. Coronite (auf der Basis von TiCN oder TiN) aufgebracht werden.

Aktuelle Entwicklungen in der spanenden Formung wie ressourceneffiziente Fertigung durch Komplettbearbeitung, aber auch der Einsatz hybrider Fertigungsverfahren, d. h. Kombinationen von umformenden mit spanenden Verfahren, die Kombination spanender Verfahren mit generierenden oder die Kombination verschiedener spanender Verfahren auf einer Maschine werden beispielhaft dargestellt. Für die Bearbeitung schwer zerspanbarer Materialien haben sich in Ergänzung oder in Substitution von spanenden Verfahren die Verfahren des Abtragens als besonders geeignet herausgestellt, so dass nach der bereits erfolgten Aufnahme der funkenerosiven Bearbeitung (EDM) nun auch die elektrochemische Bearbeitung (ECM) behandelt wird. In den neuen Kap. 15 Produktionsdatenorganisation und 16 CAD/CAM wird der aktuelle Entwicklungsstand der modernen Produktion hin zur durchgehenden Digitalisierung (Industrie 4.0) erstmalig dargestellt.

Grundlagen der Zerspanung am Beispiel Drehen 2

Die Begriffe der Zerspantechnik und die Geometrie am Schneidkeil der Werkzeuge sind in den DIN-Blättern 6580 und 6581 festgelegt.

Die wichtigsten Daten aus diesen DIN-Blättern werden in diesem Abschnitt in gekürzter Form am Beispiel Drehen dargestellt. Sie sind übertragbar auf die anderen Verfahren.

2.1 Flächen, Schneiden und Ecken am Schneidkeil nach DIN 6581

Freiflächen

sind die Flächen am Schneidkeil, die den entstehenden Schnittflächen zugekehrt sind. Wird eine Freifläche angefast, dann bezeichnet man diese Fase als Freiflächenfase.

Spanflächen

sind die Flächen, über die der Span abläuft. Wird die Spanfläche angefast, dann bezeichnet man diese Fase als Spanflächenfase.

Schneiden

Die Hauptschneiden sind die Schneiden, deren Schneidkeil, bei Betrachtung in der Arbeitsebene, in Vorschubrichtung weist.

Die Nebenschneiden sind Schneiden, deren Schneidkeil in der Arbeitsebene nicht in Vorschubrichtung weist.

Die Schneidenecke ist die Ecke, an der Haupt- und Nebenschneide mit gemeinsamer Spanfläche zusammentreffen.

Die Eckenrundung ist die Rundung der Schneidenecke (der Rundungsradius r wird in der Werkzeugbezugsebene gemessen) (siehe Abb. 2.1).

© Springer Fachmedien Wiesbaden GmbH, ein Teil von Springer Nature 2020
J. Dietrich, A. Richter, *Praxis der Zerspantechnik*,
https://doi.org/10.1007/978-3-658-30967-1_2

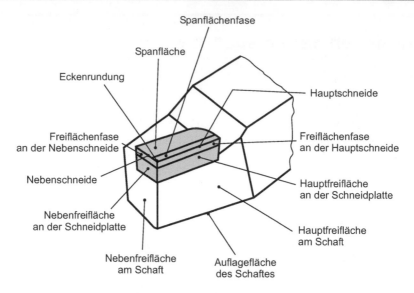

Abb. 2.1 Flächen, Schneiden und Ecken am Schneidkeil

2.2 Bezugsebenen

Um die Winkel am Schneidkeil definieren zu können, geht man von einem rechtwinkeligen Bezugssystem (Abb. 2.2) aus.

Es besteht aus drei Ebenen: der Werkzeugbezugsebene, der Schneidenebene und der Keilmessebene.

Die Arbeitsebene wurde als zusätzliche Hilfsebene eingeführt.

Abb. 2.2 Bezugssystem zur Definition der Winkel am Schneidkeil

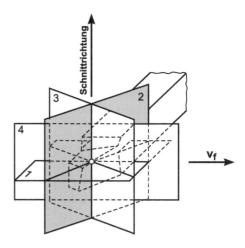

Die Werkzeugbezugsebene 1 ist eine Ebene durch den betrachteten Schneidenpunkt, senkrecht zur Schnittrichtung und parallel zur Auflageebene.

Die Schneidenebene 2 ist eine die Hauptschneide enthaltende Ebene, senkrecht zur Werkzeugbezugsebene.

Die Keilmessebene 3 ist eine Ebene, senkrecht zur Schneidenebene und senkrecht zur Werkzeugbezugsebene.

Die Arbeitsebene 4 ist eine gedachte Ebene, die die Schnittrichtung und die Vorschubrichtung enthält. In ihr vollziehen sich die Bewegungen, die an der Spanentstehung beteiligt sind.

2.3 Winkel am Schneidkeil

2.3.1 Winkel, die in der Werkzeugbezugsebene gemessen werden (Abb. 2.3)

Der Einstellwinkel $\varkappa$ ist der Winkel zwischen Arbeitsebene und Schneidenebene.

Der Eckenwinkel ε ist der Winkel zwischen Haupt- und Nebenschneide.

2.3.2 Winkel, der in der Schneidenebene gemessen wird Neigungswinkel λ (Abb. 2.4)

Der Neigungswinkel ist der Winkel zwischen Werkzeugbezugsebene und Hauptschneide. Er ist negativ, wenn die Schneide von der Spitze her ansteigt. Er bestimmt welcher Punkt der Schneide zuerst in das Werkstück eindringt.

2.3.3 Winkel, die in der Keilmessebene gemessen werden (Abb. 2.5)

Der Freiwinkel α ist der Winkel zwischen Freifläche und Schneidenebene.

Der Keilwinkel β ist der Winkel zwischen Freifläche und Spanfläche.

Der Spanwinkel γ ist der Winkel zwischen Spanfläche und Werkzeugbezugsebene.

Abb. 2.3 Einstellwinkel $\varkappa$, Eckenwinkel ε

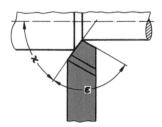

Abb. 2.4 Neigungswinkel λ

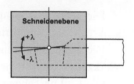

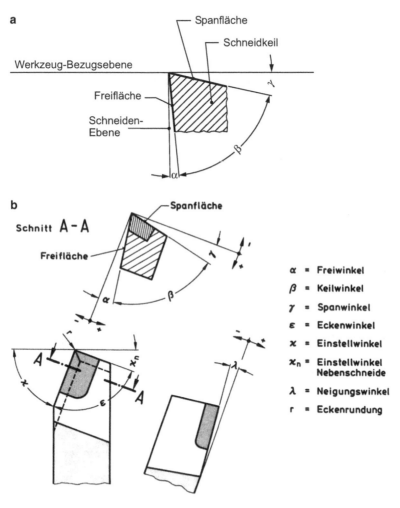

Abb. 2.5 **a** Freiwinkel α; Keilwinkel β; Spanwinkel γ, **b** Zusammenfassung der wichtigsten Winkel am Schneidkeil

Abb. 2.6 Schneidkeil mit
Fasen, Fasenfreiwinkel α_f;
Fasenkeilwinkel β_f; Fasen-
spanwinkel γ_f

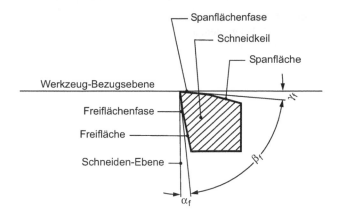

Für diese drei Winkel gilt immer die Beziehung:

$$\alpha + \beta + \gamma = 90°$$

Sind die Flächen angefast (Abb. 2.6), dann bezeichnet man die Fasenwinkel als:

- Fasenfreiwinkel α_f
- Fasenkeilwinkel β_f
- Fasenspanwinkel γ_f

Auch hier gilt die Beziehung:

$$\alpha_f + \beta_f + \gamma_f = 90°$$

2.4 Einfluss der Winkel auf den Zerspanvorgang

Freiwinkel α
Die normale Größenordnung des Freiwinkels liegt zwischen

$$\alpha = 6 \text{ bis } 10°$$

Große Freiwinkel werden angewandt bei weichen und zähen Werkstoffen, die zum Ver-
kleben mit den Schneiden neigen und bei zähen Hartmetallen (z. B. P 40, P 50, M 40,
K 40).
    Große Freiwinkel:

a) führen zu Wärmestau in der Schneidenspitze
b) schwächen den Schneidkeil (Ausbruchgefahr)

Abb. 2.7 Schneidkantenversatz SKV bei großem und
kleinem Freiwinkel

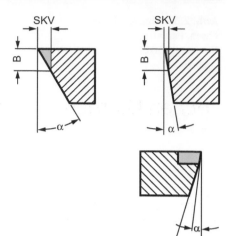

Abb. 2.8 Freiwinkel am
Schaft des Drehmeißels ist
größer als der Freiwinkel an
der Hartmetallplatte

c) ergeben bei konstanter Verschleißmarkenbreite B
   großen Schneidkantenversatz SKV (Abb. 2.7),
   großer SKV führt zu großer Maßabweichung am Werkstück (Durchmesser wird größer).

  Kleine Freiwinkel werden angewandt bei Stählen höherer Festigkeit und abriebfesten
Hartmetallen (z. B. P 10, P 20).
  Kleine Freiwinkel:

a) führen zur Verstärkung des Schneidkeiles,
b) verbessern die Oberfläche, solange das Werkzeug nicht drückt; drückt das Werkzeug
   jedoch, dann kommt es zur Erwärmung des Werkzeugs und zu großem Freiflächenverschleiß,
c) wirken schwingungsdämpfend z. B. gegen Ratterschwingungen.

Weil Hartmetall mit einer anderen Schleifscheibe geschliffen werden muss, als der weiche Schaft des Drehmeißels, soll bei aufgelöteten Schneiden der Freiwinkel am Schaft
(Abb. 2.8) um 2° größer sein, als der Freiwinkel der Hartmetallplatte.
  Der wirksame Freiwinkel α_x ist abhängig von der Stellung des Werkzeugs in Bezug
auf die Werkstückachse bzw. Werkstückmitte (Abb. 2.9).

x = Höhenversatz in mm
ψ = Korrekturwinkel in °

$$\sin \psi = \frac{x}{d/2} = \frac{2x}{d}$$

Abb. 2.9 Wirksamer Freiwinkel α_x

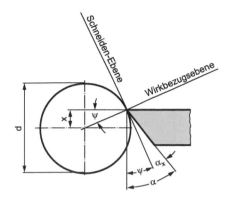

Steht die Werkzeugspitze über der Werkstückachse (Abb. 2.10), dann verkleinert sich der Freiwinkel um den Korrekturwinkel.

Steht die Werkzeugspitze unterhalb der Werkstückachse, dann vergrößert sich der Freiwinkel um den Korrekturwinkel.

Daraus folgt:

unter Mitte: $\boxed{\alpha_x = \alpha + \psi}$

in   Mitte: $\boxed{\alpha_x = \alpha}$

über Mitte: $\boxed{\alpha_x = \alpha - \psi}$

Abb. 2.10 Werkzeugwinkel
und Wirkwinkel bei verschiedenen Werkzeugstellungen, α_x
Wirkfreiwinkel, γ_x Wirkspan-
winkel, ψ Korrekturwinkel

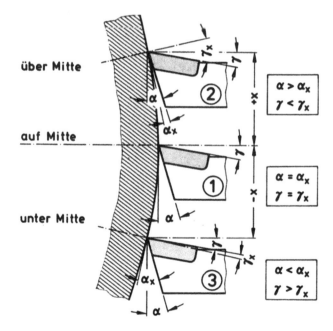

Wie man daraus ersieht, entspricht nur in der Mittelstellung der wirksame Freiwinkel dem gemessenen Freiwinkel. Steht der Meißel unter Mitte, bewirkt die Änderung von Frei- und Spanwinkel das Einziehen des Meißels in das Werkstück.

Spanwinkel γ

Beim Drehen mit Hartmetallwerkzeugen liegen die Spanwinkel bei der Bearbeitung von Stahl mittlerer Festigkeit zwischen 0 und $+6°$, in Ausnahmefallen bis $+18°$. Bei Vergütungsstählen und Stählen hoher Festigkeit verwendet man Spanwinkel zwischen -6 und $6°$.

Während der Fasenspanwinkel bei den erstgenannten Werkstoffen bei $0°$ liegt, verwendet man bei den Vergütungsstählen überwiegend negative Fasenspanwinkel.

Große Spanwinkel werden bei weichen Werkstoffen (weiche Stähle, Leichtmetall, Kupfer), die mit zähen Hartmetallen bearbeitet werden, verwendet. Je größer der Spanwinkel, um so

- besser ist der Spanfluss,
- kleiner ist die Reibung,
- geringer ist die Spanstauchung,
- besser wird die Oberfläche des Werkstückes,
- kleiner werden die Schnittkräfte.

Große Spanwinkel haben aber auch Nachteile. Sie:

- schwächen den Schneidkeil,
- verschlechtern die Wärmeabfuhr,
- erhöhen die Gefahr des Schneidenausbruches.

Kurz: Sie verkleinern damit die Standzeit des Werkzeugs.

Kleine Spanwinkel, bis zu negativen Spanwinkeln, wendet man bei der Schruppbearbeitung und Werkstoffen mit hohen Festigkeiten an. Als Werkzeugwerkstoff werden hierfür abriebfeste Hartmetalle (z. B. P 10; M 10; K 10) eingesetzt. Kleine Spanwinkel

- stabilisieren den Schneidkeil,
- erhöhen die Standzeit der Werkzeuge,
- ermöglichen das Drehen mit großen Schnittgeschwindigkeiten,
- verringern deshalb die Bearbeitungszeit.

Bei kleinem Spanwinkel wird der Querschnitt am Schneidkeil größer, die geringere Biegefestigkeit abriebfester Hartmetalle also ausgeglichen.

Weil die Schnittkräfte aber mit kleiner werdendem Spanwinkel steigen, haben kleine Spanwinkel zur Folge

Abb. 2.11 Positiver Spanwinkel mit negativem
Fasenspanwinkel, b_{f_γ} Fasenbreite

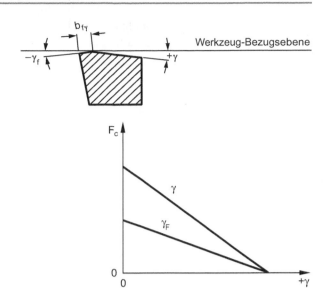

Abb. 2.12 Ein negativer
Fasenspanwinkel hat einen geringeren Kraftanstieg zur Folge
als ein negativer Spanwinkel
ohne Fase

- Anstieg der Schnittkräfte
  Als Überschlagswert kann man sagen: Die Hauptschnittkraft steigt um 1 % bei einer
  Winkelverkleinerung um 1°.
- Anstieg der erforderlichen Antriebsleistung

Optimaler Spanwinkel Bei einem Drehmeißel mit großem positiven Spanwinkel und
negativem Fasenspanwinkel (Abb. 2.11) können die Vorteile von positiven und negativen
Spanwinkeln vereinigt werden.
  Er stellt die optimale Lösung dar, weil

- durch den positiven Spanwinkel der Spanablauf gut und die Reibung auf der Spanfläche
  gering ist,
- der Querschnitt des Schneidkeils durch den negativen Fasenspanwinkel vergrößert
  wird,
- der Kraftanstieg verringert wird (Abb. 2.12).

Bezüglich des beim Zerspanungsprozess wirksamen Spanwinkels gilt im Prinzip das
gleiche wie beim Freiwinkel. Auch hier wird der Werkzeugwinkel durch den Korrekturwinkel ψ (Abb. 2.10) wie folgt verändert.

unter Mitte: $\boxed{\gamma_x = \gamma - \psi}$

in   Mitte: $\boxed{\gamma_x = \gamma}$

über Mitte: $\boxed{\gamma_x = \gamma + \psi}$

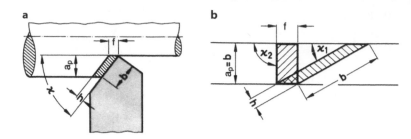

Abb. 2.13 Eingriffslänge b ist bei gegebener Schnitttiefe a_p abhängig vom Einstellwinkel $\varkappa$. Je kleiner $\varkappa$ (im Bild $\varkappa_1 = 30°$), um so größer die Eingriffslänge b. Bei $\varkappa = 90°$ (im Bild $\varkappa_2$) wird $a_\mathrm{p} = b$

Der Keilwinkel β soll für harte und spröde Werkstoffe groß und für weiche Werkstoffe klein sein.

Der Einstellwinkel ι bestimmt die Lage der Hauptschneide zum Werkstück (Abb. 2.13). Vom Einstellwinkel ist bei gegebener Schnitttiefe a_p die Eingriffslänge b der Hauptschneide (Abb. 2.13b) abhängig.

Je kleiner der Einstellwinkel, um so größer die Eingriffslänge der Hauptschneide. Der Einstellwinkel beeinflusst aber auch die Kräfte beim Zerspanen.

Je größer der Einstellwinkel, um so größer die Vorschubkraft und um so kleiner die Passivkraft. Deshalb erfordern labile Werkstücke immer einen großen Einstellwinkel.

Kleine Einstellwinkel ι (ca. 10°) ergeben große Passivkräfte F_p, die das Werkstück, durchbiegen wollen. Deshalb werden kleine Einstellwinkel nur bei sehr steifen Werkstücken (z. B. Kalanderwalzen) angewandt.

Mittlere Einstellwinkel (45 bis 70°) werden für stabile Werkstücke eingesetzt. Ein Werkstück gilt als stabil, wenn:

$$\boxed{l < 6 \cdot d}$$

l = Länge des Werkstückes in mm
d = Durchmesser des Werkstückes in mm

Große Einstellwinkel ι (70 bis 90°) verwendet man bei langen labilen Werkstücken. Darunter versteht man Werkstücke bei denen

$$\boxed{l > 6 \cdot d}$$

ist.

Bei $\varkappa = 90°$ ist die Passivkraftkomponente (Abb. 2.14) gleich Null. Dadurch ist beim Zerspanvorgang keine Kraft mehr vorhanden, die das Werkstück durchbiegen kann.

Der Eckenwinkel ε ist meistens 90°. Nur bei der Bearbeitung scharfer Ecken wird ε kleiner als 90° gewählt.

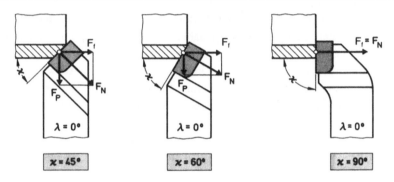

Abb. 2.14 Einfluss des Einstellwinkels $\varkappa$ auf die Vorschubkraft F_f und die Passivkraft F_p

Abb. 2.15 Bezugsebenen am Drehmeißel: *A* Arbeitsebene, *B* Werkzeugbezugsebene, B_e Wirkbezugsebene, *C* Werkzeugschneidenebene, C_e Schnittebene, v_c Schnittgeschwindigkeit in Schnittrichtung, v_e Schnittgeschwindigkeit in Wirkebene, η Wirkrichtungswinkel, v_f Vorschubgeschwindigkeit in Vorschubrichtung

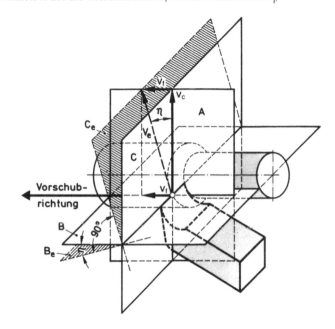

Beim Kopierdrehen verwendet man Eckenwinkel zwischen 50 und 58°. Bei schwerer Zerspanung kann ε bei Schruppdrehmeißeln bis 130° sein.

Der Neigungswinkel λ bestimmt die Neigung der Hauptschneide und beeinflusst die Ablaufrichtung des Spanes.

Ein negativer Neigungswinkel verschlechtert den Spanablauf, aber er entlastet die Schneidenspitze, weil bei negativem Neigungswinkel nicht die Spitze, sondern die Schneidenbrust zuerst in das Werkstück eindringt. Deshalb wird der negative Neigungswinkel für Schruppwerkzeuge und Werkzeuge für unterbrochenen Schnitt eingesetzt. Man arbeitet dort mit $\lambda = -3$ bis $-8°$.

Ein positiver Neigungswinkel verbessert den Spanablauf. Deshalb wird er angewandt bei Werkstoffen, die zum Kleben und bei Werkstoffen, die zur Kaltverfestigung neigen.

Bisher wurden die Winkel gegen die Werkzeugbezugsebene gemessen. Ihre Auswirkung auf die Spanentstehung und den Spanablauf ist damit meist ausreichend erfassbar. Aus Abb. 2.15 ist erkennbar, dass bei kleinem Verhältnis Umfanggeschwindigkeit zu Vorschubgeschwindigkeit, der Wirkrichtungswinkel η groß wird, seine Auswirkung auf Span- und Freiwinkel also beachtet werden muss. Eine Vergrößerung des Wirkrichtungswinkels η wirkt wie eine Vergrößerung des Spanwinkels und eine Verkleinerung des Freiwinkels.

2.5 Spanungsgrößen

Spanungsgrößen sind die aus den Schnittgrößen (Schnittiefe a_p und Vorschub f) abgeleiteten Größen (Abb. 2.16).

Für das Längsdrehen gilt:

2.5.1 Spanungsbreite b

ist die Breite des abzunehmenden Spanes senkrecht zur Schnittrichtung, gemessen in der Schnittfläche.

$$b = \frac{a_p}{\sin \varkappa}$$

b Spanungsbreite in mm
a_p Schnittiefe (Zustellung) in mm
$\varkappa$ Einstellwinkel in °

2.5.2 Spanungsdicke h

ist die Dicke des abzunehmenden Spanes senkrecht zur Schnittrichtung, gemessen senkrecht zur Schnittfläche.

$$h = f \cdot \sin \iota$$

Abb. 2.16 Spanungsgrößen:
Schnittiefe a_p, Vorschub pro
Umdrehung f, Spanungsbreite
b, Spanungsdicke h

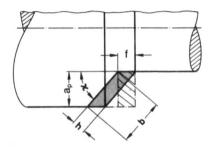

h Spanungsdicke in mm

f Vorschub (bezogen auf 1 Umdrehung) in mm

2.5.3 Spanungsquerschnitt A

ist der Querschnitt des abzunehmenden Spanes, senkrecht zur Schnittrichtung.

$$A = a_{\mathrm p} \cdot f = b \cdot h$$

A Spanungsquerschnitt in mm^2

2.6 Zerspanungskräfte und ihre Entstehung

2.6.1 Entstehung der Kräfte

Die Zerspanungskräfte entstehen durch den Scherwiderstand, der beim Zerspanen der Werkstoffe überwunden werden muss und die Reibungskräfte, die zwischen Werkstück und Werkzeug auftreten. Sie entstehen beim Ablauf des Spanes über die Spanfläche und treten an der Freifläche beim Eindringen des Werkzeugs in das Werkstück auf.

In stark vereinfachter Form kann man die am Schneidkeil angreifenden Kräfte in vier Kraftvektoren darstellen (Abb. 2.17).

Die vier Kräfte, N_1 und N_2 als Normalkräfte und R_1 und R_2 als Reibkräfte, die jeweils auf die Span- und die Freifläche wirken, ergeben in einem Kräftepolygon die resultierende Zerspankraft F.

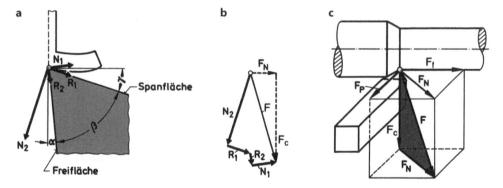

Abb. 2.17 a, b Wirksame Kräfte am Schneidkeil. N_1 Normalkraft auf der Freifläche; N_2 Normalkraft auf der Spanfläche; R_1 Reibkraft an der Spanfläche; R_2 Reibkraft an der Freifläche; F resultierende Zerspankraft, **c** Zerlegung der resultierenden Zerspankraft F in Hauptschnittkraft $F_{\mathrm c}$ und Nebenkraft $F_{\mathrm N}$ und Zerlegung der Nebenkraft $F_{\mathrm N}$ in Vorschubkraft $F_{\mathrm f}$ und Passivkraft $F_{\mathrm p}$

Die resultierende Zerspankraft zerlegt man (Abb. 2.17b) in eine vertikale Komponente, die man als Hauptschnittkraft F_c und eine horizontale Komponente, die man als Nebenkraft F_N bezeichnet. Diese Nebenkraft F_N lässt sich noch einmal (Abb. 2.17c) in zwei Komponenten, in die Vorschubkraft F_f und die Passivkraft F_p zerlegen.

Die wichtigsten Kräfte, die Hauptschnittkraft F_c und die Vorschubkraft F_f, liegen in der Arbeitsebene.

$$F = \sqrt{F_c^2 + F_f^2 + F_p^2}$$

Übersicht der Kräfte:

F = resultierende Zerspankraft
F_c = Hauptschnittkraft
F_N = Nebenkraft
F_f = Vorschubkraft
F_p = Passivkraft

2.6.2 Spezifische Schnittkraft k_c und ihre Einflussgrößen

Die spezifische Schnittkraft $k_{c1.1}$ wird experimentell unter folgenden Bedingungen ermittelt:

$$A = 1\,\text{mm}^2 \quad h = 1\,\text{mm} \quad b = 1\,\text{mm}$$

Werkzeugwerkstoff: Hartmetall, Spanwinkel $\gamma = +6°$, Einstellwinkel $\iota = 45°$, Schnittgeschwindigkeit $v_c = 100\,\text{m/min}$

Die spezifische Schnittkraft unter Berücksichtigung der Einflussgrößen lässt sich nach folgender Gleichung rechnerisch bestimmen:

$$\boxed{k_c = \frac{(1\,\text{mm})^z}{h^z} \cdot k_{c1.1} \cdot K_\gamma \cdot K_v \cdot K_{st} \cdot K_{ver}}$$

k_c = spez. Schnittkraft in N/mm^2
$k_{c1.1}$ = spez. Schnittkraft in N/mm^2 (für $h = 1$ mm, $b = 1$ mm) (Grundschnittkraft)
h = Spanungsdicke in mm
z = Werkstoffkonstante
K = Korrekturfaktoren
K_γ = Korrekturfaktor für den Spanwinkel
K_v = Korrekturfaktor für die Schnittgeschwindigkeit
K_{ver} = Korrekturfaktor für den Verschleiß
K_{st} = Korrekturfaktor für Spanstauchung

Tab. 2.1 Spezifische Schnittkräfte (k_{ch} = spez. Schnittkraft als Funktion der Spanungsdicke in N/mm²)

Werkstoff	$k_{c1.1}$ in N/mm²	z	Spezifische Schnittkraft k_{ch} in N/mm² für h in mm						
			0,1	0,16	0,25	0,4	0,63	1,0	1,6
S 275 JR	1780	0,17	2630	2430	2250	2080	1930	1780	1640
E 295	1990	0,26	3620	3210	2850	2530	2250	1990	1760
E 335	2110	0,17	3120	2880	2670	2470	2280	2110	1950
E 360	2260	0,30	4510	3920	3430	2980	2600	2260	1960
C 15	1820	0,22	3020	2720	2470	2230	2020	1820	1640
C 35	1860	0,20	2950	2680	2450	2230	2040	1860	1690
C 45, Ck 45	2220	0,14	3070	2870	2700	2520	2370	2220	2080
Ck 60	2130	0,18	3220	2960	2730	2510	2320	2130	1960
16 MnCr5	2100	0,26	3820	3380	3010	2660	2370	2100	1860
18 CrNi6	2260	0,30	4510	3920	3430	2980	2600	2260	1960
34 CrMo4	2240	0,21	3630	3290	3000	2720	2470	2240	2030
GJL 200	1020	0,25	1810	1610	1440	1280	1150	1020	910
GJL 250	1160	0,26	2110	1870	1660	1470	1310	1160	1030
GE 260	1780	0,17	2630	2430	2250	2080	1930	1780	1640
Hartguss	2060	0,19	3190	2920	2680	2450	2250	2060	1880
Messing	780	0,18	1180	1090	1000	920	850	780	720

Die spezifischen Schnittkräfte werden aus Tabellen entnommen. Die Abhängigkeit der k_c-Werte vom Werkstoff und von der Spanungsdicke h zeigt Tab. 2.1.

Die Größe der spezifischen Schnittkraft ist abhängig von dem zu zerspanenden Werkstoff. Bei Stahl steigt $k_{c1.1}$ mit zunehmendem C-Gehalt und zunehmenden Legierungsanteilen. Die Kennwerte $k_{c1.1}$ und z werden als Werkstoffkonstanten angesehen. Sie lassen sich aus der doppelt-logarithmisch dargestellten Funktion $k_{ch} = f(h)$ bestimmen (vgl. Abb. 2.18):

$k_{c1.1}$ wird bei $h = 1$ abgelesen, z errechnet sich

$$z = \tan \alpha = \frac{\log \frac{k_{ch1}}{k_{ch2}}}{\log \frac{h_2}{h_1}}$$

Spanungsdicke h

Die Spanungsdicke hat den größten Einfluss auf k_c. Je größer h, um so kleiner k_c. Weil diese Kurve hyperbolisch verläuft, ist der Einfluss der Spanungsdicke auf die spezifische Schnittkraft im Bereich der kleinen und mittleren Spandicken am größten (Abb. 2.19).

$$\boxed{k_{ch} = \frac{(1 \text{ mm})^z}{h^z} \cdot k_{c1.1}}$$

Abb. 2.18 Werkstoffkonstante
z und spezifische Schnittkraft

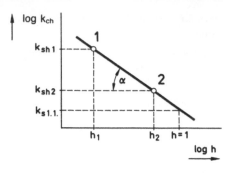

Abb. 2.19 Die spezifische
Schnittkraft k_{ch} in Abhängigkeit von der Spanungsdicke
h

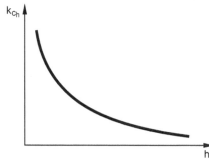

z Spandickenexponent (Werkstoffkonstante)

k_{ch} spez. Schnittkraft in N/mm² (Einfluss von h berücksichtigt)

$k_{c1.1}$ spez. Schnittkraft für $h = 1$ mm und $b = 1$ mm in N/mm²

Spanwinkel γ

Der Spanwinkel γ wird in der Berechnung durch den Korrekturfaktor K_γ berücksichtigt.

$$\text{Korrekturfaktor:} \quad \boxed{K_\gamma = 1 - \frac{\gamma_{tat} - \gamma_0}{100}}$$

γ_0 = Basiswinkel $= +6°$ für Stahl und $+2°$ für Gussbearbeitung

γ_{tat} = der tatsächlich vorhandene Spanwinkel.

Schnittgeschwindigkeit v_c

Der Einfluss von v_c ist im Hartmetallbereich gering. Deshalb kann bei $v_c > 80$ m/min die Korrektur praktisch vernachlässigt werden.

    Will man den Einfluss von v_c dennoch berücksichtigen, dann lässt sich der Korrektur-faktor für den Bereich von

$$v_c \text{ in m/min} = 80\text{--}250 \text{ m/min}$$

wie folgt bestimmen:

$$\text{Korrekturfaktor:} \quad \boxed{K_{\text{v}} = 1{,}03 - \frac{3 \cdot v_{\text{c}}}{10^4}} \quad v_{\text{c}} \text{ in m/min}$$

Für den Schnellstahlbereich $v_{\text{c}} = 30\text{--}50\,\text{m/min}$ ist:

$$\boxed{K_{\text{v}} = 1{,}15}$$

Spanstauchung

Der Span wird vor dem Abscheren gestaucht. Die unterschiedliche Spanstauchung wird berücksichtigt durch K_{st}

$$\text{Außendrehen} \qquad K_{\text{st}} = 1{,}0$$

$$\left. \begin{array}{l} \text{Innendrehen} \\ \text{Bohren} \\ \text{Fräsen} \end{array} \right\} \quad K_{\text{st}} = 1{,}2$$

$$\left. \begin{array}{l} \text{Einstechen} \\ \text{Abstechen} \end{array} \right\} \quad K_{\text{st}} = 1{,}3$$

$$\left. \begin{array}{l} \text{Hobeln} \\ \text{Stoßen} \\ \text{Räumen} \end{array} \right\} \quad K_{\text{st}} = 1{,}1$$

Verschleiß an der Schneide

Der Verschleiß an der Werkzeugschneide wird durch den Korrekturfaktor K_{ver} berücksichtigt.

Er vergleicht den Kraftanstieg eines stumpfwerdenden Werkzeugs zum arbeitsscharfen Werkzeug.

$$\text{Korrekturfaktor:} \quad \boxed{K_{\text{ver}} = 1{,}3\text{--}1{,}5}$$

Schnitttiefe a_{p}

Die Schnitttiefe a_{p} hat praktisch keinen Einfluss auf die spezifische Schnittkraft (Abb. 2.20).

2.6.3 Hauptschnittkraft F_{c}

Die Hauptschnittkraft F_{c} lässt sich aus dem Spanungsquerschnitt und der spez. Schnittkraft berechnen.

$$\boxed{F_{\text{c}} = A \cdot k_{\text{c}} = a_{\text{p}} \cdot f \cdot k_{\text{c}} = b \cdot h \cdot k_{\text{c}}}$$

Abb. 2.20 Spezifische Schnittkraft in Abhängigkeit von der Schnitttiefe a_p

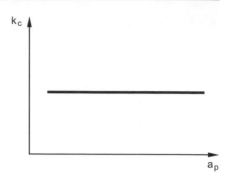

F_c Hauptschnittkraft in N

A Spanungsquerschnitt in mm²

k_c spez. Schnittkraft in N/mm²

a_p Schnitttiefe in mm

f Vorschub (bezogen auf 1 Umdrehung) in mm

2.7 Leistungsberechnung

Hier unterscheidet man zwischen der reinen Zerspanungsleistung, die beim Zerspanungs-prozess erforderlich wird und der Maschinenantriebsleistung. Bei der Maschinenantriebs-leistung ist der Maschinenwirkungsgrad zusätzlich noch zu berücksichtigen.

2.7.1 Zerspanungsleistung P_c aus der Hauptschnittkraft

$$P_\mathrm{c} = \frac{F_\mathrm{c} \cdot v_\mathrm{c}}{60\,\mathrm{s/min} \cdot 10^3\,\mathrm{W/kW}}$$

$$v_\mathrm{c} = d \cdot \pi \cdot n_\mathrm{c}$$

P_c Zerspanungsleistung in kW

F_c Hauptschnittkraft in N

v_c Schnittgeschwindigkeit in m/min

d Durchmesser des Werkstückes in m

n_c Drehzahl in min⁻¹

Die Vorschubleistung ist die Leistung, die sich beim Zerspanungsvorgang aus Vorschub-kraft F_f und Vorschubgeschwindigkeit v_f ergibt.

$$P_\mathrm{f} = \frac{F_\mathrm{f} \cdot v_\mathrm{f}}{60\,\mathrm{s/min} \cdot 10^3\,\mathrm{W/kW}}$$

P_f Vorschubleistung in kW
F_f Vorschubkraft in N
v_f Vorschubgeschwindigkeit in m/min

Die Vorschubgeschwindigkeit v_f lässt sich aus der nachfolgenden Gleichung berechnen.

$$v_f = \frac{f \cdot n_c}{10^3 \, \text{mm/m}}$$

n_c Drehzahl in min^{-1}
v_f Vorschubgeschwindigkeit in m/min
f Vorschub (für 1 Umdrehung) in mm

Die Vorschubgeschwindigkeit v_f ist im Vergleich zur Schnittgeschwindigkeit v_c sehr klein, wie folgendes Beispiel zeigt:

Werkstück Ø: 100 mm
Vorschub f: 0,5 mm/U
Schnittgeschwindigkeit v_c: 100 m/min

Aus diesen Daten folgt:

$$\text{Drehzahl: } n_c = \frac{v_c \cdot 10^3}{d \cdot \pi} = \frac{100 \, \text{m/min} \cdot 10^3 \, \text{mm/m}}{100 \, \text{mm} \cdot \pi} = \underline{\underline{317 \, \text{min}^{-1}}}$$

$$\text{Vorschubgeschwindigkeit } v_f: v_f = \frac{f \cdot n_c}{10^3} = \frac{0,5 \, \text{mm} \cdot 317}{10^3 \, \text{mm/m} \cdot \text{min}} = \underline{\underline{0,158 \, \text{m/min}}}$$

Nach Krekeler verhalten sich die Kräfte bei einem Einstellwinkel von $\varkappa = 45°$ ungefähr wie

$$F_c : F_f : F_p = 5 : 1 : 2$$

d. h. die Vorschubkraft F_f ist etwa $\frac{1}{5}$ von F_c.

Vergleicht man die Werte F_f und v_f mit F_c und v_c, dann stellt man fest, dass die Vorschubleistung nur etwa den 3000sten Teil von der Zerspanungsleistung ausmacht. Bei Produktionsmaschinen wird rasches Beschleunigen auf Eilganggeschwindigkeit verlangt. Die Leistung der bei solchen Maschinen getrennten Hilfsantriebe ergibt sich aus den Massen und den Beschleunigungszeiten.

Die gesamte Zerspanungsleistung (Wirkleistung P_e) ergibt sich aus der Summe der beiden Einzelleistungen.

$$P_e = P_c + P_f$$

Weil aber die Vorschubleistung im Vergleich zur Zerspanungsleistung aus der Hauptschnittkraft sehr klein ist, wird sie bei der Berechnung der Maschinenantriebsleistung vernachlässigt. Daraus folgt:

2.7.2 Maschinen-Antriebsleistung P

$$P = \frac{F_c \cdot v_c}{60\,\text{s/min} \cdot 10^3\,\text{W/kW} \cdot \eta_M}$$

P Maschinen-Antriebsleistung in kW
v_c Schnittgeschwindigkeit in m/min
F_c Hauptschnittkraft in N
η_M Maschinenwirkungsgrad

2.8 Testfragen zum Kapitel 2

1. Wie bezeichnet man die Schneiden am Schneidkeil?
2. Skizzieren Sie einen Schneidkeil und zeigen Sie die Spanfläche.
3. Definieren Sie die Freifläche und die Winkel α und γ mit den Bezugsebenen.
4. Welche Bezeichnung (griech. Buchstabe) hat der Spanwinkel?
5. Skizzieren Sie einen Schneidkeil und zeichnen Sie die Winkel α, β und γ ein und zeigen Sie mit dieser Skizze, dass auch bei negativem Spanwinkel die Summe der 3 Winkel 90° bleibt.
6. Was bewirkt die Spanflächenfase?
7. Warum muss die Drehmeißelspitze immer auf Werkstückmitte stehen?
8. Warum arbeitet man bei labilen Werkstücken ($l > 6 \cdot d$) mit großem Einstellwinkel?
9. Aus welchen Größen kann man den Spanquerschnitt berechnen?
10. Welche von diesen Größen kann man an der Maschine einstellen?
11. Wozu benötigt man die Spanungsdicke h?
12. Was ist der Unterschied zwischen k_c, k_{ch} und $k_{c1.1}$?
13. Welchen Einfluss hat die Größe des Spanwinkels auf die Hauptschnittkraft F_c?
14. Warum kann man bei der Berechnung der Maschinenantriebsleistung, die Antriebsleistung aus der Vorschubkraft vernachlässigen?

Standzeit T

3

3.1 Definition

Die Standzeit T ist die Zeit in Minuten, in der die Schneide, unter dem Einfluss der Zerspanungsvorgänge, bis zur festgelegten Verschleißgröße arbeitsfähig bleibt. Arbeitsfähig ist die Schneide bis eine bestimmte Verschleißgröße erreicht ist (Abschn. 3.2).

Beim Bohren und Fräsen arbeitet man, oft an Stelle der Standzeit, mit der Standlänge. Unter dem Begriff Standlänge L versteht man die Summe der Bohrtiefen, bzw. die Summe der Bearbeitungslängen beim Fräsen, die mit einem Werkzeug zwischen zwei Anschliffen bearbeitet werden. Das bis zur festgelegten Verschleißgröße mit dem Fräser zerspante Volumen ist eine weitere Möglichkeit zur Beurteilung des Standvermögens von Fräswerkzeugen.

3.2 Einflüsse auf die Standzeit

3.2.1 Werkzeugverschleiß

Die beim Zerspanungsprozess auftretenden mechanischen Kräfte, die oft bis an die Grenze der Belastbarkeit der Werkzeugschneidstoffe gehen und die entstehenden hohen thermischen Belastungen führen zur Abstumpfung bzw. zum Versagen der Schneiden. Die wirkenden Verschleißursachen können im Wesentlichen auf Adhäsion, Oxidation, Diffusion und Abrasion (mechanischer Abrieb) zurückgeführt werden. Im Folgenden werden die sich daraus ergebenden Verschleißarten aufgeführt.

Freiflächenverschleiß
Hier wird der Verschleiß an der Freifläche (Abb. 3.1) gemessen. Das Werkzeug gilt als stumpf, wenn eine bestimmte Verschleißmarkenbreite B erreicht ist. Je größer B, um so

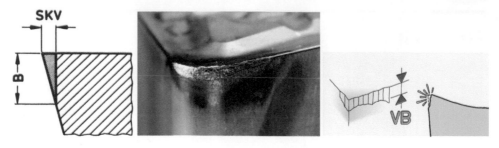

Abb. 3.1 Freiflächenverschleiß mit der Verschleißmarkenbreite B (Quelle: www.sandvik.com)

Tab. 3.1 Größenordnung der Verschleißmarkenbreiten [3, S. 182]	Verfahren	B in mm
	Feindrehen	0,2
	Schlichtdrehen	0,3–0,4
	Schruppdrehen	
	mittlere Spanquerschnitte	0,6–0,8
	große Spanquerschnitte	1,0–1,5
	Schlichtfräsen	0,3–0,4
	Schruppfräsen	0,6–0,8

größer ist der Schneidkantenversatz SKV. Die Tab. 3.1 zeigt die zulässigen Verschleiß-markenbreiten für einige Arbeitsverfahren.

Kolkverschleiß

Hier werden als Verschleißmaße (Abb. 3.2) die Kolktiefe K_T, die Kolkbreite K_B und der Kolkmittenabstand K_M gemessen. Aus der Kolktiefe und dem Kolkmittenabstand wird die Kolkkennzahl K bestimmt. Die Kolkkennzahl ist ein Maß für die Schwächung des Schneidkeiles und darf deshalb einen bestimmten Grenzwert nicht überschreiten.

Abb. 3.2 Spanflächenverschleiß mit der Kolktiefe K_T und dem Kolkmittenabstand K_M (Quelle: www.sandvik.com)

Abb. 3.3 Aufbauschneidenbildung (Quelle: www.sandvik.com)

Je nach zu zerspanendem Werkstoff und je nach Schneidstoff liegen die zulässigen Kolkkennzahlen zwischen 0,1–0,3.

$$K = \frac{K_\mathrm{T}}{K_\mathrm{M}}$$

K Kolkkennzahl
K_T Kolktiefe in mm
K_M Kolkmittenabstand in mm

Bei größeren Schnittgeschwindigkeiten überwiegt der Kolkverschleiß. Deshalb sollte dieses Verschleißkriterium bevorzugt im Bereich der hohen Schnittgeschwindigkeiten ($v_\mathrm{c} >$ 150 m/min) angewandt werden. In der Praxis wird jedoch überwiegend mit der Verschleißmarkenbreite als Verschleißkriterium gearbeitet.

Aufbauschneidenbildung
Hier kommt es zu Aufschweißerscheinungen von Spanpartikeln auf der Schneidplatte, was zur Verschlechterung der Oberfläche des Werkstückes und auch zu Abmessungsabweichungen führen kann. Aufbauschneidenbildung tritt bei relativ zähen Materialien wie Stahl mit niedrigem Kohlenstoffgehalt, rostfreiem Stahl und Aluminium und bei niedrigen Schnittgeschwindigkeiten auf (siehe Abb. 3.3).

Kerbverschleiß
Tritt bei der Bearbeitung von sehr harten Materialien sowie bei Guss- und Schmiedehaut an der Span- und Freifläche auf. Kann zu Schneidenausbrüchen führen (siehe Abb. 3.4).

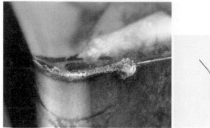
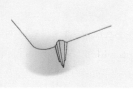

Abb. 3.4   Kerbverschleiß (Quelle: www.sandvik.com)

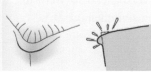

Abb. 3.5   Plastische Verformung (Quelle: www.sandvik.com)

Plastische Verformung

Wird durch sehr hohe Bearbeitungstemperaturen und gleichzeitig große Kräfte verursacht. Durch den Einsatz härterer Schneidstoffsorten und entsprechender Beschichtung kann man dieser Verschleißart begegnen (siehe Abb. 3.5).

Kammrisse

Bei schnellen Temperaturwechseln an der Schneidkante beobachtet man diese nebeneinander liegenden Risse. Vielfach sind unterbrochene Schnittvorgänge und der Kühlschmierstoff direkt mit beteiligt (siehe Abb. 3.6).

Absplittern/Bruch der Schneidkante

Durch hohe mechanischer Belastung i. d. R. durch Zugspannungen kann es an der Schneidkante zu Absplitterungen oder zum Bruch der Schneidkante kommen. Ursachen sind vielfach zu große Vorschübe oder zu große Schnitttiefen, partielle harte Fremd-

Abb. 3.6   Kammrisse (Quelle: www.sandvik.com)

Abb. 3.7 Absplittern/Bruch der Schneidkante (Quelle: www.sandvik.com)

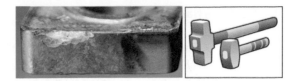

körper im Werkstückstoff, aber auch ungünstige Spanungsbedingungen, die zu diesen Versagensfällen führen können (siehe Abb. 3.7).

3.2.2 Schnittgeschwindigkeit

Die Schnittgeschwindigkeit beeinflusst die Standzeit T am stärksten. Die Abhängigkeit der Standzeit von der Schnittgeschwindigkeit wird in Standzeitkurven erfasst und dargestellt. Daraus folgt, dass die Standzeit mit zunehmender Schnittgeschwindigkeit stark abfällt.

3.2.3 Werkstückstoff

Je größer die Scherfestigkeit beim Abscheren und die Verfestigung beim Stauchen des Spanes, umso größer sind die Kräfte, die auf die Schneide wirken. Mit wachsender Pressung sowie Druck- und Biegebeanspruchung nimmt die Standzeit ab.

3.2.4 Schneidstoff

Das Verschleißverhalten der Schneidstoffe ist hauptsächlich abhängig von ihrer Härte, der Druck- und Biegefestigkeit, der Temperaturbeständigkeit und der Zähigkeit. Zunehmende Härte verringert den Abrieb. Große Druck- und Biegefestigkeit, insbesondere bei höheren Temperaturen, verbessern die Kantenfestigkeit. Je größer die kritische Temperatur, bei der z. B. Schneiden aus Schnellarbeitsstahl erliegen oder Schneiden aus Hartmetall zerbröckeln, je mehr Reibungswärme kann der Schneidstoff vertragen, umso größer wird also die zulässige Schnittgeschwindigkeit. Zähe Schneidstoffe widerstehen stoßartiger oder schwingender Belastung besser als spröde.

3.2.5 Schneidenform

Bei großem Keilwinkel und kleinem Spanwinkel wird der beanspruchte Querschnitt der Schneide größer, die übertragbaren Kräfte wachsen entsprechend, der Verschleiß wird kleiner sein als bei schlanken und spitzen Schneiden.

3.2.6 Oberfläche

Ein schlechter Anschliff mit z. B. zu groben Schleifscheiben erzeugt schartige Schneiden, die zum Ausbrechen neigen. Harte und ungleichmäßige Werkstückflächen, z. B. mit Guss oder Schmiedehaut, rufen stoßartige oder schwingende Belastung der Schneide hervor und verringern bei spröden Schneidstoffen die Standzeit.

3.2.7 Steife

Labile Werkstücke, Spannvorrichtungen, Werkzeuge und/oder Bauteile von Werkzeugmaschinen setzen die Rattergrenze herab, gefährden also spröde Schneidstoffe.

3.2.8 Spanungsquerschnitt

Mit wachsendem Spanungquerschnitt wächst die Schnittkraft und damit die Schneidenbelastung an. Der Vorschub beeinflusst dabei den Verschleiß stärker als die Zustellung.

3.2.8.1 Kühlschmierstoff

Kühlschmiermittel haben je nach Zusammensetzung eine mehr schmierende oder mehr kühlende Wirkung. Bei niedrigen Schnittgeschwindigkeiten kann durch überwiegende Schmierung, bei großen Schnittgeschwindigkeiten durch überwiegende Kühlung die Standzeit verbessert werden.

3.3 Berechnung und Darstellung der Standzeit

Die Standzeit lässt sich rechnerisch nach folgender Gleichung bestimmen:

$$T = \frac{1}{C^{\mathrm{k}}} \cdot v_{\mathrm{c}}^{\mathrm{k}} \qquad \text{(Taylor-Gleichung)}$$

T Standzeit in min
C Schnittgeschwindigkeit für $T = 1$ min in m/min
k Konstante

Die Standzeitkurve (Abb. 3.8) ist wie die Gleichung zeigt, eine Exponentialfunktion. Daraus geht hervor, dass mit wachsender Schnittgeschwindigkeit die Standzeit stark abfällt.

Abb. 3.8 Standzeit T in Abhängigkeit von der Schnittgeschwindigkeit v_c

Stellt man die Standzeitkurve im doppelt logarithmischem Netz dar (Abb. 3.9), dann ergibt sich im praktischen Arbeitsbereich eine Gerade, die man als

$$T\text{-}v_c\text{-Gerade}$$

bezeichnet.

Aus dieser T-v_c-Geraden kann man für eine beliebige Schnittgeschwindigkeit die zugeordnete Standzeit ablesen.

Lage und Steigungswinkel der Standzeitgeraden verändern sich mit den beschriebenen Einflüssen.

Da der Vorschub f und die Schnitttiefe a_p ebenfalls Einfluss auf die Werkzeugstandzeit haben, arbeitet man zur Ermittlung der Schnittgeschwindigkeit v_c mit der erweiterten Taylor-Gleichung.

$$v_c = C \cdot f^{\mathrm{E}} \cdot a_p^{\mathrm{F}} \cdot T^{\mathrm{G}} \quad \boxed{\left(G = \frac{1}{K}\right)} \qquad (3.1)$$

Abb. 3.9 Standzeitgerade (log. Darstellung der Funktion $T = f(v_c)$)

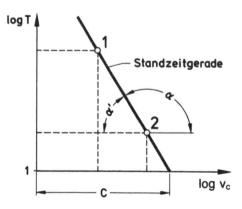

Ersetzt man C durch $v_{c1.1.1}$, so wird

$$\boxed{v_c = v_{c1.1.1} \cdot f^{\mathrm{E}} \cdot a_{\mathrm{p}}^{\mathrm{F}} \cdot T^{\mathrm{G}}} \tag{3.2}$$

$v_{c1.1.1}$ Schnittgeschwindigkeit für $f = 1\,\mathrm{mm/U}$, $a_{\mathrm{p}} = 1\,\mathrm{mm}$, $T = 1\,\mathrm{min}$ in m/min
f Vorschub in mm
a_{p} Schnitttiefe in mm
T Standzeit in min

In Richtwerttabellen der Hartmetallhersteller werden für bestimmte Zerspanungsgruppen (Werkstoffe, die zerspant werden sollen) und bestimmte Hartmetallsorten $v_{c1.1.1}$-Werte und Zahlenwerte für die Exponenten E, F und G angegeben.

3.4 Größe der Standzeit und Zuordnung der Schnittgeschwindigkeit

Will man die Standzeiten den Fertigungsarten zuordnen, dann könnte man mit Einschränkung sagen:

Produktionsmaschinen mit kleiner Rüstzeit z. B. numerisch gesteuerte Maschinen	$T = 15$ bis $30\,\mathrm{min}$
Maschinen mit mittlerer Rüstzeit, ohne Verkettung z. B. Revolverdrehmaschinen mit Nockensteuerung	$T = 60\,\mathrm{min}$
Maschinen mit großer Rüstzeit ohne Verkettung (z. B. kurvengesteuerte Drehautomaten) und verkettete Sondermaschinen (z. B. Transferstraßen)	$T = 240\,\mathrm{min}$

Die zugeordneten Schnittgeschwindigkeiten bezeichnet man als v_{c15}, v_{c60}, v_{c240}, d. h. v_{c60} ist die Schnittgeschwindigkeit, die eine Standzeit von $60\,\mathrm{min}$ ergibt.

$T = 15\,\mathrm{min}$	v_{c15}
$T = 60\,\mathrm{min}$	v_{c60}
$T = 240\,\mathrm{min}$	v_{c240}

Diese den Standzeiten zugeordneten zulässigen Schnittgeschwindigkeiten kann man aus Richtwerttabellen (siehe dazu Abschn. 7.10) entnehmen.

3.5 Testfragen zum Kapitel 3

1. Was versteht man unter dem Begriff Standzeit?
2. Welche technologische Größe hat den größten Einfluss auf die Standzeit?
3. Was ist die T-v-Gerade?

4. Was versteht man unter dem Begriff „Verschleißmarkenbreite"?

5. Wie bezeichnet man die Schnittgeschwindigkeit, die eine Standzeit von $T = 20\,\text{min}$ ergibt?

6. Woher bekommt man für bestimmte Schnittbedingungen und eine bestimmte Standzeit die zulässigen Schnittgeschwindigkeiten?

7. Wie kann man die v-Werte aus der Richtwerttabelle auf andere Standzeiten umrechnen?

Werkzeug- und Maschinen-Gerade

4

4.1 Werkzeug-Gerade

Stellt man in einem doppelt logarithmischen Diagramm die Schnittgeschwindigkeit in Abhängigkeit vom Spanungsquerschnitt für eine konstante Standzeit dar, ($\lg v_c = f(\lg A)$; für $T = $ const.) dann erhält man eine Gerade (Abb. 4.1) die man als

Werkzeug-Gerade

bezeichnet.

Aus dieser Geraden, der eine bestimmte Standzeit zugrunde liegt, kann man zu einem gegebenen Spanungsquerschnitt (mit festem Verhältnis von a_p/f), die zulässige Schnittgeschwindigkeit herauslesen. Ebenso kann man bei vorgegebener Schnittgeschwindigkeit den zulässigen Spanungsquerschnitt entnehmen.

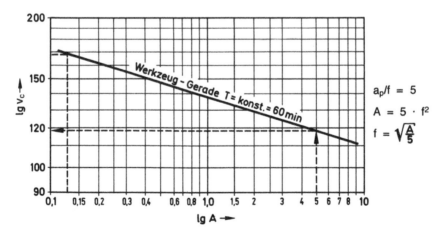

Abb. 4.1 Werkzeug-Gerade $\lg v_c = f(\lg A)$ für $T = $ const.

© Springer Fachmedien Wiesbaden GmbH, ein Teil von Springer Nature 2020
J. Dietrich, A. Richter, *Praxis der Zerspantechnik*,
https://doi.org/10.1007/978-3-658-30967-1_4

Zum Beispiel kann man aus Abb. 4.1 für $A = 5\,\text{mm}^2$ den Wert $v_c = 119\,\text{m/min}$ für eine Standzeit von 60 min herauslesen. Wenn man mit Hilfe der Maschinen-Geraden die Werte v_c und A einander richtig zuordnet, dann wird das Werkzeug bezüglich seiner Standzeit voll genutzt. Wählt man Werte (v_c, A) deren Schnittpunkt unterhalb der Maschinen-Geraden liegt, dann ist das Werkzeug, bezogen auf die Standzeit, nicht voll ausgenutzt.

Liegt der Schnittpunkt jedoch über der Werkzeug-Geraden, dann ist das Werkzeug überfordert. Die zulässige Verschleißgröße (vgl. Tab. 3.1) wird vorzeitig überschritten, unter Umständen fällt das Werkzeug aus.

Erstellung der Werkzeug-Geraden

Beispiel Es ist die Werkzeug-Gerade für eine Standzeit von $T = 60\,\text{min}$ zu erstellen!

gegeben

Werkzeugwerkstoff: Hartmetall P20
Werkstoff: E 335
Querschnittsverhältnis: $a_p/f = 5$

Lösung

1. Wähle aus einer Richtwerttabelle für v_{c60} oder aus einer Standzeitgeraden für $T = 60\,\text{min}$ die zwei beliebigen Vorschüben zugeordneten Schnittgeschwindigkeiten (vgl. Abschn. 3.4).

$$f_1 = 0,16\,\text{mm} \quad v_{c1} = 168\,\text{m/min}$$
$$f_2 = 1,0\,\text{mm} \quad v_{c2} = 119\,\text{m/min}$$

2. Bestimme die den Schnittgeschwindigkeiten zugeordneten Spanungsquerschnitte
   Für $a_p/f = 5$ folgt: $a_p = 5 \cdot f$
   und daraus folgt:

$$\underline{A = a_p \cdot f = 5 \cdot f \cdot f = 5 \cdot f^2}$$

Dann wird:

$$A_1 = 5 \cdot f_1^2 = 5 \cdot 0,16^2 = \underline{0,128\,\text{mm}^2}$$
$$A_2 = 5 \cdot f_2^2 = 5 \cdot 1,0^2 = \underline{5,0\,\text{mm}^2}$$

3. Verbinde die beiden Schnittpunkte (v_{c1}/A_1) und (v_{c2}/A_2) durch eine Gerade. Die gefundene Gerade ist die

$$\underline{\text{Werkzeug-Gerade für } T = 60\,\text{min}}$$

4.2 Maschinen-Gerade

Die Maschinen-Gerade zeigt im doppelt logarithmischem Diagramm die Abhängigkeit zwischen Schnittgeschwindigkeit und Spanungsquerschnitt für eine

konstante Maschinenantriebsleistung.

Hier geht es darum, die Antriebsleistung der Maschine voll auszunutzen. Ordnet man den Spanungsquerschnitt A der sich aus der Maschinengeraden ergebenden Schnittgeschwindigkeit zu, dann erhält man immer Werte, bei denen die Antriebsleistung der Maschine voll ausgenutzt ist. Wählt man jedoch Werte (v_c und A) deren Schnittpunkt unterhalb der Maschinen-Geraden ist, dann ist die Antriebsleistung der Maschine nicht ausgenutzt. Liegt der Schnittpunkt von v_c und A jedoch oberhalb der Maschinen-Geraden, dann wird die Maschine überbeansprucht, weil die erforderliche Leistung größer ist, als die im Antrieb der Maschine vorhandene.

Beispiel aus Abb. 4.2
In diesem Bild ist die Antriebsleistung $P = 10\,\text{kW} = \text{konst.}$
Das Verhältnis a_p/f wurde $= 10$ gewählt.

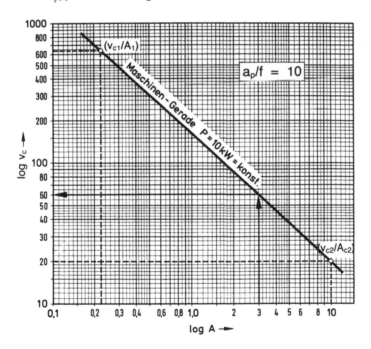

Abb. 4.2 Maschinen-Gerade $\lg v_c = f(\lg A)$ für $P = \text{const.}$ und $a_p/f = 10$

Gesucht ist die zulässige Schnittgeschwindigkeit für einen Spanungsquerschnitt von $A = 3\,\text{mm}^2$. Man geht im Diagramm von $A = 3\,\text{mm}^2$ nach oben bis zum Schnittpunkt mit der Maschinen-Geraden. Dann geht man nach links (parallel zur Abszisse) und liest an der Ordinate eine zulässige Schnittgeschwindigkeit von $v_c = 60\,\text{m/min}$ ab.

Erstellung der Maschinen-Geraden
gegeben

$P = 10\,\text{kW}$ $\qquad\qquad$ $\eta_M = 0,7$ (Maschinenwirkungsgrad)

Werkstoff E 335, $\qquad\qquad$ $\iota = 90°, a_p/f = 10$

Lösung
1. Aus Tab. 2.1: $k_{c1.1} = 2110\,\text{N/mm}^2$ $\quad z = 0,17$
2. Wahl des Vorschubs und Bestimmung der Spanungsdicke
   weil $x = 90°$ ist, wird:

$$f_1 = h_1 = 0,15\,\text{mm}$$
$$f_2 = h_2 = 1,0\,\text{mm}$$

3. Berechne für die Werte von 2. die spezifische Schnittkraft k_c

$$k_{ch1} = \frac{k_{c1.1}}{h_1^z} = \frac{2110}{0,15^{0,17}} = \underline{2914\,\text{N/mm}^2}$$

$$k_{ch2} = \frac{k_{c1.1}}{h_2^z} = \frac{2110}{1,0^{0,17}} = \underline{2110\,\text{N/mm}^2}$$

4. Lege die Maschine fest, auf der die Bearbeitung erfolgen soll. In diesem Beispiel wurde die Antriebsleistung mit

$$P = 10\,\text{kW angenommen.}$$

5. Bestimme aus dem Verhältnis $a_p/f = 10$ und den gewählten Vorschüben ($f_1 = 0,15\,\text{mm}$ und $f_2 = 1,0\,\text{mm}$) die Spanungsquerschnitte.
   Aus

$$a_p/f = 10 \text{ folgt: } a_p = 10 \cdot f \text{ und } \underline{A = 10 \cdot f^2}$$
$$A_1 = 10 \cdot f_1^2 = 10 \cdot (0,15\,\text{mm})^2 = \underline{0,225\,\text{mm}^2}$$
$$A_2 = 10 \cdot f_2^2 = 10 \cdot (1,0\,\text{mm})^2 = \underline{10,0\,\text{mm}^2}$$

6. Berechne aus der Leistungsgleichung für die festgelegten Schnittbedingungen die zugeordneten Schnittgeschwindigkeiten v_{c1} und v_{c2}.

$$\text{Leistungsgleichung: } P = \frac{a_p \cdot f \cdot k_c \cdot v_c}{60\,\text{s/min} \cdot 10^3\,\text{W/kW} \cdot \eta_M}$$

(siehe Abschn. 2.7.2)

$$v_c = \frac{60\,\text{s/m} \cdot 10 \cdot 10^3\,\text{W/kW} \cdot \eta_M}{a_p \cdot f \cdot k_c}$$

v_c Schnittgeschwindigkeit in m/min
a_p Schnitttiefe in mm
f Vorschub pro Umdrehung in mm
k_c spez. Schnittkraft in N/mm^2
η_M Masch.-Wirkungsgrad

$$A_1 = 0{,}225\,\text{mm}^2: \qquad v_{c1} = \frac{60\,\text{s/min} \cdot 10^3\,\text{W/kW} \cdot 0{,}7}{1{,}5\,\text{mm} \cdot 0{,}15\,\text{mm} \cdot 2914\,\text{N/mm}^2} = \underline{640\,\text{m/min}}$$

$$A_2 = 10\,\text{mm}^2: \qquad v_{c2} = \frac{60\,\text{s/min} \cdot 10 \cdot 10^3\,\text{W/kW} \cdot 0{,}7}{10\,\text{mm} \cdot 1\,\text{mm} \cdot 2110\,\text{N/mm}^2} = \underline{20\,\text{m/min}}$$

7. Trage die gefundenen v_c-Werte über A_1 und A_2 in das doppelt log. Diagramm ein.

$$(v_{c1} = 640/A_1 = 0{,}225); \quad (v_{c2} = 20/A_2 = 10)$$

8. Verbinde die Schnittpunkte. Die Verbindungslinie ist die gesuchte

<u>Maschinen-Gerade</u>

4.3   Optimaler Arbeitsbereich

Der optimale Arbeitsbereich (z. B. beim Drehen) liegt im Schnittpunkt C (Abb. 4.3) von Maschinen- und Werkzeug-Gerade. In diesem Schnittpunkt ist sowohl die Standzeit des Werkzeuges, als auch die Maschinenantriebsleistung voll ausgenutzt. Da im praktischen

Abb. 4.3 Optimaler Arbeitsbereich ermittelt aus Maschinen- und Werkzeuggerader

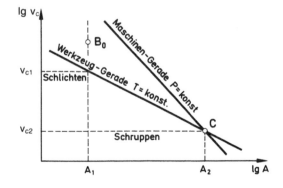

Betrieb der Spanungsquerschnitt bzw. die Schnitttiefe durch die Maße des Fertigteiles vorgegeben sind, gelingt es selten in diesem Idealbereich zu arbeiten.

Der tatsächliche Arbeitspunkt B_0 weicht in der Regel von dem Schnittpunkt C ab. Liegt der Arbeitspunkt B_0:

- über der Werkzeug-Geraden, dann wird das Werkzeug überlastet und die Standzeit verkürzt,
- unterhalb der Werkzeug-Geraden, dann wird die Werkzeugstandzeit nicht ausgenutzt,
- über der Maschinen-Geraden, dann wird die Maschine überlastet,
- unterhalb der Maschinen-Geraden, dann wird die Antriebsleistung der Maschinc nicht ausgenutzt.

4.4   Testfragen zum Kapitel 4

1. Was ist eine Werkzeug-Gerade?
2. Was ist eine Maschinen-Gerade?

Spanvolumen und Spanraumzahl

5

5.1 Spanvolumen

Beim Spanvolumen ist zwischen dem Werkstoffvolumen Q_w und dem Raumbedarf der ungeordneten Spanmenge Q_{sp} zu unterscheiden. Das Werkstoffvolumen ist das Volumen, das ein Span mit dem Querschnitt $a_p \cdot f$ (Schnitttiefe mal Vorschub) und definierter Länge pro Minute einnimmt.

$$Q_w = a_p \cdot f \cdot v_c \cdot 10^3$$

Q_w Werkstoffvolumen in mm³/min
a_p Schnitttiefe in mm
f Vorschub in mm
v_c Schnittgeschwindigkeit in m/min
10^3 Umrechnungszahl von v_c, von m/min in mm/m

Das Volumen der ungeordneten Spanmenge Q_{sp} ist größer als das tatsächliche Werkstoffvolumen Q_w der gleichen Spanmenge, weil sich ja in einem Behältnis die Späne nicht lückenlos aneinander fügen. Um wie viel größer das Volumen der ungeordneten Spanmenge Q_{sp} als das Werkstoffvolumen Q_w ist, gibt eine Spanraumzahl R an.

$$Q_{sp} = R \cdot Q_w$$

Q_{sp} Volumen der ungeordneten Spanmenge in mm³/min
Q_w Werkstoffvolumen in mm³/min
R Spanraumzahl

© Springer Fachmedien Wiesbaden GmbH, ein Teil von Springer Nature 2020   41
J. Dietrich, A. Richter, *Praxis der Zerspantechnik*,
https://doi.org/10.1007/978-3-658-30967-1_5

Die Spanraumzahl R ergibt sich also aus dem Verhältnis von:

$$R = \frac{\text{Raumbedarf der ungeordneten Spanmenge}}{\text{Werkstoffvolumen der gleichen Spanmenge}}$$

Die Größe der Spanraumzahl R ist von der Spanform abhängig.

5.2 Spanformen

Die sich beim Zerspanen ergebende Spanform der Späne ist abhängig:

- von Art und Legierung des Werkstückwerkstoffes,
- von den Legierungselementen des Werkstoffes (z. B. Phosphor- und Schwefelgehalt),
- von den Schnittbedingungen (Schnittgeschwindigkeit, Schnitttiefe, Vorschub, Einstellwinkel usw.),
- vom Spanwinkel und der Ausbildung der Spanformstufe.

Die Beurteilung der Spanformen erfolgt nach zwei Kriterien.

5.2.1 Transportfähigkeit

Kurz gebrochene Späne, wie Spiralbruchspäne, lassen sich leicht in Behältnissen transportieren.

Im Gegensatz dazu ist dies bei Bandspänen nicht möglich. Sie erfordern immer eine bestimmte Aufbereitung (Brechen im Spänebrecher oder Paketieren), damit sie transportfähig werden.

Solche Aufbereitungen verursachen in einem Automatenbetrieb, in dem viel Späne anfallen, hohe Kosten. Deshalb strebt man immer Spanformen an, die gut transportabel sind.

5.2.2 Gefahr für den Menschen an der Maschine

Bestimmte Spanformen, z. B. lange Band- und Wirrspäne, deren Kanten messerscharf sind, gefährden den Menschen an der Maschine. Kurze Spanstücke können auch für den Menschen (Augenverletzungen) und die Maschine (Beschädigungen an Führungen) gefährlich werden.

5.3 Spanraumzahlen

Im Abb. 5.1 sind die wichtigsten Spanformen zusammengefasst. Jeder Spanform ist eine Spanraumzahl R zugeordnet, die angibt, wie viel mal mehr die bestimmte Spanform an Transportvolumen benötigt, als das eigentliche Werkstoffvolumen des Spanes.

In der Beurteilung der Spanform sind die beiden Kriterien (Sicherheit des Menschen und Transportfähigkeit) enthalten. Danach sind Band-, Wirr- und Wendelspäne nicht erwünscht. Erwünschte Spanformen sind kurze Wendelspäne und Spiralspäne.

Abb. 5.1 Spanformen und Spanraumzahlen, *Bilder für Spanformen*

Spanform		Spanraumzahl R
Bandspan		> 100
Wirrspan		> 100
Wendelspan	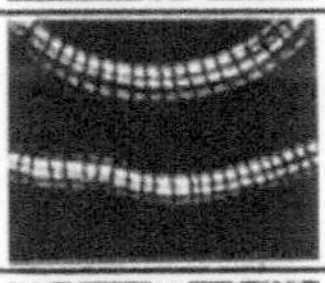	80
Kurzer Wendelspan		30
Spiralspan	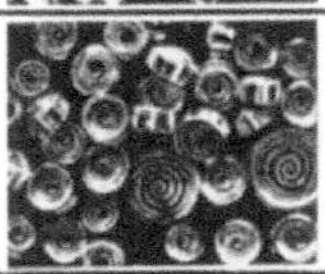	10
Kurze Spanstücke	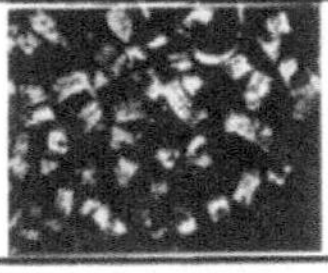	3

R ≤ 3 brauchbar   4 < R < 30 gut

31 < R < 60 bedingt brauchbar   R > 100 unerwünscht

5.4   Testfragen zum Kapitel 5

1. Was ist der Unterschied zwischen Spanvolumen Q_w und dem Volumen der ungeordneten Spanmenge?
2. Was gibt die Spanraumzahl an?
3. Welche Spanformen kann man den Spanraumzahlen 100, 30 und 10 zuordnen?
4. Welche Spanraumzahlen sind in der industriellen Fertigung erwünscht und warum?

Schneidstoffe

6

Zerspanungswerkzeuge sind hochbeanspruchte Werkzeuge. Ihre Schneideigenschaften hängen von der Wahl des Schneidstoffes ab. Die Anforderungen an die Schneidstoffe sind sehr hoch, was die mögliche Verschleißfestigkeit und damit auch die Standzeit für die Durchführung spanender Prozesse angeht. Neben der Härte des Schneidstoffes ist auch die Zähigkeit und die Beständigkeit gegen hohe Temperaturen und chemische Vorgänge zu beachten. Diese vielfältigen Anforderungen sind nicht durch einen einzigen Schneidstoff erfüllbar, d. h. einen idealen Schneidstoff, der alle auch gegenläufige Anforderungen entspricht, gibt es noch nicht (siehe Abb. 6.5).

Wegen der Wechselbeziehung zwischen zu zerspanendem Werkstoff und Schneidstoff setzt man je nach Art des Zerspanungsvorganges, des Arbeitsverfahrens, der gewünschten Standzeit, der erforderlichen Temperaturbeständigkeit, usw. folgende Werkstoffe für die Schneiden der Zerspanungswerkzeuge ein.

6.1 Werkzeugstähle

Sie haben wegen ihrer geringen Wärmebeständigkeit und der daraus resultierenden niedrigen Schnittgeschwindigkeit in der Praxis nur noch eine untergeordnete Bedeutung und kommen meist nur noch für Handwerkzeuge als unlegierte und niedriglegierte Werkzeugstähle zum Einsatz. Nachfolgend werden die wichtigsten Daten der unlegierten Werkzeugstähle benannt.

Art des Stahles:	Kohlenstoffstahl
C-Gehalt in %:	0,6–1,5
wärmebeständig in °C:	bis 300
Arbeitshärte in HRC:	62–66
zul. Schnittgeschwindigkeit in m/min:	5–10

© Springer Fachmedien Wiesbaden GmbH, ein Teil von Springer Nature 2020
J. Dietrich, A. Richter, *Praxis der Zerspantechnik*,
https://doi.org/10.1007/978-3-658-30967-1_6

Niedriglegierte Werkzeugstähle enthalten Legierungselemente, wie Cr, W, Mo und V, die die Härte, Verschleißfestigkeit und Anlassbeständigkeit erhöhen, aber den entscheidenden Nachteil, die geringe Warmhärte nicht beseitigen können.

6.2 Schnellarbeitsstähle

Sie haben wegen der karbidbildenden Legierungselemente (Chrom, Molybdän, Wolfram, Vanadium) eine höhere Warmhärte, eine wesentlich bessere Verschleißfestigkeit und eine höhere Anlassbeständigkeit. Deshalb sind die Schnellarbeitsstähle sehr viel leistungsfähiger als Werkzeugstähle (siehe Tab. 6.1).

Durch Hartverchromen, Nitrieren oder Karbonieren können die Eigenschaften, speziell die Verschleißfestigkeit der Schnellarbeitsstähle noch verbessert werden. Beim Hartverchromen wird auf elektrolytischem Wege eine dünne (0,05–0,3 mm) aber sehr harte Chromschicht auf das Werkzeug aufgebracht. Durch Einbringung von Stickstoff (Nitrogenium) kann man in der Randzone die Härte erheblich steigern und die Verschleißfestigkeit verbessern.

Unter Karbonieren versteht man eine Wärmbehandlung (550 °C) von Schnellarbeitsstählen in zyanhaltigen Bädern.

Die Kenndaten der Schnellarbeitsstähle:

Art des Stahles: hoch legierter Kohlenstoffstahl
C-Gehalt in %:   0,6–1,6

wichtigste Legierungselemente in %:	Co	Cr	Mo	V	W
	2–16	4	0,7–10	1,4–5	1,2–19

wärmebeständig in °C: bis 870
Arbeitshärte in HRC: 62–65
zul. Schnittgeschwindigkeit für Stahl in m/min: 30–40

Die herausragenden Eigenschaften der Schnellarbeitsstähle sind:

- die erforderliche Antriebsleistung der Maschine wird optimal genutzt
- hohe Zähigkeit,
- günstige Schneidstoffkosten und
- gute Bearbeitbarkeit des Schneidstoffes.

Wendelbohrer, Gewindebohrer, Schneideisen, Verzahnungs- und Räumwerkzeuge sind auch heute noch zu einem beachtlichen Anteil aus Schnellarbeitsstahl.

Entscheidende Fortschritte konnten durch die Beschichtung von Schnellarbeitstahl erreicht werden. Die Beschichtung erfolgt mit dem PVD-Verfahren (Physical Vapour Deposition).

Die Beschichtungstemperatur liegt beim Beschichten von Schnellarbeitsstahl bei 500 °C. Bei dieser Temperatur können vergütete Werkzeuge noch verzugsfrei beschichtet

Tab. 6.1 Bezeichnung der Schnellarbeitsstähle

Werkstoff-Nr. nach DIN/ISO 17007	Bezeichnung nach DIN/ISO 17006	Erläuterung der Bezeichnung
1.3202	S 12-1-4-5	
1.3207	S 10-4-3-10	S = Schnellarbeitsstahl
1.3243	S 6-5-2-5	Die Zahlen geben die prozentualen
1.3255	S 18-1-2-5	Anteile der Legierungselemente (W, Mo, V, Co) an.
1.3257	S 18-1-2-15	Z. B.
1.3265	S 18-1-2-10	S 12 – 1 – 4 – 5
1.3302	S 12-1-4	
1.3316	S 9-1-2	5 % Co
1.3318	S 12-1-2	4 % V
1.3343	S 6-5-2	1 % Mo
1.3346	S 2-9-1	12 %W

werden. Als Oberflächenhartstoffschichten werden z. B. **Titannitrid (TiN), Titancarbonitrid (TiCN), Titanaluminiumnitrid (TiAlN) oder Titanaluminiumoxinitrid (TiAlON)** einzeln oder als Mehrlagenschicht in einer Schichtdicke von 2 bis 4 μm aufgebracht.

Beschichtete Schnellarbeitsstähle ermöglichen eine Leistungssteigerung bei der spanenden Bearbeitung durch Standzeiterhöhung oder bei Beibehaltung der Standzeit durch die Bearbeitung mit höheren Schnittgeschwindigkeiten:

- Standzeiterhöhung (bei gleichen Schnittparametern): 100 bis 500 %,
- Erhöhung der Schnittgeschwindigkeit (bei gleicher Standzeit): 50 %,

im Vergleich zu unbeschichteten Werkzeugen.

6.3 Hartmetalle

Ausgehend von den so genannten Stelliten (erschmolzene Legierungen aus Wolfram, Chrom und Kobalt) wurden die gesinterten Hartmetalle (HM) entwickelt, d. h. es handelt sich um pulvermetallurgisch hergestellte Schneidstoffe. Ihre Hauptbestandteile sind Wolframcarbid (WC) als Härteträger und Kobalt (Co) als Binder. Bei Sorten zur Bearbeitung von Stahl werden weitere Hartstoffe – meist Mischkarbide auf der Basis von Titan, Tantal und Niob – in kleineren Anteilen zugegeben. Dabei sind die Karbide für Härte und Verschleißbeständigkeit verantwortlich, während der Binder die Zähigkeitseigenschaften bestimmt. Hartmetalle sind naturhart, können also nicht wie Stahl durch Wärmebehandlung in ihren Eigenschaften verändert werden.

Die wichtigsten Merkmale der Hartmetalle sind im Vergleich zu Schnellarbeitsstahl ihre wesentlich höhere Härte einerseits und ihre geringere Zähigkeit andererseits:

Eigenschaft	Schnellarbeitsstähle	Hartmetalle[a]
Härte (HV 30)	700 ... 900	1300 ... 1800
Biegefestigkeit (N/mm^2)	2500 ... 3800	1000 ... 2500
Warmfest bis	870 °C	> 1000 °C

[a] Hartmetallsorten für spanende Bearbeitung

Hartmetall wird in vielen Sorten mit sehr unterschiedlichen Eigenschaftsprofilen angeboten. Dadurch stehen für fast alle Bearbeitungsfälle, vom leichten Schlichten bis zu schwerer Schruppbearbeitung, geeignete Sorten zur Verfügung. Darüber hinaus sind Sorten für alle zu bearbeitende Werkstückstoffe verfügbar und ermöglichen eine optimale Auswahl des geeigneten Schneidstoffes.

Derzeit erfahren Hartmetalle eine bemerkenswerte Leistungssteigerung durch die Verwendung immer feinerer Korngrößen. Traditionelle Hartmetallsorten für die spanende Fertigung nutzen mittlere Korngrößen um 1 bis 2 μm; jetzt werden für Ultrafeinkornsorten bereits Körnungen von 0,2 bis 0,4 μm eingesetzt. Der Nutzen dieser Entwicklung ist die gleichzeitige und erhebliche Steigerung der prinzipiell gegenläufigen Eigenschaften „Härte" und „Zähigkeit".

Kennzeichnung der Hartmetalle   Hartmetalle werden durch Buchstaben, Farben und Zahlen gekennzeichnet (vgl. Tab. 6.2).

Die Buchstaben P, M und K geben die Zerspanungshauptgruppen der Werkstoffe an. Sie entscheiden, welcher Werkstoff bzw. welche Werkstoffart mit P, M oder K zerspant wird. Den Buchstaben sind bestimmte Kennfarben zugeordnet:

P – blau für langspanende Werkstoffe
M – gelb als Mehrzwecksorten
K – rot für kurzspanende Werkstoffe.

Die Zahlen nach den Buchstaben beurteilen das Verschleißverhalten und die Zähigkeit des jeweiligen Hartmetalls. Sie grenzen damit die Anwendung der einzelnen Hartmetallsorten ein. Je größer die Zahl, umso größer die Zähigkeit und umso geringer der Verschleißwiderstand. Je kleiner die Zahl, umso größer der Verschleißwiderstand, aber umso geringer die Zähigkeit. Die Kennzahlen sind 01, 10, 20, 30, 40, 50.

Ein Hartmetall P10 ist nach dem hier gesagten sehr verschleißfest, aber sehr spröde. Es sollte deshalb nicht für das Zerspanen mit unterbrochenem Schnitt, bei dem die Schneide bei jedem Anschnitt schlagartig belastet wird, eingesetzt werden. In diesem Fall würde die Standzeit nicht durch Verschleiß, sondern durch vorzeitigen Ausbruch der Schneide beendet. Dieses Hartmetall wäre jedoch geeignet, Stähle hoher Festigkeit im Drehverfahren mit großer Schnittgeschwindigkeit zu bearbeiten.

Eine besondere Entwicklungsrichtung der Hartmetalle stellen die Cermets dar, bei denen als Haupthärteträger Titancarbonitrid (TiCN) anstelle des Wolframcarbids sowie ein

Tab. 6.2 Zerspanungs- und Anwendungshauptgruppen für Hartmetalle

Anwendungsbereich (Werkstoffe)	Arbeitsverfahren, Arbeitsbedingungen	Bezeichnung	Kennzeichnende Merkmale
Langspanende Werkstoffe z. B. Stahl, Stahlguss langspanender Temperguss	Feinbearbeitungsverfahren v_c groß, f klein, möglichst schwingungsfrei	P 01	↑ Verschleißfestigkeit → ── Zähigkeit ↓
		P 05	
	Drehen, Fräsen v_c groß, f mittel bis klein	P 10	
	Drehen, Fräsen v_c mittel, f mittel, Hobeln f klein	P 20	
	Drehen, Hobeln, Fräsen v_c mittel bis klein, f mittel bis groß	P 30	
	Drehen, Hobeln, Stoßen, Fräsen Automatenarbeiten	P 40	
Mehrzwecksorten, lang- und kurzspanende Werkstoffe Stahl, GS, Manganhartstahl, leg. Guss, austenitische Stähle, Automatenstähle	Drehen v_c mittel bis groß, f mittel bis klein	M 10	↑ Verschleißfestigkeit · Zähigkeit ↓
	Drehen, Fräsen v_c mittel, f mittel	M 20	
	Drehen, Hobeln, Fräsen v_c mittel, f mittel bis groß	M 30	
	Drehen, Formdrehen, Abstechen besonders auf Automaten	M 40	
Kurzspanende Werkstoffe Grauguss, Hartguss, kurzspanender Stahl gehärtet, NE-Metalle, Kunststoffe	Feinbearbeitung	K 01	↑ Verschleißfestigkeit → ── Zähigkeit ↓
		K 05	
	Drehen, Bohren, Senken, Reiben, Fräsen, Räumen, Schaben	K 10	
	wie K 10, hohe Ansprüche an Zähigkeit des HM	K 20	
	Drehen, Hobeln, Stoßen, Fräsen, ungünstige Arbeitsbedingungen	K 30	
	wie K 30, große Spanwinkel, ungünstige Arbeitsbedingungen	K 40	

Verbund aus Nickel und Kobalt als Binder eingesetzt werden. Diese abweichende Zusammensetzung verleiht den Cermets höhere Warmverschleißbeständigkeit, verringert aber andererseits deren Zähigkeitseigenschaften und ist durch den Ersatz des Wolframs durch Titancarbonitrid kostengünstiger.

Cermets werden daher zum Schlichten und für Operationen mit geringen Anforderungen an die Zähigkeit der Schneide eingesetzt, bevorzugt beim Spanen von Stahl.

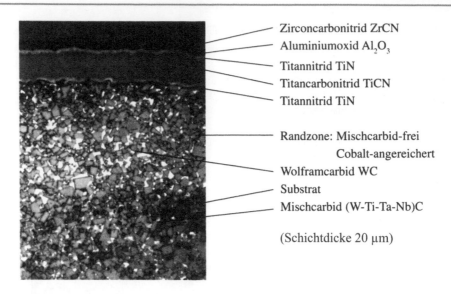

Zirconcarbonitrid ZrCN

Aluminiumoxid Al$_2$O$_3$

Titannitrid TiN

Titancarbonitrid TiCN

Titannitrid TiN

Randzone: Mischcarbid-frei
            Cobalt-angereichert

Wolframcarbid WC

Substrat

Mischcarbid (W-Ti-Ta-Nb)C

(Schichtdicke 20 μm)

Abb. 6.1 Schliffbild einer Mehrlagenbeschichtung

Die Kenndaten der Hartmetalle

Zusammensetzung in %:	WC	TiC + TaC	Co
	30–92	1–60	5–17
Wärmebeständig in °C:	> 1000		
Arbeitshärte in HV 30:	1300–1800		
Zulässige Schnittgeschwindigkeiten für Stahl in m/min:	Im Mittel 80 – 300		

Hartstoffbeschichtung bei Hartmetallen Eine zusätzliche Beschichtung bringt eine erhebliche Leistungssteigerung der Hartmetalle mit sich, die entweder wesentlich längere Standzeiten und/oder erhöhte Schnittgeschwindigkeiten ermöglicht.

Hartmetalle werden bevorzugt im CVD-Prozess (Chemical Vapour Deposition) beschichtet, bei dem im Beschichtungsofen bei Temperaturen zwischen 850 und 1000 °C aus zugeführten Gasen durch chemische Reaktionen Hartstoffe entstehen, die sich als fester Belag auf dem Hartmetall niederschlagen. Übliche und bewährte Hartstoffe sind Titancarbid (TiC), Titancarbonitrid (TiCN), Titannitrid (TiN), Aluminiumoxid (Al$_2$O$_3$) und Zirkoncarbonitrid (ZrCN), wobei fast ausschließlich Mehrlagenschichten aufgetragen werden (Abb. 6.1). Die Gesamtschichtdicken können bis 25 μm betragen.

Vereinzelt werden Hartmetalle auch im PVD-Verfahren (Physical Vapour Deposition) beschichtet, wobei Einzelschichten aus Titannitrid, Titancarbonitrid, Titanaluminiumnitrid (TiAlN) oder Titanaluminiumoxinitrid (TiAlON) aufgetragen werden.

Tab. 6.3 Beschichtete Hartmetalle mit Einsatzempfehlung (aus Firmenschrift der Fa. Kennametall, Hertel, Fürth)

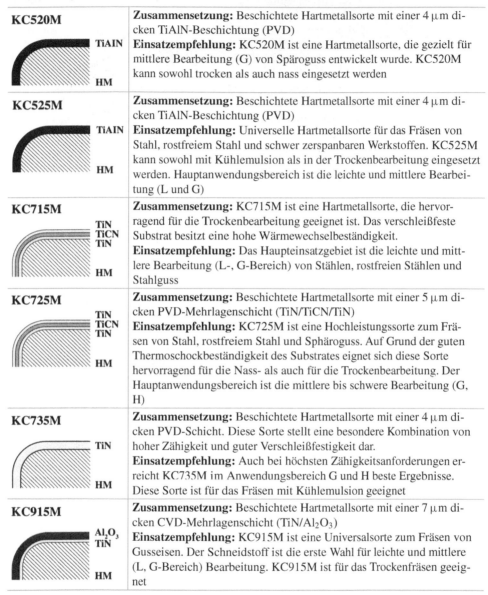

KC520M	**Zusammensetzung:** Beschichtete Hartmetallsorte mit einer 4 μm dicken TiAlN-Beschichtung (PVD) **Einsatzempfehlung:** KC520M ist eine Hartmetallsorte, die gezielt für mittlere Bearbeitung (G) von Späroguss entwickelt wurde. KC520M kann sowohl trocken als auch nass eingesetzt werden
KC525M	**Zusammensetzung:** Beschichtete Hartmetallsorte mit einer 4 μm dicken TiAlN-Beschichtung (PVD) **Einsatzempfehlung:** Universelle Hartmetallsorte für das Fräsen von Stahl, rostfreiem Stahl und schwer zerspanbaren Werkstoffen. KC525M kann sowohl mit Kühlemulsion als in der Trockenbearbeitung eingesetzt werden. Hauptanwendungsbereich ist die leichte und mittlere Bearbeitung (L und G)
KC715M	**Zusammensetzung:** KC715M ist eine Hartmetallsorte, die hervorragend für die Trockenbearbeitung geeignet ist. Das verschleißfeste Substrat besitzt eine hohe Wärmewechselbeständigkeit. **Einsatzempfehlung:** Das Haupteinsatzgebiet ist die leichte und mittlere Bearbeitung (L-, G-Bereich) von Stählen, rostfreien Stählen und Stahlguss
KC725M	**Zusammensetzung:** Beschichtete Hartmetallsorte mit einer 5 μm dicken PVD-Mehrlagenschicht (TiN/TiCN/TiN) **Einsatzempfehlung:** KC725M ist eine Hochleistungssorte zum Fräsen von Stahl, rostfreiem Stahl und Späroguss. Auf Grund der guten Thermoschockbeständigkeit des Substrates eignet sich diese Sorte hervorragend für die Nass- als auch für die Trockenbearbeitung. Der Hauptanwendungsbereich ist die mittlere bis schwere Bearbeitung (G, H)
KC735M	**Zusammensetzung:** Beschichtete Hartmetallsorte mit einer 4 μm dicken PVD-Schicht. Diese Sorte stellt eine besondere Kombination von hoher Zähigkeit und guter Verschleißfestigkeit dar. **Einsatzempfehlung:** Auch bei höchsten Zähigkeitsanforderungen erreicht KC735M im Anwendungsbereich G und H beste Ergebnisse. Diese Sorte ist für das Fräsen mit Kühlemulsion geeignet
KC915M	**Zusammensetzung:** Beschichtete Hartmetallsorte mit einer 7 μm dicken CVD-Mehrlagenschicht (TiN/Al_2O_3) **Einsatzempfehlung:** KC915M ist eine Universalsorte zum Fräsen von Gusseisen. Der Schneidstoff ist die erste Wahl für leichte und mittlere (L, G-Bereich) Bearbeitung. KC915M ist für das Trockenfräsen geeignet

Typisch für alle beschichteten Schneiden ist ihre Verrundung, die mindestens einen Verrundungsradius in Größe der Schichtdicke aufweist. Bei den meisten CVD-Beschichtungen ist dieser Radius aber noch deutlich größer, um einer Versprödung der Schneide

Tab. 6.3 (Fortsetzung)

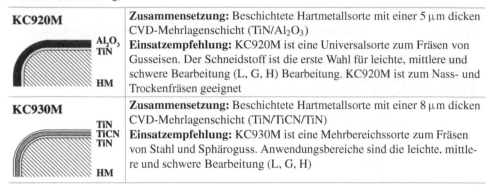

KC920M	**Zusammensetzung:** Beschichtete Hartmetallsorte mit einer 5 μm dicken CVD-Mehrlagenschicht (TiN/Al$_2$O$_3$) **Einsatzempfehlung:** KC920M ist eine Universalsorte zum Fräsen von Gusseisen. Der Schneidstoff ist die erste Wahl für leichte, mittlere und schwere Bearbeitung (L, G, H) Bearbeitung. KC920M ist zum Nass- und Trockenfräsen geeignet
KC930M	**Zusammensetzung:** Beschichtete Hartmetallsorte mit einer 8 μm dicken CVD-Mehrlagenschicht (TiN/TiCN/TiN) **Einsatzempfehlung:** KC930M ist eine Mehrbereichssorte zum Fräsen von Stahl und Sphäroguss. Anwendungsbereiche sind die leichte, mittlere und schwere Bearbeitung (L, G, H)

infolge des Beschichtens vorzubeugen. Hier sind Radien zwischen 20 und 100 μm je nach Einsatz der Schneide (Schruppen, Schlichten) üblich.

Beschichtete Hartmetalle eignen sich zum Bearbeiten aller Stähle und Gusseisen sowie hochwarmfester Legierungen auf Nickel- oder Kobaltbasis. In der Produktion werden beim Drehen und Bohren nahezu ausschließlich, beim Fräsen mehrheitlich beschichtete Wendeschneidplatten eingesetzt. Lediglich auf leistungsschwachen Maschinen oder bei Notwendigkeit sehr scharfer Schneiden wird mit unbeschichteten Schneiden gespant. In Tab. 6.3 sind Einsatzempfehlungen für den Einsatz von beschichtetem Hartmetall aufgenommen worden.

Leichtmetalle und Buntmetalle werden noch meist mit unbeschichtetem Hartmetall bearbeitet.

6.4   Schneidkeramik

Schneidkeramikwerkzeuge sind sehr hart und verschleißfest. Sie sind jedoch sehr spröde und bruchempfindlich.

Wegen ihrer hohen Verschleißfestigkeit und Temperaturbeständigkeit können Keramikwerkzeuge extrem hohe Schnittgeschwindigkeiten ertragen. Deshalb werden sie bevorzugt zur Erzeugung von Werkstücken mit hohen Oberflächengüten im Schlicht- und Feinschlichtbereich im nicht unterbrochenen Schnitt eingesetzt.

Ihre geringe Zähigkeit begrenzt ihre Anwendungsmöglichkeit jedoch auf einen schmalen Bereich. Keramikwerkzeuge werden deshalb überwiegend beim Drehen, zur Bearbeitung von kurzspanenden Werkstoffen, z. B. Grauguss und zur Bearbeitung von Stählen höherer Festigkeit ($R_\mathrm{m} > 600\,\mathrm{N/mm^2}$), eingesetzt (siehe Tab. 6.4).

Bei den Schneidkeramiken unterscheidet man zwischen

- **Oxidkeramik weiß (Reinkeramik)**
  Der Hauptbestandteil der weißen Oxidkeramik ist Al$_2$O$_3$. Zur Verbesserung der Zähigkeit werden noch kleine Mengen an Zirkonoxid ZrO$_2$ beigefügt.

Tab. 6.4 Keramische Schneidstoffe

Keramik	Ungefähre Zusammensetzung	Einsatzgebiete
Oxidkeramik, weiß	3–15 Masse-% ZrO_2 97–85 Masse-% Al_2O_3	Grauguss, Einsatz und Vergütungsstähle, geeignet für: hohe v_c, kleinere Vorschübe
Oxidkeramik, schwarz	5–40 Masse-% TiC/TiN zusätzlich bis 10 Masse-% ZrO_2 95–60 Masse-% Al_2O_3	Hartguss, gehärteter Stahl, geeignet für: hohe v_c, kleine Vorschübe
Nitridkeramik	0–7,5 Masse-% Y_2O_3 ⎫ 0–17 Masse-% Al_2O_3 ⎬ als Sinteradditive 0–3 Masse-% MgO ⎭ zusätzlich bis 30 Masse-% TiC/TiN 50–70 Masse-% Si_3N_4 (Siliziumnitrid)	Grauguss, hochnickelhaltige Stähle, geeignet für: Grobbearbeitung mit mittleren v_c

- **Oxidkeramik schwarz (Mischkeramik)**
  Sie ist eine Mischkeramik und enthält außer Aluminiumoxid auch metallische Hartstoffe wie Titancarbid TiC und Titancarbonitrid TiCN. Dadurch wird eine – im Vergleich zur weißen Keramik – erhöhte Druck- und Abriebfestigkeit erreicht.
- **Nitridkeramik**
  Sie gehört zu den nichtoxidischen Schneidstoffen auf Si_3N_4-Basis.
  Diese Keramik zeichnet sich durch gute Bruchzähigkeit und hohe Thermoschockbeständigkeit aus und eignet sich daher zum Schruppen von Grauguss.
- **Whiskerkeramik**
  Dies ist eine Oxidkeramik mit zusätzlich eingelagerten Fasern (Whiskern), meist aus Siliziumcarbid (SiC). Dadurch werden die Zähigkeitseigenschaften deutlich gesteigert.
- **Beschichtete Keramik**
  Vereinzelt wird Keramik, bevorzugt auf Basis von Siliziumnitrid beschichtet, um die Standzeit nochmals zu erhöhen.

6.5 Schneiddiamanten

Der Diamant besteht aus reinem Kohlenstoff. Er ist der härteste und dichteste Werkstoff unter allen bekannten Werkstoffen. Neben seiner hohen Härte ist er aber sehr spröde und sehr stoß- und wärmeempfindlich. Der Grundbestandteil des Diamanten, der Kohlenstoff entwickelt bei der Bearbeitung von eisenhaltigen Werkstücken (Gusseisen und Stahl) eine Affinität zum Eisen (Fe), so dass es zur Auflösung der Schneide kommt (chemischer Verschleiß). Daraus resultiert der Einsatz für Diamantwerkzeuge. Sie werden vorrangig für die Bearbeitung von nichteisenhaltige Werkstücken eingesetzt. Mit Diamanten erreicht man Oberflächenrauigkeiten bis 0,1 μm. Sie lassen Schnittgeschwindigkeiten bis zu 3000 m/min zu. Der normale Arbeitsbereich liegt jedoch zwischen 100 und 500 m/min.

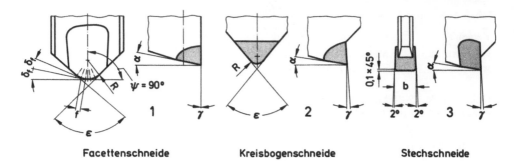

| Facettenschneide | Kreisbogenschneide | Stechschneide |

Abb. 6.2 Die wichtigsten Schneidenformen der Drehdiamanten, 1 Facettenschneide, 2 Kreisbogen-schneide, 3 Stechschneide (*Werkfoto der Fa. E. Winter & Sohn, Hamburg*)

Abb. 6.3 a Kugelsitzhal-ter (*nach Winter und Sohn*), **b** Halterungen für Dreh-diamanten, 1 für geringe Spitzenhöhen, 2 Bohrdiamant-halter, 3 Winter-Visier zum Ausrichten der Facettenschnei-den, 4 Halter mit verstärktem Kopf (*Werkfoto der Fa. E. Win-ter & Sohn, Hamburg*)

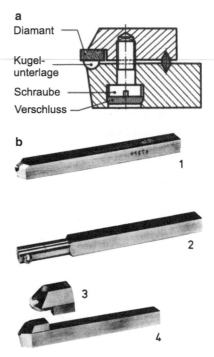

Mit Diamanten werden folgende Werkstoffe bevorzugt bearbeitet:

Leichtmetalle:	Aluminium und -legierungen, Magnesium und -legierungen, Titan
Schwermetalle:	Kupfer und -legierungen, Elektrolytkupfer, Bronze, Messing, Neusilber
Edelmetalle:	Platin, Gold, Silber

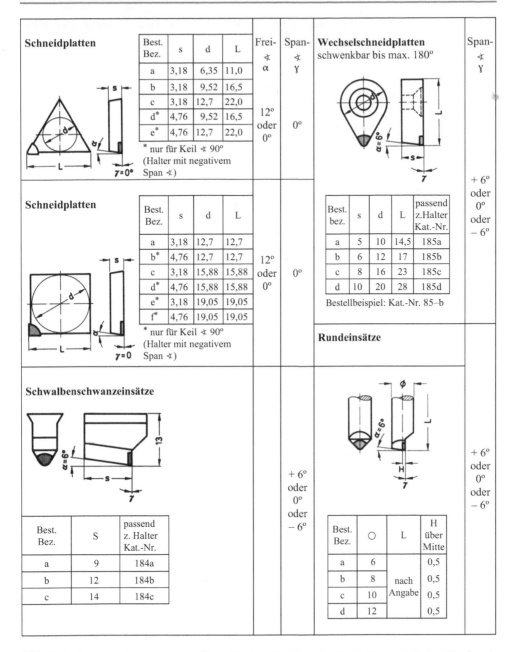

Abb. 6.4 Diamantschneidplatten und ihre Winkel (*Werkfoto der Fa. E. Winter & Sohn, Hamburg*)

Kunststoffe: Faserverstärkte wie GFK-, CFK-Werkstoffe, Hartpapier, Plexi-
                                glas, Teflon usw.
Weitere nichtmetallische: Gummi, Keramik, Glas, Gestein, Graphit usw.

Die wichtigsten Schneidenformen von Diamantwerkzeuge mit geometrisch definierter
Schneiden sind in Abb. 6.2 dargestellt. Die am häufigsten angewandte Schneide ist die
Facettenschneide.

Neben kompakten Industriediamanten als monokristalline Diamanten (MKD) in speziellen Haltern z. B. nach Abb. 6.3, werden zunehmend polykristalline Schneidkörper
(PKD) verwendet. Bei polykristallinen Schneidkörpern werden viele sehr kleine Diamanten im Schneidenbereich eines Hartmetallgrundkörpers unter großem Druck und bei
großen Temperaturen „aufkristallisiert". Die so hergestellten Schneidplatten können aufgelötet oder geklemmt werden.

Einige für die Außenbearbeitung eingesetzte polykristalline Schneidplatten zeigt
Abb. 6.4. Die Schneidplatten sind mit folgenden Winkeln lieferbar.

$$\text{Freiwinkel:} \quad 0°; \quad +6°; \quad +12°$$
$$\text{Spanwinkel:} \quad -6°; \quad 0°; \quad +6°$$

Polykristalliner (vielkörniger) Diamant wird synthetisch unter hohem Druck bei hoher
Temperatur aus Kohlenstoff hergestellt. PKD ist – nach dem Naturdiamanten – der mit
Abstand härteste Schneidstoff und bietet dadurch eine unerreichte Verschleißbeständig-
keit.

Er wird in der Serienfertigung zur Bearbeitung von Aluminiumlegierungen mit hohem Siliziumanteil (bevorzugt über 12 %) eingesetzt, die extrem abrasiv sind. Typische
Werkstücke sind Kurbelgehäuse und Zylinderköpfe in der Automobilindustrie. Weitere
Verwendung erfährt PKD beim Spanen von faserverstärkten Kunststoffen, bei denen seine Schneidenschärfe das Delaminieren (Ausfransen) des Laminates verhindert und seine
Härte trotz sehr abrasiver Fasern zu guten Standzeiten führt. PKD darf nicht zum Spanen
eisenhaltiger Werkstückstoffe eingesetzt werden.

6.6   Kubisches Bornitrid

Polykristallines (kubisches) Bornitrid (PKB, englisch CBN) wird aus hexagonalem (dem
„normalen") Bornitrid nach einem ähnlichen Verfahren wie PKD hergestellt, d. h. Hoch-
temperatur- und Hochdrucksynthese. Wichtigste Merkmal von PKB sind seine hohe Härte und Verschleißbeständigkeit bei gleichzeitiger hoher Temperaturbeständigkeit (siehe
Tab. 6.5). Im Vergleich zum Diamant gibt es auch keine Probleme bei der Bearbeitung
von Eisen und Stahl. Dadurch eignet sich PKB hervorragend zum Spanen von gehärtetem

Tab. 6.5 Vergleich der Eigenschaften der Schneidstoffe

Eigenschaften	Schnell-arbeitsstahl	Hartmetall	Schneid-keramik	Diamant (MKD, PKD)	Kubisches Bornitrid (PKB, CBN)
Dichte [g/cm^3]	8,0 ... 9,0	6,0 ... 15,0	3,2 ... 4,5	3,5	3,45
Vickershärte HV 30	700 ... 900	850 ... 1800	1400 ... 2100	7000	4500
Druckfestigkeit [N/mm^2]	3000 ... 4000	3000 ... 6400	2500 ... 5000	3000	4000
Biegefestigkeit [N/mm^2]	2500 ... 3800	1000 ... 3400	400 ... 900	400	600
Temperatur-beständigkeit bis K	600...870	> 1300	> 1800	600	> 1500
E-Modul GPa	260 ... 300	470 ... 650	300 ... 450	890 ... 1000	680 ... 800
Längendeh-nungskoeff. (RT = 1,273 °K) 10^{-6}/K	9 ... 12	4,6 ... 7,5	2,6 ... 8,0	1,5 ... 1,9	3,6

Stahl, wobei Härten bis 68 HRC bearbeitet werden können. Die erreichbaren Oberflächenqualitäten ermöglichen in einigen Fällen die Substitution der Endbearbeitung durch Schleifen, so dass eine Verkürzung der Prozesskette möglich wird.

6.7 Vergleich der Schneidstoffe

Die physikalischen Eigenschaften der behandelten Schneidstoffe für das Spanen mit geometrisch bestimmten Schneiden in der Verwendung für Schneidwerkzeuge zeigt Tab. 6.5. Die stark voneinander abweichenden Werte für die Härte und Druckfestigkeit im Vergleich zur Zähigkeit und Biegefestigkeit sowie die wichtige Kenngröße Temperaturbeständigkeit (Warmhärte) ergeben einen zusammenfassenden Überblick zum Kapitel Schneidstoffe.

Im Abb. 6.5 werden Härte und Verschleißbeständigkeit in Abhängigkeit von der Biegefestigkeit und Zähigkeit der einzelnen Schneidstoffe dargestellt. Einen idealen Schneidstoff, der sowohl hohe Härte/Verschleißbeständigkeit als auch hohe Biegefestigkeit/Zähigkeit aufweist gibt es noch nicht.

Die harten Schneidstoffe (das sind alle Schneidstoffe mit Ausnahme der Schnellarbeitsstähle) sind in Zusammensetzung und Eigenschaften sehr verschieden, werden aber dennoch oft für gleiche Aufgaben eingesetzt, wobei die Schnittbedingungen und Arbeits-

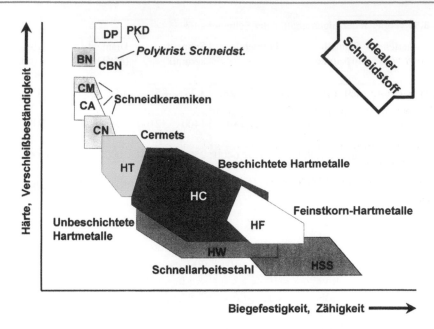

Abb. 6.5 Vergleich von Härte/Verschleißfestigkeit und Zähigkeit/Biegefestigkeit der Schneidstoffe

ergebnisse durchaus sehr unterschiedlich sind. Beispiel: Zum Drehen von Gusseisen können unbeschichtetes wie beschichtetes Hartmetall, weiße oder schwarze Oxidkeramik, Nitridkeramik oder PKB eingesetzt werden, wobei die Schnittgeschwindigkeiten im Bereich zwischen 60 und 1200 m/min je nach Schneidstoff liegen können.

Um die Anwendungsgebiete der harten Schneidstoffe besser beschreiben zu können, wurde die ISO-Norm 513 überarbeitet und hat in neuer und erweiterter Form Gültigkeit erlangt. Darin werden den bisherigen „Zerspanungsanwendungsklassen" nach ISO 513 Kennbuchstaben zur Identifizierung der Schneidstoffgruppe vorangestellt (siehe Tab. 6.6).

Innerhalb jeder dieser Hauptgruppen werden die einzelnen Schneidstoffsorten je nach ihren Zähigkeits- und Härteeigenschaften verschiedenen Zerspanungsanwendungsklassen zugeordnet, die durch Ziffern bezeichnet werden.

Damit wird der Einsatzbereich einer Schneidstoffsorte durch Angabe der Schneidstoffkennbuchstaben und der Zerspanungsanwendungsklasse gekennzeichnet, z. B. HC-P25 oder CA-K10 oder BH-H05.

Tab. 6.6   Kennzeichnung der harten Schneidstoffe nach ISO 513

Symbol	Schneidstoffgruppe
HW	Unbeschichtetes Hartmetall auf Basis Wolframcarbid
HF	Feinkornhartmetall, Korngröße unter 1 μm
HT	Unbeschichtetes Hartmetall auf Basis Titancarbid oder -nitrid (Cermet)
HC	Hartmetalle wie vorstehend, aber beschichtet
CA	Oxidkeramik auf Basis Al_2O_3, auch mit anderen Oxiden
CM	Oxidkeramik auf Basis Al_2O_3 und anderen nichtoxidischen Bestandteilen
CN	Nitridkeramik auf Basis Si_3N_4
CR	Faserverstärkte Keramik auf Basis Al_2O_3 (Whiskerkeramik)
CC	Keramiken wie vorstehend, aber beschichtet
DP	Polykristalliner Diamant (PKD)
DM	Monokristalliner (natürlicher) Diamant
BH	Polykristallines Bornitrid mit hohem PKB-Gehalt
BL	Polykristallines Bornitrid mit niedrigem PKB-Gehalt
BC	Polykristalline Bornitride wie vorstehend, aber beschichtet

Weiterhin enthält die neue ISO 513 neben den bisher bekannten drei Zerspanungshauptgruppen P, M und K weitere Hauptgruppen mit folgenden Inhalten:

P	Unlegierte und legierte Stähle (wie bisher)
M	Rostbeständige austenitische Stähle (wie bisher)
K	Unlegiertes und legiertes Gusseisen (keine weiteren Werkstückstoffe mehr)
N	NE-Metalle und Nichtmetalle
S	Schwerspanbare Legierungen auf Basis Nickel oder Kobalt oder Titan
H	Gehärtete Eisenwerkstoffe (Stahl wie Guss)

6.8   Testfragen zum Kapitel 6

1. Nennen Sie die in der Zerspantechnik verwendeten Werkzeugwerkstoffe.
2. Bis zu welchen Temperaturen sind die Werkzeugwerkstoffe wärmebeständig und was gibt sich daraus bezüglich der zulässigen Schnittgeschwindigkeiten?
3. Welche Leistungssteigerungen sind durch Hartstoffbeschichtungen beim Werkstoff Schnellarbeitsstahl zu erreichen?
4. Wie bezeichnet man die Hartmetalle?
5. Was sagt die Zahl nach dem Kennbuchstaben bei der Hartmetallbezeichnung aus?

6. Welche Hartmetallsorte wählt man, wenn man einen Stahl hoher Festigkeit zerspanen will?

7. Welche Leistungssteigerungen sind durch Hartstoffbeschichtungen beim Werkstoff Hartmetall zu erreichen?

8. Nehmen Sie eine qualitative Einordnung der Schneidstoffe in ein Diagramm mit den Achsen Härte/Verschleißfestigkeit und Biegefestigkeit/Zähigkeit vor.

9. Stellen Sie eine Reihenfolge der Schneidstoffe hinsichtlich ihrer Temperaturbeständigkeit auf und diskutieren Sie die daraus resultierenden Auswirkungen auf die Anwendung der Schneidstoffe.

Drehen

7

7.1 Definition

Drehen ist ein Zerspanverfahren, bei dem die Schnittbewegung vom Werkstück und die Hilfsbewegung (Vorschub- und Zustellung) vom Werkzeug ausgeführt werden. Vorschub- und Zustellung werden bei den meisten Drehmaschinen mittels Längs- und Querschlitten erzeugt (Abb. 7.1). Bei sehr schlanken Teilen wird das Werkstück an der Bearbeitungsstelle gestützt und die Vorschubbewegung vom Spindelstock ausgeführt.

Das zum Drehen verwendete Werkzeug, der Drehmeißel, hat *eine* Hauptschneide.

7.2 Drehverfahren

Einfache Drehteile erhalten ihre Form durch eine Vorschubbewegung in Richtung der Drehachse oder senkrecht dazu. Die zugehörigen Verfahren werden benannt nach der Richtung der Vorschubbewegung, die während der Bearbeitung abläuft. Die Kontur des Fertigteils entsteht meist durch mehrere Schnitte. Die Zustellung erfolgt vor jedem Schnitt außerhalb des Werkstücks.

Abb. 7.1 Schnitt- und Vorschubbewegung beim Drehen,
1 Werkstück, 2 Werkzeug

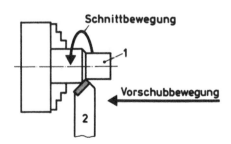

Abb. 7.2 Vorschubrichtung
des Werkzeugs beim Plandrehen

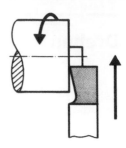

7.2.1 Langdrehen

Beim Langdrehen bewegt sich der Drehmeißel parallel zur Werkstückachse, in der Regel
von rechts nach links (Abb. 7.1). Es wird angewandt, um einem zylindrischen Werkstück
ein bestimmtes Durchmessermaß zu geben.

7.2.2 Plandrehen

Beim Plandrehen (Abb. 7.2) bewegt sich das Werkzeug senkrecht zur Werkstückachse. Es
wird angewandt, um eine Endfläche oder einen Absatz zu bearbeiten. Die Bewegungsrichtung des Drehmeißels ist abhängig von der Art der Bearbeitung, der Schneidenform und
der Stellung des Werkzeugs, der Form des Werkstücks (Hohlteil, Vollteil). Beim Schruppen wird eine Bewegung von außen nach innen, beim Schlichten von innen nach außen
bevorzugt.

7.2.3 Stechen (Stechdrehen)

Beim Stechen bewegt sich das Werkzeug senkrecht oder parallel zur Werkstückachse. Die
Kontur entsteht meist durch einmaliges Stechen auf Fertigtiefe.

7.2.3.1 Einstechen
Das Einstechen wird angewandt, um eine Nut bestimmter Form, z. B. Nuten für Gewinde-
ausläufe, zu erzeugen.

Wenn die Nutform, wie bei Abb. 7.3, gerade ist und parallel zur Werkstückachse verläuft, dann ist beim Einstechen die gesamte Breite der Hauptschneide des Stechdrehmeißels im Einsatz. Der Eckenwinkel beträgt hier 90°.

7.2.3.2 Abstechen
Wenn man ein fertigbearbeitetes Werkstück von der Stange abstechen will, dann geschieht
dies mit dem Abstechverfahren. Im Gegensatz zum Einstechen (Abb. 7.3) ist beim Abstechen die Hauptschneide zur Werkstückachse (Abb. 7.4) geneigt. Der Eckenwinkel des

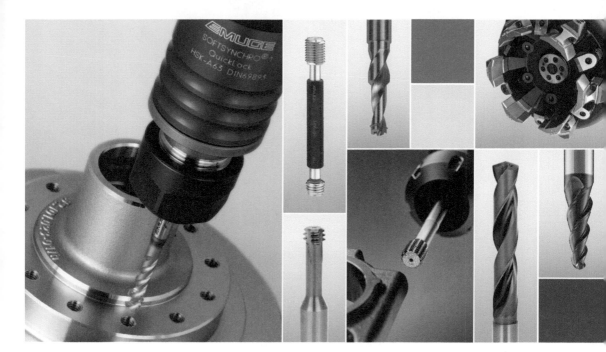

100 Jahre Innovation, Präzision und Nähe

EMUGE Gewindewerkzeuge setzen Maßstäbe in der Gewindeherstellung. Sowohl die Entwicklung des Einschnitt-Gewindebohrers mit Schälanschnitt vor 100 Jahren als auch unsere neuesten Technologien EMUGE Punch Tap oder EMUGE Taptor zielen darauf ab, die Gewindeherstellung schneller und effizienter zu gestalten.

Perfekt auf EMUGE-Gewindewerkzeuge abgestimmte Spiralbohrer und Werkzeugaufnahmen komplettieren das Produktprogramm ebenso wie Lehren, Fräswerkzeuge, speziell für Ihre Anforderungen maßgeschneiderte Sonderwerkzeuge oder Werkstückspannvorrichtungen. Ein umfangreiches Servicekonzept mit anwendungsspezifischer Beratung vervollständigt unser Portfolio, damit eine optimale Bearbeitungsstrategie und höchste Prozesssicherheit erreicht werden kann.

www.emuge-franken.com   info@emuge-franken.de

Abstechstahles ist kleiner als 90°. Dadurch entstehen zwei verschiedene Zapfendurchmesser (d_1, d_2). Dies hat zur Folge, dass in der Endphase des Abstechvorganges das am kleinen Zapfendurchmesser hängende Teil ohne Restzapfen abbricht.

7.2.3.3 Ausstechen

Das Ausstechen ist ein Stechdrehen, bei dem die Vorschubrichtung des Stechdrehmeißels parallel zur Werkstückachse liegt. Es wird angewendet, um z. B. aus einer Platte eine große Scheibe herauszutrennen oder zur Herstellung von Nuten an Stirnflächen (Abb. 7.5).

Sollen keglige Werkstücke oder Werkstücke mit gekrümmten Begrenzungslinien hergestellt werden, so sind drei Verfahren anwendbar: Profildrehen, Drehen mit schräg gestelltem Oberschlitten (Kegeldrehen), Drehen mit gleichzeitiger und gesteuerter Bewegung von Längs- und Querschlitten (Kopierdrehen, NC-Drehen).

7.2.4 Profildrehen

Beim Profildrehen hat die Hauptschneide des Drehmeißels die am Werkstück zu erzeugende Form. Die Form wird in der Regel im Einstechverfahren in das Werkstück eingebracht.

Abb. 7.3 Einstechen einer Nut

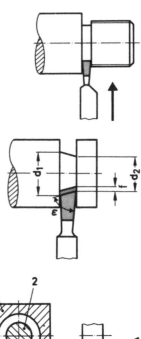

Abb. 7.4 Lage der Hauptschneide des Stechdrehmeißels beim Abstechen $\varepsilon < 90°$

Abb. 7.5 Ausstechen einer großen Bohrung, *1* Werkstück, *2* ausgestochenes Abfallstück, D Bohrungsdurchmesser im Werkstück

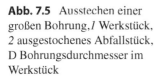
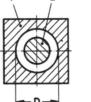

Abb. 7.6 Mit Profildrehmeißel
im Stechverfahren hergestelltes
Profildrehteil

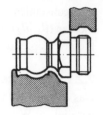

So erzeugte Werkstücke (Abb. 7.6) bezeichnet man auch als Profildrehteile und die Werkzeuge als Profildrehmeißel.

7.2.5 Kegeldrehen

Kegeldrehen ist ein Langdrehen, bei dem sich der zu erzeugende Durchmesser stetig ändert. Es wird angewandt, um konische Wellen zu erzeugen. Der Kegelwinkel α lässt sich nach folgender Gleichung berechnen (Abb. 7.7).

$$\tan \frac{\alpha}{2} = \frac{D - d}{2 \cdot l}$$

$\alpha/2$ halber Kegelwinkel in °
D großer Kegeldurchmesser in mm
d kleiner Kegeldurchmesser in mm
l Länge des Kegels. in mm

Zur Erzeugung von konischen Wellen gibt es zwei Möglichkeiten.

a) *durch Schrägstellen des Oberschlittens*
   Dabei wird der Oberschlitten mit Hilfe der Gradskala grob und mit Hilfe eines Lehrkegels, der mit einer Messuhr abgetastet wird, feineingestellt. Das Verfahren setzt man zur Herstellung von kurzen Kegeln ein (Abb. 7.8).
b) *durch seitliches Verschieben des Reitstockes*
   Weil die seitlichen Verschiebewege des Reitstockes auf seiner Führungsplatte nur gering sind, kann man mit Hilfe dieser Reitstockverschiebung nur schlanke Kegel

Abb. 7.7 Kenngrößen des
Kegels

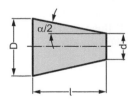

Abb. 7.8 Kegeldrehen durch
Ausschwenken des Oberschlittens

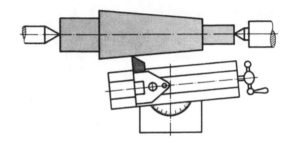

(Abb. 7.9) erzeugen. Die erforderliche Reitstockverschiebung lässt sich nach folgender
Gleichung bestimmen:

$$s_R = \frac{D - d}{2}$$

s_R Reitstockverschiebung in mm
D großer Durchmesser des Kegels in mm
d kleiner Durchmesser des Kegels in mm

Der Grenzwert der so erzeugten Kegel liegt bei $s_R/l = 1/50$. Bei größeren seitlichen Verschiebungen neigt das Werkstück zum Verlaufen, weil dann die Zentrierung
(Abb. 7.9b) nicht mehr richtig in der Reitstockspitze anliegt.
Deshalb verwendet man bei größeren Werkstücken anstelle von Zentrierspitzen Kugel-
körner.
Solche, durch Ausschwenken des Reitstockes herzustellenden Kegel können ebenfalls
mit dem selbsttätigen Längszug der Drehmaschine erzeugt werden.

7.2.6 Gewindedrehen

Gewindedrehen ist ein Langdrehen, bei dem der Vorschub der Steigung des zu erzeugenden Gewindes entspricht. An der Drehmaschine wird der zum Gewindeschneiden erforderliche genaue Vorschub durch die Leitspindel und das Vorschubgetriebe erzeugt.

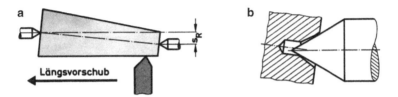

Abb. 7.9 Kegeldrehen durch seitliches Verstellen des Reitstockes, **a** Verstellweg des Reitstockes
s_R, **b** ungünstige Lage der Körnerspitze

Abb. 7.10 Werkstück mit Anordnung des Drehmeißels beim Gewindedrehen, **a** Außengewinde, **b** Innengewinde

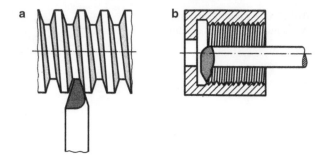

Bei Revolverdrehmaschinen erzeugt man den Vorschub zum Gewindeschneiden durch eine Leitpatrone (Ersatzleitspindel). Das Werkzeug zum Gewindedrehen ist der Gewindedrehmeißel (Abb. 7.10).

Bei der numerisch gesteuerten Drehmaschine wird der Vorschub durch eine elektrische Verbindung zwischen Hauptspindel und Vorschubantriebsmotor angepasst.

7.2.7   Formdrehen

Beim Formdrehen wird die Form des Werkstückes durch die abgestimmte Steuerung der Vorschub- und Schnittbewegung erzeugt. Dabei kann die Steuerung im einfachsten Fall durch manuelles Verfahren des Werkzeugs im so genannten Freiformdrehen, über ein Meisterstück, das kopiert wird oder auch computerunterstützt (CNC) realisiert werden.

7.2.7.1   Kopierdrehen

Die Werkstückform wird von einem Formspeicher (Schablone, Meisterstück) abgegriffen und auf den Längs- und Querschlitten übertragen.

Beim Kopierdrehen wird der Planschlitten oder ein eigener Kopierschlitten entsprechend der jeweiligen Längsstellung zwangsweise in Querrichtung bewegt.

Bei der beispielhaft gezeigten hydraulischen Kopiereinrichtung (Abb. 7.11) tastet ein Stift eine Kopierschablone, die die zu erzeugende Form hat, ab und steuert damit über ein Ventil einen Hydraulikkolben, der mit dem Planschlitten verbunden ist. Die Geschwindigkeit in Längsrichtung bleibt hier konstant (konstanter Leitvorschub) und wird, wie beim normalen Langdrehvorgang, von der Zug- oder Leitspindel der Drehmaschine erzeugt. Bei anderen Ausführungen, z. B. mit Kolben und Zylinder in Längsrichtung, kann der Leitvorschub entsprechend der Werkstückkontur verändert werden.

7.2.7.2   Drehen mit numerischer Steuerung (NC, CNC)

Statt der analogen Abbildung der Sollform des Werkstücks in der Schablone kann die Form auch durch die charakteristischen Maße ziffernmäßig beschrieben werden. Diese Beschreibung wird bei numerisch gesteuerten Maschinen z. B. aus den CAD-Daten (Computer Aided Design) der Konstruktionszeichnung in CNC-Programme und nachfolgend

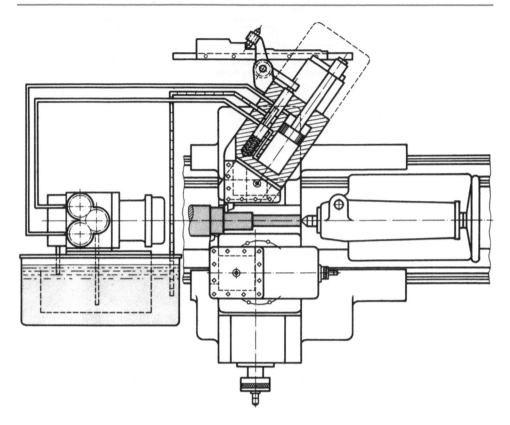

Abb. 7.11 Schema einer hydraulischen Kopiereinrichtung

in Signale für die regelbaren Antriebe (Längs- und Querschlitten) umgesetzt (Abb. 7.12). Mit numerisch gesteuerten Drehmaschinen lassen sich alle mathematisch beschreibaren Konturen an Drehteilen erzeugen, sofern die Schneidenform des Werkzeugs einen Schnitt ermöglicht. Abb. 7.12 zeigt schematisch den Aufbau einer solchen Maschine.

Moderne CNC-Drehmaschine verfügen über zusätzliche gesteuerte Achsen, die eine Komplettbearbeitung auch komplizierter Werkstücke ermöglichen. Durch den Einsatz einer gesteuerten Rotationsachse um die Z-Achse (Drehachse), die nach DIN/ISO definierte C-Achse in Verbindung mit angetriebenen Werkzeugen im Revolver der Drehmaschine sind auch Fräs- und Bohrbearbeitungen auf der Drehmaschine möglich. Die Vorteile, die sich daraus ergeben sind kürzere Fertigungszeiten und höhere Genauigkeiten (Bearbeitung in einer Aufspannung).

In Abb. 7.13 ist der Arbeitsraum eines CNC-Drehbearbeitungszentrums zu sehen, das über eine zusätzliche „echte„ Y-Achse verfügt, d. h. bei stillstehendem Werkstück sind Fräsoperationen in Richtung der Y-Achse möglich, um z. B. Mehrkantflächen am Werkstück herzustellen. Anstelle des Reitstockes ist eine Gegenspindel eingebaut. Damit können vorbearbeitete Werkstücke in die Gegenspindel übernommen werden und auch auf

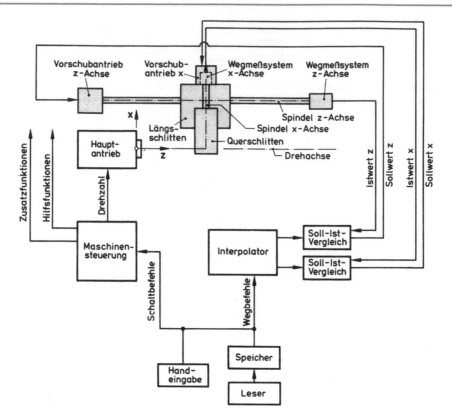

Abb. 7.12 Aufbau einer numerischen Steuerung für zwei Achsen (Drehen) [nach Dräger]

der zweiten Seite durch Drehen, Fräsen und Bohren fertig bearbeitet werden. Die Gegenspindel kann dazu gesteuert in Richtung der Z-Achse verfahren werden und auch eine C-Achse für den Einsatz der angetriebenen Werkzeuge ist vorhanden. Die Spinner TC 600 in Abb. 7.13 verfügt somit über sechs gesteuerte Achsen. Die Steuerung Siemens 840 D verfügt über eine werkstattorientierte Programmiersoftware „ShopTurn", die eine dialogorientierte Programmierung und Simulation der Bearbeitung durch das Bedienungspersonal erlaubt. Über die Verbindung zum Netzwerk und eine frontseitige USB-Schnittstelle können extern mit CAD/CAM-Software erstellte Programme eingespielt werden.

Die Bearbeitung mit angetriebenen Werkzeugen kann sowohl axial als auch radial erfolgen.

In Abb. 7.14 ist die axiale Zustellung des Fräswerkzeugs zur Herstellung eines Sechskantes zu sehen. Die Fräsbearbeitung kann sowohl durch koordinierte Abstimmung der C-, und X-Achse als auch bei stillstehendem Werkstück durch die Y-Achse erfolgen. In Abb. 7.15 ist die Bohrbearbeitung radial auf der Drehmaschine und in Abb. 7.16 das durch

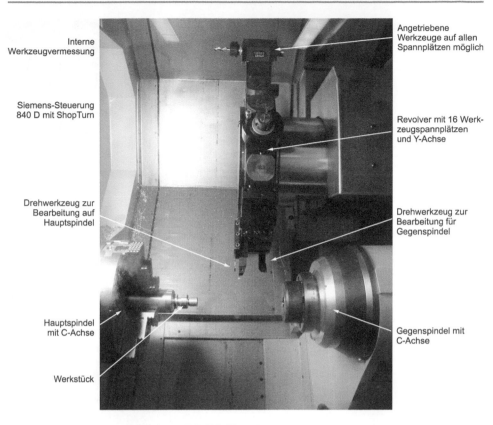

Interne Werkzeugvermessung

Siemens-Steuerung 840 D mit ShopTurn

Drehwerkzeug zur Bearbeitung auf Hauptspindel

Hauptspindel mit C-Achse

Werkstück

Angetriebene Werkzeuge auf allen Spannplätzen möglich

Revolver mit 16 Werkzeugspannplätzen und Y-Achse

Drehwerkzeug zur Bearbeitung für Gegenspindel

Gegenspindel mit C-Achse

Abb. 7.13 Arbeitsraum der Spinner TC 600 (Foto: HTW Dresden)

Abb. 7.14 Fräsen eines Mehrkantes

Drehen, Fräsen und Bohren komplett auf der Drehmaschine in einer Aufspannung bearbeitete Werkstück abgebildet.

Eine weitere Bearbeitung des Werkstückes kann durch die Übernahme in die Gegenspindel unmittelbar anschließend erfolgen (siehe Abb. 7.17).

Abb. 7.15 Bohren radial

Abb. 7.16 Werkstück

Abb. 7.17 Werkstück in der
Gegenspindel

Abb. 7.18 Simulation der
Bearbeitung

Abb. 7.19 Schnittdarstellung
des Werkstückes

Abb. 7.18 zeigt die Steuerung Siemens 840 D, die auch eine 3-D-Darstellung der simulierten Bearbeitung ermöglicht und wie in Abb. 7.19 zu sehen, auch eine Schnittdarstellung des bearbeiteten Werkstücks erlaubt.

Durch den Einbau des Messarmes (siehe Abb. 7.20) kann eine direkte interne Vermessung der Werkzeuge erfolgen. Die interne Vermessung ermöglicht eine schnelle Vermes-

Abb. 7.20 Interne Werkzeugvermessung

sung oder Verschleißkontrolle der Werkzeuge, wobei die Messwerte sofort im Werkzeug-
korrekturspeicher aufgenommen werden können.

7.2.8 Verfahrenskombination Spanen – Umformen

Die zukunftsweisende Kombination von spanenden und umformenden Fertigungsverfahren wird in diesem Kapitel am Beispiel für eine ressourcenschonende kostengünstige
Herstellung von Wälzlager- und Getrieberingen demonstriert. Während durch die Verfahrenskombination im Vergleich zur ausschließlich spanenden Fertigung durch Komplettdrehen insbesondere Materialausnutzung und Qualität der hergestellten Teile verbessert
werden können, kann im Vergleich zum Axial- und Tangentialprofilringwalzen noch zusätzlich die Fertigungszeit wesentlich verkürzt werden. Das ist deshalb der Fall, weil
bei den genannten Walzverfahren zunächst ein Anfangsring in einem ersten Arbeitsgang
hergestellt werden muss, der anschließend in einem zweiten Arbeitsgang durch Walzen
profiliert wird.

Im Ergebnis hierzu durchgeführter Forschungsarbeiten wurde an der TU Dresden mit
der Verfahrenskombination Axialprofilrohrwalzen/Walzeinstechen(APRW/WE)-Drehen
eine neuartige, schutzrechtlich gesicherte, Fertigungsmöglichkeit entwickelt. Deren
verfahrens- und maschinentechnische Umsetzung für die Herstellung von Wälzlagerkom-
ponenten wurde bereits Mitte der 1990er Jahre auf dem Umform- und Zerspanzentrum

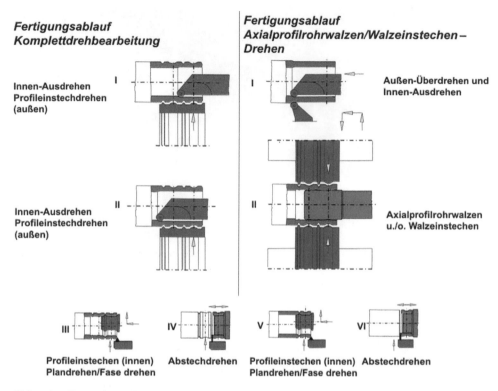

Abb. 7.21 Gegenüberstellung Fertigungsablauf Komplettdrehen und APRW/WE-Drehen [26, 27]

PF 82/102, das von der ehemaligen PITTLER-TORNOS Werkzeugmaschinen GmbH Leipzig (jetzt EMAG Leipzig Maschinenfabrik GmbH) gemeinsam mit der TU Dresden entwickelt und gebaut wurde, nachgewiesen [26, 27].

Die Verfahrenskombination APRW/WE-Drehen ist dadurch gekennzeichnet, dass Walzen und Drehen in einer Aufspannung auf einer Maschine bei größtmöglicher Nutzung von Zeit- und Schnittüberdeckung durchgeführt werden. Dabei werden alle problemlos walzbaren Form- und Flächenelemente eines Werkstückes durch APRW/WE entsprechend der geforderten Genauigkeiten fertigprofiliert. Alle nicht bzw. nur mit unvertretbar hohem Aufwand walzbaren Form- und Flächenelemente werden endkonturnah vorprofiliert und anschließend entsprechend der geforderten Maß-, Form- und Lagegenauigkeiten durch Drehen fertig- bzw. weiterbearbeitet. Dadurch werden die Vorteile des Walzens mit den Vorteilen des Drehens kombiniert und parallel und/oder seriell genutzt. Das bisher untersuchte und stabil beherrschte Teilespektrum umfasst symmetrische außenprofilierte Ringe (speziell Wälzlager- und Getrieberinge) [26, 28]. Abb. 7.21 zeigt beispielhaft den Fertigungsablauf (Zweiring-Bearbeitung) eines Radial-Rillenkugellager-Innenringes mit der entwickelten Verfahrenskombination auf der zugehörigen Maschine im Vergleich zur Komplett-Drehbearbeitung auf Mehrspindel-Drehautomaten.

Abb. 7.22 Walzeinrichtung zum APRW/WE (in Spindellage II) [26, 27]

Vor dem Walzen erfolgt in Spindellage I ein Außen-Überdrehen bzw. Innen-Ausdrehen des Anfangsrohres, um dieses in einen „walz- bzw. qualitätsgerechten" Zustand zu bringen. Entsprechend der Komplett-Drehbearbeitung wird in den Spindellagen III bis VI der am Rohr (vor-)profilierte Wälzlagerring spanend fertig- bzw. weiterbearbeitet [26, 27].

Die zeitbestimmenden und materialintensiven Arbeitsstufen Profileinstechdrehen (der Außenkontur) und Abstechdrehen werden durch APRW/WE substituiert (Spindellage II in Abb. 7.21 sowie Abb. 7.22).

Folgende Vorteile durch die Verfahrenskombination ergeben sich für den beschriebenen Anwendungsfall:

- Erhöhung der Materialausnutzung und damit Verringerung des Werkstoffeinsatzes,
- Senkung der Werkzeugkosten durch hohe Standzeit der Profilwalzwerkzeuge,
- Senkung der Fertigungszeit durch geringen Zeitbedarf der Umformoperation bei möglicher Zwei- und Mehrringbearbeitung,
- Erhöhung der Lebensdauer der Werkstücke durch nicht unterbrochenen Faserverlauf und hohe Oberflächengüte,
- Verringerung unproduktiver Nebenzeiten durch Komplett-Bearbeitung (Spanen und Umformen) auf einer Maschine,
- Senkung der Schleifkosten durch geringere Verformung nach der Wärmebehandlung,
- Gewährleistung der geforderten Maß-, Form- und Lagegenauigkeiten durch entweder Walzen oder Drehen,
- Substitution der aufwendigen Anfangsringfertigung im Vergleich zum Axial- bzw. Tangentialprofilringwalzen und damit Senkung von Investitionskosten und Platzbedarf.

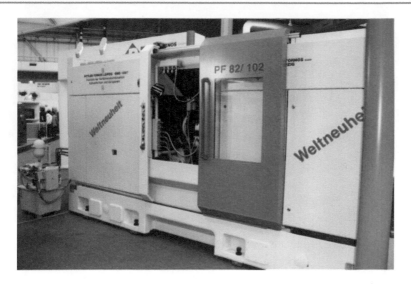

Abb. 7.23 Umform- und Zerspanzentrum PF 82/102 [26, 27]

In Abb. 7.23 ist das Umform- und Zerspanzentrum PF 82/102, das speziell zur Fertigung von Wälzlagerinnenringen bis ca. 100 mm Außendurchmesser entwickelt wurde, dargestellt. Es handelt sich um einen modifizierten Sechs-Spindeldrehautomaten mit integrierter Walzvorrichtung.

Für die Herstellung mehrfunktionaler Bauteile besteht darüber hinaus ein wesentlicher Vorteil der Verfahrenskombination in der möglichen Einbeziehung sowohl weiterer umformender Fertigungsverfahren (wie Glattwalzen, Gewindewalzen, Bördeln, Sicken) als auch spanender Fertigungsverfahren (wie Bohren, Fräsen, Schleifen, Reiben, Stoßen, Gewindeschneiden), was die herstellbare Teilevielfalt beträchtlich erhöht. Das betrifft u. a. die Herstellung/Bearbeitung von innenprofilierten (auch innenverzahnten) Werkstücken.

Im Gegensatz zu anderen Fertigungsmöglichkeiten zur Herstellung von profilierten Ringen unter Einbeziehung von Walzverfahren (wie dem gleichfalls maßgeblich unter Beteiligung der TU Dresden entwickelten Tangentialprofilringwalzen sowie TRENPRO®-Verfahren, aber auch zum Axialprofilringwalzen) werden bei der Verfahrenskombination APRW/WE-Drehen hinsichtlich Ringgeometrie und Abmessungsbereich keine Einschränkungen gesehen (vergl. auch [29]).

Nachteilig ist, dass eine solche Maschinenlösung von vornherein beträchtliche Restriktionen hinsichtlich Bauraum und infolgedessen aufzubringender Walzkraft aufweist. Damit sind der walzbaren Werkstückgeometrie (insbesondere Profilbreite und -tiefe betreffend) Grenzen gesetzt. Ursache hierfür ist der Einsatz eines Mehrspindeldrehautomaten als Basismaschine, die nur für einen bearbeitbaren Außendurchmesser bis max. 102 mm zur Verfügung stehen. Vorteile dieser Maschinenlösung wiederum liegen im praktizierten Mehrspindelprinzip und der damit einhergehenden Zeit-/Schnittüberdeckung, die auch für Maschinenneuentwicklungen genutzt werden sollten.

a   b

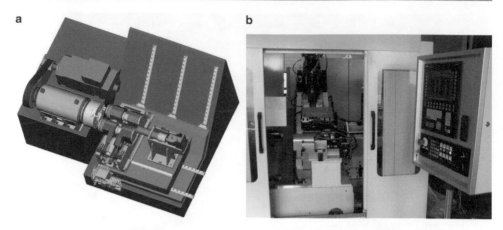

Abb. 7.24 Neuer Maschinenprototyp APRW/WE-Drehen [28, 30] (**a**: konzipiert, **b**: gebaut)

Die Aufgabe der Entwicklung eines neuen Maschinentyps ist es, bekannte Fertigungsverfahren (Walzen und Drehen) so zu kombinieren, dass deren Vorteile voll zum Tragen kommen, während die Nachteile weitestgehend ausgeschlossen werden. Das Zurückgreifen auf vorhandene Baugruppen sowohl von Drehmaschinen als auch Walzmaschinen erscheint dabei möglich und zweckmäßig.

Ein entsprechender Prototyp eines neuen Maschinentyps speziell für Getriebekomponenten wurde gebaut und getestet (Abb. 7.24).

Weitere Varianten einer Maschinenlösung befinden sich in der Begutachtung [28, 30]. Die zunehmende Bedeutung einer ressourcenschonenden Fertigung wird zu einer baldigen Industrieeinführung führen.

Eine kurzfristig und kostengünstig zu realisierende maschinentechnische Umsetzung stellt eine verkettete Fertigungslinie aus modifizierter konventioneller Profilwalzmaschine und konventionellem Frontdrehautomaten dar, wobei der auf der Profilwalzmaschine (vor-) profilierte Ring ohne Zwischenablage an den Frontdrehautomaten zur spanenden Fertig- bzw. Weiterbearbeitung übergeben wird.

7.2.9 Verfahrenskombination Hartdrehen und Schleifen

Die Kombination von verschiedenen Zerspanungsprozessen in einer Maschine und in einer Aufspannung bietet im Hinblick auf die Bearbeitungszeit enorme Einsparpotenziale. Sogenannte Hybridverfahren gewinnen in der Praxis zunehmend an Bedeutung, da die wirtschaftlichen Aspekte speziell für die Serienproduktion enorm sind. So wird durch die Kombination von Drehen oder Hartdrehen und Schleifen der Schleifanteil bei der Bearbeitung von Futterteilen auf das Erzeugen der hochpräzisen Geometrieelemente reduziert, was an einem Beispiel demonstriert werden soll.

Abb. 7.25 Vertikale Dreh-,
Schleifzentrum EMAG VLC
100 GT (Quelle: EMAG
GmbH & Co KG, Salach)

In Abb. 7.25 ist das vertikale Dreh-, Schleifzentrum EMAG VLC 100 GT abgebildet, das bei Bedarf das Schleifen auf hocheffiziente Weise mit vorgelagerten Drehprozessen kombiniert.

Bei der Bearbeitung von Futterteilen bis zu 100 mm Durchmesser, wie z. B. Getrieberädern, Kurvenringen, Kettenrädern, Pumpenringen und Einzelnocken, sind daher massive Zeiteinsparungen bei einem gleichzeitig qualitativ hochwertigen Bearbeitungsergebnis möglich.

Die VLC 100 GT basiert auf dem Pick-up-Prinzip, d. h. die Hauptspindel be- und entlädt die Werkstücke direkt vom integrierten Transportband bzw. einem Shuttle. Der Arbeitsraum kann flexibel mit unterschiedlichsten Dreh- und Schleifmodulen ausgestattet werden.

In Abb. 7.26 ist eine mögliche Ausstattungsvariante dargestellt.

Zudem ist in das kompakte Fertigungssystem ein Transportsystem und ein Messsystem integriert, wie in Abb. 7.27 zu sehen ist.

Zwei Zerspanungsprozesse, die sich ideal miteinander kombinieren lassen, sind das Drehen, bzw. Hartdrehen und das Schleifen. Hierbei werden zunächst alle durch Hartdrehen herstellbaren Partien vor- bzw. auch fertigbearbeitet. Anschließend werden die hochpräzisen Geometrieelemente des Werkstücks in der gleichen Aufspannung fertiggeschliffen. Dieses Vorgehen bietet verschiedene Vorteile: Zum einen ist der Drehprozess, z. B. bei der Bearbeitung von Planflächen, deutlich schneller als die Bearbeitung mit Schleifwerkzeugen.

Abb. 7.26 Arbeitsraum des
Dreh-, Schleifzentrums EMAG
VLC 100 GT (Quelle: EMAG
GmbH & Co KG, Salach)

Abb. 7.27 Arbeitsraum des
Dreh-, Schleifzentrums EMAG
VLC 100 GT mit Transport-
system und Messtaster (Quelle:
EMAG GmbH & Co KG, Sa-
lach)

Zum anderen reduziert sich der Verschleiß der Schleifwerkzeuge, da diese nur noch für das Fertigschleifen genutzt werden müssen. Da die Bearbeitung in einer Aufspannung erfolgt, ist der gesamte Bearbeitungsprozess gegenüber der Bearbeitung auf zwei Maschinen natürlich extrem verkürzt. Dieses führt zu sinkenden Bauteilkosten bei gleicher bzw. häufig sogar besserer Bauteilqualität.

Für den Kunden bietet die flexible Konfigurierbarkeit der VLC 100 GT ein breites Anwendungsspektrum. So lässt sich die Maschine „klassisch" als vertikales Schleifzentrum nutzen, wobei die VLC 100 GT mit zwei Schleifspindeln beispielsweise für das Außen- und Innenschleifen ausgerüstet wird. Alternativ besteht auch die Möglichkeit der Kombinationsbearbeitung mit einem Blockstahlhalter für Hartdrehoperationen. (siehe Abb. 7.28)

Die VLC 100 GT kann sowohl mit Korund- als auch mit moderner CBN-Schleiftechnik ausgestattet werden. Keramisch gebundene CBN-Schleifscheiben können mit einer rotierenden Diamantformrolle abgerichtet werden. Zur Anfunkerkennung von Abrichtrolle und Schleifscheibe steht ein Körperschallsystem zur Verfügung. Kürzeste Schleifzeiten werden durch den Einsatz der adaptiven Prozessregelung erzielt.

Alle vertikalen Pick-up-Maschinen von EMAG verfügen über ein Maschinenbett aus Polymerbeton MINERALIT®, das sich durch 8-fach höhere Dämpfungseigenschaften als Grauguss auszeichnet. Die gute Schwingungsdämpfung trägt damit maßgeblich zur hohen Oberflächengüte der bearbeiteten Werkstücke bei. Für optimale Bearbeitungsqualität sorgt auch der integrierte Messtaster, der zwischen dem Arbeitsraum und der Pick-up-Station

Abb. 7.28 Drehbearbeitung
in der EMAG VLC 100 GT
(Quelle: EMAG GmbH & Co
KG, Salach)

Abb. 7.29 Blick in den Ar-
beitsraum mit Einsatz der
Innenschleifspindel im Dreh-,
Schleifzentrum EMAG VLC
100 GT (Quelle: EMAG
GmbH & Co KG, Salach)

angebracht ist. Hier ist dieser nicht nur bestens geschützt, sondern die Messung kann zeitsparend in der Aufspannung vor und nach der Bearbeitung erfolgen. Natürlich ist auch eine Zwischenmessung jederzeit möglich. (siehe Abb. 7.30)

Die Kombinationsbearbeitung soll an einem konkreten Beispiel Kettenrad näher darge-stellt werden, bei dem die Vorteile gut sichtbar sind (siehe Abb. 7.26). Nach der automa-tischen Beladung der Maschine per Pick-up-Spindel erfolgt die erste Bearbeitung mit der integrierten Innenschleifspindel. Die Bohrung des Kettenrads hat wenig Aufmaß und wird mit CBN fertiggeschliffen (siehe Abb. 7.29). Mit den beiden ebenfalls im Arbeitsraum an-geordneten Blockstahlhaltern erfolgt die Bearbeitung der Planflächen des Kettenrads. Die Bearbeitung per Hartdrehtechnologie ermöglicht dabei nicht nur sehr kurze Bearbeitungs-

Abb. 7.30 Blick in den Ar-
beitsraum mit Einsatz des
Messtasters im Dreh-, Schleif-
zentrum EMAG VLC 100 GT
(Quelle: EMAG GmbH & Co
KG, Salach)

zeiten, sondern erfordert zudem keinerlei Nachbearbeitung. Per Messtaster, der zwischen
Arbeitsraum und Beladestation angeordnet ist, wird anschließend die Bearbeitungsqualität geprüft (siehe Abb. 7.30). Dass der gesamte Prozess in unter 50 Sekunden durchgeführt
wird, unterstreicht die hohe Performance des vertikalen Dreh-/Schleifzentrums.

Das vertikalen Dreh-/Schleifzentrum VLC 100 GT, als ein flexibles System für die
Kombinationsbearbeitung von Futterteilen, ermöglicht den Einsatz der jeweils optimalen
Bearbeitungstechnologie. Flexibel ausrüstbar für jede Anwendung, z. B. mit zwei Schleifspindeln für das Außen- und Innenschleifen oder einem (zwei) Blockstahlhalter(n) und
einer Schleifspindel für Kombinationsbearbeitung, ist das System ideal für die präzise,
prozesssichere und kostengünstige Fertigung von Futterteilen in der Mittel- bis Großserie
(siehe Tab. 7.1).

Die Vorteile lassen sich wie folgt zusammenfassen:

- Kombiniertes vertikales Pick-up-Dreh-/Schleifzentrum
- Komplettbearbeitung in einer Aufspannung
  ⇒ höhere Werkstückqualität und höhere Produktivität
- höhere Standzeiten der Dreh-, Schleif- und Abrichtwerkzeuge
  ⇒ Minimierung der Werkzeugkosten
- geringes Aufkommen von Schleifschlamm bei der Kombibearbeitung
  ⇒ Minimierung der Entsorgungskosten

Tab. 7.1 Technische Daten des Dreh-/Schleifzentrums VLC 100 GT/33/

Futterdurchmesser max.	mm	160
Bearbeitungs-∅ max.	mm	100
Hauptspindel – Leistung 40/100 % ED	kW	19,5/12,5
Umlauf-∅	mm	210
Verfahrweg Z	mm	375
Verfahrweg X	mm	900
Hauptspindel – Drehzahl max.	1/min	6000
Hauptspindel – Moment 40/100 % ED	Nm	75/48

7.3   Erreichbare Genauigkeiten beim Drehen

7.3.1   Maßgenauigkeiten

Die mit den Schlichtdrehen erreichbaren Maßgenauigkeiten liegen bei

$$\text{IT 7 bis IT 8}$$

Beim Feinschlichten sind bei optimalen Drehbedingungen Genauigkeiten von IT 6 zu erreichen.

7.3.2   Oberflächenrauigkeit

Die beim Drehen theoretisch entstehende Oberflächenrauigkeit (Abb. 7.31) lässt sich rechnerisch bestimmen. Sie ist vor allem von der Größe des Spitzenradius r am Drehmeißel und vom Vorschub f abhängig.

Die Rautiefe $R_{\max}$ lässt sich in Ableitung nach Abb. 7.31 in folgender Gleichung näherungsweise bestimmen:

$$R_{\max} \approx \frac{f^2}{8r}$$

$R_{\max}$ max. Rautiefe in mm
f Vorschub pro Umdrehung in mm
r Spitzenradius am Drehmeißel in mm

Weil mit dem Bearbeitungszeichen die Rauheit meist vorgegeben ist, muss man wissen, mit welchem Vorschub bei gegebenem Spitzenradius r gefahren werden muss. Deshalb stellt man obige Gleichung nach dem Vorschub um.

$$f \approx \sqrt{8rR_{\max}}$$

Bei den Richtwerten (wie z. B. Tab. 7.2) arbeitet man heute mit dem Wert R_z.

R_z ist das arithmetische Mittel aus Einzelrautiefen fünf aufeinander folgender Einzelmesswerte.

Um die Werte nicht immer ausrechnen zu müssen, kann man für einige Rauheitswerte aus Tab. 7.2 die erforderlichen Vorschübe, bei gegebenem Spitzenradius r, herauslesen.

Abb. 7.31 Schemabild einer gedrehten Oberfläche, f Vorschub, r Spitzenradius, $R_{\max}$ max. Rautiefe

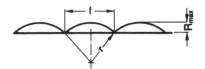

Tab. 7.2 Vorschub f in mm in Abhängigkeit von der geforderten gemittelten Rautiefe R_z und dem Spitzenradius r

Spitzenradius	Vorschub f (mm/U) $= f(R_z, r)$					
	Feindrehen		Schlichten		Schruppen	
r (mm)	R_z 4 μm	R_z 6,3 μm	R_z 16 μm	R_z 25 μm	R_z 63 μm	R_z 100 μm
0,5	0,13	0,16	0,26	0,32	0,50	0,63
1,0	0,18	0,22	0,36	0,45	0,71	0,89
1,5	0,22	0,27	0,44	0,55	0,87	1,10
2,0	0,25	0,31	0,50	0,63	1,00	1,26
3,0	0,31	0,38	0,62	0,77	1,22	1,55

Die Werte in der Tab. 7.2 für den erforderlichen Vorschub sind rechnerische Werte, die sich aus obiger Gleichung ergeben. Da eine Drehmaschine aber nur ganz bestimmte Vorschubwerte hat, ist dann an der Drehmaschine, wenn der rechnerische Wert nicht einstellbar ist, der nächst kleinere Vorschubwert einzustellen.

Die wirkliche Oberflächenfeinform und damit die Rautiefe R_{max} nach DIN 4766 und ISO 1302, weicht von der theoretischen Rautiefe ab. Wesentlichen Einfluss haben die Laufruhe der Maschine beim Schneiden und die Wahl der Zerspanungsgrößen. Zu beachten ist weiterhin, dass die Angabe der Rautiefe R_z allein häufig nicht ausreicht, vielmehr werden Angaben z. B. des arithmetischen Mittenrauwertes R_a oder des Traganteils verlangt.

7.4 Spannelemente

7.4.1 Werkstückspannung

7.4.1.1 Planscheiben (Abb. 7.32)
Sie werden zum Spannen von großen flachen und zum Spannen von nicht rotationssymmetrischen Teilen eingesetzt. Bei der Planscheibe ist jede Spannbacke einzeln verstellbar.

7.4.1.2 Selbstzentrierende Spannfutter
Die selbstzentrierenden Spannfutter haben drei Spannbacken, die das Werkstück spannen und beim Spannen selbst zentrieren. Es gibt auch Spannfutter mit zwei oder vier Spannbacken.

Bei den selbstzentrierenden Spannfuttern werden alle drei Backen gleichzeitig durch

a) eine Spirale (Spiralspannfutter) (Abb. 7.33)
b) Spiralringfutter mit verstellbaren Backen (Abb. 7.34)
c) Keilstangen (Keilstangenfutter, Abb. 7.35)

mit einem Steckschlüssel verstellt.

Abb. 7.32 Planscheibe mit vier einzeln verstellbaren Backen (*Werkfoto Fa. Röhm, Sontheim*)

Abb. 7.33 Spiralspannfutter (*Werkfoto Fa. Röhm, Sontheim*)

Abb. 7.34 Spiralringfutter mit verstellbaren Backen, (*Werkfoto Fa. Röhm, Sontheim*)

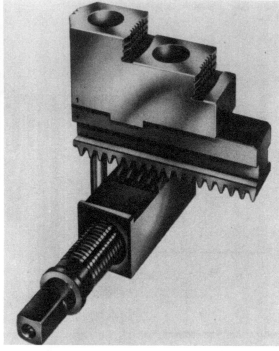

Abb. 7.35 Keilstangenfutter (*Werkfoto Fa. Röhm, Sontheim*)

Das Spiralspannfutter nach DIN 6350 hat als Verstellelement eine archimedische Spirale. In diese Spirale mit gehärteten und geschliffenen Gewindeflanken greifen die ebenfalls geschliffenen Backen ein. Auf der Unterseite ist dieser Spiralring als Zahnkranz ausgebildet. In diesen Zahnkranz greifen, an drei Stellen auf dem Umfang im Futter gelagerte, Ritzel ein. Mit dem Vierkantschlüssel kann jeweils ein Ritzel und mit ihm der Spiralring verdreht und damit die radiale Spannbewegung der Backen erzeugt werden.

Beim Keilspannfutter wird durch eine tangential angeordnete Gewindespindel eine Keilstange verschoben, die einen Treibring dreht. Durch Drehung des Treibringes werden gleichzeitig auch die beiden anderen Keilstangen verschoben, in die die Grundbacken des Spannfutters eingreifen.

Das Spiralringfutter mit verstellbaren Backen entspricht im Grundaufbau dem Spiralspannfutter. Nur sind hier die eigentlichen Spannbacken, durch eine Spindel verstellbar, auf einer Grundbacke aufgesetzt. Die Grundbacken werden durch den Spiralring wie beim Spiralspannfutter bewegt.

7.4.1.3 Kraftbetätigte Spannfutter

Bei den kraftbetätigten Spannfuttern wird die Spannkraft pneumatisch, hydraulisch oder elektrisch erzeugt.

Bei dem in Abb. 7.36 gezeigten kraftbetätigten Keilstangenfutter wird die Kraft durch einen umlaufenden pneumatischen Zylinder erzeugt. Dieser Zylinder betätigt über eine Zugstange den Axialkolben des Futters, der mit drei Schrägflächen mit den Schrägflächen der Keilstangen im Einsatz ist.

7.4.1.4 Spannzangen

An halb- oder vollautomatischen Maschinen, wie z. B. Revolverdrehmaschinen und Drehautomaten arbeitet man überwiegend von der Stange. Als Spannelement verwendet man dabei die Spannzange.

Man unterscheidet kraft- und formschlüssige Spannzangen. Bei den kraftschlüssigen Spannzangen (Abb. 7.37) wird der Kegel der Spannzange in den Gegenkegel des Spindelkopfes hineingezogen. Dabei drücken die elastischen Spannsegmente des Spannkegels auf die zu spannende Stange und halten sie fest.

Weil aber das Stangenmaterial durch die vorhandene Durchmessertoleranz im Durchmesser abweicht, wird die Spannzange, je nach Toleranz, unterschiedlich weit in den Spannkegel hineingezogen. Dadurch ändert sich ihre Nulllage. Dies kann auch am Werkstück zu Längenabweichungen führen.

Bei den formschlüssigen Spannzangen liegt die eigentliche Spannzange axial fest. Die Spannung wird durch eine Druckstange erzeugt, deren Innenkegel sich über den Außenkegel der Spannzange schiebt (Abb. 7.37c).

Weil bei der kraftschlüssigen Spannzange die Spannkraft durch Einziehen in den Gegenkegel erzeugt wird, bezeichnet man sie auch als Zugspannzange. Sinngemäß bezeichnet man die formschlüssige Spannzange auch als Druckspannzange.

Der Spannbereich der Spannzangen umfasst nur einige Zehntel Millimeter (im Mittel 0,2 mm). Man benötigt deshalb für die verschiedenen Stangendurchmesser eigene Spannzangen deren Durchmesser dem Stangendurchmesser entsprechen.

7.4.1.5 Spanndorn

Der Spanndorn (Abb. 7.38) wird zur Aufnahme von Werkstücken mit Bohrung benötigt. Der so genannte Spreizdorn ist eine geschlitzte Hülse mit Innenkegel. In diese Hülse wird ein Gegenkegel mit Hilfe einer Spannmutter eingezogen. Dadurch spreizt sich der geschlitzte Dorn im Außendurchmesser und spannt das Werkstück.

Der Spannbereich des in Abb. 7.38 gezeigten Stieber-Gleitbüchsen Spitzenspanndornes GDS beträgt 1,2 mm im Spannbereich von 15–51 mm ⌀ und 2,4 mm im Spannbereich von 52 bis 90 mm ⌀. Der maximale Rundlauffehler dieser Gleitbuchsenspannwerkzeuge ist kleiner als 0,01 mm.

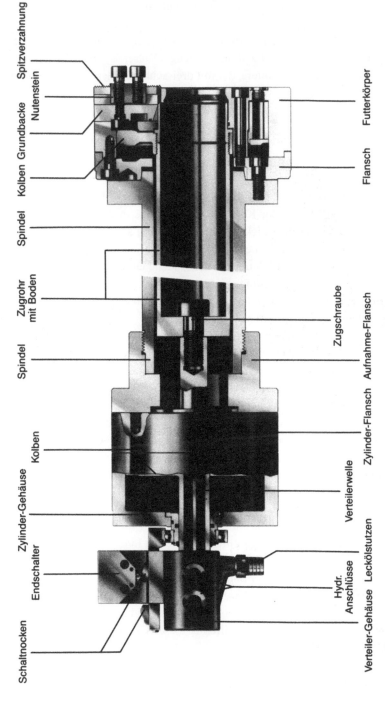

Abb. 7.36 Teilhohlspannung: Kraftspannfutter mit Durchgang, hydraulischer Vollspannzylinder ohne Durchgang

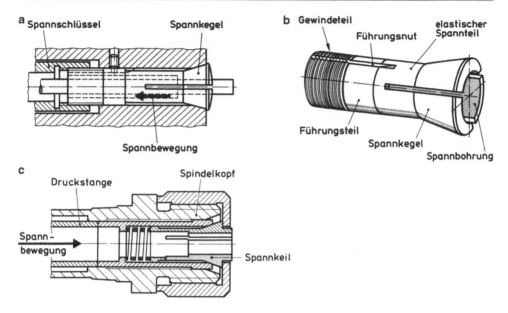

Abb. 7.37 a kraftschlüssige Spannzangen-Spanneinrichtung, **b** auswechselbare Spannzange, **c** formschlüssige Spannzangen-Spanneinrichtung

Abb. 7.38 Hülsenspanndorn MZE (*Werkfoto Fa. Röhm, Sontheim*)

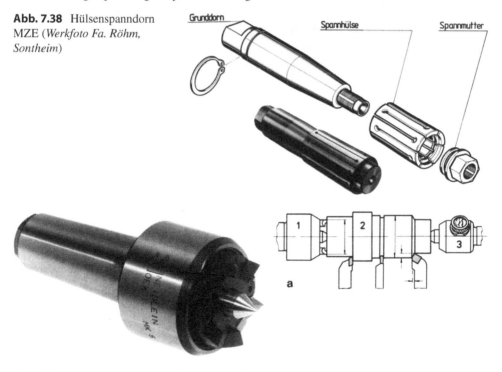

Abb. 7.39 Stirnseitenmitnehmer (*Werkfoto Fa. Neidlein, Stuttgart*), **a** Stirnseitenmitnehmer im Einsatz, *1* Stirnseitenmitnehmer, *2* Werkstück, *3* mitlaufende Körnerspitze

Abb. 7.40 Drehgreifer zur
Mitnahme von Rohren (*Werkfoto Fa. Neidlein, Stuttgart*)

7.4.1.6 Stirnseitenmitnehmer

benötigt man für die Mitnahme von Wellen, die zwischen Spitzen gedreht werden sollen
(Abb. 7.39).

Die Körnerspitze, in der die Welle zentriert wird, kann feststehend oder mitlaufend
sein. Zur Mitnahme von Rohren verwendet man Drehgreifer (Abb. 7.40).

7.4.1.7 Neuartiges Spannsystem „SPANNTOP nova"

Ein neuartiges Spannsystem, dass an jeder Drehmaschine eingesetzt werden kann, ist das
in Abb. 7.41 gezeigte Spannmittel „SPANNTOP nova".

Die Wirkungsweise der im Bild gezeigten Spanneinrichtung ist die einer Zugspannung.
Der Spannkopf (1) ist in dem Grundkörper des SPANNTOP nova-Futters eingekoppelt
und wird über das Zugrohr mittels Spannzylinder in den Kegel des Futterkörpers (2) eingezogen. Spindelflansch (3) und der Zugrohradapter (4) werden jeweils maschinenspezifisch
und der Spannkopf (1) werkzeugspezifisch angepasst.

Durch die einfache Umsetzung von axialer Spannkraft in radiale Haltekraft gibt es nur
geringe Reibungsverluste und zusätzlich durch den Axzugeffekt maximale Spannkraft.

Soll ein Werkstück von innen gespannt werden, dann kann in kürzester Zeit das Spannmittel auf einen Spanndorn umgerüstet werden, in dem ein Segmentspanndorn mit der
Bezeichnung „MANDO Adapt" aufgeschraubt wird. Auf diesen Spanndorn wird dann die
Segmentspannbüchse aufgesetzt und der Spanndorn ist einsatzbereit. Diese Spanndorne
gibt es in vier verschiedenen Größen (Spanndurchmesser 8–120 mm).

Die dritte Möglichkeit ist der schnelle Umbau des SPANNTOP nova mit einem Ba-
cken-Modul (Abb. 7.42c) in ein Dreibackenfutter. Mittels aufschraubbarer verstellbarer
Aufsatzbacken kann der Spanndurchmesser des Dreibackenfutters der Größe 65 dann
Bauteile bis 209 mm Durchmesser spannen. Die nachfolgende Abb. 7.42 zeigt die drei
Spannmöglichkeiten des SPANNTOP nova Systems.

7.4.2 Spannelemente zum Spannen der Werkzeuge

Unabhängig von der Art des Spannelementes ergeben sich bezüglich der Einspannung der
Werkzeuge zwei Grundforderungen:

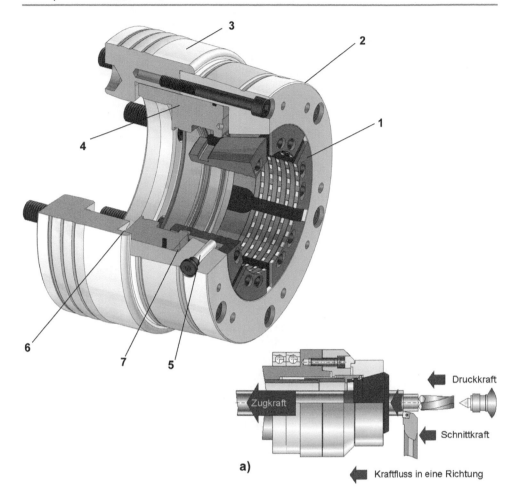

Abb. 7.41 SPANNTOP nova-Futter, *1* Spannkopf, *2* Futterkörper, *3* Spindelflansch, *4* Zugmechanik, *5* Radialfixierung, *6* Spannreserve mit Hubbegrenzung, *7* Öffnungsweg mit Hubbegrenzung, *a)* eingebautes und am Hauptflansch befestigtes Spannfutter (*Werkfoto der Fa. Hainbuch GmbH, 71672 Marbach*)

1. Das Werkzeug (Werkzeugspitze) soll auf Werkstückmitte stehen. Ein Höhenversatz führt zur Veränderung der Wirkwinkel (siehe dazu Abschnitt Spannzangen). Nur beim Innendrehen soll der Drehmeißel etwas über Mitte stehen, damit das Werkzeug mit der Freifläche nicht an das Werkstück drückt.
2. Das Werkzeug soll kurz und fest eingespannt sein. Für Universaldrehmaschinen werden hauptsächlich zwei Arten von Halterungen verwendet:

a   b   c

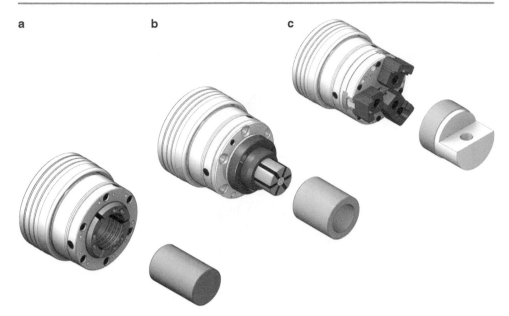

Abb. 7.42 Spann- und Bearbeitungsbeispiele mit dem SPANNTOP nova System, **a** als Spannfutter, **b** als Spanndorn, **c** als Dreibackenfutter (*Werkfoto der Fa. Hainbuch GmbH, 71672 Marbach*)

Abb. 7.43 4-fach-Revolver-
kopf PARAT RD 3 (Quelle:
www.trautwein-gmbh.de)

7.4.2.1 Vierfachmeißelhalter

Der in Abb. 7.43 dargestellte Vierfachmeißelhalter zeichnet sich durch Bedienerfreund-
lichkeit und hohe Schwenkgenauigkeit von 0,005 mm aus. Durch die Aufnahme von
gleichzeitig vier Werkzeugen, die durch einfaches Schwenken des Meißelhalters in bis
zu 40 Positionen bei einer Teilung von 9° zum Einsatz gebracht werden, ist eine effektive
Bearbeitung möglich.

Es sind auch Innenbearbeitungswerkzeuge spannbar, so dass sowohl Innen- als auch
Außenpassungen in einer Aufspannung bearbeitet werden können, wobei in diesem Fall
bis zu drei Spannstellen genutzt werden können. Die Spannschraube kann über eine In-

Abb. 7.44 Schnellwechsel-
meißelhalter (*Werkfoto Fa.
Hahn & Kolb, Stuttgart*)

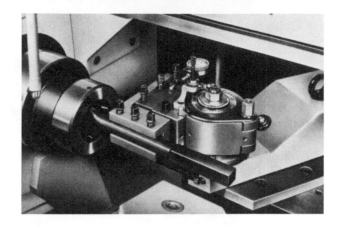

nenbohrung mit einem Kühlmittelschlauch ausgerüstet werden, so dass mit kurzen Schläuchen gearbeitet werden kann.

7.4.2.2 Schnellwechselmeißelhalter

Sie werden für die Bearbeitung von Werkstücken, die mehr als vier Werkzeuge erfordern,
eingesetzt.

Der Schnellwechselhalter besteht aus einem Grundkörper (Abb. 7.44) mit geschliffener
Verzahnung und dem eigentlichen Wechselhalter. Der Grundkörper wird auf dem Support
der Drehmaschine befestigt. In diesen Grundkörper wird der Wechselhalter mit dem Werkzeug eingeschoben und durch ein zweiteiliges Spannband, mittels Exenterhebel, gegen die
Verzahnung des Grundkörpers gespannt.

Auf diese Weise kann in wenigen Sekunden das Werkzeug gewechselt werden. Wechselhalter (Abb. 7.45) gibt es für alle gebräuchlichen Drehmeißelformen.

7.4.2.3 Modulares System

Für die Drehbearbeitung auf Dreh- und Bearbeitungszentren kann mit dem modularen
Serration Lock-System CoroTurn® SL der Firma Coromant Sandvik unter Verwendung
von Adaptern für unterschiedliche Anwendungen und Schneidköpfen eine große Anzahl
an Kombinationen ermöglicht werden, die in vielen Fällen Sonderwerkzeuge überflüssig
machen. Die gezahnte SL-Schnittstelle (SL = Serration Lock – gezahnte Verbindung)
ist durch ihre Konstruktion sehr robust und haltbar. Mit CoroTurn® SL lassen sich somit
flexibel zahlreiche Werkzeugkombinationen aus einem kleinen Bestand zusammenstellen.

In Abb. 7.46 sind Anwendungen für Innenbearbeitungen und in Abb. 7.47 für Innenbearbeitungen gezeigt.

Abb. 7.45 Wechselhalterformen (*Werkfoto Fa. Hahn & Kolb, Stuttgart*)

Abb. 7.46 Anwendung von CoroTurn® SL für die Innenbearbeitung (Quelle: www.coromant. sandvik.com)

Abb. 7.47 Anwendung von CoroTurn® SL für die Außenbearbeitung (Quelle: www. coromant.sandvik.com)

7.5 Kraft- und Leistungsberechnung

Weil im Kap. 2, Grundlagen der Zerspanung, die für die Berechnung von Kraft und Leistung erforderlichen Gleichungen bereits ausführlich dargestellt wurden, werden sie hier nur noch einmal zusammengefasst.

Spanungsbreite b (Abb. 2.16)

$$b = \frac{a_p}{\sin \iota}$$

b Spanungsbreite in mm
a_p Schnitttiefe in mm
ι Einstellwinkel in °

Spanungsdicke h

$$h = f \cdot \sin \iota$$

h Spanungsdicke in mm
f Vorschub pro Umdrehung in mm

Spanungsquerschnitt A

$$A = a_\mathrm{p} \cdot f = b \cdot h$$

A Spanungsquerschnitt in mm^2

Spezifische Schnittkraft k_c

$$k_\mathrm{c} = \frac{(1\,\mathrm{mm})^2}{h^z} \cdot k_{\mathrm{c}1.1} \cdot K_\gamma \cdot K_\mathrm{v} \cdot K_\mathrm{st} \cdot K_\mathrm{ver}$$

k_c spezifische Schnittkraft in N/mm^2
$k_{\mathrm{c}1,1}$ spezifische Schnittkraft für in N/mm^2
$\quad h = 1\,\mathrm{mm},\, b = 1\,\mathrm{mm},\, v_\mathrm{c} = 100\,\mathrm{m/min}$
K_γ Korrekturfaktor für den Spanwinkel

$$K_\gamma = 1 - \frac{\gamma_\mathrm{tat} - \gamma_0}{100}$$

γ_tat tatsächlich am Werkzeug vorhandener Spanwinkel in °
γ_0 Basisspanwinkel $= 6°$ für Stahl- und $+2°$ für Gussbearbeitung in °
K_v Korrekturfaktor für die Schnittgeschwindigkeit
$K_\mathrm{v} = 1{,}15$ für $v_\mathrm{c} = 30\text{–}50\,\mathrm{m/min}$ (SS-Werkzeuge)
$K_\mathrm{v} = 1{,}0$ für $v_\mathrm{c} = 80\text{–}250\,\mathrm{m/min}$ (Hartmetallwerkzeuge)
K_ver Verschleißfaktor ($K_\mathrm{ver} = 1{,}3$)
K_st Stauchfaktor $K_\mathrm{st} = 1{,}0$ beim Außendrehen
$\quad\quad$ $K_\mathrm{st} = 1{,}2$ beim Innendrehen
$\quad\quad$ $K_\mathrm{st} = 1{,}3$ beim Einstechen und Abstechen

Hauptschnittkraft F_c

$$F_\mathrm{c} = A \cdot k_\mathrm{c}$$

F_c Hauptschnittkraft in N
A Spanungsquerschnitt in mm^2
A_c spez. Schnittkraft in N/mm^2

Schnittgeschwindigkeit v_c

$$v_\mathrm{c} = d \cdot \pi \cdot n_\mathrm{c}$$

n_c Drehzahl in min^{-1}
d Werkstückdurchmesser in m
v_c Schnittgeschwindigkeit in m/min

Maschinenantriebsleistung P

$$P = \frac{F_c \cdot v_c}{60\,\text{s/min} \cdot 10^3\,\text{W/kW} \cdot \eta_M}$$

P Antriebsleistung der Maschine in kW
v_c Schnittgeschwindigkeit in m/min
η_M Wirkungsgrad der Maschine $\eta_M \approx 0,7$ bis $0,8$
F_c Hauptschnittkraft in N

7.6 Bestimmung der Hauptzeit t_h

Unter Hauptzeit bzw. Maschinenzeit versteht man die Zeit, in der ein unmittelbarer Arbeitsfortschritt erzielt wird. Beim Drehen an der Spitzendrehmaschine ist es die Zeit, in der der Drehmeißel im Sinne des Arbeitsfortschrittes im Einsatz ist. Diese Zeit ist bei eingestellter Maschine vom Menschen, wenn er sich an die vorgegebenen technologischen Werte der Arbeitsvorbereitung hält, nicht beeinflussbar.

Man spricht deshalb bei den Maschinen von nicht beeinflussbaren Hauptzeiten.

Diese Hauptzeit lässt sich für alle spanenden Verfahren, und damit auch für das Drehen, nach folgender Gleichung bestimmen:

$$t_h = \frac{L \cdot i}{f \cdot n_c}$$

t_h Hauptzeit in min
L Gesamtweg des Werkzeugs in mm
i Anzahl der Schnitte
f Vorschub pro Umdrehung in mm
n_c Drehzahl in min^{-1}

Unterschiedlich ist nur der Weg des Werkzeugs L.

7.6.1 Langdrehen

Bevor der mechanische Vorschub eingeschaltet wird, fährt man das Werkzeug von Hand oder mit Eilgang bis kurz vor das Werkstück (Abstand l_a). Ebenso ist es beim Auslauf des Drehmeißels aus dem Werkstück (Abstand l_u). Nur bei Werkstücken mit Bund ist $l_u = 0$. Der Gesamtweg, der in die Zeitberechnung eingeht, ergibt sich dann zu:

$$L = l_a + l + l_u$$

$l_a \approx l_u \approx 2\,\text{mm}$

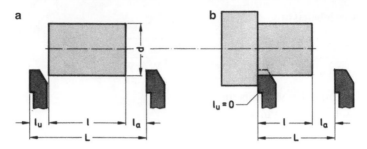

Abb. 7.48 Die Wege beim Langdrehen, **a** wenn die ganze Länge bearbeitet wird, **b** bei Werkstücken mit Bund

L Gesamtweg des Werkzeugs in mm

l Werkstücklänge in mm

l_a Anlaufweg des Werkzeugs in mm

l_u Überlaufweg des Werkzeugs in mm

In diesem Buch werden für $l_a \approx l_u \approx 2\,\text{mm}$ angenommen.

Sind im Betrieb andere Bedingungen gegeben, dann können die Werte den tatsächlichen Verhältnissen angeglichen werden (siehe Abb. 7.48).

Die Drehzahl n_c lässt sich aus der Schnittgeschwindigkeitsgleichung berechnen.

$$n_c = \frac{v_c \cdot 10^3 \,\text{mm/m}}{d \cdot \pi}$$

n_c Drehzahl in min^{-1}

v_c Schnittgeschwindigkeit in m/min
   (wird aus Tabellen entnommen)

d Werkstückdurchmesser in mm

An der Drehmaschine wird dann jeweils die Drehzahl eingestellt, die der Drehzahl, die sich aus der Rechnung ergibt am nächsten liegt.

7.6.2 Plandrehen

Beim Plandrehen gelten im Prinzip die gleichen Bedingungen wie beim Langdrehen; nur ist hier beim Vollzylinder $l = d/2$.

$$L = l_a + l = l_a + \frac{d}{2}$$

Abb. 7.49 Die in die Rechnung eingehenden Längen und mittleren Durchmesser beim Plandrehen, **a** beim Vollzylinder, **b** beim Hohlzylinder

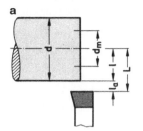

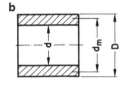

L Gesamtweg des Werkzeugs in mm

l_a Anlaufweg in mm

d Werkstückdurchmesser in mm

Für den Hohlzylinder gilt:

$$L = l_a + l + l_u = l_a + \frac{D - d}{2} + l_u$$

Bei der Berechnung der Drehzahl für das Plandrehen geht man vom mittleren Durchmesser d_m aus.

$$n = \frac{v_c \cdot 10^3 \, \text{mm/m}}{d_m \cdot \pi}$$

n Drehzahl in min^{-1}

v_c Schnittgeschwindigkeit in m/min

d_m mittlerer Werkstückdurchmesser in mm

Der mittlere Werkstückdurchmesser d_m (Abb. 7.49) lässt sich für Voll- und Hohlzylinder wie folgt berechnen:

Vollzylinder $\boxed{d_m = \dfrac{d}{2}}$ Hohlzylinder $\boxed{d_m = \dfrac{D + d}{2}}$

Wenn man bei der Berechnung der Drehzahl, statt des Außendurchmessers den mittleren Durchmesser des Werkstückes einsetzt, erhält man höhere Drehzahlwerte.

Dadurch geht die Schnittgeschwindigkeit erst in unmittelbarer Nähe des Werkstückmittelpunktes gegen null.

7.6.3 Gewindedrehen

Gewindedrehen ist ein Langdrehen mit einem Formdrehmeißel, bei dem der Vorschub der zu erzeugenden Gewindesteigung entspricht.

Tab. 7.3 Schnitttiefen in mm beim Schrupp- und Schlichtdrehen

Bearbeitung	metrisches und Whitworth-Gewinde	Trapez-Gewinde
Schruppen	0,1–0,2	0,08–0,15
Schlichten	0,05	0,05

Nur bei mehrgängigen Gewinden wird hier noch die Anzahl der Gewindegänge berücksichtigt.

$$t_h = \frac{L \cdot i \cdot g}{p \cdot n_c}$$

t_h Hauptzeit in min

L Gesamtweg des Werkzeugs in mm

i Anzahl der Schnitte

p Gewindesteigung in mm

n_c Drehzahl in min^{-1}

g Gangzahl des Gewindes

Die Anzahl der Schnitte i lässt sich aus der Gewindetiefe und der Schnitttiefe berechnen (siehe Tab. 7.3).

$$i = \frac{t}{a} \qquad \text{(Gewindetiefen } t \text{ siehe Tab. 7.15)}$$

t Gewindetiefe in mm

a_p Schnitttiefe in mm

7.7 Bestimmung der Zykluszeit

Arbeitet die Maschine im selbsttätigen Ablauf, so ist die gesamte Zeit zur Durchführung eines Ablaufs unbeeinflussbar. Diese sogenannte Zykluszeit setzt sich zusammen aus der Hauptzeit (Abschn. 7.6) und den Einzelzeiten zum Anfahren, Zustellen, Abheben, Rücklauf.

$$t_z = t_h + (t_{An} + t_{Zu} + t_{Ab} + t_{Ru})i$$

Alle Einzelzeiten errechnen sich aus

$$t = \frac{\text{Fahrweg}}{\text{Fahrgeschwindigkeit}} \cdot \text{Anzahl der Schnitte}$$

Beispiel (Abb. 7.50):

$$t_z = t_h + \left(\frac{l_{An}}{v_E} + \frac{l_{Zu\,1}}{v_E} + \frac{l_{Ab\,1}}{v_f} + \frac{l_{Ru\,1}}{v_E} + \frac{l_{Zu\,2}}{v_E} + \frac{l_{Ab\,2}}{v_f} + \frac{l_{Ru\,2}}{v_E} \right) \cdot i$$

Abb. 7.50 Fahrstrecken bei selbsttätigem Ablauf

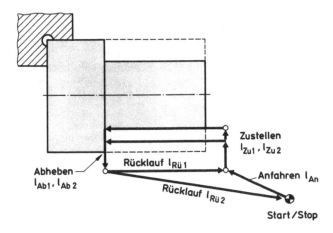

v_E Eilganggeschwindigkeit nach Herstellerunterlagen in mm/min

v_f Vorschubgeschwindigkeit $v_f = f \cdot n_c$ in mm/min

l_{Au} Anfahrweg in mm

l_{Zu} Zustellweg in mm

l_{Ab} Abhebeweg, im Beispiel muss mit Vorschubgeschwindigkeit abgehoben werden in mm

l_{Ru} Rückfahrweg in mm

7.8 Drehwerkzeuge

7.8.1 Ausbildung des Schneidenkopfes

Ein Drehmeißel besteht aus Schaft und Schneidenkopf. Je nach dem wie die Lage des Schneidenkopfes zum Schaft ist, unterscheidet man zwischen geraden, gebogen und abgesetzten Drehmeißeln.

Ein weiteres Unterscheidungsmerkmal ist die Bearbeitungsrichtung. Einen Drehmeißel, der von rechts nach links arbeitet bei der Bearbeitung vor der Drehmitte (konventionelle Drehmaschine), bezeichnet man als rechten und einen Drehmeißel der von links nach rechts arbeitet, als linken Drehmeißel. Abb. 7.51 zeigt die wichtigsten Drehmeißelformen. Die zugeordneten Schaftquerschnitte sind in DIN 770 festgelegt. Der Schaft kann quadratisch oder rechteckig sein. Bei den rechteckigen Schäften ist das Verhältnis von Schafthöhe zu Schaftbreite $h : b = 1{,}6 : 1$.

Bezeichnung der Schäfte:

quadratisch: $b = h = 16\,\text{mm} \rightarrow 16q$

rechteckig: $h = 25\,\text{mm}, b = 16 \rightarrow 25h$

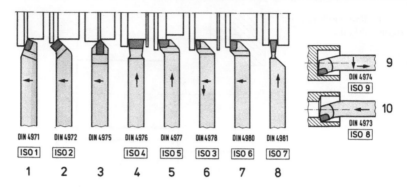

Abb. 7.51 Bezeichnung der Drehmeißel, *1* gerader -, *2* gebogener -, *3* spitzer -, *4* breiter -, *5* abgesetzter Stirn-, *6* abgesetzter Ecken-, *7* abgesetzter Seiten-, *8* Stech-, *9* Innen-Ecken-, *10* Innen-Drehmeißel. Die Drehmeißel *1, 2, 5, 6, 7* sind rechte Drehmeißel, weil die Hauptschneide bei Blickrichtung vom Werkstück rechts in Bearbeitungsrichtung zeigt

Bei den in Abb. 7.51 gezeigten Drehmeißeln ist die Hartmetallplatte hart aufgelötet. Wenn bei diesen Drehmeißeln nach mehrmaligem Nachschliff die Hartmetallplatte ausgewechselt werden muss, dann ist das bei diesen Werkzeugen sehr zeit- und kostenaufwendig. Überlegungen, wie man die Werkzeugkosten für die Wiederherrichtung der Werkzeuge senken kann, führten zur Entwicklung der Klemmhalter.

7.8.2 Klemmhalter

Im Klemmhalter werden Hartmetallschneidplatten durch ein Klemmsystem festgehalten (siehe Abb. 7.52). Die Schneidplatten (Abb. 7.53) gibt es in verschiedensten Formen und Größen und verschiedenen Span- und Freiwinkeln. So hat eine quadratische Schneidplatte mit einem Spanwinkel von 0°, 8 Schneiden. Durch verdrehen der Platte im Klemmhalter bzw. durch wenden der Platte können nacheinander 8 Schneiden zum Einsatz gebracht werden. Wegen dieser Möglichkeit des Umwendens, bezeichnet man diese Platten als Wendeschneidplatten.

Die Bezeichnung der Wendeschneidplatten sind in DIN ISO 1832 und die Art des Spannsystems in DIN 4983/ISO 5610 (Abb. 7.54) festgelegt.

In Abb. 7.54 wird die Verwendung des Kodierungssystems unter Nutzung des Kennzeichnungssystems der Firma Kennametal an einem Beispiel wie folgt gezeigt:

ISO-Code für einen Klemmhalter für das Außendrehen MCLNR2525M09

Darin stehen die Code-Zahlen für folgende Sachverhalte:

M Art der Wendeplattenspannung
C Grundform der Wendeplatte
L Klemmhalterausführung

N Freiwinkel der Wendeplatte
R Schneidrichtung
25 Schaftabmessung
25 Schaftabmessung
M Länge des Klemmhalters
09 Schneidkantenlänge der Wendeschneidplatte

Es sind darüber hinaus auch noch zusätzliche Informationen durch den Hersteller möglich, wie z. B. die Verwendung von Spezialklemmsystemen für Keramik- und PCBN- Wendeschneidplatten.

Abb. 7.52 Klemmhalter mit unterschiedlichen Klemmsystemen für verschiedene Bearbeitungsverfahren und Formen und Größen von Wendeschneidplatten (*Foto: Kennametal: www.kennametal. com*)

Abb. 7.53 Formen und Größen von Wendeschneidplatten (*Foto: Kennametal: www.kennametal. com*)

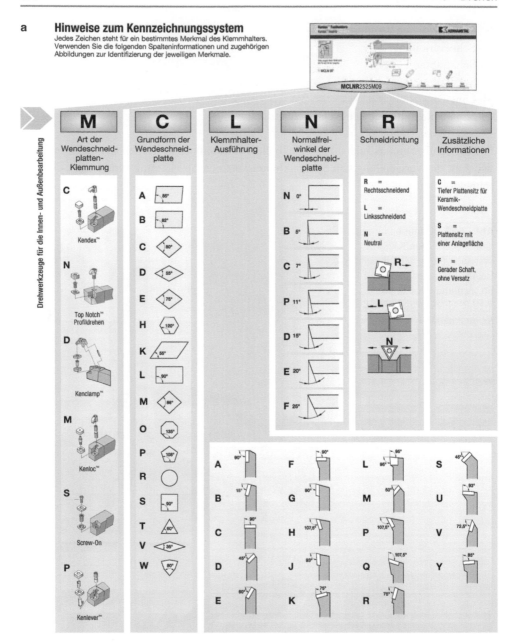

Abb. 7.54 ISO-Kodierung der Spannsysteme und der Wendeplatten nach Kennametal, **a** Teil 1 des Kennzeichensystems (*Foto: Kennametal: www.kennametal.com*), **b** Teil 2 des Kennzeichensystems (*Foto: Kennametal: www.kennametal.com*)

b

Mithilfe dieser einfach anzuwendenden Referenz können Sie den korrekten Klemmhalter für Ihre Bearbeitung leicht ermitteln.

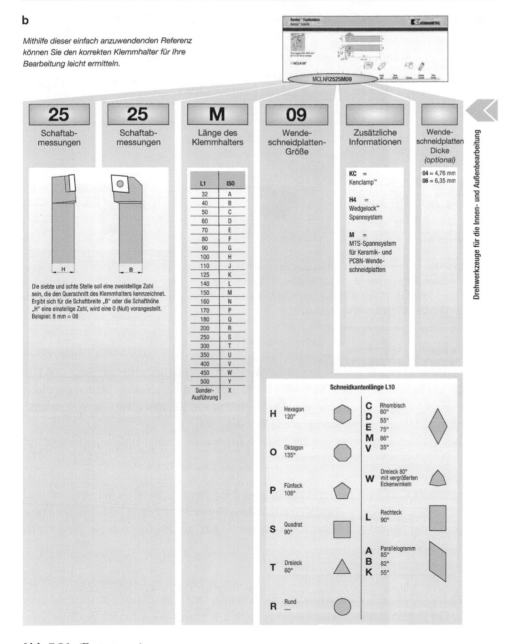

Abb. 7.54 (Fortsetzung)

Tab. 7.4 Art der Spannung bei den Klemmhaltern

Spannsystem	Art der Spannung	Anwendung für Wendeschneidplatten
C	Von oben mit Spannfinger geklemmt	Ohne Bohrung
M	Von oben und über Bohrung geklemmt	Mit zylindrischer Bohrung
P	Über Bohrung geklemmt, Spannhebelklemmung	
S	Durch die Bohrung aufgeschraubt	Mit Befestigungssenkung

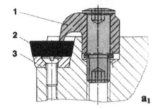 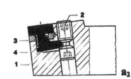 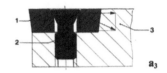

Abb. 7.55 Die gebräuchlichsten Spannsysteme für Hartmetallwendeschneidplatten a_1) *Klemmsystem C*: 1 Klemmfingerset, 2 Senkschraube, 3 Auflageplatte, a_2) *Klemmsystem P*: 1 Spannhebel, 2 Schraube, 3 Auflageplatte, 4 Hülse, a_3) *Klemmsystem S*: 1 Wendeschneidplatte, 2 Spannschraube, 3 Schaft (*Quelle: WIDIA: www.widia.com*)

Die Maße der Wendeschneidplatten sind außerdem in DIN 4968, 4969 und 4988 genormt. DIN 4968 und DIN 4988 normt die Wendeschneidplatten aus Hartmetall und DIN 4969 die aus Schneidkeramik. Die beiden Normen gelten für dreieckige Platten mit einem Eckenwinkel von 60 und quadratische Platten mit einem Eckenwinkel von 90°, rhombische mit 80°, 55° und 35° sowie für runde Wendeplatten.

In Tab. 7.4 ist das Spannprinzip der Spannsysteme noch einmal zusammenfassend dargestellt.

Klemmsystem C   Diese Fingerklemmung wird für positive Wendeschneidplatten nach DIN 4968 eingesetzt. Sie zeichnet sich durch ihre robuste Ausführung und einfache Handhabung aus. Der höhenverstellbare Klemmfinger erlaubt wahlweise auch die Verwendung zusätzlicher Spanformer.

Klemmsystem P   Die Spannhebelklemmung wird für negative Lochwendeschneidplatten nach DIN 4988 und positive runde Wendeschneidplatten, ab 20 mm Durchmesser, eingesetzt. Bei Platten mit ein- oder beidseitigen Spanbrechern ergeben sich positive Spanwinkel von 6° bis 18°. Die Vorteile dieser Klemmung sind großer Spannhub und schneller Plattenwechsel.

Klemmsystem S   Die Schraubenklemmung ist ein kleinbauendes Klemmsystem mit hoher Funktionssicherheit. Diese kostengünstige Ausführung kommt mit einem Minimum

Multifunktionales Stechsystem

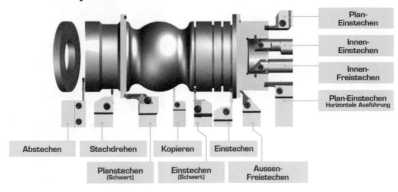

Abb. 7.56 Übersicht der möglichen Stechbearbeitungen (*Werkfoto: Tungaloy Germany GmbH, 40789 Monheim; www.tungaloy.de*)

an Ersatzteilen aus. Das Klemmsystem S wird für positive Wendeschneidplatten mit Senkbohrung nach DIN 4967 eingesetzt.

7.8.3 Drehwerkzeuge zum Stechdrehen

Moderne Werkzeuge zum Stechdrehen können sehr vielseitig angewendet werden und auch ergänzende Bearbeitungen zum eigentlichen Stechdrehen vornehmen. In Abb. 7.56 ist eine Übersicht dargestellt.

In Abb. 7.57 ist ein neues und innovatives Stechwerkzeug dargestellt, das sich durch eine funktionsoptimierte Stechplatte mit vier Schneiden, einen besonderen Plattensitz für den Schutz der ungenutzten Schneiden und einer besonders effektiven Spanformung auszeichnet.

7.8.4 Drehwerkzeuge zum Gewindedrehen

a) Außengewinde Zur Erzeugung von Außengewinden wird im Normalfall ein spitzer Drehmeißel DIN 4975 verwendet, bei dem der Spitzenwinkel dem Flankenwinkel des zu erzeugenden Gewindes entspricht.

Zum Gewindeschneiden werden sowohl Hartmetall- als auch Schnellstahlwerkzeuge eingesetzt.

Bei den Schnellstahlwerkzeugen verwendet man bevorzugt Profilgewindestähle. Bei dem in Abb. 7.58 abgebildeten Halter hat das auswechselbare Messer auf seiner ganzen

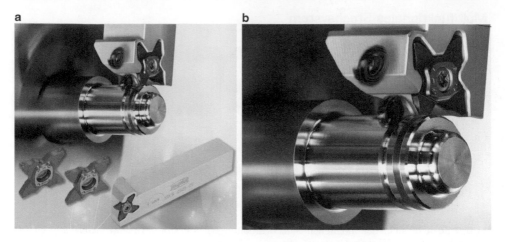

Abb. 7.57 Stechwerkzeug mit funktionsoptimierter Stechplatte mit vier Schneiden (*Werkfoto: Tungaloy Germany GmbH, 40789 Monheim; www.tungaloy.de*)

Abb. 7.58 Drehmeißelhalter mit eingesetztem Profilmesser, **a** Seitenansicht des Halters mit Messer, **b** Profilmesser für metrische Gewinde (*Werkfoto der Fa. Komet Stahlhalter und Werkzeugfabrik, 74351 Besigheim*)

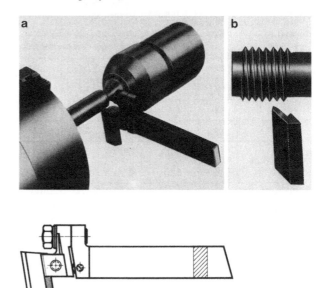

Länge einen gleichbleibenden Flankenwinkel. Beim Nachschleifen wird das Messer nur oben an der ebenen Spanfläche geschliffen. Dadurch bleibt das Gewindeprofil, das nicht nachgeschliffen wird, bis zum Verbrauch des Messers voll erhalten.

Der Steigungswinkel wird mit Hilfe des schwenkbaren Halterkopfes eingestellt.

An Stelle des Profilmessers verwendet man auch Profilscheiben. Solche Profilscheiben (Abb. 7.59a) haben Durchmesser von 30–100 mm. Auch hier bleibt beim Nachschleifen

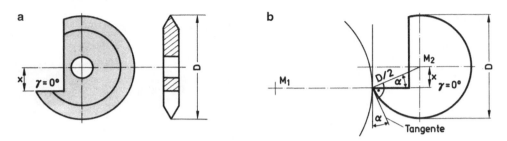

Abb. 7.59 a Scheibendrehmeißel, **b** Entstehung des Freiwinkels am Scheibendrehmeißel. M_1 Werkstückmittelpunkt, M_2 Werkzeugmittelpunkt, D ∅ der Profilscheibe, x Höhenversatz, α Freiwinkel

Tab. 7.5 Höhenversatz x in mm in Abhängigkeit vom Durchmesser der Profilscheibe in mm bei gegebenem Freiwinkel α

Freiwinkel $\alpha°$	Durchmesser D des Profildrehmeißels in mm						
	10	30	40	50	60	70	80
3°	0,3	0,8	1,1	1,3	1,6	1,8	2,1
4°	0,4	1,1	1,4	1.7	2,1	2,4	2,8
5°	0,4	1,3	1,8	2,2	2,6	3,0	3,5
8°	0,7	2,1	2,8	3,5	4,2	4,9	5,6
12°	1,0	3,1	4,2	5,2	6,2	7,3	8,3

an der Spanfläche das Gewindeprofil erhalten. Eine solche Profilscheibe kann bis auf $1/4$ ihres Umfanges nachgeschliffen werden.

Beim Gewindedrehen mit der Profildrehscheibe, muss die Mitte der Profilscheibe um das Maß x über Werkstückmitte stehen. Dies ist notwendig, damit der Profildrehmeißel frei schneiden kann. Der Freiwinkel α ergibt sich aus der Tangente an die Rundung der Profilscheibe, beim Berührungspunkt mit dem Werkstück und der Vertikalen. Der erforderliche Höhenversatz x (Abb. 7.59b) lässt sich rechnerisch bestimmen.

$$x = \frac{D}{2} \cdot \sin \alpha$$

α Freiwinkel in °
D Durchmesser der Profilscheibe in mm
x Höhenversatz der Profilscheibe in mm

Aus der nachfolgenden Tab. 7.5 kann man für verschiedene Freiwinkel den erforderlichen Höhenversatz x herauslesen.

Der Spanwinkel γ beträgt bei der Bearbeitung von Stahl und Grauguss 0°. Nur bei einem Spanwinkel von 0° entsteht beim Drehen das Profil des Werkzeugs. Bei anderen Spanwinkeln entsteht eine Profilverzerrung, die durch eine Profilkorrektur am Werkzeug

Abb. 7.60 Klemmhalter
für das Drehen von Innen-
gewinden, **a** im Einsatz,
b Vollprofilplatten für Innengewinde, **c** Gewindestrehler
(*Werkfoto der Fa. Sandvik
GmbH, 40035 Düsseldorf*)

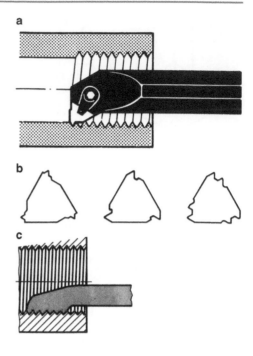

ausgeglichen werden muss. Hartmetallplatten, angepasst auf die verschiedenen Gewinde,
ersetzen zunehmend die Profilscheibe.

b) Innengewinde Der Innengewindedrehmeißel ist ein abgebogener Profildrehmeißel.
Er kann aus Schnellarbeitsstahl oder auch als Hartmetallwerkzeug ausgeführt sein.

Auch hier setzt sich der Klemmhalter mit speziellen Vollprofilplatten für Gewinde
(Abb. 7.60) immer mehr durch.

Gewindestrehler sind mehrschneidige Werkzeuge. Bei ihnen wird die Zerspanungsarbeit beim Gewindeschneiden auf mehrere Schneiden aufgeteilt. Deshalb kann das zu
erzeugende Gewinde mit dem mehrschneidigen Gewindestrehler (Abb. 7.60c) in einem
Durchgang erzeugt werden. Der Innengewindestrehler kann aber auch als mehrschneidi-
ger Profilscheibendrehmeißel ausgebildet sein.

7.8.5 Profildrehmeißel

Profildrehmeißel zur Herstellung beliebiger Werkstückformen zeigt Abb. 7.61.

7.8.6 Werkzeuge zum Kopieren und Formdrehen

Drehmeißel zum Kopieren werden mit Eckenwinkeln von 55° oder 60° ausgeführt.

Überwiegend setzt man dafür Klemmhalter mit Spanformern ein, bei denen die Span-
formstufenbreite variiert werden kann. Die in Abb. 7.62 gezeigten WIDAX-Halter SKP

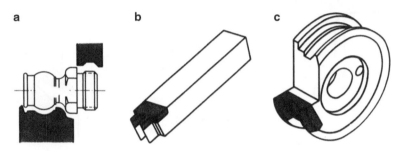

Abb. 7.61 a mit Profildrehmeißeln erzeugtes Werkstück, **b** Profildrehmeißel mit Hartmetallplatte, **c** Profildrehscheibe (*Werkfoto: Fa. Hufnagel, Nürnberg*)

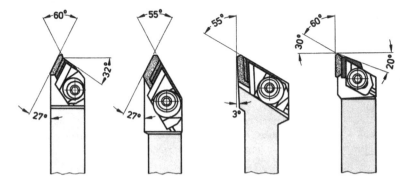

Abb. 7.62 Klemmhalter zum Formdrehen für Formen mit positivem Spanwinkel (*Quelle: WIDIA: www.widia.com*)

haben rhombische Schneidplatten mit Eckenwinkeln von 55° bzw. 60° und einem positiven Spanwinkel von 6°.

Diese Halter sind für alle Kopierverfahren (Längs-, Innen und Außenformdrehen) sowie für das entsprechende Konturdrehen auf NC-Drehmaschinen geeignet.

7.8.7 Spanformstufen

Spanformstufen haben die Aufgabe die Spanform und den Spanablauf so zu beeinflussen, dass aus der Sicht des Werkzeugs und der des Werkstückes optimale Verhältnisse beim Drehen entstehen.

7.8.7.1 Öffnungswinkel φ

Die Spanformstufe (Abb. 7.63) kann parallel oder winkelig zur Hauptschneide angeordnet sein.

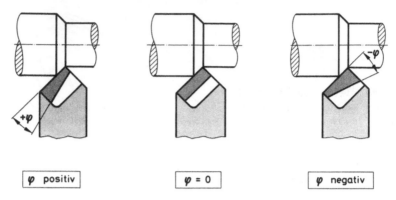

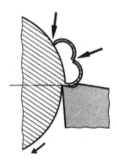

Abb. 7.63 Öffnungswinkel der Spanleitstufen

Abb. 7.64 Gegen die Werkstückoberfläche laufender Span
bei negativem Öffnungswinkel

a) *Öffnungswinkel parallel $\varphi = 0°$*
Vorteil: leicht herstellbar
Nachteil: Span läuft gegen die Schnittfläche und beschädigt die Oberfläche des Werk-
stückes.
b) *winkelig*: $\varphi = \pm 8\ bis\ \pm 15°$
b_1) *Öffnungswinkel negativ*
Beim negativen Öffnungswinkel nimmt die Breite der Spanformstufe, zur Schneiden-
ecke hin, zu.
angewandt: für Schruppschnitte
Grund: das Brechen der Späne wird erleichtert.
Nachteil: die Späne laufen gegen die gedrehte Oberfläche (Abb. 7.64) und zerkrat-
zen sie.
Deshalb kann man den negativen Öffnungswinkel nur beim Schruppen einsetzen, weil
dort die Oberflächengüte eine untergeordnete Rolle spielt.
b_2) *Öffnungswinkel positiv*
Der Öffnungswinkel ist positiv, wenn die Breite der Spanformstufe, zur Schneidenecke hin, abnimmt.

Abb. 7.65 Abmessung der Spanleitstufe *b* in mm Breite, *t* in mm Tiefe, *r* in mm Radius, φ in ° Ablaufwinkel

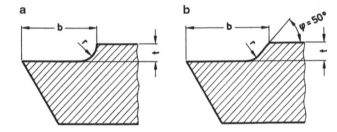

angewandt: für Schlichtschnitte

Grund: der Span läuft von der Oberfläche des Werkstückes weg. Deshalb wird sie durch den Span nicht beschädigt.

Nachteil: Das Brechen der Späne wird erschwert

7.8.7.2 Abmessung der Spanformstufe

Man unterscheidet bei den Spanformstufen (Abb. 7.65) zwei Ausbildungsformen.

Bei der einen (Abb 7.59a) endet die Spanformstufe mit einem Radius *r*. Die andere hat eine geneigte Auflauffläche. Der Spanablaufwinkel dieser Fläche liegt bei 50°.

Durch den schrägen Auslauf ist der Verschleiß an der Spanauflaufkante etwas geringer.

Der durch die Spanformstufe erzielte Krümmungsradius des Spanes ist überwiegend von der Breite *b* und der Tiefe *t* der Spanformstufe abhängig.

Die nachfolgende Tab. 7.6 zeigt die Größenordnung der Breiten- und Tiefenmaße für Spanformstufen.

Bei den Klemmhaltern für Wendeschneidplatten kann an Stelle der eingesinterten Spanformstufe ein Spanformer, der auf der Wendeschneidplatte sitzt (Abb. 7.66), angebracht werden.

Diese Spanformerplatte ist verschiebbar. Dadurch wird es möglich die Breite der Spanformstufe optimal einzustellen.

7.8.8 Fasen am Drehmeißel

7.8.8.1 Schneidenabzug

Darunter versteht man ein leichtes Brechen oder Runden der Schneide. Die Fasenbreite liegt beim Schneidenabzug zwischen 0,1 und 0,2 mm. Der Abzugswinkel hat eine Größe von -10 bis $-20°$.

Tab. 7.6 Abmessung der Spanformstufen in Abhängigkeit vom Vorschub *f* in mm

Werkstoff-Festigkeit in N/mm²	Breite *b* bei Vorschub *s*		Tiefe *t* in mm	Radius *r* in mm	
	$f < 0,5$ mm	$f > 0,5$ mm		Form *a*	Form *b*
700	$10 \cdot s$	$7,5 \cdot s$	0,7	1,2	0,5
700–1000	$8,5 \cdot s$	$6 \cdot s$	0,5	0,9	0,5
1000	$7,5 \cdot s$	$5 \cdot s$	0,4	0,7	0,5

Abb. 7.66 Spanformerplatten
an Klemmhaltern (*Quelle:*
WIDIA: www.widia.com)

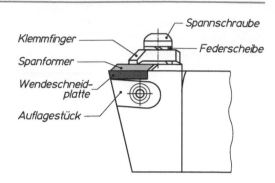

7.8.8.2   Verstärkungsfasen

Sowohl die Spanflächen- als auch die Freiflächenfase verstärkt den Schneidkeil. Durch die
Spanflächenfase entsteht eine Schneidengeometrie, die zwei Vorteile vereinigt:

1. der große Spanwinkel verbessert den Spanablauf.
2. der kleine (bis negativ) Fasenspanwinkel γ_f verstärkt den Schneidkeil, verbessert die
   Wärmeabfuhr und vermindert die Ausbruchgefahr (Abb. 7.67).

Die Breite der Spanflächenfase darf nicht zu groß sein, weil sonst der Span nicht mehr
auf der Spanfläche ablaufen kann.

Für die Einstellwinkel zwischen 60° und 90° kann man die Breite der Spanflächenfase
rechnerisch wie folgt bestimmen:

$$b_{f_\gamma} \approx 0,8 \cdot f$$

b_{f_γ} Breite der Spanflächenfase in mm
f Vorschub pro Umdrehung in mm

Abb. 7.67 Fasen am Schneidkeil (*Quelle: WIDIA: www.
widia.com*)

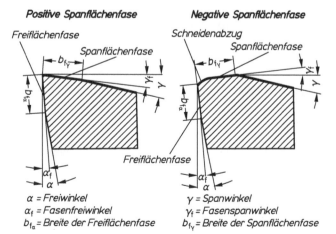

α = Freiwinkel
α_f = Fasenfreiwinkel
b_{f_α} = Breite der Freiflächenfase

γ = Spanwinkel
γ_f = Fasenspanwinkel
b_{f_γ} = Breite der Spanflächenfase

7.9   Fehler beim Drehen

7.9.1   Werkzeugfehler

Tab. 7.7   Fehler und Fehlerursachen beim Drehen (Werkzeugfehler)

Auswirkung am Werkzeug	Fehlerursache	Abhilfe
Werkzeugspitze bei HM-Werkzeugen bricht aus	zu kleiner Keilwinkel dadurch Wärmestau	Keilwinkel vergrößern oder Span- und Freiflächenfasen anbringen
	Werkzeug federt (Schwingungen), weil zu lang eingespannt	kürzer einspannen oder größeren Schaftquerschnitt wählen
Hartmetallschneide bricht aus	Schwingungen z. B. durch zu großes Führungsspiel in den Längsführungen oder zu großes Spiel in der Hauptspindellagerung	Spiel in den Führungen bzw. Lagern nachstellen
	Schwingungen z. B. durch Überlastung der Maschine	andere Maschine mit höherer Steifigkeit einsetzen
Großer Freiflächenverschleiß	Freiwinkel zu klein Werkzeug drückt	Freiwinkel vergrößern
	Werkzeugspitze steht über Mitte der Werkstückachse – dadurch wirksamer Freiwinkel zu klein	Werkzeughöheneinstellung korrigieren
Werkzeugspitze bei SS-Werkzeugen schmilzt ab	Schnittgeschwindigkeit zu groß – dadurch zu große Erwärmung	v_c herabsetzen
	zu großer Spanquerschnitt – Folge: zu große Kräfte – zu große Erwärmung	Spanquerschnitt verkleinern, vor allem Schnitttiefe verringern
Starker Kolkverschleiß	zu hohe Schnittgeschwindigkeit	v_c herabsetzen
Standzeit des Werkzeugs zu klein	zu große Schnittgeschwindigkeit	v_c herabsetzen

7.9.2   Werkstückfehler

Tab. 7.8   Fehler und Fehlerursachen beim Drehen (Werkstückfehler)

Auswirkung am Werkstück	Fehlerursache	Abhilfe
Werkstück wird unrund	Werkstück biegt sich durch – falscher Einstellwinkel	Einstellwinkel vergrößern
	Spitze in der Hauptspindel schlägt	Konus in Hauptspindel überprüfen und Schmutz entfernen
	Werkstück ungenau zentriert	nachzentrieren
	Längsführungen oder Hauptspindellagerung hat zu viel Spiel	Führungen bzw. Hauptspindellager nachstellen
	Spannkraft verformt rohrförmiges Werkstück	Spannkraft verringern Spanungsquerschnitt herabsetzen
Oberfläche des Werkstückes wird wellig	Schwingungen z. B. durch zu großes Führungsspiel	Führungen nachstellen
	falsche Werkzeugeinspannung (Schwingungen)	Werkzeug kürzer spannen
	zu hohe Schnittleistung führt zu Schwingungen in der Maschine	Spanungsquerschnitt herabsetzen oder v_c verändern
Werkstück biegt sich durch	feststehender Setzstock oder falsch eingestellt	Setzstockbacken nachstellen
Oberflächenrauigkeit zu groß – starke Rillen	zu großer Vorschub und zu kleiner Spitzenradius am Drehmeißel	Vorschub verkleinern Spitzenradius vergrößern
Blanke Streifen am Werkstück	Blankbremsung durch abgeschmorte Spitze am SS-Drehmeißel	v_c herabsetzen
Werkstück wird konisch beim Drehen zwischen Spitzen	Spitzen fluchten nicht	Reitstock seitlich nachstellen

7.10 Richtwerttabellen

Die Richtwerte für v_{15} in den Tab. 7.9 und 7.10 gelten für Spantiefen von $a_p = 1$ bis 4 mm. Bei größeren Spantiefen als 4 mm (bis ca. 10 mm), müssen diese Werte um ca. 8 % vermindert werden. Die zulässigen Schnittgeschwindigkeiten gelten für die Standzeit von $T = 15$ min.

Diese Schnittgeschwindigkeiten lassen sich mit folgenden Faktoren auf die Standzeiten von $T = 8$ min, $T = 30$ min, $T = 60$ min umrechnen.

$$\boxed{v_8 = v_{15} \cdot 1{,}25}$$

$$\boxed{v_{30} = v_{15} \cdot 0{,}8}$$

$$\boxed{v_{60} = v_{15} \cdot 0{,}6}$$

Zur Zeit arbeitet man überwiegend, wegen der kurzen Werkzeugwechselzeiten bei Klemmhaltern, mit Standzeiten von:

$$\underline{T = 15 \text{ bis } 30 \text{ min.}}$$

Kurvengesteuerte Drehautomaten arbeiten in vielen Fällen, jedoch nicht mehr ausschließlich, mit Werkzeugstandzeiten von $T = 240$ bis 480 min. Numerisch gesteuerte Drehmaschinen mit kurzen Rüstzeiten arbeiten mit v_{15} bis v_{60}-Werten.

Je nach Rüstzeit- bzw. Umrüstzeitaufwand und der zu bearbeitenden Stückzahl, werden die Schnittgeschwindigkeiten und damit die Standzeiten den Produktionsverhältnissen angepasst.

Tab. 7.9 Schnittgeschwindigkeiten v_c für Stähle beim Drehen mit Hartmetall für $T = 15$ min (v_{c15}-Werte)

Werkstoff	Festigkeit oder Härte in N/mm²	Schneidstoff	a_p in mm	Vorschub f in mm						Verschleißkriterium	Umrechnungsfaktoren für		
				0,1	0,16	0,25	0,4	0,63	1,0		$T=8$	$T=30$	$T=60$
S 185–S 275 JR C 15–C 22 Bau u. Einsatzst.	400–500	P 10	1	450	420	400	380	–	–	VB 0,2	1,25	0,80	0,60
			2	420	400	370	350	–	–	K 0,3			
			4	–	370	350	330	310	300				
		P 20	1	440	400	390	380	–	–	VB 0,4			
			2	380	350	330	310	290	–	K 0,3			
			4	350	330	310	290	270	250				
		P 30	1	–	–	–	–	–	–	VB 0,5			
			2	–	350	330	300	280	–	K 0,3			
			4	–	320	300	280	240	220				
E 295 C 35–C 45, Ck 35 Bau- und Einsatz-Vergütungsst. 16MnCr5 20MnCrS5 Werkzeug und Vergütungsst.	500–800 1600–2000 HB	P 10	1	370	340	320	300	–	–	VB 0,2	1,20	0,80	0,65
			2	340	310	290	280	260	–	K 0,3			
			4	320	290	280	260	240	–				
		P 20	1	320	290	270	250	–	–	VB 0,4			
			2	290	270	250	230	210	–	K 0,3			
			4	280	250	230	210	190	180				
		P 30	1	–	–	–	–	–	–	VB 0,5			
			2	–	260	230	200	180	–	K 0,3			
			4	–	240	210	190	170	150				
E 335 Ck 45, Ckk 60 Bau und Vergütungsst. 50CrV4 42CrMo4 50CrMo4 Vergütungsst.	750–900 1000–1400	P 10	1	330	290	260	230	–	–	VB 0,2	1,15	0,85	0,70
			2	310	270	240	220	200	–	K 0,3			
			4	280	250	220	200	180	170				
		P 20	1	300	270	240	220	–	–	VB 0,4			
			2	270	240	220	200	180	–	K 0,3			
			4	250	220	200	180	160	140				
		P 30	1	–	–	–	–	–	–	VB 0,5			
			2	–	220	190	160	140	120	K 0,3			
			4	–	200	170	140	130	110				

Tab. 7.10 Schnittgeschwindigkeiten v_c für Stahlguss, Grauguss und NE-Metalle beim Drehen für $T = 15$ min (v_{c15}-Werte)

Werkstoff	Festigkeit oder Härte in N/mm²	Schneidstoff	a_p in mm	Vorschub f in mm						Verschleißkriterium	Umrechnungsfaktoren für		
				0,1	0,16	0,25	0,4	0,63	1,0		$T = 8$	$T = 30$	$T = 60$
GE 200–GE 240 Stahlguss	300–450	P 10	1	380	350	320	300	–	–	VB 0,3	1,20	0,80	0,65
			2	360	330	300	280	–	–	K 0,3			
			4	330	300	280	260	230	210				
		M 20	1	–	–	220	190	180	–	VB 0,3			
			2	–	–	210	180	150	130	K 0,3			
			4	–	–	200	170	140	120				
GJL 100–GJL 400 Grauguss	1400–1800 HB	M 10	1	300	270	250	230	–	–	VB 0,4			
			2	280	250	230	210	190	–	K 0,3			
			4	270	250	230	210	200	180				
		K 10	1	230	200	180	160	–	–	VB 0,4			
			2	210	190	170	150	130	–	K 0,3			
			4	190	170	150	130	110	100				
GJL 100–GJL 400 Grauguss	2000–2200 HB	K20	1	150	130	110	100	–	–	VB 0,6			
			2	140	120	100	90	80	–				
			4	130	110	100	90	80	70				
CuZn42–CuZn37 Messing	800–1200 HB	K 10	1	600	550	500	–	–	–	VB 0,4			
		K 20	2	550	500	450	420	400	–	K 0,3			
			4	500	480	450	420	400	380				
Al-Leg. 9–13 % Si	600–1000 HB	SS	1	120	90	70	50	40	35				
			2	100	80	60	40	30	30				
			4	–	–	–	–	–	–				
		K 10	1	550	500	480	450	–	–	VB 0,4			
			2	500	480	460	420	380	340	K 0,3			
			4	–	400	370	340	340	300				

Tab. 7.11 Schnittgeschwindigkeiten beim Drehen mit Schneidkeramikwerkzeugen (Auszug aus Firmenschrift der Firma Degussa, Frankfurt)

Werkstoff	Festigkeit R_m (N/mm^2)	Vorschub f (mm)	Schnittgeschwindigkeit v_c (m/min)	Art der Bearbeitung
Baustähle: E 295–E 360 Vergütungsstähle: C 35, CK 35, C 45, CK 45 u. a.	500 … 800	0,3–0,5 0,1–0,3	300–100 500–200	Schruppen Schlichten
Vergütungsstähle: C 60, CK 60, 40 Mn 4, 30 Mn 5, 37 MnSi 5, 34 Cr 4, 41 Cr 4, 25 CrMo 4, 34 CrMo 4, u. a.	800 … 1000	0,2–0,4 0,1–0,3	250–100 400–200	Schruppen Schlichten
Vergütungsstähle: 42 MnV, 42 CrMo 4, 50 CrMo 4, 36 CrNi-Mo 4, 34 CrNiMo 6 u. a.	1000 … 1200	0,2–0,4 0,1–0,3	200–100 350–200	Schruppen Schlichten
Unleg. Stahlguss GE 260 Leg. Stahlguss G 20 Mn 5 G 24 MnMo 5 G 22 CrMo 5 u. a.	500 … 600	0,3–0,6 0,1–0,3	300–100 500–200	Schruppen Schlichten
Werkstoff	Härte HRC	Vorschub f (mm)	Schnittgeschwindigkeit v_c (m/min)	Art der Bearbeitung
Warmarbeitsstähle, Gesenkstähle	45–55	0,05–0,2	150–50	Fertigdrehen
Kaltarbeitsstähle, Kugellagerstähle	55–60	0,05–0,15	80–30	Fertigdrehen
Kaltarbeitsstähle, Schnellstähle	60–65	0,05–0,1	50–20	Fertigdrehen
Werkstoff	Brinell-Härte HB	Vorschub f (mm)	Schnittgeschwindigkeit v_c (m/min)	Art der Bearbeitung
GJL 100–GJL 250	1400 … 2200	0,3–0,8 0,1–0,3	300–100 400–200	Schruppen Schlichten
GJL 300 Sonderguss 40 GG legiert	2200 … 3500	0,2–0,6 0,1–0,3	250–80 300–100	Schruppen Schlichten
Messing: Ms 63, (CuZn 37)	800	0,3–0,8 0,1–0,3	500–300 1000–400	Schruppen Schlichten
Aluminium-Legierungen	600 … 1200	0,3–0,8 0,1–0,3	1000–600 2000–800	Schruppen Schlichten

Tab. 7.12 Schnittgeschwindigkeiten beim Drehen mit Diamanten (Auszug aus Unterlagen der Firma Winter & Sohn, Hamburg)

Werkstoff	f in mm	a_p in mm	v_c in m/min
Al-Leg. (9–13 % Si)	0,04	0,15	300–500
Al-Druckguss Sonderlegierung 12 % Si – 120 HB	0,25	0,4	200–500
Elektrolyt-Kupfer	0,05–0,1	0,05–0,4	140–400
Messing	0,03–0,08	0,5–1,4	80–400
Kunststoff PTFE mit 20 % Glasfaser	0,12–0,18	0,5–3,0	130–170

Tab. 7.13 Schnittgeschwindigkeiten v_{c60} in m/min und Vorschübe f in mm für Drehautomaten (Auszug aus Richtwerttabellen der Fa. Index-Werke KG, Hahn und Tessky, Esslingen)

Werkstoff →	Al-Leg.		CuZn 37		GJL 200 GJL 300		Automatenstahl		Bau- u. Vergütungsstähle					
									< 500 N/mm²		600–850 N/mm²		850–1000 N/mm²	
Arbeitsverfahren	v_c	f	v_c	f	v_c	f	v_c	f	v_c	f	v_c	f	v_c	f
v_{c60}-Werte für HSS-Werkzeuge, f-Werte für HSS und HM-Werkzeuge														
Lang- und Plandrehen	160–190	0,15–0,25	60–110	0,10–0,25	20–30	0,1–0,2	50–80	0,1–0,2	30–50	0,1–0,2	30–40	0,1–0,2	25–35	0,1–0,2
Einstechen	160–180	0,04–0,08	60–100	0,04–0,08	20–30	0,03–0,05	50–80	0,03–0,05	30–50	0,02–0,03	30–40	0,02–0,03	25–35	0,02–0,03
Abstechen	160–180	0,07–0,12	60–100	0,04–0,08	20–30	0,06–0,1	50–80	0,04–0,08	30–50	0,03–0,07	25–35	0,03–0,07	25–35	0,02–0,03
Bohren														
⌀ 2,5–4,0	130–150	0,1	70–120	0,08	15–20	0,08	55–80	0,06	35–40	0,07	20–30	0,07	20–25	0,04
⌀ 4,0–6,3		0,13		0,10		0,1		0,10		0,08		0,08		0,05
⌀ 6,3–10,0		0,14		0,12		0,12		0,12		0,10		0,10		0,06
⌀ 10,0–16,0		0,17		0,14		0,14		0,14		0,11		0,11		0,07
Schneideisen u. Gewindebohrer	40–60	–	30–40	–	5–8	–	6–9	–	3–4	–	3–4	–	2–3	–
Schnittgeschwindigkeiten v_{c60} in m/min für Hartmetallwerkzeuge														
Lang- und Plandrehen	250–500		200–400		50–100		120–180		100–150		100–150		70–150	
Ein- und Abstechen	250–400		200–350		40–80		100–160		80–120		70–100		50–100	

Tab. 7.14 Schnittgeschwindigkeiten beim Gewindeschneiden von Außengewinden

Gewinde	v_c in m/min	
	HS	HM
Metrisches Gewinde	5–7,5	70
Metrisches Feingewinde	5–9	70–90
Trapezgewinde	5–8	70

Die kleineren v_c-Werte sind den kleineren Gewindedurchmessern zuzuordnen.
Bei Innengewinden verringern sich die zulässigen Schnittgeschwindigkeiten um 20 %.

Tab. 7.15 Gewindetiefen t in mm bei metrischen Gewinden nach DIN 13

Gewinde	M 8	M 10	M 12	M 16	M 20	M 24	M 27	M 30
Gewindetiefe t in mm	0,81	0,97	1,13	1,29	1,62	1,95	1,95	2,27
Anzahl der Schnitte	10	11	12	14	15	16	16	18

Tab. 7.16 Werkzeugwinkel beim Drehen mit HSS- und Hartmetallwerkzeugen

Werkstoff	Festigkeit bzw. Härte HB in N/mm²	Schnellarbeitsstahl		Hartmetall			
		$\alpha°$	$\gamma°$	$\alpha°$	$\gamma°$	$\gamma_f°$	$\lambda°$
Bau- u. Einsatzst. S 185, S 275 JR C 15–C22	400–500	8	14	6–8	12–18	6	−4
Bau-Einsatzvergütungsst. E 295–E 335 C 35–C 45	500–800	8	12	6–8	12	3	−4
Bau- u. Vergütungsst. E 360 C 60	750–900	8	10	6–8	12	0 bis +3	−4
Werkzeug und Vergütungsst. 16 MnCr 5 30 Mn 5	850–1000	8	10	6–8	8–12	0	−4
Vergütungsst. 42 CrMo 4 50 CrMo 4	1000–1400	8	6	6–8	6	−3	−4
Stahlguss GE 200–GE 240	300–450	8	10	6–8	12	−3	−4
Grauguss GJL 100–GJL 150	1400–1800 HB	8	0	6–8	8–12	0–+3	−4
Grauguss GJL 200–GJL 250	2000–2200 HB	8	0	6–8	6–12	0–+3	−4
Messing Ms 63 (CuZn 37)	800–1200 HB	8	0	10	12	–	0
Al-Legierung 9–13 % Si	600–1000 HB	12	16	10	12	–	−4

7.11   Berechnungsbeispiele

Beispiel 1   Es sind Wellen aus S 275 JR mit der Abmessung 100$\varnothing$ × 600 lang zwischen Spitzen, in einem Schruppschnitt von 100 $\varnothing$ auf 92 $\varnothing$ zu drehen.

gegeben

Schnitttiefe:	$a_p = 4\,\text{mm}$
Vorschub:	$f = 1{,}0\,\text{mm}$; Einstellwinkel $\iota = 70°$
Winkel am Drehmeißel:	$\gamma = 10°$; $\alpha = 6°$; $\lambda = -4°$
Werkzeugwerkstoff:	HM P20
Wirkungsgrad der Maschine:	$\eta_m = 0{,}7$
Standzeit:	$T = 60\,\text{min}$

gesucht   Hauptschnittkraft F_c, Antriebsleistung der Maschine P und die Hauptzeit t_h pro Welle.

Lösung

1.   Aus Tab. 7.9 die zulässige Schnittgeschwindigkeit entnehmen.
     $v_{c15} = 250\,\text{m/min}$; $v_{c60} = 150\,\text{m/min}$
2.   *Hauptschnittkraft F_c*
2.1. Spanungsdicke
     $h = f \cdot \sin\iota = 1{,}0\,\text{mm} \cdot 0{,}939 = 0{,}94\,\text{mm}$
2.2. Spanungsquerschnitt
     $A = a_p \cdot f = 4\,\text{mm} \cdot 1\,\text{mm} = 4\,\text{mm}^2$
2.3. Korrekturfaktoren

$$K_\gamma = 1 - \frac{\gamma_{tat} - \gamma_0}{100} = 1 - \frac{10 - 6}{100} = 0{,}96$$

$$K_v = 1{,}0 \text{ für } v_c \text{ von } 80\text{--}250\,\text{m/min}$$

$$K_{st} = 1{,}0 \text{ weil außen längs drehen}$$

$$K_{ver} = 1{,}3 \text{ Verschleißfaktor}$$

2.4. Spezifische Schnittkraft

$$k_c = \frac{(1\,\text{mm})^z}{h^z} \cdot k_{c1.1} \cdot K_\gamma \cdot K_v \cdot K_{st} \cdot K_{ver}$$

$$= \frac{(1\,\text{mm})^{0,17}}{0{,}94^{0,17}} \cdot 1780\,\text{N/mm}^2 \cdot 0{,}96 \cdot 1 \cdot 1 \cdot 1{,}3 = 2244{,}9\,\text{N/mm}^2$$

2.5. Hauptschnittkraft F_c
     $F_c = A \cdot k_c = 4\,\text{mm}^2 \cdot 2244{,}9\,\text{N/mm}^2 = 8979{,}7\,\text{N}$

3.   *Hauptzeit* t_h

3.1. Gesamtweg des Werkzeugs

$$L = l_a + l + l_u = 2\,\text{mm} + 600\,\text{mm} + 2\,\text{mm} = 604\,\text{mm}$$

3.2. Drehzahlberechnung (bezogen auf Ausgangsdurchmesser 100)

$$n_c = \frac{v_c \cdot 10^3\,\text{mm/m}}{d \cdot \pi} = \frac{150\,\text{m/min} \cdot 10^3\,\text{mm/m}}{100\,\text{mm} \cdot \pi} = 477{,}7\,\text{min}^{-1}$$

Da 477 keine Normdrehzahl ist, wird die nächstliegende Drehzahl aus der Normen-reihe (Tab. 20.4) gewählt:

$n_c = 450\,\text{min}^{-1}$

Bei stufenloser Drehzahlregelung wird $n_c = 480\,\text{min}^{-1}$ gewählt.

3.3. Hauptzeit

$$t_h = \frac{L \cdot i}{f \cdot n_c} = \frac{604\,\text{mm} \cdot 1}{1{,}0\,\text{mm} \cdot 450\,\text{min}^{-1}} = 1{,}34\,\text{min/Stck}$$

4.   *Antriebsleistung*

4.1. Bestimmung der tatsächlichen Schnittgeschwindigkeit aus der gewählten Drehzahl $n_c = 450\,\text{min}^{-1}$.

$$v_c = d \cdot \pi \cdot n = 0{,}1\,\text{m} \cdot \pi \cdot 450\,\text{min}^{-1} = 141{,}3\,\text{m/min}$$

4.2. Antriebsleistung

$$P = \frac{F_c \cdot v_c}{60\,\text{s/min} \cdot 10^3\,\text{W/kW} \cdot \eta_M} = \frac{8979{,}7\,\text{N} \cdot 141{,}3\,\text{m/min}}{60\,\text{s/min} \cdot 10^3\,\text{W/kW} \cdot 0{,}7} = 30{,}2\,\text{kW}$$

Beispiel 2   Welche max. Schnitttiefe kann einer Drehmaschine mit $P = 18{,}5\,\text{kW}$ Antriebsleistung zugemutet werden, wenn die Formrauigkeit $63\,\mu\text{m}$ betragen soll und folgende Daten gegeben sind?

gegeben

Werkstoff:	E 295
Spitzenradius des Drehmeißels:	$r = 1{,}5\,\text{mm}$
Einstellwinkel:	$\iota = 90°$
Winkel am Drehmeißel:	$\gamma = 12°, \alpha = 6°, \lambda = -4°$
Werkzeugwerkstoff:	HM P20
Wirkungsgrad der Maschine:	$\eta_M = 0{,}7$

gesucht

1. zu wählender Vorschub
2. max. Schnitttiefe

Lösung

1. Vorschubwahl

   Der Vorschub kann aus Tab. 7.2, in Abhängigkeit vom Spitzenradius des Drehmeißels und der geforderten Oberflächenrauigkeit von 63 μm entnommen werden. Der herausgelesene Tabellenwert ist: $f = 0,87$ mm. Weil aber 0,87 kein Normvorschub ist, wählt man den nächstkleineren Normvorschub. Würde man einen größeren Vorschub wählen, dann wäre die Rauigkeitsforderung nicht mehr erfüllt. Die Normvorschubreihe ist aus Tab. 7.9 zu entnehmen. Sie beträgt in diesem Falle $f = 0,63$ mm.

2. *Maximal zulässige Schnitttiefe bei gegebener Antriebsleistung*

2.1. Spanungsdicke

$h = f \cdot \sin \iota = 0,63\,\text{mm} \cdot 1 = 0,63\,\text{mm}$

2.2. Schnittgeschwindigkeit

aus Tab. 7.9 ablesen.

$v_{c15} = 190\,\text{m/min}$ für $f = 0,63$ mm

2.3. Korrekturfaktoren

$$K_\gamma = 1 - \frac{\gamma_{\text{tat}} - \gamma_0}{100} = 1 - \frac{12 - 6}{100} = 0,94$$

$$K_v = 1; \quad K_{\text{st}} = 1; \quad K_{\text{ver}} = 1,3$$

2.4. Spezifische Schnittkraft

$k_{c1.1} = 1990\,\text{N/mm}^2$ und $z = 0,26$ aus Tab. 2.1 entnehmen

$$k_c = \frac{(1\,\text{mm})^z}{h^z} \cdot k_{s1,1} \cdot K_\gamma \cdot K_v \cdot K_{\text{st}} \cdot K_{\text{ver}}$$

2.5. Leistungsgleichung nach der Schnitttiefe umstellen

$$P = \frac{F_c \cdot v_c}{60 \cdot 10^3 \cdot \eta_M} = \frac{a_p \cdot \overbrace{f \cdot k_c}^{F_c} \cdot v_c}{60 \cdot 10^3 \cdot \eta_M}$$

$$a_p = \frac{60 \cdot 10^3 \cdot \eta_M \cdot P}{f \cdot k_c \cdot v_c} = \frac{60\,\text{s/min} \cdot 10^3\,\text{W/kW} \cdot 0,7 \cdot 18,5\,\text{kW}}{0,63\,\text{mm} \cdot 2742,2\,\text{N/mm}^2 \cdot 190\,\text{m/min}}$$

$$a_{p\text{max}} = \underline{\underline{2,36\,\text{mm}}}$$

7.12   Testfragen zum Kapitel 7

1. Welche Drehverfahren gibt es?
2. Aus welchen Größen kann man die zu erwartende Oberflächenrauheit bestimmen?
3. Welche Leistungssteigerungen sind durch Hartstoffbeschichtungen beim Werkstoff Schnellarbeitsstahl zu erreichen?

4. Warum ist es besser, beim Schruppdrehen mit konstantem Spanquerschnitt, mit großem Vorschub und kleiner Spantiefe zu arbeiten, als umgekehrt?

5. Wie bestimmt man die Hauptzeit beim Langdrehen?

6. Warum ist es nicht sinnvoll, mit sehr großen Schnittgeschwindigkeiten beim Schruppdrehen zu arbeiten? (Erklärung mit Zeit- und Leistungsgleichung).

7. Welche Drehmeißelform verwendet man für das Gewindeschneiden?

8. Was sind die wesentlichen Vorteile der Wendeschneidplatten?

9. Wie muss eine CNC-Drehmaschine aufgebaut sein, um eine Komplettbearbeitung, d. h. zusätzliche Bohr- und/ oder Fräsbearbeitungen durchzuführen?

10. Welche Aufgaben übernehmen angetriebene Werkzeuge auf der CNC-Drehmaschine?

11. Welche Aufgaben übernimmt eine Gegenspindel?

12. Nennen Sie die Vorteile, die sich bei der Verfahrenskombination Drehen – Umformen (APRW/WE) zur Herstellung profilierter Ringe ergeben.

13. Nennen Sie die Vorteile, die sich bei der Verfahrenskombination Hartdrehen und Schleifen zur Herstellung von Kettenrädern ergeben.

Bohren 8

8.1 Definition

Bohren ist ein Zerspanungsverfahren, bei dem überwiegend mit einem zweischneidigen Werkzeug, dem Wendelbohrer, gearbeitet wird, um Bohrungen zu erzeugen. Beim Bohren mit der Bohrmaschine führt das Werkzeug die Vorschub- und die Schnittbewegung aus. Wird die Bohrung in der Drehmaschine oder auf einem Drehautomaten eingebracht, dann führt das Werkstück die Schnittbewegung aus.

8.2 Bohrverfahren

8.2.1 Bohren ins Volle

Hier dringt der Wendelbohrer in den vollen, noch unbearbeiteten Werkstoff ein, um eine Durchgangs- oder Sacklochbohrung zu erzeugen (Abb. 8.1).

Dieser Vorgang lässt sich in drei Phasen unterteilen.

Anbohren Die Bohrerspitze setzt mit der Querschneide auf das Werkstück auf und dringt mit der konischen Spitze in den Werkstoff ein. Während dieser Phase ändert sich der Spanungsquerschnitt solange, bis der Bohrer voll im Schnitt ist. Vorschubkraft und Drehmoment steigen an.

Abb. 8.1 Bohrungsarten, **a** Sacklochbohrung, **b** Durchgangsbohrung

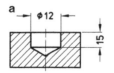

© Springer Fachmedien Wiesbaden GmbH, ein Teil von Springer Nature 2020
J. Dietrich, A. Richter, *Praxis der Zerspantechnik*,
https://doi.org/10.1007/978-3-658-30967-1_8

Vollschnittphase In dieser Phase bleibt der Spanungsquerschnitt konstant. Mit wachsender Bohrtiefe steigen, als Folge der gehemmten Spanabfuhr und der damit verbundenen Reibung, die Schnittkräfte an.

Durchgang der Bohrerspitze Diese dritte Phase tritt nur bei Durchgangsbohrungen auf. Wenn bei solchen Bohrungen die Bohrerspitze den Werkstoff durchdringt, ist die Querschneide des Bohrers in axialer Richtung nicht mehr abgestützt. Die durch die Auffederung des Bohrmaschinenständers entstandene Vorspannung löst sich schlagartig und wirkt wie eine vergrößerte Vorschubgeschwindigkeit. Dies führt zum Einhaken der Hauptschneiden und oftmals auch zum Bruch des Bohrers.

8.2.2 Aufbohren – Ausdrehen

Soll eine große Bohrung erzeugt werden, so sind dazu mehrere Bohroperationen erforderlich. Ab welchem Durchmesser aufgebohrt werden muss, ist abhängig

- von der Antriebsleistung der Maschine
- und der Zentrierfähigkeit des Wendelbohrers.

Die Antriebsleistung ist in einer vorhandenen Bohrmaschine eine konstante Größe. Daraus folgt, dass der zulässige Bohrerdurchmesser sich aus dem zu bohrenden Werkstoff und dem zugeordneten Vorschub ergibt.

Weil beim Aufbohren eines mit dem Wendelbohrer vorgebohrten Loches die Querschneide nicht mehr schneiden kann, entfällt der Querschneidendruck.

Dadurch verringert sich die Vorschubkraft und damit die zum Aufbohren erforderliche Antriebsleistung.

Wendelbohrer mit großem Durchmesser neigen beim Anbohren, wegen ihrer großen Querschneide leicht zum Verlaufen. Deshalb bohrt man große Bohrungen mit einem kleineren Wendelbohrer vor. Dabei soll der Durchmesser des Vorbohrers nicht größer als die Kerndicke des Fertigbohrers sein. Weil sich Wendelbohrer beim Aufbohren nicht mehr mit der Querschneide abstützen können, kommt es oft zum Einhaken oder Rattern der Schneiden. Dies führt zu unsauberen und maßlich ungenauen Bohrungen.

Deshalb verwendet man zum Aufbohren bevorzugt die wesentlich ruhiger arbeitenden mehrschneidigen Wendelsenker.

Mit welchem Vorbohrdurchmesser eine Bohrung vorgebohrt werden muss, hängt vom Aufbohrwerkzeug ab.

Der Vorbohrdurchmesser kann nach folgender Gleichung bestimmt werden.

$$d = c \cdot D$$

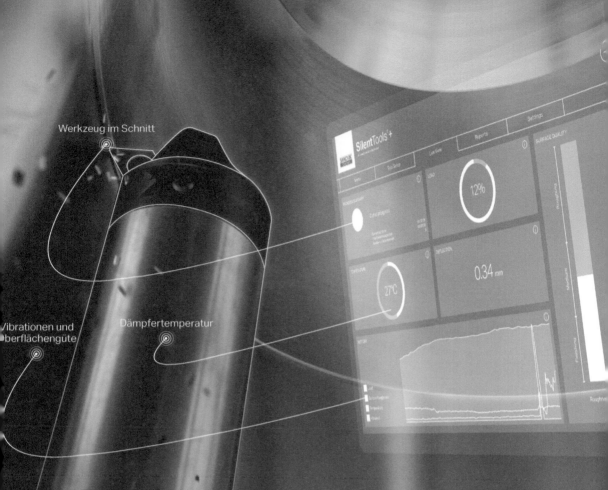

Werkzeug im Schnitt

Vibrationen und
Oberflächengüte

Dämpfertemperatur

Wir betreten die Zukunft der Fertigung.
Kommen Sie mit?

Optimieren Sie Ihre Zerspanungsprozesse und Entscheidungen mit CoroPlus®
– unserer neuen Plattform für vernetzte Lösungen für die intelligente Fertigung.

Tab. 8.1 Durchmesserabstufung beim Aufbohren

Aufbohrwerkzeug	Werkzeugkonstante c
Wendelbohrer	0,3
Spiralsenker	0,75
Aufstecksenker	0,85

Abb. 8.2 Bohrstange mit Bohrmeißel, *a* Werkstück, *b* Bohrmeißel, *c* Bohrstange

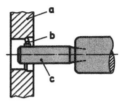

d in mm Vorbohrdurchmesser

D in mm Fertigbohrdurchmesser

c Werkzeugkonstante

Die Werkstoffkonstante c ist abhängig von der Art des Aufbohrwerkzeuges. Drei mittlere Werte zeigt Tab. 8.1.

Beim Ausdrehen auf der Drehmaschine oder dem Bohrwerk wird das vorgebohrte Loch mit einem Drehstahl (Abb. 8.2) bearbeitet. Auf Bohrmaschinen oder Bohrwerken verwendet man außerdem Spezialwerkzeuge; z. B. im Maß nachstellbare ein- oder zweischneidige Werkzeugköpfe, die auswechselbar auf die dafür entwickelten Werkzeugschäfte aufgesetzt werden können (siehe dazu Abschnitt Bohrwerkzeuge).

8.2.3 Senken

Beim Senken werden Teilflächen an Bohrungen mit der Stirnseite eines mehrschneidigen Werkzeugs, dem Senker, bearbeitet. Die Form des Senkers entspricht der zu erzeugenden Kontur am Werkzeug.

Bei den gestuften Bohrungen (Abb. 8.3) wird die Stufe mit dem Senker erzeugt.

8.2.4 Reiben

Reiben ist ein Zerspanungsverfahren, bei dem mit einem am Umfang vielschneidigem Werkzeug vorgebohrte oder auch gesenkte Bohrungen auf Passungsmaß gebracht werden.

Abb. 8.3 Gestufte Bohrungen, **a** mit zylindrischem Senker erzeugte Planfläche, **b** mit Profilsenker erzeugte Kegelfläche

a

b

Neben der hohen Maßgenauigkeit haben geriebene Bohrungen eine glatte saubere Oberfläche. Das Werkzeug zum Reiben ist die Reibahle.

8.2.5   Gewindeschneiden mit Gewindeschneidbohrern

Beim Gewindeschneiden wird das mit dem Gewindeprofil versehene Werkzeug, der Gewindeschneidbohrer, in die Bohrung hineingedreht. Weil die Schneidstollen des Werkzeugs die Steigung des zu erzeugenden Gewindes haben, zieht sich der Gewindeschneidbohrer, wenn er angeschnitten hat, selbst in die Bohrung hinein.

8.3   Erzeugung und Aufgaben der Bohrungen

8.3.1   Grund- oder Sacklochbohrung

Aufgabe
Zum Halten von Bolzen oder Achsen (Abb. 8.4)

Erzeugung
Bohren ins Volle mit dem Wendelbohrer. Bei großen Durchmessern Vorbohren mit Wendelbohrer und Aufbohren mit Wendelbohrer oder Wendelsenker.

8.3.2   Durchgangsbohrung

Aufgabe
Verbinden von zwei oder mehreren Elementen (Abb. 8.5)

Abb. 8.4 Grund- oder Sacklochbohrung

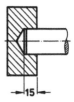

Abb. 8.5 Durchgangsbohrung

Abb. 8.6   Kegelige Bohrung

Abb. 8.7   Senkbohrung

Erzeugung

Bohren ins Volle mit dem Wendelbohrer oder bei großen Durchmessern Vorbohren mit dem Wendelbohrer und Aufbohren mit dem Wendelbohrer oder dem Wendelsenker.

8.3.3   Kegelige Bohrung

Aufgabe

Zur Aufnahme von konischen Elementen z. B. eines Kegelstiftes der zwei Platten in ihrer Lage zueinander festlegt. Konische Bohrungen benötigt man aber auch zur Aufnahme von Werkzeugen mit Kegelschäften (z. B. Wendelbohrer, Fräsdorne).

Erzeugung

Kegelige Bohrungen sind Passbohrungen. Sie werden durch Vorbohren mit dem kegeligen Wendelbohrer und anschließendem Reiben mit einer kegeligen Reibahle erzeugt. Werkzeugaufnahmen werden zusätzlich geschliffen (Abb. 8.6).

8.3.4   Senkbohrung

Aufgabe

Zur Aufnahme von Schrauben und Nieten die nicht vorstehen dürfen.

Erzeugung

Vorbohren mit dem Wendelbohrer und Senken mit, je nach Form der Senkung, zylindrischem- oder Formzapfensenker (Abb. 8.7).

8.3.5   Gewindebohrung

Aufgabe

Zum Befestigen von Elementen z. B. befestigen einer Platte an einem Presswerkzeug.

Abb. 8.8 Gewindebohrung

Erzeugung

Das Gewinde wird nach dem Vorbohren mit dem Wendelbohrer mit Gewindeschneidbohrern erzeugt (Abb. 8.8).

8.4   Erreichbare Genauigkeiten beim Bohren

Bohren ins Volle mit dem Wendelbohrer ist eine Schruppbearbeitung. Größere Maßgenauigkeiten und bessere Oberflächen erreicht man durch Reiben, Senken, Feinbohren und
Ausdrehen. Die Zuordnung von Bohrverfahren und erreichbarer Maßgenauigkeit bzw. erreichbarer Oberflächenqualität zeigt Tab. 8.2.

Tab. 20.2 (Anhang) zeigt die Zuordnung von ISO-Qualitäten und Maßtoleranzen.

8.5   Kraft-, Drehmoment- und Leistungsberechnung

Die Zerspanungsgrößen beim Bohren können aus den Grundlagen (Kap. 2) abgeleitet
werden. Neben der eigentlichen Zerspankraft, die an den Schneiden des Bohrwerkzeugs
angreift, wirken zusätzlich Reibungskräfte, die zwischen den Fasen des Bohrwerkzeugs
und der Wandung der Bohrung entstehen.

Weil die Leistungsgleichung ganz allgemein und damit auch für alle Bohrverfahren
gilt, wird sie übergeordnet vorangestellt.

Tab. 8.2 Erreichbare Toleranzen und Oberflächenqualitäten bei verschiedenen Bohrverfahren

Verfahren	ISO-Tol. (Mittelwerte) IT	Rautiefe R_t in μm	Oberflächen-qualität
Bohren ins Volle	12	80	Schruppen
Aufbohren mit Wendelsenkern	11	20	Schlichten
Senken mit Flach- und Formsenkern	9	12	Schlichten
Reiben	7	8	Feinschlichten
Ausdrehen mit Ausdrehmeißel oder mehrschneidigem Bohrkopf	7	8	Feinschlichten
Ausdrehen mit Hartmetallschneiden und sehr kleinem Spanquerschnitt	7	4	Feinschlichten

Abb. 8.9 Spanungsgrößen
beim Bohren ins Volle

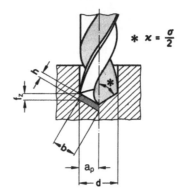

Die Antriebsleistung der Maschine ist $P = M \cdot \omega$, mit Umrechnungen wird:

$$P = \frac{M \cdot n_c}{9{,}55 \, \text{s/min} \cdot 10^3 \, \text{W/kW} \cdot \eta_M}$$

ω Winkelgeschwindigkeit in s^{-1}
P Antriebsleistung in kW
M Drehmoment in Nm
n_c Drehzahl in min^{-1}
η_M Wirkungsgrad der Bohrmaschine (0,7–0,9)
9,55 Konstante aus $(2 \cdot \pi \cdot n_c / 60 \, \text{s/min})$ in s/min

8.5.1   Bohren ins Volle (Abb. 8.9)

Vorschub pro Schneide f_z

$$f_z = \frac{f}{z_E}$$

f_z Vorschub pro Schneide in mm
f Vorschub pro Umdrehung in mm
z_E Anzahl der Schneiden
   ($z_E = 2$ für Wendelbohrer)

Spanungsdicke h

$$h = f_z \cdot \sin \iota$$

$$\iota = \frac{\sigma}{2}$$

h Spanungsdicke in mm
ι Einstellwinkel $= \frac{\sigma}{2}$ in °
σ Spitzenwinkel des Wendelbohrers in °

Spanungsbreite b

$$b = \frac{d}{2 \cdot \sin \iota}$$

b Spanungsbreite in mm
d Durchmesser der Bohrung in mm
a_p Schnitttiefe (Schnittbreite) in mm

Spanungsquerschnitt A

$$A = b \cdot h = \frac{d \cdot f_z}{2}$$

A Spanungsquerschnitt in mm^2
d Bohrerdurchmesser in mm
f_z Vorschub pro Schneide in mm

Spezifische Schnittkraft

$$k_{ch} = \frac{(1\,\text{mm})^z}{h^z} \cdot k_{c1.1} = \frac{(1\,\text{mm})^z}{(f_z \cdot \sin \iota)^z} \cdot k_{c1.1}$$

Unter Berücksichtigung der Korrekturfaktoren folgt:

$$k_c = \frac{(1\,\text{mm})^z}{(f_z \cdot \sin \iota)^z} \cdot k_{c1.1} \cdot K_v \cdot K_{st} \cdot K_{ver}$$

k_c spezifische Schnittkraft in N/mm^2
k_{ch} spezifische Schnittkraft bezogen auf h^{-z} in N/mm^2
$k_{c1,1}$ spezifische Schnittkraft für $h = b = 1$ mm in N/mm^2
f_z Vorschub pro Schneide in mm
z Exponent (Materialkonstante)
K_v Korrekturfaktor für die Schnittgeschwindigkeit
       $K_v = 1,0$ für HM; $K_v = 1,15$ für SS
$K_{st} = 1,2$ Korrekturfaktor für die Spanstauchung
$K_{ver} = 1,3$ Korrekturfaktor, der den Verschleiß am Werkzeug berücksichtigt

Hauptschnittkraft pro Schneide F_{cz}

$$F_{cz} = a_p \cdot f_z \cdot k_c = b \cdot h \cdot k_c = \frac{d \cdot f_z}{2} \cdot k_c$$

$$\boxed{F_{cz} = \frac{d \cdot f_z}{2} \cdot k_c}$$

F_{cz} Hauptschnittkraft pro Schneide in N
d Durchmesser der Bohrung in mm
f_z Vorschub pro Schneide in mm
k_c spezifische Schnittkraft in N/mm^2

Vorschubkraft F_f

$$\boxed{F_f = z_E \cdot F_{cz} \cdot \sin \iota}$$

F_f Vorschubkraft in N
z_E Anzahl der Schneiden

Drehmoment M

$$M = F_c \cdot \frac{d}{4}$$

$$F_c = F_{cz} \cdot z_E$$

$$\boxed{M = \frac{d^2}{8} \cdot f_z \cdot z_E \cdot k_c \cdot \frac{1}{10^3 \, \text{mm/m}}}$$

$$\boxed{f = z_E \cdot f_z}$$

M Drehmoment in Nm
d Bohrungsdurchmesser in mm
f_z Vorschub pro Schneide in mm
z_E Anzahl der Schneiden
f Vorschub pro Umdrehung in mm
k_c spezifische Schnittkraft in N/mm^2
F_c Hauptschnittkraft in N

Für die Berechnung des Drehmomentes wird angenommen, dass die Hauptschnittkraft in der Mitte der Hauptschneide angreift. Daraus ergibt sich ein Abstand zwischen der Kraftwirkungslinie und der Bohrerachse von $d/4$ (siehe Abb. 8.10).

Abb. 8.10 Wirkungslinie der
Hauptschnittkraft mit Abstand
$d/4$ von der Bohrerachse

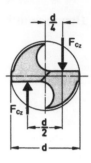

8.5.2 Aufbohren

Hier gelten im Prinzip die gleichen Gleichungen wie unter Abschn. 8.5.1. Deshalb werden in diesem Abschnitt nur die Gleichungen dargestellt, die davon abweichen (siehe Abb. 8.11).

Spanungsbreite b

$$b = \frac{D - d}{2 \cdot \sin \iota}$$

$$a_\mathrm{p} = \frac{D - d}{2}$$

b Spanungsbreite in mm
D Durchmesser der Fertigbohrung in mm
d Durchmesser der Vorbohrung in mm
ι Einstellwinkel $= \sigma/2$
a_p Schnitttiefe in mm

Spanungsdicke *h*

$$h = f_z \cdot \sin \iota \qquad \iota = \frac{\sigma}{2}$$

f_z Vorschub pro Schneide in mm

Hauptschnittkraft pro Schneide

$$F_{c_z} = \frac{D - d}{2} \cdot f_z \cdot k_c$$

F_{c_z} Hauptschnittkraft pro Schneide in N
k_c spezifische Schnittkraft
    (wie unter Abschn. 8.5.1)

Abb. 8.11 Spanungsgrößen
beim Aufbohren

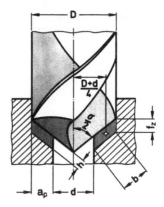

Drehmoment M

$$M = z_\mathrm{E} \cdot F_{\mathrm{c}_{z_\mathrm{E}}} \cdot \frac{D + d}{4}$$

$$\boxed{M = \frac{D^2 - d^2}{8} \cdot z_\mathrm{E} \cdot f_\mathrm{z} \cdot k_\mathrm{c} \cdot \frac{1}{10^3\,\mathrm{mm/m}}}$$

M Drehmoment in Nm

D Durchmesser der Fertigbohrung in mm

d Durchmesser der Vorbohrung in mm

f_z Vorschub pro Schneide in mm

k_c spezifische Schnittkraft (wie unter Abschn. 8.5.1) in N/mm^2

z_E Anzahl der Schneiden

8.5.3 Senken

Plansenken (Abb. 8.12)

Hier sind die Verhältnisse wie beim Aufbohren. Deshalb gilt für die Berechnung von

- Hauptschnittkraft,
- Drehmoment und
- Antriebsleistung

das gleiche wie beim Aufbohren. Abweichend hiervon sind:

1. *Anzahl der Schneiden*

Ein Senker hat immer viele Schneiden. Deshalb gilt

$$\boxed{f = z_\mathrm{E} \cdot f_\mathrm{z}}$$

Abb. 8.12 Spanungsgrößen
und Abstände beim Plansenken

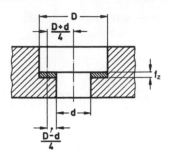

f Vorschub pro Umdrehung in mm

z_E Anzahl der Schneiden

f_z Vorschub pro Schneide in mm

2. Der Abstand vom mittleren Kraftangriffspunkt einer Schneide zur Werkstückachse.
   Er beträgt:

$$\frac{D + d}{4}$$

3. Beim Senken ist $\iota = \frac{\sigma}{2} = 90°$
   daraus folgt:

$$h = f_\mathrm{z} \cdot \sin \iota$$

$$\sin 90° = 1$$

deshalb ist $\boxed{h = f_\mathrm{z}}$

h Spanungsdicke in mm

f_z Vorschub pro Schneide in mm

Die Schnitttiefe a_p ist: $a_\mathrm{p} = \frac{D-d}{2}$
weil aber $b = \frac{a_\mathrm{p}}{\sin \iota}$, wird für $\iota = 90°$

$$\boxed{b = a_\mathrm{p}}$$

Hauptschnittkraft pro Schneide

$$\boxed{F_\mathrm{cz} = \frac{D - d}{2} \cdot f_\mathrm{z} \cdot k_\mathrm{c}}$$

D Durchmesser der Senkbohrung in mm

d Durchmesser der Vorbohrung in mm

f_z Vorschub pro Schneide in mm

k_c spezifische Schnittkraft (vgl. Abschn. 8.5.1) in N/mm^2

Drehmoment M

$$M = z_\text{E} \cdot F_{c_z} \cdot \frac{D + d}{4}$$

$$M = \frac{D^2 - d^2}{8} \cdot z_\text{E} \cdot f_z \cdot k_\text{c} \cdot \frac{1}{10^3 \, \text{mm/m}}$$

M Drehmoment in Nm
z_E Anzahl der Schneiden

8.5.4 Reiben

Die Schnittkräfte beim Reiben sind klein, die Antriebsleistung von zum Bohren geeigneten Maschinen reicht immer aus. Daher ist es nicht notwendig hier Schnittkraft und Drehmoment zu berechnen.

8.5.5 Gewindeschneiden mit Gewindeschneidbohrern

Beim Gewindeschneiden interessiert den Praktiker weniger die Kraft als vielmehr das Drehmoment.

$$M = \frac{P^2 \cdot d \cdot k_\text{c} \cdot K}{C \cdot 10^3 \, \text{mm/m}}$$

M Drehmoment in Nm
P Gewindesteigung in mm
d größter Durchmesser der Werkzeugschneide (Gewindeinnendurchmesser) in mm
C Konstante $C = 8$
K Werkzeugkonstante

Der Faktor K ist abhängig von der Anzahl der Schneidbohrer, die zu einem Gewindeschneidbohrersatz gehören. Man unterscheidet Sätze mit zwei und drei Gewindeschneidbohrern. Wenn ein Gewinde mit nur einem Schneidbohrer vor- und fertiggeschnitten wird, dann bezeichnet man einen solchen Gewindeschneidbohrer als „Einzelschneider". Für den Einzelschneider ist der Faktor $K = 1$.
Die anderen Werte für K zeigt Tab. 8.3.

Tab. 8.3 K-Werte für verschiedene Schneidbohrer

Anzahl der Schneid-bohrer pro Satz	Schneidbohrer Nr.	K-Werte
1	1	1
2	1	0,8
	2	0,6
3	1	0,6
	2	0,3
	3	0,2

8.6   Bestimmung der Hauptzeit (Maschinenzeit)

Die Hauptzeit lässt sich, wie beim Drehen, aus der Länge der Bohrung, der Anzahl der
Bohrungen, den Vorschub pro Umdrehung und der Drehzahl berechnen.

$$t_\mathrm{h} = \frac{L \cdot i}{f \cdot n_\mathrm{c}}$$

t_h Hauptzeit in min
f Vorschub pro Umdrehung in mm
L Gesamtweg des Bohrwerkzeugs in mm
n_c Drehzahl in min^{-1}
i Anzahl der Bohrungen

Die Drehzahl wird aus der nach der Drehzahl umgestellten Schnittgeschwindigkeitsgleichung berechnet. Die Schnittgeschwindigkeit kann aus den Richtwerttabellen (Abschn. 8.9)
entnommen werden.

$$n_\mathrm{c} = \frac{v_\mathrm{c} \cdot 10^3 \, \mathrm{mm/m}}{d \cdot \pi}$$

n_c Drehzahl in min^{-1}
v_c Schnittgeschwindigkeit in m/min
d Bohrerdurchmesser in mm

Der Gesamtweg L den das Bohrwerkzeug nach Einschalten des maschinellen Vorschubes
zurücklegt, ist abhängig vom Bohrverfahren und vom verwendeten Bohrwerkzeug. Für
alle Bohrverfahren gilt:

$$L = l_a + l + l_u$$

Abb. 8.13 Anlaufweg beim
Bohren ins Volle

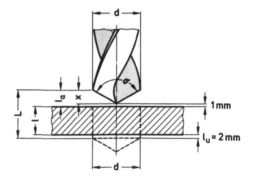

L Gesamtweg des Bohrwerkzeugs in mm
l_a Anlaufweg in mm
l Länge der Bohrung in mm
l_u Überlaufweg in mm

Unterschiedlich sind bei den einzelnen Bohrverfahren die Anlauf- und die Überlaufwege.

8.6.1 Bohren ins Volle

Das Anlaufmaß l_a (Abb. 8.13) setzt sich beim Wendelbohrer aus zwei Größen zusammen

1. dem Sicherheitsabstand von 1 mm
2. dem Maß x

$$\boxed{l_a = x + 1}$$

Wenn man die Spindel der Bohrmaschine von Hand an das Werkstück heranfährt, dann setzt man, um die Werkzeugspitze nicht zu beschädigen, den Bohrer nicht auf das Werkzeug auf, sondern lässt einen Sicherheitsabstand von ca. 1 mm zwischen Werkzeug und Werkstück.

Das Maß x (Länge der Bohrerspitze) lässt sich aus dem Durchmesser und dem Spitzenwinkel des Wendelbohrers rechnerisch bestimmen.

$$\boxed{x = \frac{d}{2 \cdot \tan \frac{\sigma}{2}}}$$

x Länge der Bohrerspitze in mm
d Durchmesser des Bohrers in mm
σ Spitzenwinkel des Bohrers in °

Abb. 8.14 Anlaufweg beim
Aufbohren mit dem Wendel-
bohrer

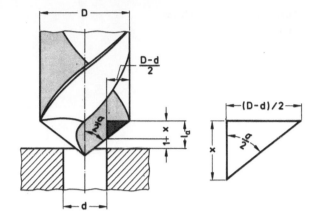

8.6.2 Aufbohren mit dem Wendelbohrer

Beim Aufbohren (Abb. 8.14) lässt sich das Maß x aus der Durchmesserdifferenz von Vor-
und Fertigbohrer und dem halben Spitzenwinkel bestimmen.

$$x = \frac{D - d}{2 \cdot \tan \frac{\sigma}{2}}$$

x Abstandsmaß (siehe Abb. 8.14) in mm
D Fertigbohrdurchmesser in mm
d Vorbohrdurchmesser in mm
σ Spitzenwinkel in °

8.6.3 Plansenken

Hier nimmt man als Anlaufmaß l_a

$$l_a = \frac{D - d}{3}$$

l_a Anlaufweg in mm
D Durchmesser der Senkbohrung in mm
d Durchmesser der Vorbohrung in mm

Tab. 8.4 Anlaufwege l_a und Überlaufwege l_u [16]

Arbeitsverfahren	Spitzenwinkel	Anlauflänge l_a		Überlaufweg l_u
		Bohren ins Volle	beim Aufbohren	
Bohren mit Wendelbohrer	80°	$\frac{5}{8} \cdot d + 1$	$\frac{5}{8}(D - d) + 1$	Sackloch: 0
	118°	$d/3 + 1$	$\frac{D-d}{3} + 1$	Durchgangsloch:
	130°	$d/4 + 1$	$\frac{D-d}{4} + 1$	2 mm
Senken (Flachsenken)		$\frac{D-d}{3}$		0
Reiben		d		d
Gewindeschneiden		$3 \cdot P$		–

8.6.4 Gewindeschneiden

Beim Gewindeschneiden ist das Anlaufmaß abhängig von der Steigung des zu schneidenden Gewindes und der Art des Anschliffes der Bohrerspitze. Im Mittel kann man l_a annehmen zu:

$$l_a = 3\,P$$

P in mm Gewindesteigung

Das Überlaufmaß l_u erhält in der Regel einen festen Wert beim Bohren. In diesem Buch soll es mit

$$l_u = 2,0\,\text{mm}$$

für Durchgangsbohrungen festgelegt werden.

Bei Grund- oder Sacklochbohrungen ist

$$l_u = 0$$

Die nachfolgende Tab. 8.4 zeigt noch einmal eine Zusammenfassung der Anlaufwege und der Überlaufwege.

Für den beim Bohren von Stahl verwendeten Bohrertyp N mit einem Spitzenwinkel von $\sigma = 118°$ ergeben sich folgende Gesamtwege L (gerundete Werte):

Bohren ins Volle

Grund- oder Sacklochbohrung: $\boxed{L = \dfrac{d}{3} + 1 + l}$

Durchgangsbohrung: $\boxed{L = \dfrac{d}{3} + 3 + l}$

Aufbohren mit dem Wendelbohrer

Durchgangsloch: $\boxed{L = l + 3 + \dfrac{D - d}{3}}$

8.7 Bohrwerkzeuge

8.7.1 Wendelbohrer

8.7.1.1 Aufbau des Wendelbohrers

Der Wendelbohrer (Abb. 8.15), besteht aus dem Schneidenteil mit der Bohrerspitze und dem Schaft.

Während die Bohrerspitze die eigentliche Zerspanungsarbeit leistet, dient der Körper mit den Spannuten zum Abführen der Späne und der Schaft zur Befestigung des Bohrers in der Bohrspindel der Bohrmaschine.

Es gibt Wendelbohrer mit zylindrischem und mit konischem Schaft.

Beim Wendelbohrer mit Kegelschaft (Abb. 8.16) wird die Mitnahme durch die Haftreibung an den Kegelwänden erreicht.

Der Lappen dient ausschließlich zum Austreiben aus der Bohrspindel oder der Reduzierhülse.

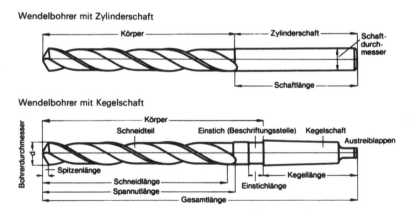

Abb. 8.15 Elemente des Wendelbohrers

Abb. 8.16 Einspannmöglichkeiten der Wendelbohrer, **a** Bohrer mit Morsekegel in Bohrspindel, **b** Bohrer mit zylindrischem Schaft im Futter, **c** Bohrer mit zylindrischem Schaft und Mitnehmerlappen in Klemmhülse

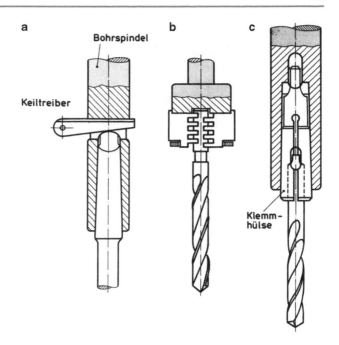

Der Wendelbohrer mit zylindrischem Schaft wird im Futter gespannt (Abb. 8.16b). Deshalb braucht er im Normalfall keinen Mitnehmerlappen.

Nur dann, wenn das Drehmoment stark schwankt, z. B. beim Aufbohren eines vorgebohrten Loches, bei dem sich der Bohrer leicht verhakt, werden Bohrer mit zylindrischem Schaft und Mitnehmerlappen eingesetzt. Hier hat der Lappen die Aufgabe das Bohrdrehmoment formschlüssig zu übertragen.

Abb. 8.16c zeigt einen Wendelbohrer mit Zylinderschaft und Mitnehmerlappen. Der Bohrer wird in die geschlitzte Klemmhülse gesteckt und mit dieser zusammen in die Kegelbohrung der Bohrspindel eingedrückt.

Der Schneidenteil (Abb. 8.17) erhält seine Grundform durch zwei wendelförmige Nuten und die kegelige Bohrerspitze.

Zwischen den Wendelnuten bleibt der Kern oder die Seele des Bohrers stehen. Der von der Spitze zum Schaft hin konisch verlaufende Kern (Abb. 8.18) gibt dem Bohrer die Stabilität. An der Bohrerspitze entspricht die Kerndicke K der Breite der Querschneide (siehe Tab. 8.5).

Tab. 8.5 Kerndicken der Wendelbohrer Typ N (Auszug aus DIN 1414)

Bohrer ∅ in mm	10	16	25	40
Kerndicke in mm	1,8	2,5	3,5	5,2

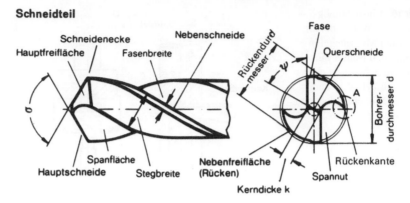

Abb. 8.17 Schneidenteil des Wendelbohrers, σ = Spitzenwinkel, ψ = Querschneidenwinkel

Am Umfang ist der Wendelbohrer hinterfräst. Nur die schmale Führungsfase weist den vollen Bohrerdurchmesser auf. Die Größenordnung der Fasenbreiten zeigt Tab. 8.6.

Um die Reibung der Fasen an der Lochwand so gering wie möglich zu halten, sind Wendelbohrer von der Spitze zum Schaft hin verjüngt. Die Größe der Durchmesserverjüngung ist in DIN 1414 mit 0,02–0,08 mm auf 100 mm Spannutenlänge in Abhängigkeit vom Bohrerdurchmesser festgelegt.

8.7.1.2 Schneidengeometrie des Wendelbohrers

Durch den kegelförmigen Anschliff der Bohrerspitze ist der Wendelbohrer selbstzentrierend. Die Hauptschneiden haben die Form von Schneidkeilen (Abb. 8.19). Die Winkel an den Schneidkeilen des Wendelbohrers lassen sich im Prinzip genau so definieren, wie beim Drehmeißel.

Der Spanwinkel γ wird in der Keilmessebene (Abb. 2.2) gemessen. Er ist jedoch nicht konstant, sondern verändert sich entlang der Hauptschneide und wird zur Bohrerspitze hin größer. Deshalb misst man den Spanwinkel an der Schneidenecke und bezeichnet ihn als Seitenspanwinkel γ_x (früher auch Drallwinkel genannt). Vom gleichen Punkt, der

Abb. 8.18 Kern oder Seele eines Wendelbohrers

Tab. 8.6 Fasenbreiten der Wendelbohrer (Auszug aus DIN 1414)

Bohrer Ø in mm	10	16	25	40
Fasenbreite in mm	0,8	1,5	1,7	2,5

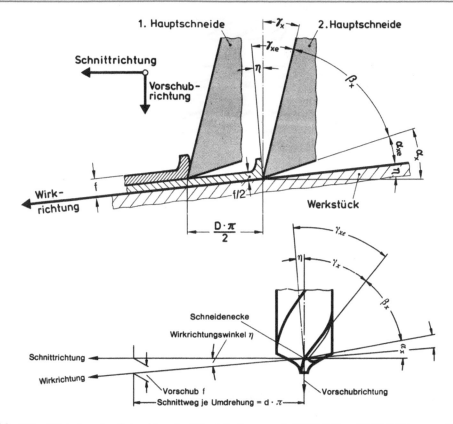

Abb. 8.19 Winkel an den Schneiden des Wendelbohrers nach DIN 1412 und DIN 6581, $\alpha_x =$ Seitenfreiwinkel, $\alpha_{xe} =$ Wirk-Seitenfreiwinkel, $\beta_x =$ Seitenkeilwinkel, $\gamma_{xe} =$ Wirkseitenspanwinkel, $\gamma_x =$ Seitenspanwinkel, $\eta =$ Wirkrichtungswinkel

Schneidenecke, werden dann auch der Seitenfreiwinkel α_x und der Seitenkeilwinkel β_x definiert.

Der Querschneidenwinkel ψ (Abb. 8.17) ist der Winkel zwischen einer Hauptschneide und der Querschneide. Er liegt zwischen 49° und 55°. Die Größenordnung der Winkel in Abhängigkeit vom Bohrerdurchmesser zeigt Tab. 8.7.

Tab. 8.7 Größe der wichtigsten Winkel für Wendelbohrer mit einem Spitzenwinkel von 118°, Typ N

Bohrer ∅ in mm	Seitenfreiwinkel $\alpha_x \pm 1°$	Seitenspanwinkel $\gamma_x \pm 3°$	Querschneidenwinkel ψ	Spitzenwinkel $\sigma \pm 3°$
2,51–6,3	12	22	52	118
6,31–10	10	25	52	
> 10	8	30	55	

Abb. 8.20 Wendelbohrerty-
pen

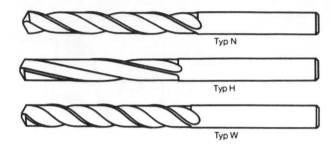

8.7.1.3 Wendelbohrertypen

Man unterteilt die Wendelbohrer in 3 Werkzeuggrundtypen mit der Bezeichnung N, H und
W.

Die Einsatzgebiete der Bohrertypen sind:

N – für **normale** Stahl- und Gusswerkstoffe
H – für **harte** Werkstoffe, Kunststoffe und Mg-Leg.
W – für **weiche** Werkstoffe, Al-Leg. und Pressstoffe

Jedem Bohrertyp (Abb. 8.20) sind bestimmte Spitzenwinkel und Seitenspanwinkel zugeordnet. Mit welchem Bohrertyp welche Werkstoffe bearbeitet werden, zeigt die Tab. 8.8.

8.7.1.4 Morsekegel der Wendelbohrer

Die Tab. 8.9 zeigt die Morsekegel der Wendelbohrer.

8.7.1.5 Bezeichnung der Wendelbohrer

a) Wendelbohrer mit Morsekegel DIN 345

b) Kurzer Wendelbohrer mit Zylinderschaft DIN 338

Tab. 8.8 Einsatzbereiche der Bohrertypen

Werkzeug-Typ	Werkstoff	Festigkeit in N/mm^2	Seitenspanwinkel γ_x	Spitzenwinkel $\pm 3°$
N	Unlegierter Stahl z. B. C 10–C 35, Ck 10–Ck 35, S 275 JR	bis 700	20–30	118
	Unlegierter Stahl legierter Stahl z. B. C45, 34Cr4, 22NiCr14, 25CrMo5, 45S20, 20Mn5, 20MnMo4	> 700 bis 1000		
	Grauguss GJL 150–GJL 400 Temperguss Messing (CuZn 37) Al-Legierungen über 11 % Si			
	Legierte Stähle z. B. 36CrNiMo4 Nirosta-Stähle z. B. X 10Cr13 hitzebeständige Stähle z. B. X 210Cr12		20–30	130
H	Magnesiumlegierungen z. B. MgAl 6Zn3 weiche Kunststoffe (Thermoplaste) z. B. Ultramid, Poly-amid, Mn-Stähle und sprödes Ms		10–20	118
W	Kupfer unlegiert Al-geringlegiert Al- bis 10 % Si-legiert Pressstoffe z. B. Typ 31 mit Phenolharz		30–40	140

Tab. 8.9 Morsekegel der Wendelbohrer in Abhängigkeit vom Bohrerdurchmesser

Durchmesserbereich in mm	3–14	14–23	23–31,75	32–50	51–76	77–100
Morsekegel	1	2	3	4	5	6

c) Wendelbohrer mit Zylinderschaft mit Schneidplatte aus Hartmetall DIN 8037

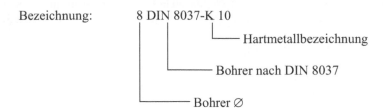

Bezeichnung: 8 DIN 8037-K 10

Hartmetallbezeichnung

Bohrer nach DIN 8037

Bohrer ⌀

Normen der Wendelbohrer

Mit Zylinderschaft		*Mit Kegelschaft (Morsekegel)*	
extra kurz	DIN 1897	extra kurz	DIN 345
kurz	DIN 338	kurz	DIN 345/346
lang	DIN 340	überlang	DIN 1870
überlang	DIN 1869		
		Mit Schneidplatte aus Hartmetall	
		DIN 8037, DIN 8038, DIN 8041	

Zunehmend werden auch Vollhartmetallbohrer (Cermetbohrer) eingesetzt, die Schnittge-schwindigkeiten bis $v_c = 500$ m/min erlauben.

8.7.1.6 Hartmetall-Wendelbohrer

Hartmetallbohrer sind moderne Hochleistungs-Bohrwerkzeuge. Vollhartmetallbohrer mit einer im Vergleich zu HSS dreifachen Steifigkeit, hohen Verschleißfestigkeit und Warm-festigkeit, werden mit Schnittgeschwindigkeiten bis zu 250 m/min in Stahl und Guss und bis zu 1000 m/min in Aluminiumlegierungen eingesetzt (siehe Abb. 8.21 und 8.22).

Für die Stahlzerspanung werden überwiegend beschichtete Hartmetalle eingesetzt. Die Beschichtung wird im PVD-Verfahren aufgebracht.

Die Hartmetallbohrer werden für Bohrtiefen bis $10 \times D$ (max. bis $30 \times D$) eingesetzt. Weitere Vorteile sind:

- Bohren ohne Vorzentrierung
- keine Querschneide, deshalb geringe Vorschubkräfte
- große Spankammern, deshalb gute Späneabfuhr
- hochgenaue Bohrer erzeugen Passmaße von IT7, ohne nachfolgendes Reiben

Hartmetallkopfbohrer ab ca. 8 mm Durchmesser bieten die oben genannten Merkmale an der Bohrerspitze in Verbindung mit einem zähen Grundkörper aus Stahl. Bei labileren Einsatzbedingungen gewährleistet diese Kombination eine höhere Bruchsicherheit. Durch den geringeren Schneidstoffeinsatz können derartige Bohrer teilweise auch wirtschaftli-cher hergestellt werden.

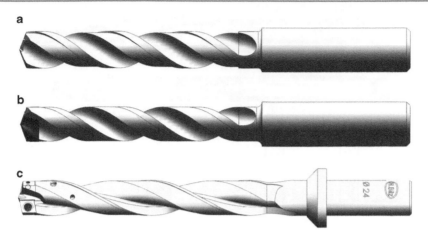

Abb. 8.21 Hartmetallwendelbohrer, **a** Vollhartmetallwendelbohrer, **b** Bohrer mit VHM-Kopf, **c** Wendeplattenbohrer (*Werkfoto der Fa. Hermann Bilz GmbH & Co KG, Esslingen*, www.Hermann-Bilz.de)

Abb. 8.22 Hartmetallbohrer mit innerer Kühlschmierstoffzufuhr (*Werkfoto der Fa. Hermann Bilz GmbH & Co KG, Esslingen*, www. Hermann-Bilz.de)

Wendeschneidplattenbohrer mit austauschbaren Hartmetall-, CBN- oder PKD-Schneiden werden ab ca. 16 mm Durchmesser eingesetzt. Diese Werkzeuge können für unterschiedliche Anwendungen mit entsprechend gestalteten Wendeschneidplatten und Zentrumsbohrern optimal bestückt werden.

Vorteile dieser Bohrer sind:

- zentriert sich selbst durch Kernschneide und zwei symmetrisch angeordnete Wendeschneidplatten
- hohe Zähigkeit durch die HSS-Kernschneide im Zentrum

Solche Bohrer sind für alle Bohrtiefen bis zu $7 \times D$ geeignet. Die Vorteile dieser Bohrer sind:

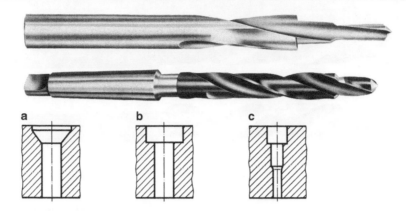

Abb. 8.23 Mehrfasenbohrer (*Werkfoto der Fa. Gühring, Albstadt*). Mit Mehrfasenbohrer erzeugte Senkungen, **a** für Senkkopfschraube, **b** für Zylinderkopfschraube, **c** zweifach abgestufte Senkung

Abb. 8.24 Kühlkanalbohrer
(*Werkfoto der Fa. Gühring,
Albstadt*)

- sichere Kühlmittelzuführung zu den Schneiden. Der optimale Kühlmitteldruck liegt bei 6 bar; und die erforderliche Kühlmittelmenge liegt bei 3 l/min.
- hohe Standzeiten und geringe Schnittkräfte durch optimale Schmierung und optimierte TIN-Beschichtung.

8.7.1.7   Sonderformen der Wendelbohrer
Nicht alle Bohrarbeiten lassen sich mit normalen Bohrwerkzeugen wirtschaftlich durchführen. Deshalb wurden eine Reihe von Sonderformen entwickelt.

a) *Stufen- und Mehrfasenbohrer*
   Solche Bohrer werden eingesetzt, um mit einem Bohrvorgang Bohrungen mit Senkungen zu erzeugen. Stufenbohrer (Abb. 8.23) sind deshalb zeitsparend, aber aufwendig in der Herrichtung.
   Sie gibt es als Mehrfasenbohrer z. B. zur Erzeugung von Senkungen für Zylinder- oder Senkkopfschrauben (Abb. 8.24), DIN EN ISO 1207, DIN EN ISO 4762 und DIN 6912 mit 180° Senkwinkel bzw. mit 90° Senkwinkel.
b) *Kühlkanalbohrer*
   Diese Bohrer sind mit Kühlkanälen versehen, die es ermöglichen das Kühlmittel an die Wirkstelle zu pressen. Das Kühlmittel läuft in der Wendelnut zurück und unterstützt den Späneabtransport (Abb. 8.24).

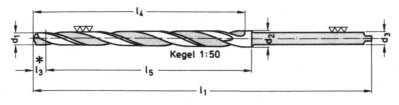

* auf Länge l₃ zylindrisch

Abb. 8.25 Stiftlochbohrer (Kegel 1 : 50)

Abb. 8.26 Ausführung der
Spitze am Wendelsenker

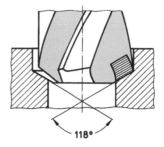

Sie werden eingesetzt für tiefe ($L > 3 \cdot d$) Bohrungen und schwer zerspanbare Werkstoffe. Durch die intensive Kühlung an der Wirkstelle, wo die Wärme entsteht, lassen diese Bohrer höhere Schnittgeschwindigkeiten und größere Vorschübe zu bzw. zeigen auch ein günstiges Verschleißverhalten.

c) *Stiftlochbohrer* (DIN 1898)

Stiftlochbohrer (Abb. 8.25) sind konische Bohrer, die zur Herstellung von Kegelbohrungen mit einem Kegel von 1 : 50 eingesetzt werden. Sie werden für Kegelstifte nach DIN EN 22339 benötigt.

8.7.2 Wendelsenker

Der Wendelsenker ist ein Aufbohrwerkzeug. Er wird eingesetzt, um vorgebohrte Löcher in Stahl und vorgegossene Bohrungen in Grauguss aufzubohren.

Weil der Wendelsenker (Abb. 8.26) keine Spitze hat, darf die vorgebohrte Bohrung nicht kleiner sein als

$$0{,}7 \times \text{Bohrerdurchmesser}$$

Der Wendelsenker hat drei Schneiden. Die Winkel, der Seitenspanwinkel (Drallwinkel) und der Spitzenwinkel entsprechen dem normalen Wendelbohrer Typ N (Abb. 8.27a).

Wendelsenker werden nach DIN 343 und 344 mit Kegel- oder Zylinderschaft bis zu einem Durchmesser von 50 mm ausgeführt.

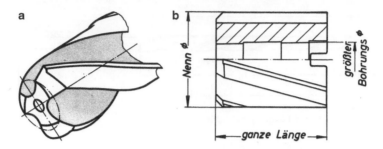

Abb. 8.27 Wendelsenkerformen, **a** 3-schneidiger Wendelsenker, **b** 4-schneidiger Aufstecksenker

Abb. 8.28 Senkbohrer (Bilzmesser) zum Aufbohren
(*Werkfoto der Fa. Bilz, Esslingen*)

Für große Bohrungen (größer als 50 mm ∅) gibt es den 4-schneidigen Aufstecksenker
nach DIN 222 (Abb. 8.27b).

Durch die Schneidenausführung der Wendelsenker (3 oder 4 Schneiden) haben sie eine
bessere Führung als Wendelbohrer. Deshalb kann man mit Wendelsenkern bessere Oberflächen und kleinere Toleranzen erreichen, als beim Aufbohren mit Wendelbohrern. Als
Beispiel für Aufbohrwerkzeuge mit auswechselbaren Schneiden sei der Senkbohrer der
Fa. Bilz, Esslingen, genannt, der unter der Bezeichnung „Bilzmesser" bekannt ist. Er ist
ein 3-schneidiges Aufbohrwerkzeug (Abb. 8.28), das in HSS und HM-Ausführung lieferbar ist.

Der Abmessungsbereich dieser Werkzeuge liegt zwischen 30 und 220 mm Durchmesser. Das eigentliche Aufbohrwerkzeug (Bilzmesser) wird durch eine formschlüssige Verbindung mit dem Werkzeughalter gekoppelt. Der Führungszapfen ist auswechselbar und
wird der Größe der Vorbohrung angepasst.

Der Stirnsenker (Abb. 8.29) nach DIN 1862 ist ein Werkzeug zur Herstellung genauer Bohrungen. Er wird an Koordinaten- und Waagerecht-Bohrmaschinen eingesetzt. Im
Morsekegel befindet sich bei diesen Werkzeugen ein Innenanzugsgewinde.

Abb. 8.29 Stirnsenker DIN
1862 mit Innenanzugsgewinde

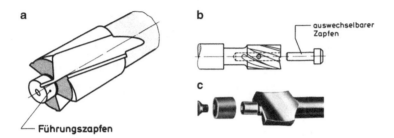

Abb. 8.30 Zapfensenker, **a** mit festem, **b** mit auswechselbarem Führungszapfen, **c** mit auswechselbarer Führungshülse

Abb. 8.31 Profilsenker mit Führungszapfen

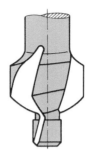

8.7.3 Plan- und Profilsenker

Sie dienen zur Herstellung von Auflageflächen, Einsenkungen und Profilflächen. Plansenker (Abb. 8.30) können mit einen Führungszapfen, der in die vorgefertigte Bohrung eintaucht, ausgerüstet sein. Dieser Führungszapfen kann mit dem Schneidenteil fest verbunden oder auch auswechselbar sein und sichert die exakte Lage der Planfläche zur Bohrungsachse.

Profilsenker sind werkstückgebundene Werkzeuge, d. h. die zu erzeugende Form ist bereits vollständig im Werkzeug enthalten (Abb. 8.31).

Eine standardisierte Ausführung der Profilsenker sind die *Kegelsenker* (Abb. 8.32), die mit zylindrischem Schaft oder Morsekegel ausgeführt werden können.

Die häufigsten Kegelwinkel α sind:

60°   bei DIN 334
90°   bei DIN 335
120° bei DIN 347

Auch die Profilsenker können mit oder ohne Führungszapfen hergestellt werden. Der Führungszapfen wird bevorzugt dann eingesetzt, wenn Senkung und Bohrung sehr genau zentrisch zueinander laufen sollen.

Abb. 8.32 Kegelsenker 90°,
geradgenutet – rechtsschneidend, DIN 335

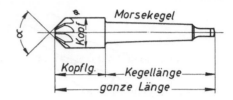

8.7.4 Zentrierbohrer

sind Spezialbohrer zur Herstellung von Zentrierbohrungen (Abb. 8.33).

Die Zentrierbohrungen mit 60° Kegelwinkel sind in DIN 332 (zurückgezogen) genormt. Man unterscheidet drei Formen:

Form A: ohne Schutzsenkung mit geraden Laufflächen
Form B: mit kegelförmiger Schutzsenkung und geraden Laufflächen
Form R: ohne Schutzsenkung mit gewölbten Laufflächen

Die Zentrierbohrer sind gerad- oder wendelgenutet und rechtsschneidend.

Zur Herstellung von Zentrierbohrungen Form A und R verwendet man Zentrierbohrer nach DIN 333 B. Zur Herstellung von Form B verwendet man Zentrierbohrer nach DIN 333 A bzw. DIN 333 R (Abb. 8.34).

Zentrierbohrer DIN 333
Ein Zentrierbohrer mit einem Kegelwinkel von 60° Form B, $d_1 = 4\,\text{mm}$. $d_2 = 14\,\text{mm}$ wird wie folgt bezeichnet: Zentrierbohrer B4 × 14 DIN 333.

Die Tab. 8.10 ist ein Auszug aus DIN 333 und zeigt die Baumaße einiger Zentrierbohrergrößen.

8.7.5 Ausdrehwerkzeuge

Das Ausdrehen von Bohrungen mit dem Drehmeißel, der in der Bohrstange befestigt ist, ist allgemein bekannt.

Zum Ausdrehen von Feinbohrungen mit engen Toleranzen und hoher Oberflächengüte gibt es Spezialausdrehwerkzeuge.

Es sind Werkzeugköpfe, die mit einer oder zwei auswechselbaren Schneiden bestückt werden können. Die eingesetzten Schneiden sind im Werkzeugkopf einstellbar, sodass damit jedes gewünschte Maß erzeugt werden kann (Abb. 8.35).

Diese Werkzeugköpfe (Abb. 8.35a/b) können auf dafür entwickelte Werkzeugschäfte (Abb. 8.35c), die in verschiedenen Durchmesser- und Längenabstufungen lieferbar sind, aufgesetzt werden. Als Schäfte sind mit genormten Steilkegeln nach DIN 2080-1 oder zylindrische Aufnahmen vorgesehen. Durch Zwischenhülsen können die Werkzeugschäfte verlängert und damit den jeweiligen Arbeitsbedingungen angeglichen werden.

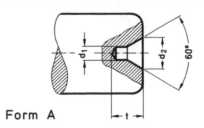

Form A
ohne Schutzsenkung mit geraden Laufflächen (herzustellen mit Zentrierbohrern 60°,
Form A nach DIN 333)

Form A

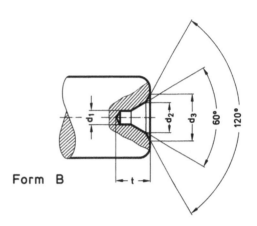

Form B
mit kegelförmiger Schutzsenkung und
geraden Laufflächen (herzustellen mit Zentrierbohrer Form B nach DIN 333)

Form B

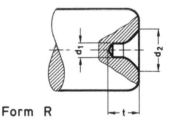

Form R
ohne Schutzsenkung mit gewölbten Laufflächen (herzustellen mit Zentrierbohrer
Form R nach DIN 333)

Form R

Abb. 8.33 Zentrierbohrungen, Form A ohne Schutzsenkung mit geraden Laufflächen, Form B mit kegelförmiger Schutzsenkung und geraden Laufflächen, Form R ohne Schutzsenkung mit gewölbten Laufflächen

Tab. 8.10 Maße eines Zentrierbohrers (Auszug aus DIN 333 Form B)

d_1	d_2	l_1
1	4	35,5
2	8	50
3,15	11,2	60
4	14	67

Abb. 8.34 Zentrierbohrer nach DIN 333 Form A, B und R (*Werkfoto der Fa. Günther & Co, Frankfurt*)

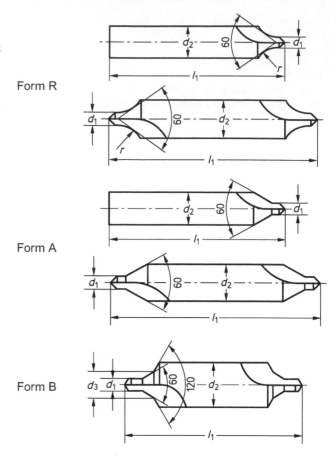

Form R

Form A

Form B

Der Ausdrehbereich dieser Werkzeuge liegt zwischen 29 und 205 mm Durchmesser.

Ein anderes Prinzip zum Ausdrehen von Bohrungen, zum Ansatzdrehen und zum Einstechen von Plannuten wird gezeigt am Beispiel des Plan- und Ausdrehkopfes (Abb. 8.36) der Firma Röhm.

Hier wird das Ausdrehwerkzeug in einem Querschlitten befestigt, der seitlich max. 50 mm verschoben werden kann. Die Feineinstellung des Schlittens beträgt 0,01 mm pro Teilstrich am Skalenring.

Abb. 8.36a zeigt die Einsatzgebiete für solche Ausdrehköpfe.

8.7.6 Reibwerkzeuge

Das Werkzeug zum Reiben ist die Reibahle. Sie lässt sich, wie der Wendelbohrer in zwei Bereiche unterteilen; den Schaft und den Schneidenteil (Abb. 8.37). Der Schneidenteil ist im vorderen Teil (Anschnitt) konisch und im weiteren Verlauf zylindrisch. Die Zer-

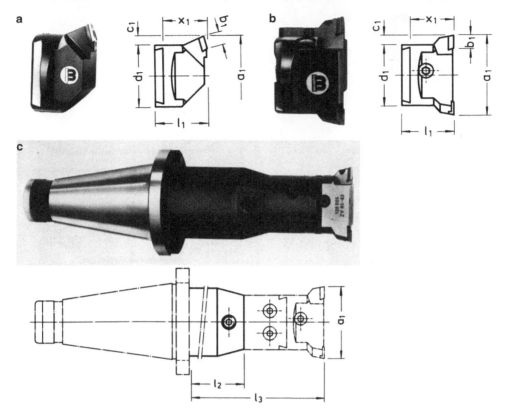

Abb. 8.35 Werkzeugköpfe, **a** mit einer Schneide, **b** mit zwei Schneiden (*Werkfoto der Fa. Wohl-haupter, Frickenhausen*)

spannungsarbeit wird ausschließlich vom Anschnitt geleistet. Der zylindrische Teil wirkt nur glättend und führend. Die Handreibahle hat einen Anschnittwinkel von 2°. Der lange Anschnitt ist notwendig, damit sich die Reibahle in der Bohrung zentrieren kann. Die Maschinenreibahle (Abb. 8.38) hat einen kurzen Anschnitt mit einem Anschnittwinkel von 45°. Dieser kurze Anschnitt ist ausreichend, weil sie, durch den in der Maschine eingespannten Schaft, geführt wird. Die Zähnezahlen der Reibahlen sind überwiegend geradzahlig. Das heißt es liegen sich immer zwei Schneiden gegenüber. Deshalb lässt sich der Durchmesser von Reibahlen leicht messen. Damit es aber nicht zu Rattererscheinungen kommt, ist die Teilung zwischen den Zähnen (Abb. 8.39) ungleich. Die Nuten der Reibahlen sind überwiegend gerade. Linksdrallnuten werden für unterbrochene Bohrungen eingesetzt.

Für die Bearbeitung von sehr zähen Werkstoffen setzt man Reibahlen mit rechtsgedrallten Wendelnuten ein. Die normale Reibahle erzeugt eine H 7-Bohrung (System Einheitsbohrung). Es gibt jedoch auch Reibahlen mit Sondermaßen.

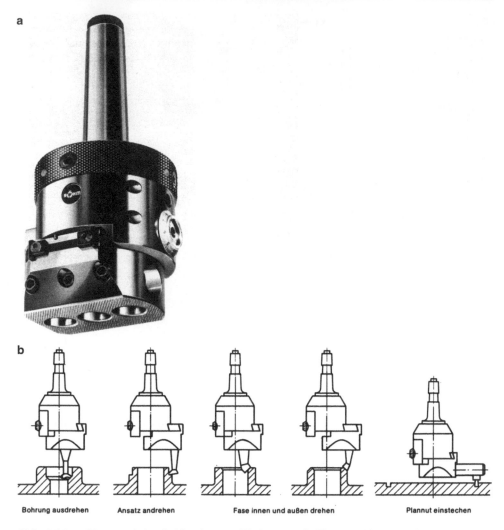

a

b

Bohrung ausdrehen   Ansatz andrehen   Fase innen und außen drehen   Plannut einstechen

Abb. 8.36 a Plan- und Ausdrehkopf (ohne Werkzeuge), **b** Einsatzgebiete (*Werkfoto Fa. Röhm, Sontheim*)

Die schmale Führungsfase (Abb. 8.40) hat einen Freiwinkel, der mit einem Ölstein angewetzt wird. Er beträgt ca. 4°. Die Spanwinkel liegen bei der Stahlbearbeitung zwischen 0 und 6°.

Man unterscheidet:

- Nach Art der Bedienung: Hand-oder Maschinen-Reibahlen;
- nach der Form: zylindrische oder keglige Reibahlen;
- nach dem Maß: Festmaß- oder verstellbare Reibahlen.

Abb. 8.37 Elemente einer Reibahle (Schneidenteil – Schaft), *1* Handreibahle, *2* Maschinenreibahle mit zylindrischem Schaft, *3* Masch.-Reibahle mit Morsekegel, *4* Kegelreibahle (*Werkfoto Fa. Boeklenberg Söhne, Wuppertal*)

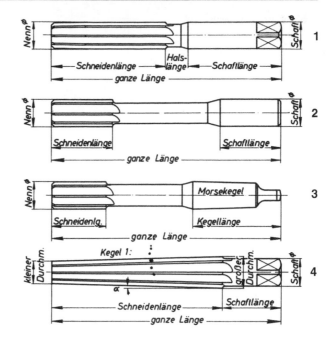

Abb. 8.38 Anschnitt der Reibahle, **a** bei Hand-, **b** bei Maschinenreibahlen l_A Anschnittlänge, l_E im Eingriff befindliche Schneidenlänge, ι Anschnittwinkel

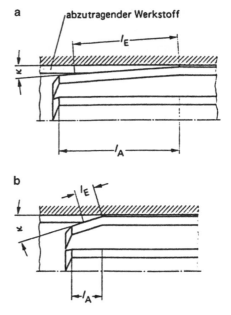

l_A Anschnittlänge

l_E In Eingriff befindliche Schneidenlänge

$\varkappa$ Anschnittwinkel

Abb. 8.39 Zähnezahl und
Teilung einer Reibahle

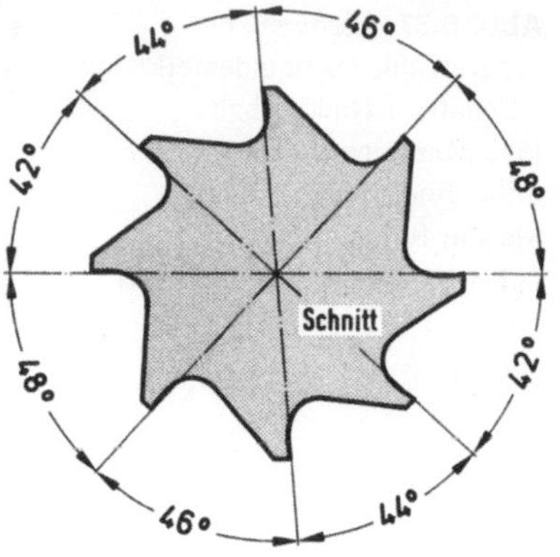

44° 46°

42° 48°

48° 42°

46° 44°

Schnitt

Abb. 8.40 Spanwinkel und
Freiwinkel einer angewetzten
Fase

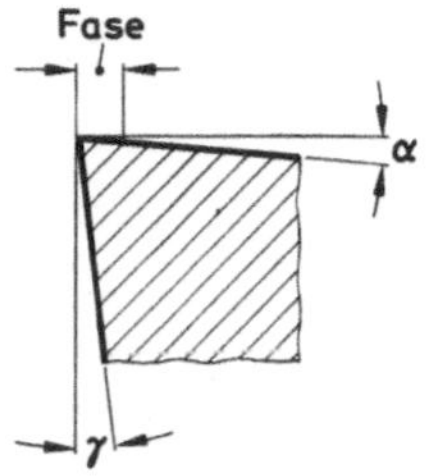

Fase

α

γ

Maschinenreibahlen haben kürzere Schneiden als Handreibahlen, weil bei ihnen die Führung von der Maschine übernommen wird. Der Schaft hat einen Morsekegel. Für lange Bohrungen verwendet man Aufsteckreibahlen (Abb. 8.41) die auf Bohrstangen aufgesteckt werden.

Kegelreibahlen werden zur Herstellung kegeliger Bohrungen für Kegelstifte nach DIN EN 22339 benötigt. Die dafür erforderlichen kegeligen Reibahlen nach DIN 9 haben einen Kegel von 1 : 50.

Zur Erzeugung von Morsekegeln verwendet man Kegelreibahlen nach DIN 204. Bei den verstellbaren Reibahlen sind die Schneiden nachstellbar. Durch die Verstellmöglichkeit kann die Abnutzung der Reibahle wieder ausgeglichen werden.

Die Verstellung erreicht man durch Spreizen mittels Konus oder durch Verschieben der Schneidmesser auf einem Konus.

Abb. 8.41 Aufsteckreibahle

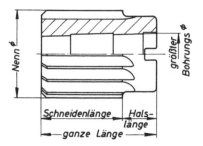

Nenn ⌀

größter Bohrungs ⌀

Schneidenlänge   Hals-
länge

ganze Länge

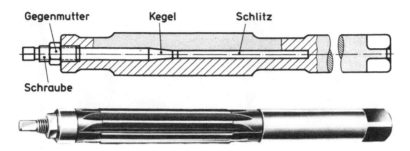

Abb. 8.42 Verstellbare Reibahle, Verstellung durch Spreizdorn

Spreizreibahlen (Abb. 8.42) haben einen geschlitzten Körper, der durch das Einschrauben eines Kegels bis 0,3 mm gespreizt werden kann.

Messerreibahlen haben eingesetzte Schneiden, die durch zwei Muttern auf einem Konus verschoben werden können. Die Nachstellbarkeit solcher Werkzeuge liegt zwischen 0,5 und 3,0 mm (siehe Abb. 8.43).

Vollhartmetallreibahlen
Mit den beiden neuen Vollhartmetallreibahlen

- HR 500 D für Durchgangsbohrungen und
- HR 500 S für Sacklochbohrungen

bietet die Firma Gühring zwei richtungsweisende Lösungen für die Finishbearbeitung an.

Die bei der Reibahle HR 500 D speziell entwickelte Geometrie mit geraden Nuten ist einzigartig bei Reibahlen für Durchgangsbohrungen. Sie ermöglicht extrem hohe Schnittwerte auch bei tiefen Bohrungen. Außerdem ermöglicht die gerade genutete Geometrie in Kombination mit der Kühlschmierstoffzufuhr die problemlose Spanabfuhr vor der Schneide.

Die optimale Kühlschmierstoffversorgung wird durch geschliffene Längsnuten außen am verstärkten Schaft, die in ihrer Lage exakt an die Teilung der Reibahle angepasst sind,

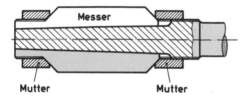
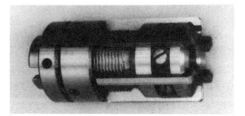

Abb. 8.43 Verstellbare Reibahle mit eingesetzten Messern

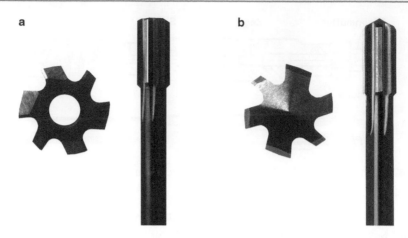

Abb. 8.44 Vollhartmetallreibahlen, **a** HR 500 S für Sacklochbohrungen, **b** HR 500 D für Durchgangsbohrungen (*Werkfotos der Fa. Gühring oHG, Albstadt*)

sichergestellt. Mit dieser Reibahle erzielt man bei der Bearbeitung einer 65 mm tiefen Durchgangsbohrung mit einem Durchmesser von 4,5 mm beim Reiben von Ventilblöcken aus Stahl (9S20K) hervorragende Hauptzeiten. Sie verkürzen sich von 31 auf 1,1 Sekunden pro Bohrung. Die Schnittgeschwindigkeit stieg von 18 m/min auf 120 m/min und der Vorschub von 0,12 mm/U auf 0,4 mm/U. Der Standweg erhöhte sich von 15 m auf 50 m.

Die Reibahle HR 500 S für die Sacklochbearbeitung verfügt über eine Innenkühlung mit einem zentralen Kühlkanal. Durch diesen Kanal wird die optimale Zuführung des Kühlschmierstoffes zur Werkzeugschneide sichergestellt. Die gerade genutete Werkzeugschneide sorgt für eine sichere Abführung der Späne.

Beim Reiben einer Sacklochbohrung mit 8,0 mm Durchmesser und einer Tiefe von 30 mm in legiertem Vergütungsstahl (42CrMo4) mit Emulsionskühlschmierung und einem Druck von 40 bar kann die Bearbeitungszeit um 50 % gesenkt werden. Die Bearbeitung erfolgte mit einer Schnittgeschwindigkeit von 250 m/min und einem Vorschub von 1 mm/U.

Dabei wurden Oberflächengüten von $R_Z = 1,5$ bis $R_Z = 3,5$ über einen Standweg von 45 m erreicht.

Die Leistungen dieser beiden Vollhartmetallreibahlen HR 500 D und HR 500 S wurden bisher nur mit Werkzeugen aus Cermet erreicht. Während die Cermet-Werkzeuge nur für wenige Werkstoffe eingesetzt werden können, sind die Vollhartmetallreibahlen für alle Werkstoffe einsetzbar (siehe Abb. 8.44).

8.7.7 Gewindeschneidbohrer

Gewindeschneidbohrer dienen zur Herstellung von Innengewinden (Muttergewinden). Sie gibt es als Satz-Gewindeschneidbohrer und als Einzelbohrer.

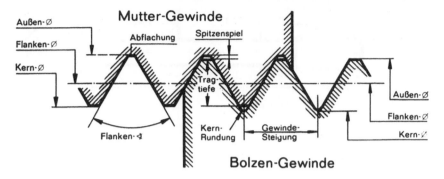

Abb. 8.45 Gewindeprofile für Bolzen und Muttern

Ein Satz kann aus drei oder zwei Gewindeschneidbohrern bestehen. Im dreiteiligen Satz unterscheidet man zwischen:

Vorschneider, Mittelschneider und Fertigschneider

Im zweiteiligen Satz gibt es nur:

Vorschneider und Fertigschneider

Maschinengewindebohrer sind in der Regel Einzelbohrer, die das Gewinde vor- und fertigschneiden.

Das von einem Schneidbohrer zu erzeugende Gewinde (Abb. 8.45) muss in allen Kenndaten der Norm entsprechen.

Der Gewindeschneidbohrer besteht aus Schaft und Gewindeteil. Durch den Vierkant am Schaftende ist sowohl bei den Hand- als auch bei den Maschinengewindebohrern eine formschlüssige Mitnahme gegeben. Die Funktion des Schneidenteiles (Abb. 8.46) wird von der Ausführung der Nuten und der Ausbildung des Anschnittes bestimmt.

Bei Maschinengewindebohrern unterscheidet man drei Anschnittformen. Welche Anschnittform zu wählen ist, ist von der Art der Gewindebohrung abhängig. Eine Übersicht dazu gibt die nachfolgende Tab. 8.11.

Gewindebohrer mit Schälanschnitt (Form B) fördern die Späne in Vorschubrichtung. Dadurch bleiben die Nuten frei und die Kühlflüssigkeit kommt ungehindert zu den Schneiden. Der Schälanschnittwinkel beträgt 15°.

Nutausführungen am Gewindeschneidbohrer (Abb. 8.46 und 8.47) *Die gerade Nut* reicht beim normalen Zerspanungsprozess aus und wird bevorzugt für Durchgangslöcher eingesetzt. Wenn der Spanraum groß genug ist, kann man auch bei Sacklöchern geradegenutete Schneidbohrer einsetzen. Die gerade Nut lässt sich am leichtesten nachschleifen.

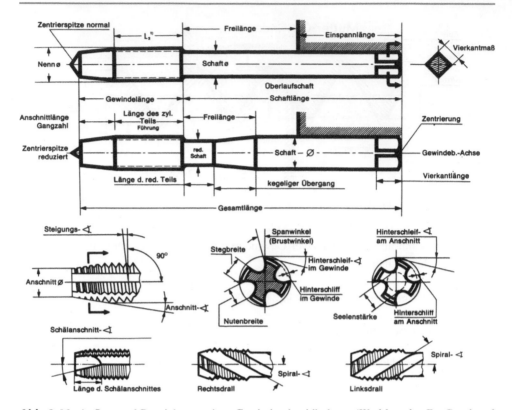

Abb. 8.46 Aufbau und Bezeichnung eines Gewindeschneidbohrers (*Werkfoto der Fa. Günther & Co., Frankfurt*)

Tab. 8.11 Anwendungsgebiete für die verschiedenen Anschnittformen (Abb. 8.47)

Anschnitt Form	Anschnittlänge in Anzahl Gewindegänge	Anwendung
A	5–6	für kurze Durchgangslöcher (Länge < Gewindedurchmesser)
B	5 und zusätzlich Schälanschnitt	Durchgangslöcher mit größeren Gewindetiefen
C	2–3	für Grundlöcher (Sacklöcher)

Abb. 8.47 Einschnittma-
schinengewindebohrer DIN
371 mit verstärktem Schaft,
Form A geradgenutet-aus-
gesetzte Zähne, Form B
geradgenutet mit Schälan-
schnitt, Form C rechtsgedrallt
– Drallwinkel 35° (*Werkfoto
der Fa. Gertus-Werkzeugfa-
brik, Wuppertal*)

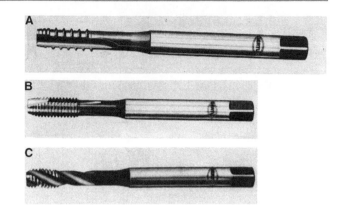

Tab. 8.12 Spanwinkel der Gewindeschneidbohrer

Werkstoff	GG	Stahl		Leichtmetall
		$R_\mathrm{m} \leq 500\,\mathrm{N/mm}^2$	$R_\mathrm{m} > 500\,\mathrm{N/mm}^2$	(langspanend)
Spanwinkel	3°	15°	8–10°	20°

Wendelnuten Durch Wendelnuten wird der Spanabfluss verbessert. Man unterscheidet:

Wendelnuten – linksgedrallt führen die Späne in Vorschubrichtung ab. Sie sind deshalb nur bei Durchgangslöchern einsetzbar, weil bei ihnen in Vorschubrichtung ein freier
Spanabfluss möglich ist.

Wendelnuten – rechtsgedrallt führen die Späne entgegen der Vorschubrichtung nach
hinten, in Richtung des Schaftes ab. Deshalb werden rechtsgedrallte Schneidbohrer für
Grundlöcher eingesetzt. Der normale Drallwinkel liegt bei 15°.
   Für tiefe Grundlöcher verwendet man Gewindeschneidbohrer mit rechtsgedrallten
Wendelnuten, bei denen die Nuten besonders großräumig und der Drallwinkel groß (35°)
ist. Die Spanwinkel der Gewindeschneidbohrer liegen zwischen 3 und 20°.

8.8 Fehler beim Bohren

8.8.1 Werkzeugfehler

Tab. 8.13 Fehler und Fehlerursachen beim Bohren (Werkzeugfehler)

Auswirkung am Werkzeug	Fehlerursache	Abhilfe
Bohrer hakt ein und bricht	Spitzenwinkel zu klein	Größerer Spitzenwinkel
Austreiberlappen beschädigt oder abgebrochen	Bohrerkonus oder Konus in der Bohrmaschine verschmutzt oder beschädigt	Konus in Ordnung bringen
Bruch des Bohrers	Bohrerkern zu schwach	stabileren Bohrer verwenden
starker Fasenverschleiß	einseitiger Spitzenanschliff	Spitze zentrisch schleifen
Bruch des Bohrers	Vorschub zu groß Nuten verstopft	kleinerer Vorschub Nuten oft entspanen
starker Fasenverschleiß	Schnittgeschwindigkeit zu groß schlechte Kühlung	Schnittgeschwindigkeit vermindern Kühlung verbessern
Vorzeitige Abstumpfung des Bohrers	Schnittgeschwindigkeit zu groß schlechte Kühlung	Schnittgeschwindigkeit herabsetzen Kühlung verbessern
Bohrerspitze zeigt Anlauffarben	zu große Schnittgeschwindigkeit zu großer Vorschub bei tiefen Bohrungen schlechte Kühlung	Schnittgeschwindigkeit herabsetzen Vorschub verringern Kühlung verbessern

8.8.2 Werkstückfehler

Tab. 8.14 Fehler und Fehlerursachen beim Bohren (Werkstückfehler)

Fehler an der Bohrung	Fehlerursache	Abhilfe
Bohrung zeigt an der Oberseite Wulste, an der Unterseite Gratbildung	Bohrer war stumpf	Werkzeug schleifen
Wandung der Bohrung ist sehr rau	Bohrer war stumpf	Werkzeug schleifen
Bohrung wird in dünnwandigen Werkstücken und Blech unrund	Bohrer hat schlechte Führung	Bohrer mit Zentrierspitze verwenden oder Spitzenwinkel vergrößern

8.9 Richtwerte für die Bohrverfahren

Die Richtwerte gelten für Standlängen von $L = 2000\,\text{mm}$.

In Tab. 8.15 sind die Richtwerte für das Planansenken mit Zapfensenker enthalten.

Schnittgeschwindigkeiten und Vorschübe beim Aufbohren und Senken mit Wendelsenker Beim Aufbohren und Senken mit Wendelsenkern gelten annähernd die gleichen Richtwerte wie beim Bohren mit Wendelbohrern.

Für Wendelsenker sind die in Tab. 8.16 angegebenen Schnittgeschwindigkeiten als Größt- und die Vorschübe als Kleinstwerte zu betrachten.

Tab. 8.15 Plansenken mit Zapfensenkern aus Schnellstahl

Werkstoff	v_c in m/min	Vorschub f in mm/U für					
		Durchmesser D in mm					
		5	6,3	10	16	25	40
Unlegierte Stähle bis 700 N/mm²	10–13	0,05	0,06	0,07	0,09	0,11	0,14
Unlegierte Stähle und unlegierte Stähle 700–900 N/mm²	7–9	0,04	0,04	0,05	0,05	0,06	0,07
Grauguss GJL 200–GJL 250	10–14	0,05	0,06	0,07	0,09	0,11	0,14
Messing CuZn 37	14–20	0,05	0,05	0,07	0,08	0,10	0,12
Al-Legierungen	28–50	0,05	0,06	0,07	0,09	0,11	0,14

Tab. 8.16 Richtwerte für das Bohren mit Wendelbohrern aus Schnellarbeitsstahl für Bohrtiefen $t = 5d$ (Klammerwerte gelten für Hartmetallwerkzeuge), f in mm pro Umdrehung, n_c in min^{-1} (Auszug aus Firmenkatalog „Titex Plus", Fa. Günther & Co., 6 Frankfurt)

Werkstoffe	v_c in m/min (Mittelwerte)		Bohrerdurchmesser d in mm						
			2,5	4	6,3	10	16	25	40
Unlegierte Baustähle bis 700 N/mm² z. B. C 10, C 15, C 35 z. B. S 275 JR, C 35 E	32	n	4000	2500	1600	1000	630	400	250
		f	0,05	0,08	0,12	0,18	0,25	0,32	0,4
Unleg. Baustahl > 700 N/mm² legierter Stahl bis 1000 N/mm² z. B. C 45, Ck 45, 34Cr4, 22NrCr14, 25CrMo5	20	n	2500	1600	1000	630	400	250	160
		f	0,05	0,08	0,12	0,18	0,25	0,32	0,4
Legierter Stahl > 1000 N/mm² z. B. 36CrNiMo4, 20MnCr5, 50CrMo4, 37MnSi5	12	n	1600	1000	630	400	250	160	100
		f	0,04	0,06	0,1	0,14	0,18	0,25	0,32
Grauguss bis 250 N/mm² GJL 150–GJL 250	20 (32)	n	2500 (4000)	1600 (2500)	1000 (1600)	630 (1000)	400 (630)	250 (400)	160 (250)
		f	0,08 (0,04)	0,12 (0,06)	0,2 (0,1)	0,28 (0,14)	0,38 (0,18)	0,5 (0,25)	0,63 (0,32)
Grauguss > 250 N/mm² z. B. GJL 300–GJL 400	16 (32)	n	2000 (4000)	1250 (2500)	800 (1600)	500 (1000)	320 (630)	200 (400)	125 (250)
		f	0,06 (0,03)	0,1 (0,05)	0,16 (0,08)	0,22 (0,11)	0,3 (0,15)	0,4 (0,2)	0,5 (0,25)
Messing spröde, z. B. Ms 58 (CuZn 42)	63	n	8000	5000	3200	2000	1250	800	500
		f	0,08	0,12	0,2	0,28	0,38	0,5	0,63
Messing zäh, z. B. Ms63 (CuZn 37)	40	n	5000	3200	2000	1250	800	500	320
		f	0,06	0,1	0,16	0,22	0,3	0,4	0,5
Aluminiumlegierungen (gering legiert) z. B. AlMgSiPb, AlCuMg 1	63	n	8000	5000	3200	2000	1250	800	500
		f	0,08	0,12	0,2	0,28	0,38	0,5	0,63
Aluminiumlegierungen bis 11 % Si z. B. G-AlSi 5 Cu 1, G-AlSi 7 Cu 3, G-AlSi 9 (Cu)	50	n	6300	4000	2500	1600	1000	630	400
		f	0,08	0,12	0,2	0,28	0,38	0,5	0,63

Bei Bohrtiefen $> 5 \cdot d$ bis $10 \cdot d$ verringern sich die Werte um 20 %

Tab. 8.17 Richtwerte für das Reiben mit Schnellstahlwerkzeugen

Werkstoff	v_c in m/min	Vorschub f in mm für d in mm				
		5	12	16	25	40
Unlegierter Stahl bis 700 N/mm²	8–10	0,1	0,2	0,25	0,35	0,4
Unlegierter Stahl bis 900 N/mm²	6–8	0,1	0,2	0,25	0,35	0,4
Legierter Stahl > 900 N/mm²	4–6	0,08	0,15	0,2	0,25	0,35
Grauguss < 250 N/mm²	8–10	0,15	0,25	0,3	0,4	0,5
> 250 N/mm²	4–6	0,1	0,2	0,25	0,35	0,4
Messing Ms 63 (CuZn 37)	15–20	0,15	0,25	0,3	0,4	0,5

Tab. 8.18 Reibuntermaße in mm für Schnellstahl und Hartmetallreibahlen

Durchmesser in mm	HS-Reibahle		HM-Reibahle	
	Weiche Werkstoffe	Stahl Stahlguss	Weiche Werkstoffe	Stahl Stahlguss
bis 10	0,2	0,1	0,2	0,15
11–20	0,35	0,15	0,3	0,25
21–30	0,5	0,3	0,4	0,3
31–50	0,7	0,4	0,5	0,35
> 50	0,9	0,6	0,6	0,5

Tab. 8.19 Richtwerte für das Gewindeschneiden mit Maschinen-Gewindeschneidbohrern (Einschnitt-Gewindebohrer)

Werkstoff	v_c in m/min (Mittelw.) Werkzeug-Werkstoff		Spanwinkel γ	Kühl- und Schmiermittel
	HS	Werkzeugstahl		
Stahl bis 700 N/mm² z. B. C 10, C 15, C 35, S 275 JR	16	6	10–12°	E O
Unlegierter Stahl > 700 N/mm² legierter Stahl bis 1000 N/mm² z. B. C 45, 34Cr4, 22NiCr14, 38MnSi4	10	3	6–8°	O E
legierter Stahl > 1000 N/mm² z. B. 42MnV7, 36 CrNiMo4, 20MrCr5, 37MnSi 5	5	–	8–10°	O E
Grauguss < 250 N/mm² GJL 100–GJL 250	10	7	5–6°	P E T
Grauguss > 250 N/mm² GJL 300–GJL 350	8	6	0–3°	P E
Messing spröde	25	15	2–4°	O T
Messing zäh Ms 63 (CuZn 37)	16	10	12–14°	O E
Al-Legierungen (langspanend) AW-AlCu4MgSi	20	14	20–22°	E
Al-Legierungen bis 11 % Si	16	10	16–18°	E

Kühl- und Schmiermittel-Kurzbezeichnung: O = Öl, P = Petroleum, E = Emulsion, T = trocken (ohne Schmiermittel)

Tab. 8.20 Bohrerdurchmesser für Gewindekernlöcher für Metrische ISO-Regelgewinde

Gewinde-Nenndurchmesser	Steigung in mm	Bohrerdurchmesser in mm
M 3	0,5	2,5
M 4	0,7	3,3
M 5	0,8	4,2
M 6	1,0	5,0
M 8	1,25	6,8
M 10	1,5	8,5
M 12	1,75	10,2
M 16	2,0	14,0
M 20	2,5	17,5
M 24	3,0	21,0
M 27	3,0	24,0
M 30	3,5	26,5

8.10 Beispiele

Beispiel 1 In 30 Stück Platten nach Skizze (Abb. 8.48) aus Werkstoff C 45 sollen je 1 Stück Durchgangsbohrung 16 mm ∅ H 7 eingebracht werden.

gesucht

1. Bohrwerkzeug – Art und Durchmesser
2. Reibwerkzeug
3. Antriebsleistung für das Bohren; $\eta_M = 0{,}7$
4. erforderliche Maschinenzeit für das Bohren

Lösung

1. Wahl des Bohrers

   Nach Tab. 8.18 beträgt das Reibuntermaß für HM-Reibahlen 0,25 mm. Daraus ergibt sich ein Bohrerdurchmesser von 15,75 mm. Damit liegt das Bohrwerkzeug fest: Wendelbohrer nach DIN 345 mit Kegelschaft (Morsekegel 2)

   $d = 15{,}75$ mm, Normbezeichnung: 15,75 DIN 345

   Nach Tab. 8.8 ist zu wählen: Typ N, Spitzenwinkel $\sigma = 118°$

2. Reibwerkzeug

   Es wird eine Maschinenreibahle mit aufgeschraubten Hartmetallmessern, Durchmesser 16 H 7 gewählt.

3. Antriebsleistung für das Bohren

   aus Tab. 8.16: $f - 0{,}25$ mm, $n_c = 400 \, \text{min}^{-1}$, $v_c = 20 \, \text{m/min}$

$$f_z = \frac{f}{2} = \frac{0{,}25 \, \text{mm}}{2} = 0{,}125 \, \text{mm/Schneide}$$

$$h = f_z \cdot \sin\frac{\sigma}{2} = 0{,}125 \, \text{mm} \cdot 0{,}857 = 0{,}107 \, \text{mm}$$

$$b = \frac{d}{2 \cdot \sin\frac{\sigma}{2}} = \frac{15{,}75 \, \text{mm}}{2 \cdot 0{,}857} = 9{,}19 \, \text{mm}$$

$$k_{c1,1} = 2220 \, \text{N/mm}^2 \text{ aus Tab. 2.1}$$

$$k_{ch} = \frac{(1 \, \text{mm})^z}{h^z} \cdot k_{c1,1}$$

$$= \frac{(1 \, \text{mm})^z}{0{,}107^{0,14} \, \text{mm}} \cdot 2220 \, \text{N/mm}^2 = 3036 \, \text{N/mm}^2$$

Abb. 8.48 Platte aus C 45 mit Passbohrung 16 H 7

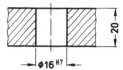

Abb. 8.49 Platte mit gestufter
Bohrung

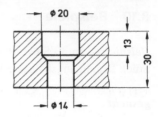

$$k_c = k_{ch} \cdot K_v \cdot K_{st} \cdot K_{ver}$$

$$k_c = 3036\,\text{N/mm}^2 \cdot 1{,}15 \cdot 1{,}2 \cdot 1{,}3 = 5446{,}58\,\text{N/mm}^2$$

$$M = \frac{d^2}{8} \cdot f_z \cdot z_E \cdot k_c \cdot \frac{1}{10^3\,\text{mm/m}}$$

$$= \frac{15{,}75^2\,\text{mm}^2 \cdot 0{,}125\,\text{mm} \cdot 2 \cdot 5446{,}58\,\text{N/mm}^2}{8 \cdot 10^3\,\text{mm}^2} = 42{,}22\,\text{Nm}$$

$$P = \frac{M \cdot n_c}{9{,}55/\text{min} \cdot 10^3\,\text{W/kW} \cdot \eta_M} = \frac{42{,}22\,\text{Nm} \cdot 400\,\text{min}^{-1}}{9{,}55\,\text{s/min} \cdot 10^3\,\text{W/kW} \cdot 0{,}7} = 2{,}53\,\text{kW}$$

4. Hauptzeit t_h (Maschinenzeit)

$$L = \frac{d}{3} + 3 + l = \frac{15{,}75\,\text{mm}}{3} + 3\,\text{mm} + 20\,\text{mm} = 28{,}25\,\text{mm}$$

$$t_h = \frac{L \cdot i}{f \cdot n_c} = \frac{28{,}25\,\text{mm} \cdot 30\,\text{Stck.}}{0{,}25\,\text{mm} \cdot 400\,\text{min}^{-1}} = 8{,}47\,\text{min für 30 Stck.}$$

Beispiel 2 Es sind Senkbohrungen für Innensechskantschrauben M 12 DIN EN ISO 4762
herzustellen (Abb. 8.49).

gegeben Material E 295
  Die Senkung soll mit einem Zapfensenker erzeugt werden, ($z = 4$ Schneiden)

gesucht
1. Wahl des Wendelbohrers
2. Antriebsleistung für das Senken
3. Hauptzeit für das Senken

Lösung
1. Wendelbohrer 14 DIN 345, Typ N, $\sigma = 118°$
   aus Tab. 8.16: $v_c = 12\,\text{m/min}$; $f = 0{,}10\,\text{mm}$; $z_E = 4$ Schneiden
2. Antriebsleistung für das Senken

$$n_c = \frac{v_c \cdot 10^3}{d \cdot \pi} = \frac{12\,\text{m/mm} \cdot 10^3\,\text{mm/m}}{20\,\text{mm} \cdot \pi} = 191\,\text{min}^{-1}$$

$$n_c = 224\,\text{min}^{-1}\ \text{(Normdrehzahl) gewählt}$$

$$h = f_z = \frac{f}{z} = \frac{0,1\,\text{mm}}{4} = 0,025\,\text{mm}$$

$$k_{c1,1} = 1990\,\text{N/mm}^2 \text{ (aus } k_c - \text{Tab.2.1)}, z = 0,26$$

$$k_{ch} = \frac{(1\,\text{mm})^z}{h^z} \cdot k_{c1,1} = \frac{(1\,\text{mm})^z}{0,025^{0,26}\,\text{mm}} \cdot 1990\,\text{N/mm}^2 = 5193\,\text{N/m}^2$$

$$k_c = k_{ch} \cdot K_{ver} \cdot K_v \cdot K_{st}$$

$$k_c = 5193\,\text{N/mm}^2 \cdot 1,3 \cdot 1,15 \cdot 1,2 = 9316,24\,\text{N/mm}^2$$

$$M = \frac{(D^2 - d^2) \cdot z_E \cdot f_z \cdot k_c}{8 \cdot 10^3\,\text{mm/m}}$$

$$M = \frac{(20^2 - 14^2)\,\text{mm}^2 \cdot 4 \cdot 0,025\,\text{mm} \cdot 9316,24\,\text{N/mm}^2}{8 \cdot 10^3\,\text{mm/m}}$$

$$M = 23,76\,\text{Nm}$$

$$P = \frac{M \cdot n_c}{9,554 \cdot 10^3 \cdot \eta_M}$$

$$= \frac{23,76\,\text{Nm} \cdot 224\,\text{min}^{-1}}{9,554\,\text{s/min} \cdot 10^3\,\text{W/kW} \cdot 0,7} = 0,8\,\text{kW}$$

3. Hauptzeit

$L = l_a + l + l_u$ nach Tab. 8.4 ist:

$$l_a = \frac{D - d}{3}, \quad l_u = 0, \quad l = t = 13\,\text{mm}$$

$$L = \frac{D - d}{3} + t = \frac{20\,\text{mm} - 14\,\text{mm}}{3} + 13\,\text{mm} = 15\,\text{mm}$$

$$t_h = \frac{L \cdot i}{f \cdot n_c} = \frac{15\,\text{mm} \cdot 1\,\text{Stck.}}{0,1\,\text{mm} \cdot 224\,\text{min}^{-1}} = 0,66\,\text{min/1 Stck.}$$

8.11 Testfragen zum Kapitel 8

1. Nennen Sie die Bohrverfahren.
2. Was versteht man unter dem Vorschub f_z?
3. Wie kann man den Vorschub f beim Bohren berechnen?
4. Nennen Sie die wichtigsten Elemente des Wendelbohrers.
5. Wodurch unterscheiden sich die Bohrertypen N, H und W und für welche Werkstoffe setzt man sie ein?
6. Wie werden Wendelbohrer in der Bohrmaschine eingespannt?
7. Wozu benötigt man Zentrierbohrer!
8. Was ist der Unterschied zwischen einer festen und einer verstellbaren Reibahle?

9. Was haben Sie falsch gemacht, wenn der Fasenverschleiß am Wendelbohrer abnormal groß ist?

10. Welche Vorteile ergeben sich beim Einsatz von Vollhartmetall- und Wendeplattenbohrer im Vergleich zu HSS-Bohrern?

11. Welche Vorteile weisen Bohrer mit innerer Kühlmittelzuführung auf?

Fräsen

9

9.1 Definition

Fräsen ist ein Zerspanungsverfahren, bei dem die Bearbeitung mit einem mehrschneidigen Werkzeug ausgeführt wird.

Beim Fräsen führt das Werkzeug die Schnittbewegung und das Werkstück (bzw. der Fräsmaschinentisch auf dem das Werkstück gespannt ist) die Vorschubbewegung aus. Die Fräsverfahren werden nach Lage der Werkzeugachse zum Werkstück und nach der Bezeichnung der Werkzeuge benannt.

9.2 Fräsverfahren

9.2.1 Walzenfräsen

Walzenfräsen ist ein Fräsen mit horizontaler Werkzeugachse. Die Schneiden des Walzenfräsers befinden sich am Umfang des Werkzeugs. Beim Walzenfräsen unterscheidet man zwischen Gegenlauf- und Gleichlauffräsen.

9.2.1.1 Gegenlauffräsen

Beim Gegenlauffräsen (Abb. 9.1) ist die Drehrichtung des Fräsers der Vorschubrichtung des Werkstückes entgegengerichtet. Die Richtung der Vorschubbewegung (Abb. 9.2) wird durch den Vorschubrichtungswinkel φ gekennzeichnet. Wenn während des Eingriffs eines Zahnes (vom Eintritt in den Werkstoff bis zum Austritt) φ kleiner als 90° bleibt, dann liegt Gegenlauffräsen vor. Beim Gegenlauffräsen hebt die Zerspankraft das Werkstück ab. Dabei besteht die Gefahr, dass das Werkstück aus der Aufspannung herausgerissen wird oder der Frästisch hochgezogen wird. Entsprechend ausgebildete Spannvorrichtungen und Untergriffe an den Tischführungen verhindern Schaden am Werkstück oder Werkzeug.

© Springer Fachmedien Wiesbaden GmbH, ein Teil von Springer Nature 2020
J. Dietrich, A. Richter, *Praxis der Zerspantechnik*,
https://doi.org/10.1007/978-3-658-30967-1_9

Abb. 9.1 Prinzip des Ge-
genlauffräsens, eingetragene
Kraftrichtung bezieht sich auf
das Werkstück

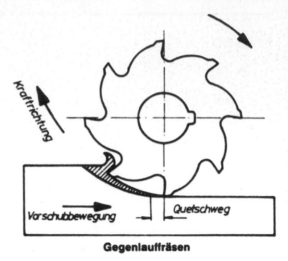

Abb. 9.2 Vorschubrichtungswinkel φ beim Walzenfräsen
im Gegenlauf ($\varphi < 90°$), eingetragene Geschwindigkeiten
beziehen sich auf das Werkzeug, v_e Wirkgeschwindigkeit
(*Werkfoto: Fa. Sitzmann und
Heinlein*)

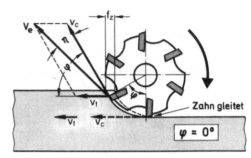

Beim Gegenlauffräsen entsteht eine schlechtere Oberfläche als beim Gleichlauffräsen, aber dieses Verfahren ist für die Bearbeitung von Werkstücken mit harter Oberflächenschicht (z. B. Gusshaut) und für die Schruppbearbeitung besser geeignet.

9.2.1.2 Gleichlauffräsen

Beim Gleichlauffräsen (Abb. 9.3) sind die Drehrichtung des Fräsers und die Vorschubrichtung des Werkstückes gleichgerichtet. Hier schneidet der Fräser von der dicksten Stelle des Spanes an. Der Vorschubrichtungswinkel φ (Abb. 9.4) liegt beim Gleichlauffräsen zwischen 90° und 180°. Die Zerspankraft drückt das Werkstück auf die Unterlage. Ist der Fräsdorn nicht ausreichend steif, „klettert" der Fräser auf das Werkstück und es kommt zum Ausbruch der Schneiden.

Die Zerspankraft weist beim Gleichlauffräsen in Richtung der Vorschubbewegung. Deshalb wechselt, wenn die Vorschubspindel Flankenspiel hat, durch die Zerspankraft die tragende Gewindeflanke an der Vorschubspindel bei jedem Anschnitt. Fräsmaschinen für Gleichlauffräsen müssen einen spielfreien Vorschubantrieb, entsprechend steife Fräsdorne und Gestellbauteile haben.

Abb. 9.3 Prinzip des Gleich-
lauffräsens, eingetragene
Kraftrichtung bezieht sich auf
das Werkstück

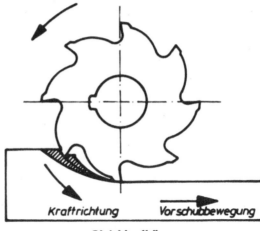

Gleichlauffräsen

Abb. 9.4 Vorschubrichtungswinkel φ beim Walzenfräsen
im Gleichlauf ($\varphi > 90°$), eingetragene Geschwindigkeiten
beziehen sich auf das Werkzeug

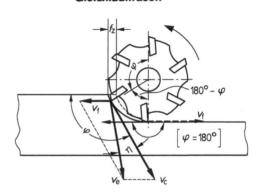

Beim Gleichlauffräsen entsteht eine bessere Oberflächenqualität als beim Gegenlauffräsen, deshalb wird dieses Verfahren vorzugsweise für die Schlichtbearbeitung eingesetzt.

9.2.2 Stirnfräsen

Beim Stirnfräsen steht die Werkzeugachse senkrecht zu der zu erzeugenden Fläche. Das
Werkzeug arbeitet beim Stirnfräsen jedoch nicht, wie der Name des Verfahrens sagt,
nur mit der Stirnseite, sondern überwiegend, wie beim Walzenfräsen, mit den Umfangsschneiden. Die Stirnschneiden wirken als Nebenschneiden und glätten die gefräste Fläche
(Abb. 9.5). Deshalb haben stirngefräste Flächen eine gute Oberfläche.

Beim Stirnfräsen liegt gleichzeitig Gleich- und Gegenlauffräsen vor. Zu Beginn des
Spanvorganges ist die Drehrichtung der Vorschubrichtung des Werkstückes entgegengesetzt. Ab Werkstückmitte (Abb. 9.6) geht der Fräsvorgang in Gleichlauffräsen über. Durch

Abb. 9.5 Prinzip des Stirnfräsens

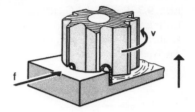

das gleichzeitige Spanen im Gleich- und Gegenlauf werden Schnittkraftschwankungen weitestgehend ausgeglichen und dadurch die Schneiden entlastet. Deshalb lässt das Stirnfräsen große Schnittleistungen zu.

Wird beim Stirnfräsen, mit einem Vorschubrichtungswinkel $\varphi_A > 0$ (vgl. Abschn. 9.5.2) gearbeitet, so stehen beim Anschneiden immer ausreichende Spanquerschnitte zur Verfügung, die Fräserzähne erfassen den Span sofort und trennen ihn, ohne erst zu gleiten, ab.

9.2.3 Profilfräsen

Als Profilfräsen bezeichnet man das Fräsen mit Fräswerkzeugen deren Form der zu erzeugenden Fertigkontur (Abb. 9.7) entspricht. Kann eine bestimmte Form eines Werkstückes mit einem Profilfräser nicht erzeugt werden, dann stellt man mehrere Fräser (Abb. 9.8) zu einem Satz zusammen und bezeichnet diese Werkzeuge als Satzfräser.

Zum Profilfräsen gehört auch das Gewindefräsen, weil dort mit Fräser, die dem Gewindeprofil entsprechen, gearbeitet wird. Dabei unterscheidet man:

Langgewindefräsen Beim Langgewindefräsen (Abb. 9.9) dringt ein scheibenförmiger Profilfräser in das Werkstück ein.

Der Längsvorschub des Fräsers wird von der Langgewindefräsmaschine mit Vorschubgetriebe und Leitspindel erzeugt. Die Drehrichtung des Werkstückes kann in gleicher Richtung wie der Fräser oder entgegengesetzt (Gleich- oder Gegenlauffräsen) sein.

Abb. 9.6 Gleichzeitiges
Gleich- und Gegenlauffräsen
beim Stirnen

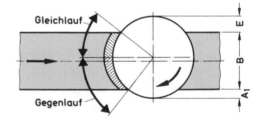

Abb. 9.7 Halbkreisformfräser

Kurzgewindefräsen Beim Kurzgewindefräsen (Abb. 9.10) dringt der walzenförmige Fräser, während sich das Werkstück um $\frac{1}{6}$ seines Umfanges dreht, auf volle Tiefe in das Werkstück ein. Nach $1\frac{1}{4}$ Umdrehungen des Werkstückes ist das zu fräsende Gewinde hergestellt.

9.2.4 Nutenfräsen

Nuten werden mit Schaft- oder Scheibenfräsern ausgespant. Je nachdem, wie die Bearbeitung zur Erzeugung einer Nut vor sich geht, unterscheidet man:

9.2.4.1 Nuten-Tauchfräsen

Beim Tauchfräsen (Abb. 9.11) schneidet sich der Schaftfräser zuerst wie ein Wendelbohrer auf die volle Tiefe der Nut ein. Dann wird in einem Schnitt die ganze Länge der Nut bearbeitet. Wegen der großen Eintauchtiefe des Fräsers kann hier nur mit kleinen Längsvorschüben gearbeitet werden.

9.2.4.2 Nuten-Schrittfräsen

Hier wird die Tiefe der Nut nicht in einem Schritt, sondern durch schichtweises Abtragen des Werkstoffes erreicht. Der Schaftfräser dringt nur um einen geringen Betrag in das Werkstück ein und fräst dann die Nut auf voller Länge. In der Endstellung wird der Fräser

Abb. 9.8 Satzfräser (6-teilig), *1* Zwischenringe, *2* Umfangsfräser, *3* kreuzverzahnter Scheibenfräser, *4* Umfangsfräser, *5* Winkelfräser, *6* Fräsdorn

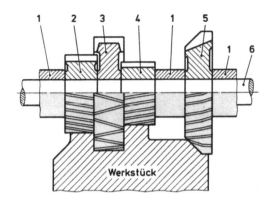

Abb. 9.9 Werkzeug- und
Werkstückanordnung beim
Langgewindefräsen

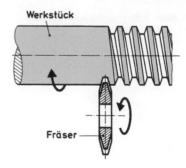

wieder ein Stück in die Tiefe arbeiten. Dann fräst er in entgegengesetzter Vorschubrichtung wieder die Nut auf voller Länge.

Dieser Zyklus (Abb. 9.12) wiederholt sich so lange bis die gewünschte Nuttiefe erreicht
ist. Wegen der geringen Tiefenzustellung pro Schritt, kann man bei diesem Verfahren mit
größeren Längsvorschüben arbeiten.

9.2.4.3 Nutenfräsen mit dem Scheibenfräser

Durchgehende Nuten oder Nuten mit großem Auslauf (z. B. für Vielkeilprofile) werden
meist mit einem scheibenförmigen Walzenfräser hergestellt. Das Spanvolumen je Zeiteinheit ist größer als das der vorher beschriebenen Verfahren.

9.2.5 Formfräsen

Formfräsen ist ein Fräsverfahren, bei dem die gewünschte Geometrie am Werkstück durch
gesteuerte Bewegungen des Werkzeugs und/oder Werkstückes erzeugt wird. Nach der
DIN 8580 kann das durch Freiformfräsen, Nachformfräsen (Kopierfräsen), kinematisches

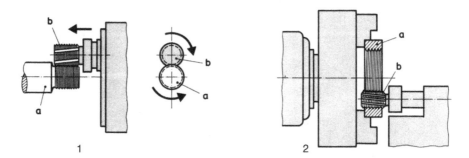

Abb. 9.10 *1* Werkstück und Werkzeuganordnung beim Kurzgewindefräsen von Außengewinden, *2*
Werkstück- und Werkzeuganordnung beim Kurzgewindefräsen von Innengewinden. *a* Werkstück,
b Fräser

Abb. 9.11 Prinzip des Tauch-
fräsens, *1* auf Tiefe fräsen,
2 Fräsvorschub längs, *3* Werkzeug ausfahren

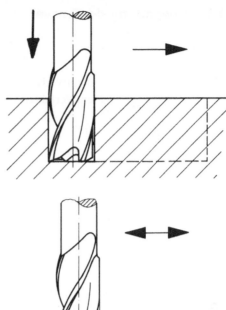

Abb. 9.12 Prinzip des Nuten-
Schrittfräsens

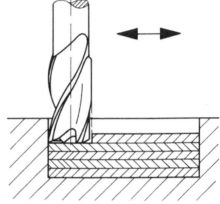

Formfräsen oder durch NC-Formfräsen erfolgen. Der heutige Stand der CNC-Technik erlaubt eine Endbearbeitung von sehr komplexen Werkstücken durch die gleichzeitige Steuerung von bis zu fünf Achsen.

Abb. 9.13 Prinzip des Nuten-
fräsens mit Scheibenfräser

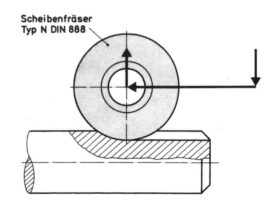

9.3   Anwendung der Fräsverfahren

9.3.1   Walzenfräsen

Wegen der ungünstigen Schnittverhältnisse (ungleicher Spanquerschnitt) beim Walzenfräsen erreicht man mit diesem Verfahren keine sehr guten Oberflächen.

Deshalb wird das Walzenfräsen bevorzugt für die Bearbeitung kleinerer Flächen und zur Herstellung von Profilkonturen im Fräsersatz (Abb. 9.8) eingesetzt.

Auch zur Erzeugung von abgesetzten Flächen (Abb. 9.14) wird das Walzenfräsen in Verbindung mit dem Stirnfräsen als Walzenstirnfräsen vorteilhaft angewandt. Bei entsprechend gebauten Maschinen lassen sich durch Gleichlauffräsen bessere Oberflächen erzeugen, als durch Gegenlauffräsen.

9.3.2   Stirnfräsen

Das Stirnfräsen wird zur Erzeugung von ebenen Flächen eingesetzt. Überwiegend arbeitet man heute beim Stirnfräsen mit hartmetallbestückten Messerköpfen. Als allgemeine Regel gilt:

Stirnen geht vor Walzen

9.3.3   Profilfräsen

Profilflächen mit bestimmten Konturen wie Radien, Prismen, Winkel für Schwalbenschwanzführungen usw. werden durch Profilfräsen erzeugt. Konturen mit verschiedenen Profilen stellt man mit Satzfräsern her. Die Herstellung von Gewinden, Langgewindefräsen mit Profilfräsern und das Kurzgewindefräsen mit Profil-Walzenfräsern, sind Sonderverfahren des Profilfräsens. Zum Profilfräsen gehört auch das Fräsen von Verzahnungen im Einzelteilverfahren.

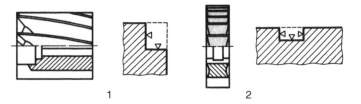

Abb. 9.14 *1* mit Walzenstirnfräser DIN 1880 erzeugte Kontur, *2* mit Scheibenfräser erzeugte Nut

9.3.4 Nutenfräsen

Nutenfräsen ist das Verfahren zur Herstellung von in der Länge begrenzten Nuten; z. B. Nuten für Passfedern oder durchgehende Nuten z. B. von Vielkeilprofilen für Keilwellen.

9.3.5 Formfräsen

Die Anwendung des Formfräsens ist speziell für den Werkzeug- und Formenbau, aber auch für die Luft- und Raumfahrtindustrie, den Automobilbau und den Maschinenbau unverzichtbar. Bei der Bearbeitung von komplexen Bauteilen kommen auch die anderen Fräsverfahren zum Einsatz, aber das Formfräsen ist für die Endbearbeitung entscheidend und kann teilweise das Schleifen ersetzen. Durch die gegenwärtige rasante Entwicklung der Fräsmaschinen, CNC-Steuerungen und Fräswerkzeuge/Schneidstoffe ergeben sich neue Möglichkeiten für effektive Prozessketten der Bearbeitung (vergl. Kap. 14).

9.4 Erreichbare Genauigkeiten beim Fräsen

Verfahren	Maßgenauigkeit in mm	Oberflächengüte beim Schlichten (Oberflächenrauigkeit) R_t in μm
Walzenfräsen	IT 8	30
Stirnfräsen	IT 6	10
Formfräsen	IT 7	20–30

9.5 Kraft- und Leistungsberechnung

9.5.1 Walzenfräsen

Scheibenfräser sind geradverzahnt, schräg- oder kreuzverzahnt. Breitere Walzenfräser haben schräg stehende Schneiden, gekennzeichnet durch den Drallwinkel λ (Abb. 9.16).

Eingriffswinkel
Der Eingriffswinkel φ lässt sich aus der Schnitttiefe und dem Fräserdurchmesser (Abb. 9.15) berechnen.

$$\cos \varphi_s = 1 - \frac{2 \cdot a_e}{D}$$

Abb. 9.15 Spanungsgrößen
beim Walzenfräsen, a_e Schnitttiefe, f_z Vorschub pro Zahn
Eingriffswinkel, D Fräser-∅

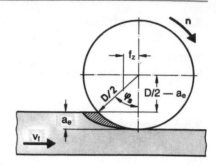

φ Eingriffswinkel in °
a_e Schnitttiefe (Arbeitseingriff) in mm
D Fräserdurchmesser in mm

Wahl des Fräserdurchmessers
Der Fräserdurchmesser D soll beim *Walzen-* und *Walzenstirnfräsen* ungefähr gleich der
Schnittbreite a_p sein.

$$\boxed{D \approx a_p}$$

D Fräsdurchmesser in mm
a_p Schnittbreite in mm

Drehzahl des Fräsers

$$\boxed{n_c = \frac{v_c \cdot 10^3 \text{ mm/m}}{D \cdot \pi}}$$

n_c Drehzahl des Fräsers in min^{-1}
v_c Schnittgeschwindigkeit in m/min
   (aus Tab. 9.10 entnehmen)
D Fräserdurchmesser in mm

Vorschubgeschwindigkeit des Fräsmaschinentisches

$$\boxed{v_f = f_z \cdot z_w \cdot n_c}$$

v_f Vorschubgeschwindigkeit des Fräsmaschinentisches in mm/min
f_z Vorschub pro Schneide in mm
z_w Anzahl der Fräserschneiden
n_c Drehzahl des Fräsers in min^{-1}

Abb. 9.16 Schnittbreite a_p beim Walzenfräsen, *1* Fräser, *2* Werkstück, **a** a_p gegeben durch Fräserbreite, **b** a_p gegeben durch Werkstückbreite

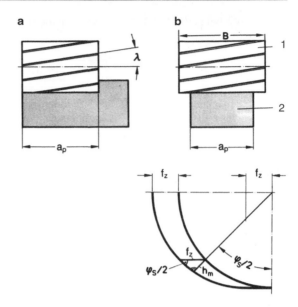

Abb. 9.17 Mittenspandicke h_m, h_m wird bei $\varphi_\mathrm{s}/2$ gemessen

Spanungsbreite

Bei geradverzahnten Fräsern:

$$b = a_\mathrm{p}$$

Bei Fräsern mit Drallwinkel (vgl. Abb. 9.16):

$$b = \frac{a_\mathrm{p}}{\cos \lambda}$$

b Spanungsbreite in mm
a_p Fräsbreite (Schnittbreite) in mm
λ Drallwinkel

Mittenspandicke (Abb. 9.17)

Beim Walzenfräsen ist die Spandicke nicht konstant, sondern nimmt in Vorschubrichtung zu, bzw. ab. Ihren Maximalwert f_z erreicht sie beim Eintritt (Gleichlauffräsen) bzw. beim Austritt (Gegenlauffräsen) des Fräserzahnes in das bzw. aus dem Werkstück.

Deshalb rechnet man beim Fräsen mit einer mittleren Spandicke.

Das Maß von h_m bezieht sich auf den halben Eingriffswinkel ($\varphi_\mathrm{s}/2$). Die Spandicke, die bei $\varphi_\mathrm{s}/2$ vorhanden ist, bezeichnet man als Mittenspandicke h_m. Sie lässt sich bestimmen zu:

$$h_\mathrm{m} = \frac{360°}{\pi \cdot \varphi_\mathrm{s}} \cdot \frac{a_\mathrm{e}}{D} \cdot f_z \cdot \sin \iota$$

$\iota = 90 - \lambda$ bei gedrallten Fräsern; bei Scheibenfräsern ist $\sin \iota = 1$ und $360°/\pi = 114{,}6°$ folgt:

$$h_{\mathrm{m}} = \frac{114{,}6}{\varphi_{\mathrm{s}}} \cdot \frac{a_{\mathrm{e}}}{D} \cdot f_{\mathrm{z}}$$

h_{m} Mittenspandicke in mm
φ_{s} Eingriffswinkel in °
a_{e} Schnittiefe in mm
D Fräserdurchmesser in mm
f_{z} Vorschub pro Schneide in mm

Spezifische Schnittkraft

Die spezifische Schnittkraft wird durch die Faktoren K_γ, K_{v}, K_{ver} und K_{st}, die die Einflüsse des Spanwinkels, der Schnittgeschwindigkeit, des Verschleißes und der Spanstauchung berücksichtigen, korrigiert.

Aus Vereinfachungsgründen wird die Erhöhung von k_{c} durch den eintretenden Verschleiß am Werkzeug auch hier mit 30 % angenommen. Sie kann in Wirklichkeit auch noch höher sein.

$$K_{\mathrm{ver}} = 1{,}3$$

Der Einfluss der Schnittgeschwindigkeit K_{v} wird durch den Korrekturfaktor K_{v} berücksichtigt

für Schnellstahlwerkzeuge: $\boxed{K_{\mathrm{v}} = 1{,}2}$
für Hartmetallwerkzeuge: $\boxed{K_{\mathrm{v}} = 1{,}0}$

Die Spanstauchung entspricht dem Innendrehen $\boxed{K_{\mathrm{st}} = 1{,}2}$

Der Korrekturfaktor für den Spanwinkel:

$$K_\gamma = 1 - \frac{\gamma_{\mathrm{tat}} - \gamma_0}{100}$$

K_γ Korrekturfaktor für den Spanwinkel
γ_{tat} tatsächlicher am Werkzeug vorhandener Spanwinkel in °
γ_0 Basisspanwinkel $\gamma_0 = 6°$ für Stahlbearbeitung in °
$\gamma_0 = 2°$ für Gussbearbeitung in °

Spezifische Schnittkraft

$$k_{\mathrm{c}} = \frac{(1\,\mathrm{mm})^z}{h_{\mathrm{m}}^z} \cdot k_{\mathrm{c}1.1} \cdot K_\gamma \cdot K_{\mathrm{v}} \cdot K_{\mathrm{st}} \cdot K_{\mathrm{ver}}$$

k_c spezifische Schnittkraft in N/mm^2
h_m Mittenspandicke in mm
K_γ Korrekturfaktor für den Spanwinkel
K_v Korrekturfaktor für die Schnittgeschwindigkeit
K_{ver} Korrekturfaktor für den Verschleiß
z Exponent (Werkstoffkonstante)
$k_{c1.1}$ spez. Schnittkraft bezogen auf $h = b = 1$ in N/mm^2
K_{st} Korrekturfaktor für die Spanstauchung

Mittlere Hauptschnittkraft pro Fräserschneide

$$F_{cm} = b \cdot h_m \cdot k_c$$

F_{cm} mittlere Hauptschnittkraft pro Fräserschneide in N
b Spanungsbreite in mm
h_m Mittenspandicke in mm
k_c spezifische Schnittkraft in N/mm^2

Anzahl der im Eingriff befindlichen Schneiden

$$z_E = \frac{z_w \cdot \varphi_s}{360°}$$

z_E Anzahl der im Eingriff befindlichen Schneiden
z_w Zähnezahl des Fräsers
φ_s Eingriffswinkel in °

Antriebsleistung der Maschine

$$P = \frac{F_{cm} \cdot v_c \cdot z_E}{60\,\text{s/min} \cdot 10^3\,\text{W/kW} \cdot \eta}$$

P Antriebsleistung der Maschine in kW
F_{cm} mittlere Hauptschnittkraft pro Schneide in N
z_E Anzahl der im Eingriff befindlichen Schneiden
η Maschinenwirkungsgrad
v_c Schnittgeschwindigkeit in m/min

9.5.2 Stirnfräsen

Eingriffswinkel

Die Entscheidung, ob man das Stirnfräsen in Gleichlauf- oder Gegenlauffräsen einordnet, ist abhängig von dem Verhältnis

$$\frac{\text{Schnittbreite}}{\text{Fräserdurchmesser}} = \frac{B}{D}$$

und dem sich daraus ergebenden Vorschubrichtungswinkel φ_E am Ende des Schnittvorganges.

$$\boxed{\varphi_E < 90° \rightarrow \text{Gegenlauffräsen}}$$

$$\boxed{\varphi_E > 90° - 180° \rightarrow \text{Gleichlauffräsen}}$$

$$\cos\varphi_A = \frac{\frac{D}{2} - A_1}{\frac{D}{2}}$$

$$\boxed{\cos\varphi_A = 1 - \frac{2A_1}{D}}$$

$$\boxed{\cos\varphi_E = 1 - \frac{2A_2}{D}}$$

$$\boxed{\varphi_s = \varphi_E - \varphi_A}$$

Für die Bearbeitung nach Abb. 9.18b gilt:

$$A_1 = 0; \varphi_A = 0$$

$$\cos\varphi_E = -\frac{B - \frac{D}{2}}{\frac{D}{2}}$$

$$\boxed{\cos\varphi_E = -\frac{2B}{D+1}}$$

φ_A Vorschubrichtungswinkel am Schnittanfang in °

φ_E Vorschubrichtungswinkel am Schnittende in °

φ_s Eingriffswinkel (je größer φ_s, um so mehr Zähne sind im Eingriff) in °

A_1 Abstandsmaß vom Fräserdurchmesser zum Werkstückanfang in Drehrichtung des Fräsers gesehen in mm

A_2 Abstandsmaß vom Fräserdurchmesser zum Werkstückende in mm (Austritt des Fräsers aus dem Werkstück)

E Abstandsmaß vom Werkstückende zum Fräserdurchmesser in mm

D Fräserdurchmesser in mm

B Werkstückbreite (entspricht Arbeitseingriff a_e) in mm

Abb. 9.18 a Prinzip des Stirnfräsens $\varphi_A > 0°$, **b** Prinzip des Stirnfräsens $\varphi_A = 0°$

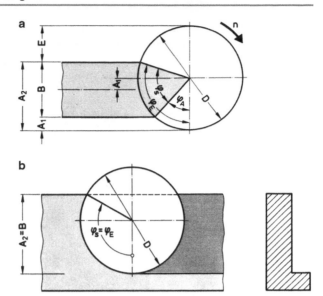

Wahl des Fräserdurchmessers

Um günstige Eingriffsverhältnisse zu erhalten, wählt man den Fräserdurchmesser größer als die Fräsbreite B.

$$\boxed{D = 1,4 \cdot B}$$ für kurzspanende Werkstoffe z. B. GG

$$\boxed{D = 1,6 \cdot B}$$ für langspanende Werkstoffe z. B. Stahl

D Fräserdurchmesser in mm
B Werkstückbreite in mm

Der Fräserdurchmesser soll jedoch nicht größer sein, als das 1,5-fache des Frässpindeldurchmessers

$$\boxed{D_{max} = 1,5 \cdot d}$$

D_{max} max. Fräserdurchmesser in mm
d Frässpindeldurchmesser in mm

Seitenversatz des Fräsers

Um am Schnittanfang und am Schnittende optimale Spandicken zu erhalten, versetzt man die Fräsermitte zur Werkstückmitte. Als Faustregel (Abb. 9.18) kann man sagen:

$$\boxed{\frac{A_1}{E} = \frac{1}{3}}$$

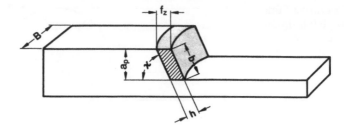

Abb. 9.19 Spanungsgrößen beim Stirnfräsen

daraus folgt:

$$\boxed{D = 1{,}4 \cdot B}$$

$$\boxed{A_1 = 0{,}1 \cdot B} \qquad \text{für GG}$$

$$\boxed{E = 0{,}3 \cdot B}$$

$$\boxed{D = 1{,}6 \cdot B}$$

$$\boxed{A_1 = 0{,}15 \cdot B} \qquad \text{für Stahl}$$

$$\boxed{E = 0{,}45 \cdot B}$$

Spanungsbreite (Abb. 9.19)

$$\boxed{b = \frac{a_\mathrm{p}}{\sin \iota}}$$

b Spanungsbreite in mm
a_p Schnitttiefe in mm
ι Einstellwinkel ($\iota = 45°$ bis $90°$) in °

Spanungsdicke
Die Spanungsdicke an einer bestimmten Stelle des Werkstückes lässt sich berechnen zu:

$$h = f_\mathrm{z} \cdot \sin \varphi \cdot \sin \iota$$

Da sich aber auch beim Stirnen die Spanungsdicke während der Eingriffslänge zur Werkstückmitte hin ändert, rechnet man auch hier mit der Mittenspandicke h_m.

$$\boxed{h_\mathrm{m} = \frac{114{,}6°}{\varphi_\mathrm{s}°} \cdot f_\mathrm{z} \cdot \frac{B}{D} \cdot \sin \iota} \qquad 114{,}6° \text{ ergibt sich aus } \frac{360°}{\pi}$$

h_m Mittenspandicke in mm
φ_s Eingriffswinkel in °
f_z Vorschub pro Schneide in mm
B Werkstückbreite in mm
D Fräserdurchmesser in mm
a_p Schnitttiefe in mm
ι Einstellwinkel in °

Spezifische Schnittkraft

$$k_c = \frac{(1\text{ mm})^z}{h_m^z} \cdot k_{c1.1} \cdot K_\gamma \cdot K_v \cdot K_{ver} \cdot K_{st}$$

Für die Korrekturfaktoren K_γ, K_v, K_{ver} und K_{st} gelten die gleichen Werte wie beim Walzenfräsen

k_c spezifische Schnittkraft in N/mm^2
h_m Mittenspandicke in mm
z Exponent (Werkstoffkonstante)
K Korrekturfaktoren
$k_{c1.1}$ spez. Schnittkraft bezogen auf $h = b = 1$ in N/mm^2

Mittlere Hauptschnittkraft pro Fräserschneide

$$F_{cm} = b \cdot h_m \cdot k_c$$

F_{cm} mittlere Hauptschnittkraft pro Fräserschneide in N
h Spanungsbreite in mm
h_m Mittenspandicke in mm
k_c spezifische Schnittkraft in N/mm^2

Anzahl der im Eingriff befindlichen Schneiden

$$z_E = \frac{\varphi_s \cdot z}{360°}$$

z_E Anzahl der im Eingriff befindlichen Schneiden
z Anzahl der Schneiden des Fräsers
φ_s Eingriffswinkel in °

Antriebsleistung der Maschine

$$P = \frac{F_{cm} \cdot v_c \cdot z_E}{60\,\text{s/min} \cdot 10^3\,\text{W/kW} \cdot \eta}$$

P Antriebsleistung der Maschine in kW
F_{cm} mittlere Hauptschnittkraft pro Fräserschneide in N
v_c Schnittgeschwindigkeit in m/min
z_e Anzahl der im Eingriff befindlichen Schneiden
η Maschinenwirkungsgrad

Tab. 9.1 Werkstoffkonstante K (Auszug aus Richtwerten der Fa. Neuhäuser, Mühlacker)	Werkstoff	K in $cm^3/min\,kW$
	S 185–S 275 JR	16
	E 295–E 335	11
	E 360	9
	leg. Stahl 700–1000 N/mm²	8
	leg. Stahl 1000–1400 N/mm²	7
	GJL 100–GJL 150	30
	GJL 200–GJL 250	25
	GJL 300–GJL 400	15
	GE 200–GE 260	15
	GS–60 W	12
	CuZn 37–CuZn 30	42
	Al-Leg. 13 % Si	50

9.5.3 Vereinfachte Leistungsberechnung für das Walzen- und Stirnfräsen

Bei diesem Verfahren geht man vom Zeitspanvolumen Q, das pro Minute erzeugt wird, aus.

$$Q = \frac{a_p \cdot B \cdot v_f}{10^3}$$

$$v_f = f_z \cdot z_w \cdot n$$

$$n_c = \frac{v_c \cdot 10^3}{D \cdot \pi}$$

Q Zeitspanvolumen in cm^3/min

a_p Schnitttiefe in mm

B Schnittbreite (oder Arbeitseingriff a_e) in mm

v_f Vorschubgeschwindigkeit (tangential v_t) in mm/min

f_z Vorschub pro Schneide in mm

z_w Anzahl der Schneiden des Fräsers

n_c Drehzahl in min^{-1}

v_c Schnittgeschwindigkeit in m/min

D in mm Fräserdurchmesser

Die erforderliche Antriebsleistung der Maschine erhält man dann aus dem Verhältnis von Q zu einer Werkstoffkonstanten K (siehe Tab. 9.1). Diese Werkstoffkonstante enthält die spezifische Schnittkraft k_c und die üblichen Umrechnungsfaktoren.

$$P = \frac{Q \cdot f}{K \cdot \eta_M}$$

P Antriebsleistung der Maschine in kW

Q Zeitspanvolumen in cm^3/min

K in cm^3/min kW, Werkstoffkonstante

η_M Wirkungsgrad der Maschine

f Verfahrensfaktor

$f = 1$ beim Walzenfräsen

$f = 0{,}7$ beim Stirnfräsen mit Messerköpfen

9.6 Hauptzeiten beim Fräsen

Für alle Fräsverfahren gilt:

$$t_\mathrm{h} = \frac{L \cdot i}{f \cdot n_\mathrm{c}} = \frac{L \cdot i}{v_\mathrm{f}}$$

t_h Hauptzeit in min

L Gesamtweg in mm

i Anzahl der Schnitte

f Vorschub pro Umdrehung des Fräsers in mm

n_c Drehzahl des Fräsers in min^{-1}

v_f Vorschubgeschwindigkeit in mm/min

Unterschiedlich bei den verschiedenen Fräsverfahren sind nur die einzusetzenden Gesamt-wege L.

9.6.1 Walzenfräsen

$$L = l_\mathrm{a} + l + l_\mathrm{u}$$

Für das Schruppen gilt:

$$l_\mathrm{a} = 1{,}5 + \sqrt{D \cdot a_\mathrm{e} - a_\mathrm{e}^2}$$

$$l_\mathrm{u} = 1{,}5\,\mathrm{mm}$$

$$L = l + 3 + \sqrt{D \cdot a_\mathrm{e} - a_\mathrm{e}^2}$$

Für das Schlichten gilt:

$$L = l + 3 + 2 \cdot \sqrt{D \cdot a_\mathrm{e} - a_\mathrm{e}^2}$$

Abb. 9.20 Gesamtweg L
beim Walzenfräsen

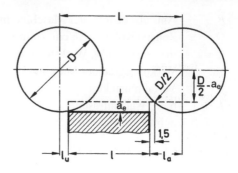

L Gesamtweg in mm

l Werkstücklänge in mm

D Fräserdurchmesser in mm

a_e Arbeitseingriff in mm

Weil beim Schlichten die noch im Eingriff befindlichen Schneiden nachschneiden und eine unsaubere Oberfläche erzeugen, setzt man hier $l_u = l_a$. Daraus ergibt sich für den Gesamtweg obige Gleichung (siehe Abb. 9.20).

9.6.2 Stirnfräsen

9.6.2.1 Mittiges Stirnfräsen
Für das Schruppen gilt:

$$l_a = 1,5 + \frac{1}{2} \cdot \sqrt{D^2 - B^2}$$

$$l_u = 1,5\,\text{mm}$$

$$\boxed{L = l + 3 + \frac{1}{2} \cdot \sqrt{D^2 - B^2}}$$

Für das Schlichten gilt: wegen des Nachschneidens wird auch hier $l_a = l_u$ gesetzt.

$$\boxed{L = l + 3 + \sqrt{D^2 - B^2}}\quad \text{(siehe Abb. 9.21)}$$

B Werkstückbreite in mm

Abb. 9.21 Gesamtweg L beim
mittigen Stirnfräsen

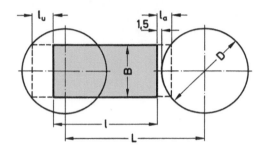

9.6.2.2   Außermittiges Stirnfräsen

Für das Schruppen gilt:

$$l_a = 1{,}5 + \frac{D}{2} - \sqrt{\left(\frac{D}{2}\right)^2 - B'^2}$$

$$l_u = 1{,}5 \, \text{mm}$$

$$\boxed{L = l + 3 + \frac{D}{2} - \sqrt{\left(\frac{D}{2}\right)^2 - B'^2}} \quad \text{(siehe Abb. 9.22)}$$

$$B' = \frac{B}{2} + e = \frac{B}{2} + \left(\frac{D}{2} - A_1 - \frac{B}{2}\right)$$

$$\boxed{B' = \frac{D}{2} - A_1}$$

Für das Schlichten gilt:

$$\boxed{L = l + 3 + D}$$

Abb. 9.22 Gesamtweg L
beim außermittigen Stirnfräsen

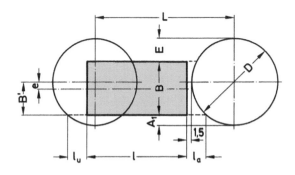

Abb. 9.23 Wege beim
Nutenfräsen

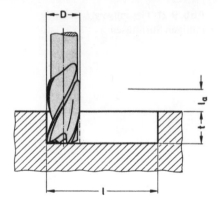

9.6.3 Nutenfräsen (Abb. 9.23)

$$\boxed{L_1 = t + l_\text{a}}$$

$$\boxed{L_2 = l - D}$$

$$\boxed{i = \frac{t}{a_\text{p}}}$$

$$l_\text{a} = 2\,\text{mm}$$

$$\boxed{t_\text{h} = \frac{L_1 \cdot i}{f_1 \cdot n_\text{c}} + \frac{L_2 \cdot i}{f_2 \cdot n_\text{c}}}$$

L_1 vertikaler Fräserweg in mm

L_2 Weg in Längsrichtung in mm

t Nuttiefe in mm

l Nutlänge in mm

i Anzahl der Schnitte

f_1 Vorschub pro Umdrehung in vertikaler Richtung in mm

f_2 Vorschub pro Umdrehung in horizontaler Richtung in mm

n_c Drehzahl des Schaftfräsers in min^{-1}

t_h Hauptzeit in min

9.6.4 Kurzgewindefräsen

$$L = l_\text{a} + l = \frac{1}{6} \cdot d \cdot \pi + d \cdot \pi$$

$$\boxed{L = \frac{7}{6} \cdot d \cdot \pi = 3,67 \cdot d}$$

L Gesamtweg in mm
d Außendurchmesser des Gewindes in mm
$i = 1$

9.6.5 Langgewindefräsen

$$L = \frac{d \cdot \pi (l_a + l) \cdot z}{P}$$

L Gesamtweg in mm
l Länge des zu fräsenden Gewindes in mm
d Außendurchmesser des Gewindes in mm
z Gangzahl des Gewindes
P Gewindesteigung in mm
l_a Zugabe für An- und Überlauf (l_a ca. 2 mm) in mm

9.7 Fräswerkzeuge

9.7.1 Schneidenform und Zähnezahl am Fräser

Man unterscheidet grundsätzlich zwischen spitzgezahnten und gerundeten Schneiden. Die spitzgezahnte Fräserschneide (Abb. 9.24) wird im Fräsverfahren und die gerundete Schneidenform (Form einer logarithmischen Spirale) durch Hinterdrehen hergestellt.

Der normale Fräser ist spitzgezahnt. Er wird für fast alle Fräsaufgaben eingesetzt.

Nur Formfräser sind hinterdrehte Fräswerkzeuge.

Die Zahnteilung, Zahnhöhe und die Ausrundung des Zahnes ergeben den Zahnraum, der die abgetrennten Späne aufnimmt.

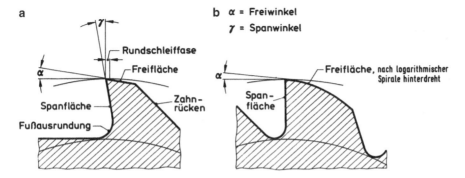

Abb. 9.24 Schneidenformen an Fräsern, **a** Zahnform des spitzgezahnten Fräsers, **b** Zahnform des hinterdrehten Fräsers

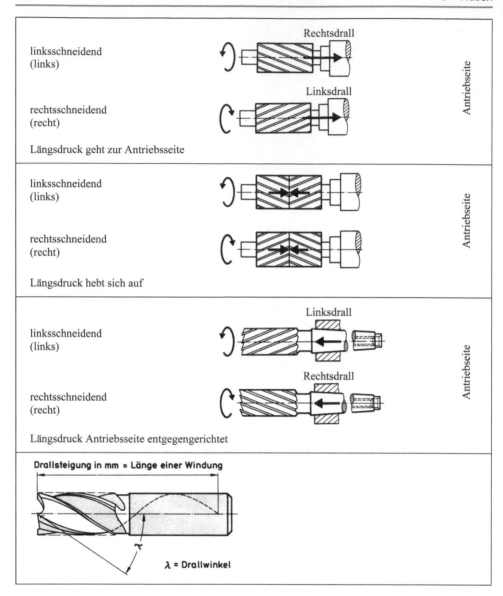

Abb. 9.25 Drallwinkel, Schneid- und Spannutenrichtung an Walzen-, Walzenstirn- und Schaftfräsern (*Auszug aus DIN 857*)

9.7.2   Spannutenrichtung, Drallwinkel und Schneidrichtung des Fräsers

Die Winkel und Flächen am Fräserzahn sind genau so definiert wie beim Drehmeißel.

Außer den bekannten Winkeln (siehe Abb. 9.24) wie Freiwinkel α, Keilwinkel β und Spanwinkel γ hat hier der Neigungswinkel λ eine große Bedeutung. Er wird bei Fräswerkzeugen als Drallwinkel bezeichnet. Man unterscheidet (Abb. 9.25) Schneiden mit Rechts-

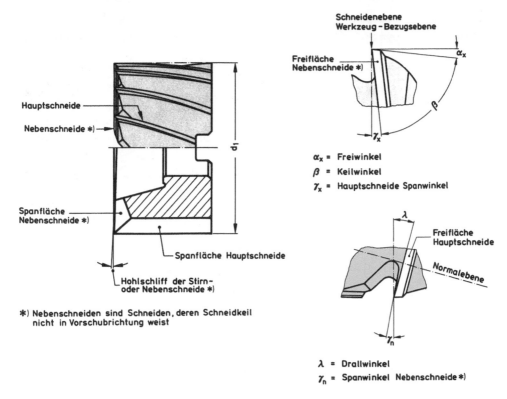

Abb. 9.26 Flächen- und Schneiden am Walzenfräser (*Auszug aus DIN* 6581)

und Linksdrall. Beim Rechtsdrall sind die Spannuten nach rechts gewunden, d. h. sie sind von links nach rechts unten geneigt. Die Neigung ist unabhängig von der Richtung aus der man sie betrachtet.

Außer der Spannutenrichtung unterscheidet man bei Walzen-, Walzenstirn- und Schaftfräsern noch die Schneidrichtung des Werkzeugs.

Ein Fräser ist rechtsschneidend, wenn er von der Antriebsseite aus gesehen, nach rechts dreht.

9.7.3 Schneidengeometrie an Fräswerkzeugen

Den Schneidkeil des Fräserzahns kann man mit dem Schneidkeil des Drehmeißels vergleichen. Abb. 9.26 zeigt die Verhältnisse am Walzenfräser.

Die Verhältnisse am Messerkopf zeigt Abb. 9.27. Auch hier erkennt man die Parallelität zwischen Drehmeißel und Fräswerkzeug.

Der Einstellwinkel ι liegt bei den Messerköpfen zwischen 45° und 90°.

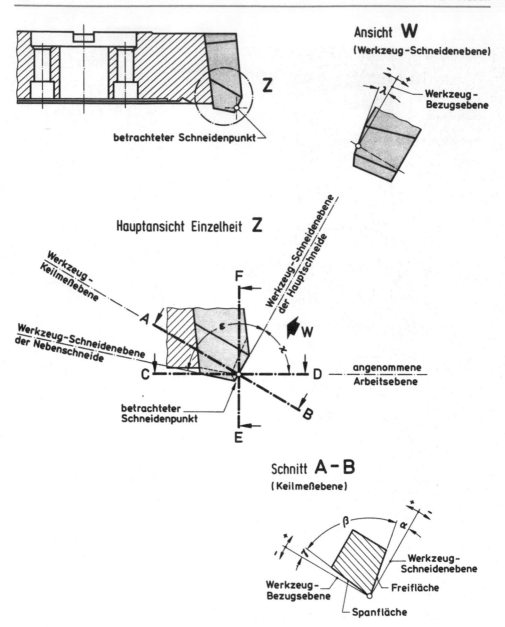

Abb. 9.27 Winkel und Schneiden an Messerköpfen (*Auszug aus DIN* 6581)

Tab. 9.2 Anwendungsgebiete der Werkzeugtypen (Auszug aus DIN 1836)

Werkstoff	Festigkeit bzw. Brinellhärte in N/mm^2	Werkzeugtyp		
Stahl	bis 500	N		(W)
Stahl	500–800	N		
Stahl zähhart	bis 1000	N	(H)	
Stahl zähhart	bis 1300		H	
Stahlguss	380–520	N		
GJL 100–GJL 150	bis 1800 HB	N		
GJL 200–GJL 300	> 1800 HB	N	(H)	
CuZn 42–CuZn 37		N		(W)
Al-Leg. mittelhart		N		(W)

Abb. 9.28 Walzenfräser mit Längskeil

9.7.4 Ausführungsformen und Einsatzgebiete der Walzenfräser

Fräswerkzeugtypen Bei den Fräswerkzeugen unterscheidet man nach DIN 1836 die Werkzeugtypen N, H und W (siehe Tab. 9.2).

Typ N: ist grobverzahnt und wird für normale Maschinenbaustähle, weichen Grauguss und mittelharte NE-Metalle eingesetzt.

Typ H: ist feingezahnt und wird für harte und zähharte Werkstoffe eingesetzt.

Typ W: ist besonders grobverzahnt und wird für weiche und zähe Werkstoffe eingesetzt.

9.7.4.1 Breite Walzenfräser (Abb. 9.28)

Einsatzgebiete Zum Schruppen und Schlichten von ebenen Flächen auf Horizontalfräsmaschinen. Für schwere Schnitte werden zwei Walzenfräser gekuppelt, d. h. durch eine Art Klauenverzahnung (Abb. 9.29) miteinander verbunden.

Die beiden gekuppelten Fräser haben entgegengesetzte Drallrichtungen. Dadurch heben sich die Axialkräfte auf.

Abb. 9.29 Gekuppelter Walzenfräser

Normen

DIN 884   Walzenfräser Typ N, H und W

DIN 1892 gekuppelte Walzenfräser

Abmessungen

Fräserdurchmesser in mm	Fräserbreiten in mm	Zähnezahlen		
		Typ N	Typ H	Typ W
40–160	32–160	4–12	10–20	3–8

9.7.4.2 Walzenstirnfräser

Einsatzgebiete   Der Walzenstirnfräser (Abb. 9.30) hat außer den Umfangsschneiden zusätzlich noch Schneiden an einer Stirnseite. Deshalb wird er zur Erzeugung von ebenen
und zur Herstellung von rechtwinkelig abgesetzten Flächen eingesetzt.

Normen

- DIN 1880
- DIN 8056 mit Hartmetallschneiden

Abmessungen

Fräserdurchmesser in mm	Fräserbreiten in mm	Zähnezahlen		
		Typ N	Typ H	Typ W
30–150	30–63	6–14	10–20	3–8

Abb. 9.30 Walzenstirnfräser mit Querkeil

Abb. 9.31 Scheibenfräser, kreuzverzahnt, Form A

Abb. 9.32 Scheibenfräser,   geradverzahnt
geradverzahnt, Form B

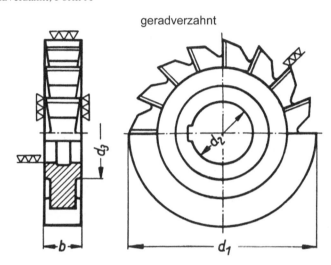

9.7.4.3 Scheibenfräser

Einsatzgebiete Der Scheibenfräser hat Umfangs- und auf beiden Seiten Stirnschneiden (Abb. 9.31). Er wird eingesetzt zur Erzeugung von durchgehenden Längsnuten bis zu einer Breite von 32 mm. Scheibenfräser gibt es gerad- und kreuzverzahnt. Der kreuzverzahnte Fräser, bei dem die Schneiden allmählich in den Werkstoff eindringen, arbeitet ruhiger. Deshalb wird der kreuzverzahnte Fräser (Form A) für schwere Schnitte bevorzugt eingesetzt. Den geradverzahnten Fräser (Form B) setzt man nur zur Herstellung von flachen Nuten ein (siehe Abb. 9.32).

Normen
DIN 885   Form A kreuzverzahnt, Form B geradverzahnt
DIN 1831 mit eingesetzten Messern kreuzverzahnt
DIN 8047 mit Hartmetallschneiden
DIN 8048 mit auswechselbaren Hartmetallmessern

Abb. 9.33 Hartmetallbestück-
ter ISO-Scheibenfräser

Abmessungen

Fräserdurchmesser in mm	Fräserbreiten in mm	Zähnezahlen (Form A)		
		Typ N	Typ H	Typ W
50–200	5–32	12–20	16–36	6–12

9.7.4.4 Nutenfräser

Einsatzgebiete   Nutenfräser sind gekuppelte kreuzverzahnte Scheibenfräser, die durch
Zwischenlagen in der Breite verstellt werden können (Abb. 9.33). Das Breitenverstellmaß
beträgt etwa $\frac{1}{10}$ bis $\frac{1}{8}$ der Nennbreite des Fräsers. Er schneidet, wie der Scheibenfräser auf
3 Seiten.

Normen
DIN 1891 B gekuppelt und verstellbar, kreuzverzahnt

Abmessungen

Fräserdurchmesser in mm	Fräserbreiten in mm	Zähnezahlen		
		Typ N	Typ H	–
63–200	12–32	14–20	18–36	

9.7.4.5 Winkel- und Winkelstirnfräser

Einsatzgebiete   Winkelfräser nach DIN 1823 werden zur Erzeugung von Freiräumen wie
z. B. Spannuten an Werkzeugen, eingesetzt (Abb. 9.34).

Mit dem Winkelstirnfräser DIN 842, der zusätzlich an der Stirnseite Schneiden
hat, stellt man Ausnehmungen für Führungen (z. B. Schwalbenschwanzführungen) her
(Abb. 9.35).

Der Fräserwinkel (Einstellwinkel ι) beträgt bei den Winkelstirnfräsern 50°. Es gibt
auch Sonderausführungen zwischen 55° und 80°.

Abb. 9.34 Winkelfräser

Normen

DIN 1823 Winkelfräser

DIN 842   Winkelstirnfräser

Abmessungen

Fräserdurchmesser in mm	Fräserbreiten in mm	Zähnezahlen		
		DIN 1823A	DIN 1823B	DIN 842
50–100	55–80°	16	16–20	14–24

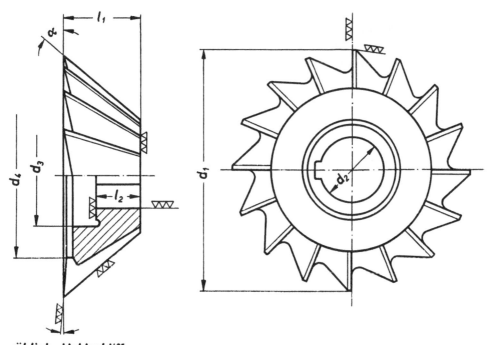

üblich Hohlschliff

Abb. 9.35 Winkelstirnfräser

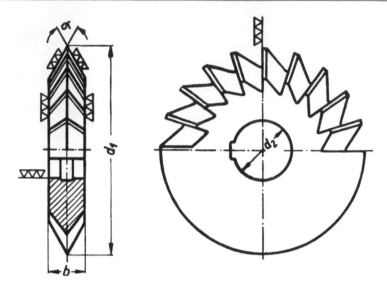

Abb. 9.36 Prismenfräser

9.7.4.6 Prismenfräser und Kreisformfräser

Einsatzgebiete Prismenfräser (Abb. 9.36) erzeugen prismatische Formen mit Winkeln von 45°, 60° und 90°. Viertel- und Halbkreisfräser (Abb. 9.37) werden eingesetzt, um kreisförmige Konturen zu erzeugen.

Bei den Halbkreisfräsern unterscheidet man nach Art der Wölbung in konvex (nach außen gewölbt) und konkav (nach innen gewölbt) gewölbte Halbkreis- und Viertelkreisformfräser. Mit diesen Fräswerkzeugen können Radien von 1 bis 20 mm erzeugt werden.

Normen

DIN 847 Prismenfräser
DIN 855 nach innen gewölbte Halbkreisformfräser
DIN 856 nach außen gewölbte Halbkreisformfräser

9.7.4.7 Schaftfräser
Schaftfräser sind Fräswerkzeuge mit Schaft.

Man unterscheidet, wie bei Wendelbohrern, Fräser mit zylindrischem und Fräser mit kegeligen Schaft (Morsekegel 1–5, je nach Fräserdurchmesser).

Einsatzgebiete Nach ihrem Einsatzgebiet unterscheidet man:

Schaftfräser zum Walzen- und Stirnfräsen Schaftfräser zum Walzen- und Stirnfräsen (Abb. 9.38) sind gedrallte Fräser mit Umfangs- und Stirnschneiden. Im Gegensatz zum

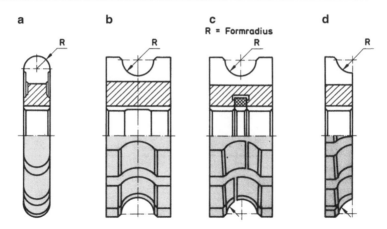

Abb. 9.37 Kreisformfräser, **a** Halbkreisfräser, nach außen gewölbt (konvex), **b** Halbkreisfräser nach innen gewölbt (konkav), **c** gekuppelter und nachstellbarer Halbkreisfräser, **d** Viertelkreisfräser nach innen gewölbt

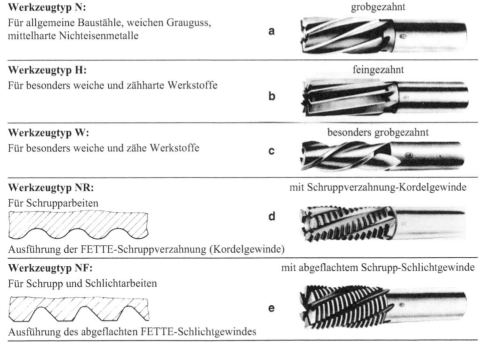

Werkzeugtyp N: grobgezahnt
Für allgemeine Baustähle, weichen Grauguss,
mittelharte Nichteisenmetalle   **a**

Werkzeugtyp H: feingezahnt
Für besonders weiche und zähharte Werkstoffe
                                                                    b

Werkzeugtyp W: besonders grobgezahnt
Für besonders weiche und zähe Werkstoffe   **c**

Werkzeugtyp NR: mit Schruppverzahnung-Kordelgewinde
Für Schrupparbeiten   **d**

Ausführung der FETTE-Schruppverzahnung (Kordelgewinde)

Werkzeugtyp NF: mit abgeflachtem Schrupp-Schlichtgewinde
Für Schrupp und Schlichtarbeiten   **e**

Ausführung des abgeflachten FETTE-Schlichtgewindes

Das Schruppverzahnung-Kordelgewinde sowie das Schrupp-Schlichtgewinde werden auch als „Spanteiler-Gewinde" bezeichnet, da sie beim Fräsen den Span brechen.

Abb. 9.38 Schaftfräser **a)** Typ N grobgezahnt, **b)** Typ H feingezahnt, **c)** Typ W besonders grob gezahnt, **d)** Fräser mit Schruppenverzahnung (Kordelgewinde), **e)** abgeflachte Schruppverzahnung mit Schlichtgewinde

Abb. 9.39 Hartmetallbestückte Schaftfräser

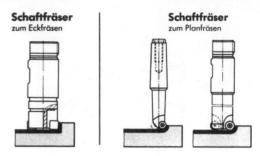

Langlochfräser haben Schaftfräser mehr als zwei Schneiden. In Abhängigkeit von der Zahnteilung unterscheidet man auch hier die Fräsertypen N, H und W. Abb. 9.39 zeigt einen Schaftfräser im Einsatz.

Zum Schruppen setzt man Fräser mit zusätzlichen Spannuten (Abb. 9.38d und e) die gewindeartig ausgeführt sind, ein. Schaftfräser dieser Art gibt es bis 63 mm Durchmesser.

Langlochfräser   Langlochfräser (Abb. 9.40) sind Spezialfräser zur Herstellung von Nuten.

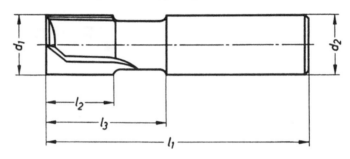

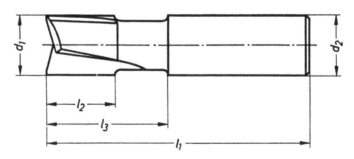

Abb. 9.40 Langlochfräser

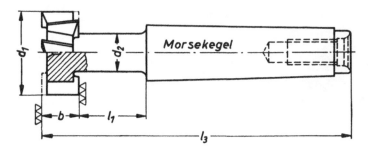

Abb. 9.41 Schaftfräser zur Erzeugung von T-Nuten

Sie haben nach DIN 326 und DIN 327 nur zwei Stirn- und zwei Umfangsschneiden. Es gibt jedoch auch Spezialausführungen mit drei Schneiden.

In DIN 1836 sind Fräser nach ihrem Anwendungsgebiet in drei Werkzeugtypen eingeteilt.

Schaftfräser für T-Nuten Der Schaftfräser zur Herstellung von T-Nuten nach DIN 650 (Abb. 9.41) ist ein Spezialfräser, der eigens dafür entwickelt wurde.

Er ist genormt in DIN 851.

Normen

DIN 844   Schaftfräser mit zylindrischem Schaft
DIN 845   Schaftfräser mit Morsekegel
DIN 326 und 327 Langlochfräser
DIN 851   T-Nutenfräser

9.7.5 Messerköpfe

Einsatzgebiete: Messerköpfe sind Stirnfräser (Abb. 9.42) die zur Bearbeitung von ebenen Flächen eingesetzt werden.

Als Eckfräser (Abb. 9.43) bezeichnet man Messerköpfe mit einem Einstellwinkel von 90°, die man zur Erzeugung von rechtwinkelig abgesetzten Flächen einsetzt.

Die Schnittleistung eines Messerkopfs ist wesentlich größer als die eines Walzenfräsers.

Deshalb werden zur Erzeugung von ebenen Flächen, an Stelle von Walzenfräsern, überwiegend Messerköpfe eingesetzt. Außer der hohen Zerspanleistung sind die von Messerköpfen erzeugten Flächen in ihrer Oberflächengüte wesentlich besser, als durch Walzenfräsen erzeugte Flächen.

Messerköpfe werden meist mit Hartmetall-Wendeschneidplatten, die leicht austauschbar sind, ausgerüstet.

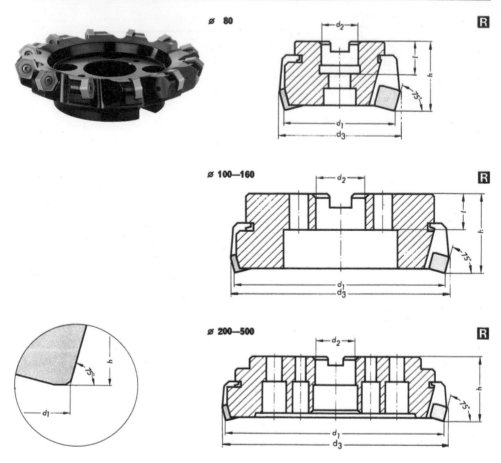

Abb. 9.42 Messerkopf zum Planfräsen mit negativen Wendeschneidplatten (*Foto: Kennametal: www.kennametal.com*)

Man verwendet überwiegend dreieckige und quadratische Wendeschneidplattenformen (Abb. 9.44).

Für das Schlichten setzt man auch Sonderformen mit angeschliffenen Fasen und positiven Spanwinkeln ein.

Die Befestigung der Wendeschneidplatten im Messerkopf erfolgt mit ähnlichen Spannsystemen, wie sie im Abschn. 7.8.1 beschrieben wurden (siehe auch Tab. 9.3).

Die Abb. 9.45 und 9.46 zeigen noch einige Ausführungsformen von Messerköpfen.

Abb. 9.45 zeigt einen Messerkopf mit einem Einstellwinkel von 75°, bei dem die Wendeschneidplattenträger mit wenigen Handgriffen ausgetauscht werden können. Dadurch wird es möglich, diesen Messerkopf auch auf andere Einstellwinkel umzurüsten.

Einen nachschleifbaren Planmesserkopf mit stirnseitig angeordneten Messern zeigt Abb. 9.46.

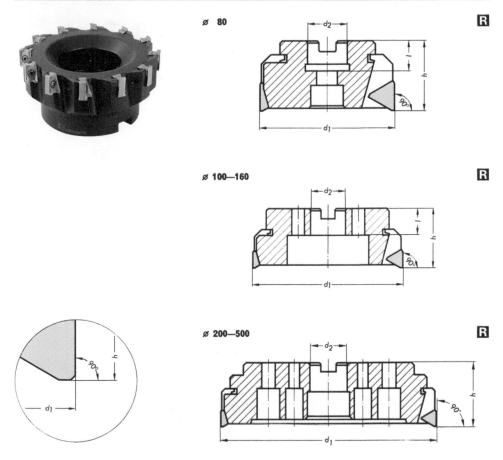

ø 80

ø 100—160

ø 200—500

Abb. 9.43 Eckmesserkopf mit beschichteten Wendeplatten (*Foto: Kennametal: www.kennametal. com*)

Abb. 9.44 Grundformen der Wendeschneidplatten für Messerköpfe

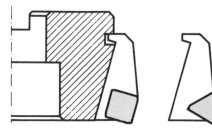

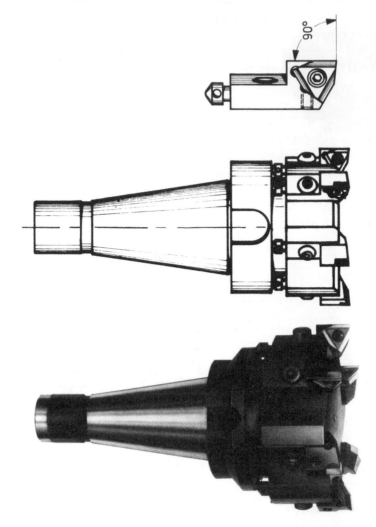

Abb. 9.45 Messerkopf mit austauschbaren Schneidplattenkörpern (*Werkfoto: Fa. Komet, Besigheim*)

Abb. 9.46 Planmesserkopf
mit nachschleifbaren Messern

Tab. 9.3 Abmessungen der Messerköpfe in mm und Anzahl der Schneiden nach DIN 2079 (Auszug aus Tabellen der Firma Krupp Widia-Fabrik, Essen)

Nenndurchmesser d_1	Außendurchmesser d_3	Bohrungs- durchmesser d_2	Höhe h	Anzahl der Schnei- den z
80	86	27	50	5
100	106	32	50	7
125	131	40	63	8
160	166	40	63	10
200	206	60	63	12
250	256	60	63	16
315	321	60	80	18
400	406	60	80	22
500	506	60	80	26

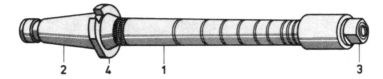

Abb. 9.47 Fräserdorn, *1* genutete Welle, *2* Steilkegel, *3* Gewinde mit Spannmutter, *4* Bund

9.7.6 Werkzeugaufnahmen für Walzenfräser

Die Werkzeugaufnahmen haben die Aufgabe, die Fräswerkzeuge mit der Frässpindel der Maschine fest und sicher zu verbinden.

Das Spannelement für die Fräswerkzeuge wird im Innenkegel der Frässpindel aufgenommen und zentriert. Das beim Fräsen auftretende Drehmoment wird durch Reibschluss im Kegel und zusätzlich formschlüssig, durch Mitnehmersteine, übertragen. Nachfolgend werden die gebräuchlichsten Spannzeuge erläutert.

9.7.6.1 Fräserdorne

Der Fräserdorn (Abb. 9.47) ist eine längsgenutete Welle, die auf der einen Seite einen Steilkegel und auf der anderen Seite ein Gewinde hat. Mit der Spannmutter, die auf dem Gewinde sitzt, wird der aufzunehmende Fräser über Spannbuchsen gegen den Bund des Fräserdornes gespannt. Der Fräserdorn selbst wird im Steilkegel der Frässpindel aufgenommen und mit einer Anzugsstange in den Kegel hineingezogen. Weil Steilkegel nicht selbsthemmend sind, lassen sich die Fräserdorne leicht wieder aus dem Steilkegel entfernen.

Wegen ihrer großen Länge ($L = 316$ bis $1230\,\text{mm}$ lang) müssen sie, um die Durchbiegung in engen Grenzen zu halten, in der Fräsmaschine zusätzlich abgestützt werden. Zur Abstützung dient ein Gegenhalterbock (Abb. 9.48), der im Gegenhalter der Fräsmaschine

Abb. 9.48 Anordnung des
Fräserdorns mit Abstützung im
Gegenhalterbock der Fräsma-
schine

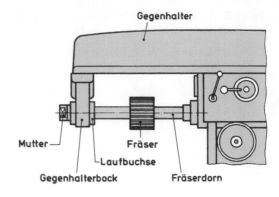

verschiebbar angeordnet ist. Als Stützlager verwendet man eine Laufbuchse, die wie die
Fräsdornringe, die den Fräser in die richtige Lage bringen, auf den Fräsdorn aufgesetzt
wird.

Fräserdorne und das Zubehör sind genormt in:

DIN 6355 Fräserdorne mit Steilkegelschaft
DIN 2095 Spannringe

Der Fräserdorn wird zur Aufnahme von Walzen- und Scheibenfräsern eingesetzt. Einen
Fräserdorn mit Scheibenfräsern im praktischen Einsatz an einer Fritz Werner-Fräsmaschi-
ne zeigt Abb. 9.49.

9.7.6.2 Aufsteckfräserdorne

Der Aufsteckfräserdorn ist in seiner Länge begrenzt und arbeitet fliegend, d. h. er wird
nicht durch ein zusätzliches Lager abgestützt.

Er wird bevorzugt für Walzenstirnfräser eingesetzt.

Abb. 9.49 Fräserdorn mit
Scheibenfräsern und Stützla-
gern im praktischen Einsatz

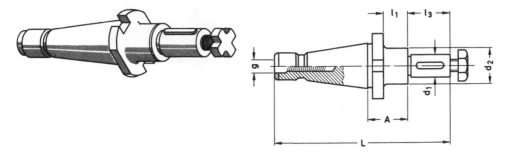

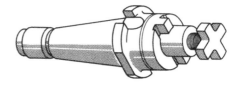

Abb. 9.50 Aufsteckfräserdorn mit Längsnut nach DIN 6360

Abb. 9.51 Aufsteckfräserdorn
mit Quernut nach DIN 6358

Es gibt Aufsteckfräserdorne nach DIN 6360 für Fräser mit Längsnut (Abb. 9.50) und nach DIN 2086 Teil 2/3 (zurückgezogen) für Fräser mit Quernut (Abb. 9.51).

Die Aufsteckfräserdorne mit Steilkegel sind in DIN 6360 und die Fräseranzugsschrauben in DIN 6367 festgelegt.

9.7.6.3 Fräserhülsen

Fräserhülsen (DIN 6364) werden zur Aufnahme von Schaftfräsern mit Morsekegel und Anzugsgewinde (Abb. 9.52) eingesetzt. Deshalb befindet sich in der Fräserhülse eine Innensechskantschraube, mit der der Fräserschaft in den Morsekegel hineingezogen wird.

9.7.6.4 Fräserspannfutter

Das Fräserspannfutter ist das Spannelement für Fräser mit Zylinderschaft. Für Fräser mit seitlicher Mitnahmefläche (Abb. 9.53a) verwendet man das Spannfutter mit Klemmschrauben nach DIN 1835.

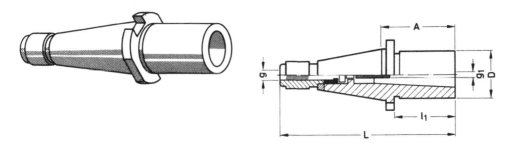

Abb. 9.52 Fräserhülse für Werkzeuge mit Morsekegel und Anzugsgewinde

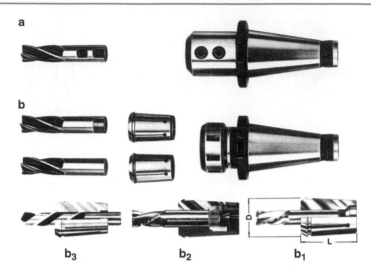

b₃   **b₂**   **b₁**

Abb. 9.53 Fräserspannfutter für Fräser mit zylindrischem Schaft, **a** für Fräser mit seitlicher Mitnahmefläche, **b** Spannfutter mit Spannzange **b₁** Standardspannzange, **b₂** Spannzange für Fräser mit Außenanzungsgewinde, **b₃** Kurzspannzange die auch Wendelbohrer auf der Führungsfase spannen kann. (*Werkfoto der Fa. Kelch und Co, Schorndorf*)

Am häufigsten setzt man aber die Spannfutter mit Spannzangen ein. Durch die schlanken Kegel der Spannzangen (Abb. 9.53b) werden hohe Spannkräfte erzielt. Bei den neu entwickelten Spannfuttern der Fa. Kelch kann man in den Spannzangen zusätzlich die Schaftfräser in ihrer axialen Lage fixieren.

Bei der Spannzange für Werkzeuge mit glatten zylindrischem Schaft (Abb. 9.53b₁) wird die Lage des Werkzeugs in axialer Richtung durch eine Fixierschraube eingestellt.

Spannzange Abb. 9.53b₂ fixiert den Fräser durch ein Außengewinde am Fräser in seiner axialen Lage.

Für die sichere Spannung von Fräswerkzeugen bei hohen Geschwindigkeiten, hohen Belastungen und sehr hohen Anforderungen an den Rundlauf und die Genauigkeit bieten Präzisionswerkzeughalter mit Polygonspann-, Warmschrumpf- oder Hydro-Dehnspanntechnik (siehe Abb. 14.14) einen erheblichen Vorteil im Vergleich zu den konventionellen Spannzangenfuttern.

In Abb. 9.54 ist das Prinzip der Polygonspanntechnik, die Fräserschäfte unterschiedlicher Ausführung in h6-Qualität sicher aufnimmt, dargestellt.

Wie unter Abb. 9.54 (1) zu sehen ist, hat der Werkzeughalter anstelle einer runden eine polygonförmige Aufnahmebohrung für das Werkzeug. Mit einer Spannvorrichtung (siehe Abb. 9.54 (3)) wird von außen ein definierter Druck aufgebracht, der die Bohrung im elastischen Bereich in eine kreiszylindrische Form bringt und somit das Einführen des Fräswerkzeuges ermöglicht. Nach Entlastung nimmt der Werkzeughalter wieder seine polygone Form an und spannt das Werkzeug kraftschlüssig. Der Werkzeugwechsel ist in ca. 20 Sekunden vollzogen. Die in Abb. 9.54 (2) gezeigte Ausführung TRIBOS-R für die

1

TRIBOS Werkzeughalter
TRIBOS Toolholder

Spann-Ø
polygonähnlich
Clamping diameter
polygonal

Spann-Ø wird rund
The clamping diameter
becomes round

Kraft
Force

Kraft
Force

Kraft
Force

Schaft fügen
Inserting the
tool shank

Kraft
Force

Kraft
Force

Kraft
Force

Spann-Ø »schrumpft«
The clamping-Ø returns
to polygonal shape to
clamp the tool

Kraft
Force

Kraft
Force

Kraft
Force

2

3

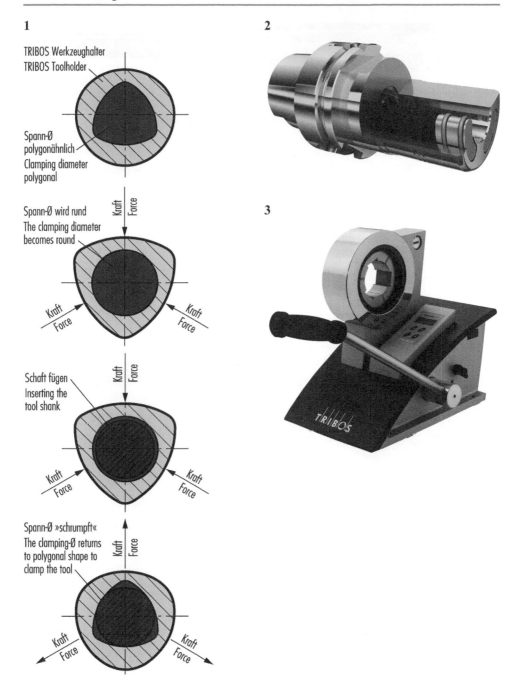

Abb. 9.54 Prinzip der Polygonspanntechnik (*Werkfotos: Firma Schunk GmbH & Co. KG*)

Abb. 9.55 Werkzeugverlängerung mit dem Polygonspannprinzip (*Werkfoto: Firma Schunk GmbH & Co. KG*)

Schwerzerspanung verfügt durch die eingebrachten Einsätze in den Hohlkammern für eine ausgezeichnete Schwingungsdämpfung. Das Polygonspannprinzip sorgt, wie in Abb. 9.55 in Form der extrem schlanken und hochpräzisen Verlängerung zu sehen ist, die auch mit den verschiedensten Spannfuttern kombiniert werden kann, für eine minimale Störkontur.

Die Rundlaufgenauigkeit der Tribos Präzisionswerkzeughalter beträgt $< 0,003$ mm und diese sind feingewuchtet mit einer Wuchtgüte G 2.5 und ermöglichen einen Einsatz bis Drehzahlen von 25.000 min^{-1}.

In Abb. 9.56 ist die Warmschrumpftechnik dargestellt, bei der ebenfalls Fräserschäfte in h6-Qualität aufgenommen werden können. Die Werkzeugaufnahme, hier für die HSC-Bearbeitung (HSK 63 A) wird im Schrumpfadapter aufgenommen und je nach Schaftdurchmesser in einem engen Zeitzyklus induktiv erwärmt, der aufgesetzte Fräser wird in die gedehnte Bohrung gefügt und auf der Kühlstation ca. 3 min auf Raumtemperatur gekühlt. Wie beim Polygonspannprinzip muss die Dehnung der Aufnahmebohrung im elastischen Bereich ($< Rp\ 0,2$) erfolgen, damit es nicht zu Gefügeänderungen bzw. plastischen Verformungen kommt.

Abb. 9.56 Warmschrumpfstation mit Kühleinheit (*links*) und gefügter Schaftfräser in einer HSK 63 A Aufnahme (Foto: Müller, HTW Dresden)

Abb. 9.57 Direktaufnahme von Messerköpfen an der Fräsmaschinenspindel, **a** mit Außenzentrierung, DIN 2079 A, **b** mit Innenzentrierung DIN 2079 B

Abb. 9.58 Reduzierflanschen zur Aufnahme von Messerköpfen, **a** Spindel- und Messerkopfseite außenzentriert, **b** Spindelseite außenzentriert und Messerkopfseite innenzentriert

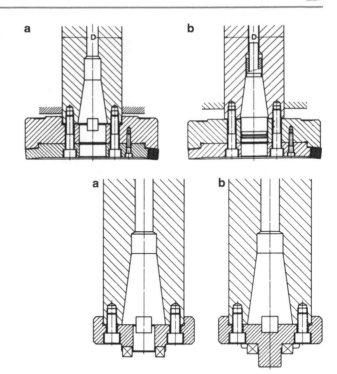

9.7.7 Befestigungen für Messerköpfe

Messerköpfe werden entweder direkt an der Fräsmaschinen- oder Bohrwerkspindel oder indirekt mittels Reduzierflansch aufgenommen.

Bei der direkten Aufnahme an der Fräsmaschinenspindel (Abb. 9.57) unterscheidet man nach DIN 2079 zwei Ausführungsformen. Bei Ausführungsform A wird der Messerkopf am Außendurchmesser der Frässpindel zentriert und mit Innensechskantschrauben befestigt. Das Drehmoment wird durch einen Querkeil übertragen. Bei Ausführung B wird der Messerkopf über einen Dorn, der mit Innenanzugsgewinde ausgeführt ist, innen zentriert.

Bei kleineren Messerköpfen ist eine direkte Innen- oder Außenzentrierung des Messerkopfes an der Spindel nicht möglich, deshalb arbeitet man mit einem Reduzierflansch.

Solche Reduzierflanschen (Abb. 9.58) sind an der Spindelseite mit einer Außenzentrierung versehen.

An der Messerkopfseite hat Reduzierflansch Ausführungsform A (Abb. 9.58a) eine Außenzentrierung und Ausführungsform B (Abb. 9.58b) eine Innenzentrierung.

Abb. 9.59 Übersicht zu modularen Werkzeugsystemen der Firma Sandvik (Quelle: www.coromant. sandvik.com)

9.7.8 Modulare Werkzeugsysteme

In der Praxis zeigen modulare Werkzeugsysteme (siehe Abb. 9.59) folgende Vorteile:

- Mithilfe von modularen Werkzeuglösungen können optimal zugeschnittene Baugruppen für spezielle Anwendungen zusammengestellt werden, die nur aus Standardartikeln bestehen und welche die meisten Sonderwerkzeuge überflüssig machen.
- Der relativ kleine Lagerbestand macht eine große Anzahl von Kombinationen möglich und erlaubt den Einsatz gebräuchlicher Werkzeugsysteme in der gesamten Fertigung, unabhängig von der Maschinenschnittstelle.
- Eine Schnittstelle aus einem modularen System ist eine „Zwischenschnittstelle", die sich zwischen der Maschinenschnittstelle und einem Schaft oder einem Einsatz befindet. Anwendungen und Maschinen stellen unterschiedliche Anforderungen an eine Schnittstelle, die zur Entwicklung verschiedener Systeme geführt haben.

In Abb. 9.59 sind drei Lösungen (Coromant Capto®, EH-System und CoroTurn® SL) der Firma Sandvik Coromant dargestellt, die kurz erläutert werden sollen.

1. Coromant Capto®:

Dieses System ist schon seit längerer Zeit in der Praxis in Anwendung und beinhaltet ein modulares Schnellwechsel-Werkzeugkonzept, das wiederum drei Systeme in einem vereint:

- Schnellwechsel-Werkzeughalter reduzieren Rüst- und Werkzeugwechselzeiten für eine deutlich verbesserte Maschinenauslastung.
- Die vielfach direkt in die Spindel eingebaute Coromant Capto Kupplung erhöht die Stabilität und Vielseitigkeit u. a. in Fräsbearbeitungszentren, Bearbeitungszentren mit Drehoption sowie Vertikaldrehmaschinen.
- Coromant Capto als modulares System für Bearbeitungszentren bietet eine große Anzahl an Verlängerungen und Reduzierungen, wodurch eine Kombination aus Werkzeugen in unterschiedlichen Längen und Ausführungen unabhängig von der Maschinenschnittstelle (SK, HSK) möglich wird. Die modulare Funktion bedeutet weniger Bedarf an teuren Sonderwerkzeugen mit langer Lieferzeit.

Die gleichen Werkzeuge können so in der gesamten Fertigung eingesetzt werden und bieten dadurch höchste Flexibilität, beste Stabilität und einen minimierten Lagerbestand (siehe Abb. 9.60).

2. EH-System

Das neuentwickelte EH-System mit durch Einschrauben austauschbaren Schneidköpfen für die Bearbeitung kleiner Durchmesserbereiche (Fräsen bis Durchmesser 32 mm und Aufbohren bis Durchmesser 36 mm) der Firma Sandvik (siehe Abb. 9.61) soll nachfolgend vorgestellt werden:

- Mit der EH-Kupplung, die ein sich selbst zentrierendes Gewinde enthält, wird eine sichere Befestigung bei maximaler Stabilität und Sicherheit erreicht.
- Die austauschbaren Schneidköpfe, können aus einem großen Programm an Vollhartmetall-Schneidköpfen, Wendeplattenfräsern, Aufbohrköpfen, integrierten Maschinenadaptern und unterschiedlichen Schäften zur Anpassung an die Bearbeitungsaufgabe gewählt werden.
- Sowohl große Bearbeitungszentren mit hoher Reichweitenanforderung als auch kleine bis mittlere Bearbeitungs- und Drehzentren mit kritischen Auskraglängen profitieren vom modularen EH-Konzept.

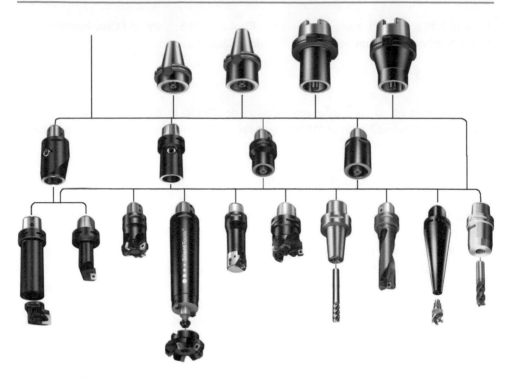

Abb. 9.60 Überblick zum Coromant Capto® Werkzeugsystem (Quelle: www.coromant.sandvik. com)

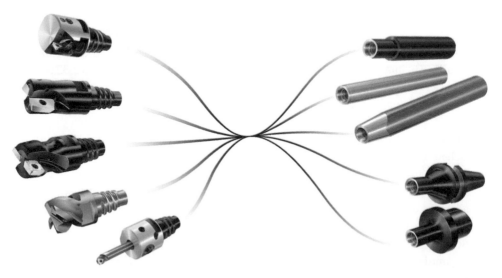

Abb. 9.61 Das EH-Einschraubsystem für austauschbare Schneidköpfe (Quelle: www.coromant. sandvik.com)

Die Vorteile des EH-Systems liegen in:

- Hoher Bearbeitungsflexibilität – Auswahl aus einer Vielfalt an Schneidköpfen, Adaptern und Schäften,
- kleinerem Werkzeugbestand mit standardisierten Werkzeugen für minimale Stillstandszeiten,
- hervorragender Werkzeugauslastung und einfachem Handling dank zuverlässiger und präziser Kupplung zwischen Kopf und Schaft.
- Die hohe Steifigkeit der kurzen Werkzeugbaugruppe erlaubt größere Schnitttiefen ohne Verlust der Stabilität.

3. SL-System

Das SL-System für Drehanwendungen CoroTurn® SL wird in Kap. 7 behandelt.

9.7.9 Schneidstoffe

9.7.9.1 Werkzeuge aus Schnellarbeitsstahl

Der bevorzugte Werkstoff für Walzen-, Walzenstirn- und Schaftfräser ist der Schnellarbeitsstahl. Hier unterscheidet man drei Gruppen:

a) *normalerSchnellarbeitsstahl*
   Dic normalen Schnellarbeitsstähle sind Stähle mit höchster Zähigkeit aber begrenzter Warmfestigkeit.
   Tab. 9.4 zeigt einige gebräuchliche Schnellarbeitsstähle für Fräswerkzeuge.
b) *Mit Kobalt legierte Schnellarbeitsstähle*
   Mit Kobalt legierte Schnellarbeitsstähle (auch HSS-E genannt) sind Stähle mit hoher Zähigkeit und großer Warmfestigkeit. Sie unterscheiden sich von den Stählen der Gruppe a) durch zusätzliche Kobaltzusätze zwischen 3 und 5 % (siehe Tab. 9.5).

Tab. 9.4 Schnellarbeitsstähle für Fräswerkzeuge

Werkstoff-Nr.	EN 96
1.3318	HS 12-1-2
1.3343	HS 6-5-2
1.3346	HS 2-9-1
1.3355	HS 18-0-1
1.3357	HS 18-0-2

Tab. 9.5 HSS-E-Qualitäten

Werkstoff-Nr.	EN 96
1.3211	HS 12-1-5-5
1.3243	HS 6-6-2-5

Tab. 9.6 HSS-ES-Qualitäten

Werkstoff-Nr.	EN 96
1.3202	HS 12-1-4-5
1.3207	HS 10-4-3-10

c) *HSS-ES-Super-Kobalt-Stähle*

Die HSS-ES-Stähle sind Stähle mit weiter vergrößerter Warmfestigkeit und großer Verschleißfestigkeit.

Es sind hochlegierte Stähle, mit C-Gehalten von 1,2–1,4 %, Vanadiumanteilen von 3,5–4 % und Kobaltgehalten von 5–11 %. Diese Stähle sind spröder als die üblichen Schnellarbeitsstähle und die mit Kobalt legierten Schnellarbeitsstähle. Deshalb müssen Fräser aus HSS-ES große Querschnitte haben, weil sonst die Zähne ausbrechen.

Aus diesem Grund setzt man auch die HSS-ES-Qualitäten nur für Fräser, deren Durchmesser größer als 20 mm sind, ein.

HS-Werkzeuge werden vielfach zur Verbesserung des Standweges mit Hartstoffbeschichtungen (TiC, TiN) versehen (siehe Tab. 9.6).

9.7.9.2 Hartmetall

Für Schruppzerspanungen setzt man überwiegend Fräser mit eingesetzten Hartmetallschneiden (Wendeschneidplatten) ein.

Bei Schaftfräsern setzt man überwiegend Vollhartmetall-Schaftfräser mit und ohne Hartstoffbeschichtung (TiC, TiN) ein, die sich durch erhöhte Standwege auszeichnen.

9.8   Fehler beim Fräsen

Tab. 9.7 Übersicht der Fehler beim Fräsen

Auswirkung am Werkstück	Fehlerursache	Abhilfe
Werkzeugstandzeit zu gering (Schnellarbeitsstahl-Werkzeuge)	Schnittgeschwindigkeit zu hoch	v_c herabsetzen
	Zu kleiner Spanwinkel, zu kleiner Freiwinkel	Winkel überprüfen
Schneiden am Fräser brechen aus	Vorschub f_z pro Fräserschneide zu groß	Vorschub f_z herabsetzen
	Spanraum zwischen den Schneiden zu klein	Werkzeug mit anderer Teilung bzw. anderen Werkzeugtyp verwenden
	Werkzeug klettert beim Gleichlauffräsen	Spindelspiel im Fräsmaschinentisch beseitigen
Fräswerkzeuge (Walzenfräser) sind nicht parallel zur Frässpindelachse	Stirnflächen der Fräsdornringe und der Spannmutter sind nicht rechtwinkelig zur Achse	Spannmutter und Fräsdornringe austauschen
Fräser drückt am Schneidenrücken (Walzen- und Schaftfräser)	Freiwinkel zu klein	Freiwinkel vergrößern
Standzeit bei Messerköpfen ungenügend (Hartmetallplatten)	Falsche Winkel am Werkzeug	Schneidplatten so schleifen, dass nur die Fasen negativ sind, die Hauptschneide aber einen positiven Spanwinkel hat
	Messerkopf schlägt	Aufnahmezentrierung überprüfen
Schneidlatten aus Hartmetall brechen am Messerkopf aus	gewählte Hartmetallsorte zu spröde	zäheres Hartmetall verwenden
	Schneidplatten nicht richtig festgespannt oder Auflageflächen nicht plan	Spannsystem am Messerkopf überprüfen
Oberflächengüte ungenügend	Schnittgeschwindigkeit zu klein	v_c erhöhen
	Vorschub pro Schneide zu groß	Vorschub verringern
	Fräser rattert (Folge von Schwingungen)	Fräserdorn verstärken
	Zu große Schnittkräfte	Spanquerschnitt verkleinern oder Spanwinkel vergrößern
	Werkstückspannung ungenügend	Spannung überprüfen
Oberfläche zeigt Vertiefungen in gleichen Abständen	Fräser (Walzen-Scheiben- oder Schaftfräser) schlägt	Fräserdorn und Spannelement bzw. Fräserschaft überprüfen

9.9 Richtwerttabellen

Tab. 9.8 Durchmesser und Zähnezahlen für Walzenfräser aus Schnellarbeitsstahl

Typ	Fräser	Fräserdurchmesser in mm										
		10	20	30	40	50	63	80	100	125	160	200
N	Walzenfräser DIN 884				4	4	5	7	8	10	12	
	Walzenstirnfräser DIN 841				6	6	7	8	10	12	14	
	Scheibenfräser DIN 885A					12	14	14	14	16	18	20
	Schaftfräser DIN 844	4	4	6	6	8	10					
	Langlochfräser DIN 326D	2	2	2	2							
H	Walzenfräser				10	10	10	12	14	16	20	
	Walzenstirnfräser				12	12	12	14	16	18	20	
	Scheibenfräser					16	18	20	24	28	28	36
	Schaftfräser	6	8	10	12	12	14					
	Langlochfräser	2	2	2	2							
W	Walzenfräser				3	4	4	4	5	6	8	
	Walzenstirnfräser				3	4	5	6	6	6	8	
	Scheibenfräser					6	6	6	8	8	10	12
	Schaftfräser	3	3	4	4							
	Langlochfräser	2	2	2	2							

Tab. 9.9 Winkel an Fräsern aus Schnellarbeitsstahl in Grad

Werkstoff	Walzen- und Walzen-stirnfräser			Scheibenfräser			Schaftfräser		
	α	γ	λ	α	γ	λ	α	γ	λ
Stahl bis 850 N/mm²	6	12	40	6	12	15	7	10	20
Stahlguss	5	12	40	5	10	20	6	10	30
Grauguss	6	12	40	6	12	15	7	12	30
Messing	6	15	45	6	15	20	6	12	35
Al-Leg.	8	25	50	8	25	30	10	25	40

Tab. 9.10 Vorschübe pro Schneide f_z in mm und zulässige Schnittgeschwindigkeiten für das Fräsen mit Werkzeugen aus Schnellarbeitsstahl und Hartmetall für Schnitttiefen $a_e = 8$ mm (Schruppen) und $a_e = 1$ mm (Schlichten) bzw. bei Fräserbreiten b in mm (Scheibenfräser), oder Fräserdurchmesser in mm (Schaftfräser)

Werkstoff	Festigkeit bzw. Brinellhärte in N/mm²	Walzenfräser f_z	a_e 8	a_e 1	Walzenstirnfräser f_z	a_e 8	a_e 1	Scheibenfräser f_z	b bis 20	Schaftfräser f_z	Ø bis 20	Ø > 20	Werkzeugwerkstoff
S 185–S 275 JR	bis 500	0,22	24	33	0,22	20	30	0,12	16	0,1	28	24	SS
C 15–C 22			120	200		120	200		180	0,08	200	180	HM
E 295–E 335	500–800	0,18	20	33	0,18	18	30	0,12	14	0,08	24	20	SS
C 35–C 45			80	200		70	180		120		160	150	HM
E 360	750–900	0,12	15	28	0,12	14	25	0,09	12	0,06	22	18	SS
C 60			70	150		65	140		100		140	120	HM
16 MnCr 5	850–1000	0,12	10	25	0,12	9	18	0,08	16	0,08	20	16	SS
30 Mn 5			50	100		45	90		100		80	70	HM
42 CrMo 4	1000–1400	0,09	8	13	0,09	7	12	0,07	10	0,06	24	20	SS
50 CrMo 4			20	60		20	60		80		60	50	HM
GE 240–GE 260	450–520	0,18	12	16	0,12	10	14	0,09	12	0,08	20	18	SS
			40	85		35	80		100		90	70	HM
GJL 100–GJL 200	1400–1800 HB	0,22	15	25	0,22	13	22	0,12	14	0,08	20	18	SS
			60	100		55	90		120		90	70	HM
GJL 250–GJL 300	1800–2200 HB	0,22	10	18	0,18	9	16	0,09	12	0,07	18	14	SS
			40	80		35	75		100		80	60	HM
CuZn 37–CuZn 42	800–1200 HB	0,22	35	75	0,18	32	70	0,08	40	0,08	60	50	SS
(Ms 63)			80	200		75	180		150		110	100	HM
Al-Leg.	600–1000 HB	0,12	80	200	0,12	70	180	0,09	180	0,06	240	200	SS
9–13 % Si			100	300		90	280		250		300	250	HM

SS bedeutet Schnellarbeitsstahl, HM bedeutet Hartmetall. Die angegebenen v_c-Werte gelten für eine Standlänge von 15 m.
Die Vorschübe pro Zahn f_z in mm gelten für eine Schruppzerspanung. Beim Schlichten sind diese Werte um 40 bis 50 % zu verringern.
Bei Scheiben- und Schaftfräsern beziehen sich die v_c-Werte auf das Schruppen. Für das Schlichten können diese Werte um 20 % erhöht werden.
(Tabellenwerte sind ausgemittelte Werte von Werkzeugherstellern und [15])

Tab. 9.11 Schnittgeschwindigkeiten v_c in m/min, Vorschübe f_z in mm pro Schneide und Werkzeugwinkel für hartmetallbestückte Messerköpfe. Die Werte für das Schruppen gelten für Schnittiefen bis $a = 10$ mm

Werkstoff	Art der Bearbeitung	f_z in mm	v_c in m/min	Werkzeugwinkel in Grad				Hartmetall
				α	γ	γ_f	λ	
E 295–E 335	Schruppen	0,2–0,5	100–180	8–12	5–10	–4	–8	P 25 bis P 40
C 35–C 45	Schlichten	0,1–0,2	120–200					
E 360 und leicht legierte Stähle	Schruppen	0,2–0,5	70–140	8–12	5–10	–10	–8	
	Schlichten	0,1–0,2	90–180					
Hochlegierte Stähle Gesenkstähle	Schruppen	0,2–0,4	50–100	8–10	5	–10	–8	
	Schlichten	0,1–0,2	70–120					
GE 240–GE 260	Schruppen	0,2–0,4	60–100	8–10	5–10	–10	–8	
	Schlichten	0,1–0,2	70–120					
GJL 250–GJL 300	Schruppen	0,2–0,5	60–120	8–12	0–8	–4	–8	K 10 bis K 20
	Schlichten	0,2–0,3	80–140					
CuZn 42–CuZn 37 (Ms 63)	Schruppen	0,2–0,4	80–140	8–10	10–12	0	–8	
	Schlichten	0,1–0,3	90–150					
Al-Leg. (9–13 % Si)	Schruppen	0,1–0,6	300–600	8–12	12–20	0 bis +15	–4 bis +4	
G–AlSi	Schlichten	0,05–0,2	400–900					

Auszug aus Richtwerttabellen für Messerköpfe der Firmen Krupp Widia-Fabrik, Essen, und Montan-Werke Walter, Tübingen. Der Einstellwinkel liegt bei den Messerköpfen zwischen 45° und 90°.

9.10 Beispiele

Beispiel 1 Das skizzierte Werkstück (Abb. 9.62) aus E 335 hat eine Länge von 500 mm und soll auf der Oberseite mit einem Walzenfräser in einem Schruppschnitt von 46 mm auf 40 mm Dicke gefräst werden.

gegeben vorhandene Drehzahlen an der Fräsmaschine

$$n_c = 35{,}5; 50; 71; 100 \ldots$$

einstellbare Vorschubgeschwindigkeiten v_f an der Fräsmaschine

$$v_f = 16\text{--}2500 \,\text{mm/min stufenlos einstellbar}$$

$$\text{Wirkungsgrad der Maschine } \eta = 0{,}7$$

gesucht

1. Wahl des Werkzeugs
2. Antriebsleistung der Maschine
3. Fräszeit (Hauptzeit) für ein Werkstück

Lösung

1. Wahl des Werkzeugs:
   Walzenfräser Typ N aus SS DIN 884 (aus Tab. 9.2)
   Fräserdurchmesser $D = B = 100$ mm gewählt (siehe Abschn. 9.5.1)
   Anzahl der Schneiden $z_w = 8$, aus Tab. 9.8 gewählt, $\lambda = 40°$ aus Tab. 9.9
2. *Antriebsleistung*
2.1. Eingriffswinkel φ_s

$$\cos \varphi_s = 1 - \frac{2a_e}{D} = 1 - \frac{2 \cdot 6 \,\text{mm}}{100 \,\text{mm}} = 0{,}88$$
$$\varphi_s = 28{,}3°$$

Abb. 9.62 Zu fräsendes Werkstück

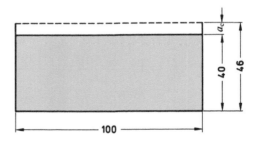

2.2. Schnittgeschwindigkeit
v_c aus Tab. 9.10 $v_c = 22$ m/min gewählt

2.3. Drehzahl

$$n_c = \frac{v_c \cdot 10^3}{D \cdot \pi} = \frac{22\,\text{m/min} \cdot 10^3\,\text{mm/m}}{100\,\text{mm} \cdot \pi} = 70{,}02\,\text{min}^{-1}$$

$n_c = 71\,\text{min}^{-1}$ gewählt
daraus folgt v_c tatsächlich:

$$v_c = D \cdot \pi \cdot n_c = 0{,}1\,\text{m} \cdot \pi \cdot 71\,\text{min}^{-1} = 22{,}3\,\text{m/min}$$

2.4. Vorschubgeschwindigkeit des Fräsmaschinentisches

$$v_f = f_z \cdot z_w \cdot n_c = 0{,}18\,\text{mm} \cdot 8 \cdot 71\,\text{min}^{-1} = 102{,}24\,\text{mm/min}$$

$v_f = 102\,\text{mm/min}$ gewählt

$f_z = 0{,}18\,\text{mm/Schneide}$ aus Tab. 9.10 gewählt

2.5. Spanungsbreite

$$b = \frac{100}{\cos \lambda} = \frac{100\,\text{mm}}{\cos 40°} = 130{,}5\,\text{mm}$$

2.6. Mittenspandicke

$$h_m = \frac{114{,}6}{\varphi} \cdot \frac{a_e}{D} \cdot f_z = \frac{114{,}6°}{28{,}3°} \cdot \frac{6\,\text{mm}}{100\,\text{mm}} \cdot 0{,}18\,\text{mm} = 0{,}044\,\text{mm}$$

2.7. Spezifische Schnittkraft k_c
$K_{ver} = 1{,}3$ gewählt
K_{ver} ist der Faktor, der den Werkzeugverschleiß berücksichtigt, bei neuem arbeitsscharfen Werkzeug ist $K_{ver} = 1$.
$K_v = 1{,}2$ Dieser Faktor berücksichtigt den Werkzeugwerkstoff, bzw. der Schnittgeschwindigkeit
Für SS-Werkzeuge ist $K_v = 1{,}2$
$K_{st} = 1{,}2$ Stauchfaktor
Korrekturfaktor für den Spanwinkel K_γ

$\gamma_{tat} = 12°$ aus Tab. 9.9 gewählt, $\gamma_0 = 6°$ für Stahl

$$K_\gamma = 1 - \frac{\gamma_{tat} - \gamma_0}{100} = 1 - \frac{12° - 6°}{100} = 0{,}94$$

$$k_c = \frac{(1\,\text{mm})^z}{h_m^z} \cdot k_{c1.1} \cdot K_\gamma \cdot K_v \cdot K_{ver} \cdot K_{st}$$

$$= \frac{(1\,\text{mm})^{0{,}17}}{0{,}044^{0{,}17}} \cdot 2110\,\text{N/mm}^2 \cdot 0{,}94 \cdot 1{,}2 \cdot 1{,}3 \cdot 1{,}2 = 6314{,}5\,\text{N/mm}^2$$

2.8. Mittlere Hauptschnittkraft pro Fräserschneide

$$F_{cm} = b \cdot h_m \cdot k_c = 130{,}5\,\text{mm} \cdot 0{,}044\,\text{mm} \cdot 6314{,}5\,\text{N/mm}^2$$
$$F_{cm} = 36.257{,}8\,\text{N}$$

2.9. Anzahl der im Eingriff befindlichen Schneiden

$$z_E = \frac{z \cdot \varphi^\circ}{360^\circ} = \frac{8 \cdot 28{,}3^\circ}{360^\circ} = 0{,}63$$

2.10. Antriebsleistung der Maschine

$$P = \frac{F_{cm} \cdot v_c \cdot z_E}{60\,\text{s/min} \cdot 10^3\,\text{W/kW} \cdot \eta} = \frac{36.257{,}8\,\text{N} \cdot 22{,}3\,\text{m/min} \cdot 0{,}63}{60\,\text{s/min} \cdot 10^3\,\text{W/kW} \cdot 0{,}7}$$
$$P = 11{,}93\,\text{kW}$$

3. Hauptzeit t_h
    Gesamtweg L für das Schruppen (Abschn. 9.6)

$$L = l + 3 + \sqrt{D \cdot a_e - a_e^2} = 500\,\text{mm} + 3\,\text{mm} + \sqrt{100\,\text{mm} \cdot 6\,\text{mm} - 6^2\text{mm}^2}$$
$$L = 526{,}74\,\text{mm}$$

Hauptzeit t_h

$$t_h = \frac{L \cdot i}{f \cdot n_c} = \frac{L \cdot i}{v_f} = \frac{526{,}74\,\text{mm}}{102\,\text{mm/min}} = 5{,}16\,\text{min}$$

Beispiel 2 Die Stoßfläche eines Turbinengehäuses aus GJL 250 soll mit einem hartmetallbestückten Messerkopf in einem Schruppschnitt plangefräst werden.

gegeben

1. Abmessung der zu fräsenden Fläche: 370 mm breit × 1200 mm lang
2. Schnitttiefe $a_p = 10\,\text{mm}$, $\eta = 0{,}7$
3. An der Maschine vorhandene Drehzahlen: $n_c = 45; 63; 90; 125 \ldots$
4. An der Maschine einstellbare Vorschubgeschwindigkeiten
   $v_f = 16$–$2500\,\text{mm/min}$ stufenlos einstellbar.

gesucht

1. Wahl des Werkzeugs
2. Antriebsleistung der Maschine
3. Hauptzeit

Lösung
1. Wahl des Werkzeugs
    Planmesserkopf: $\iota = 75°; \alpha = 10°; \gamma = 8°; \gamma_f = -4°; \lambda = -4°$
    Messerkopfdurchmesser: $D = 1,4 \cdot B = 1,4 \cdot 370\,\text{mm} = 518\,\text{mm}$
    $$D = 500\,\text{mm} \varnothing \text{ gewählt}$$
    Zähnezahl $z_w = 26$ Zähne
    (die Werte wurden aus den Tab. 9.3 und 9.11 bzw. nach Abschn. 9.5.1 und 9.5.2 mit Abb. 9.18 bestimmt).
    Seitenversatz des Fräsers:
    Abstandsmaß $A_1 = 0,1 \cdot B = 0,1 \cdot 370\,\text{mm} = 37\,\text{mm}$
    Abstandsmaß $E = D - B - A = 500\,\text{mm} - 370\,\text{mm} - 37\,\text{mm} = 93\,\text{mm}$
    Abstandsmaß $A_2 = B + A_1 = 370\,\text{mm} + 37\,\text{mm} = 407\,\text{mm}$
2. *Antriebsleistung der Maschine*
2.1. Eingriffswinkel
    Vorschubrichtungswinkel φ_A am Schnittanfang

$$\cos\varphi_A = 1 - \frac{2 \cdot A_1}{D} = 1 - \frac{2 \cdot 37\,\text{mm}}{500\,\text{mm}} = 0,852 \rightarrow \varphi_A = 31,6°$$

Vorschubrichtungswinkel φ_E am Schnittende

$$\cos\varphi_E = 1 - \frac{2 \cdot A_2}{D} = 1 - \frac{2 \cdot 407\,\text{mm}}{500\,\text{mm}} = -0,682 \rightarrow \varphi_E = 128,9°$$

Eingriffswinkel φ_s

$$\varphi_s = \varphi_E - \varphi_A = 128,9° - 31,6° = 97,3°$$

Spanungsbreite b

$$b = \frac{a_p}{\sin\iota} = \frac{10\,\text{mm}}{0,966} = 10,35\,\text{mm}$$

2.3. Mittenspandicke h_m

$$h_m = \frac{114,6°}{\varphi°} \cdot f_z \cdot \frac{B}{D} \cdot \sin\iota = \frac{114,6°}{97,3°} \cdot 0,3\,\text{mm} \cdot \frac{370\,\text{mm}}{500\,\text{mm}} \cdot 0,966$$
$$h_m = 0,253\,\text{mm}$$
$f_z = 0,3$ mm/Schneide aus Tab. 9.11 gewählt

2.4. Spezifische Schnittkraft k_c
Korrekturfaktor für den Spanwinkel K_γ

$$K_\gamma = 1 - \frac{\gamma_{tat} - \gamma_0}{100} = 1 - \frac{8-2}{100} = 0,94$$

Korrekturfaktor für die Schnittgeschwindigkeit bei dem Schneidenwerkstoff Hartmetall $K_v = 1,0$. Die Spanstauchung $K_{st} = 1,2$.

Der Verschleißfaktor der den Werkzeugverschleiß berücksichtigt, K_{ver} wird mit $K_{\mathrm{ver}} = 1{,}3$ angenommen.

$$k_{\mathrm{c}} = \frac{(1\,\mathrm{mm})^z}{h_{\mathrm{m}}^z} \cdot k_{\mathrm{c1.1}} \cdot K_\gamma \cdot K_{\mathrm{v}} \cdot K_{\mathrm{ver}} \cdot K_{\mathrm{st}}$$

$$= \frac{(1\,\mathrm{mm})^{0{,}26}}{0{,}253^{0{,}26}} \cdot 1160\,\mathrm{N/mm^2} \cdot 0{,}94 \cdot 1 \cdot 1{,}3 \cdot 1{,}2 = 2431{,}7\,\mathrm{N/mm^2}$$

2.5. Mittlere Hauptschnittkraft pro Schneide

$$F_{\mathrm{cm}} = b \cdot h_{\mathrm{m}} \cdot k_{\mathrm{c}} = 10{,}3\,\mathrm{mm} \cdot 0{,}253\,\mathrm{mm} \cdot 2431{,}7\,\mathrm{N/mm^2} = 6336{,}7\,\mathrm{N}$$

2.6. Anzahl der im Eingriff befindlichen Zähne

$$z_{\mathrm{E}} = \frac{\varphi^\circ \cdot z}{360^\circ} = \frac{97{,}3^\circ \cdot 26}{360^\circ} = 7{,}03$$

2.7. Antriebsleistung der Maschine

$$P = \frac{F_{\mathrm{cm}} \cdot v_{\mathrm{c}} \cdot z_{\mathrm{E}}}{60\,\mathrm{s/min} \cdot 10^3\,\mathrm{W/kW} \cdot \eta} = \frac{6336{,}7\,\mathrm{N} \cdot 100\,\mathrm{m/min} \cdot 7{,}03}{60\,\mathrm{s/min} \cdot 10^3\,\mathrm{W/kW} \cdot 0{,}7} = 106\,\mathrm{kW}$$

$$v_{\mathrm{c}} = 100\,\mathrm{m/min} \text{ aus Tab. 9.11}$$

gewählt.

Wie man aus der Größe der erforderlichen Antriebsleistung ersieht, wird beim Arbeiten mit Messerköpfen die maximale Zerspanungsleistung nicht von der möglichen Zerspanungsleistung des Messerkopfs, sondern von der Antriebsleistung der Maschine begrenzt.

3. *Hauptzeit*

Gesamtweg L für das Schruppen beim außermittigen Stirnfräsen

$$L = l + 3 + \frac{D}{2} - \sqrt{\left(\frac{D}{2}\right)^2 - B'^2}$$

$$B' = \frac{D}{2} - A_1 = \frac{500\,\mathrm{mm}}{2} - 37\,\mathrm{mm} = 213\,\mathrm{mm}$$

$$L = 1200\,\mathrm{mm} + 3\,\mathrm{mm} + \frac{500\,\mathrm{mm}}{2} - \sqrt{\left(\frac{500}{2}\right)^2\,\mathrm{mm^2} - 213^2\,\mathrm{mm^2}}$$

$$L = 1322{,}12\,\mathrm{mm}$$

$$t_{\mathrm{h}} = \frac{L \cdot i}{f \cdot n_{\mathrm{c}}}$$

$$f = f_{\mathrm{z}} \cdot z_{\mathrm{w}} = 0{,}3\,\mathrm{mm} \cdot 26 = 7{,}8\,\mathrm{mm/U}$$

$$n_{\mathrm{c}} = \frac{v_{\mathrm{c}} \cdot 10^3}{D \cdot \pi} = \frac{100\,\mathrm{m/min} \cdot 10^3\,\mathrm{mm/m}}{500\,\mathrm{mm} \cdot \pi} = 63{,}66\,\mathrm{min^{-1}}$$

$$n_c = 63\,\text{min}^{-1}\ \text{gewählt}$$

$$t_h = \frac{L \cdot i}{f \cdot n_c} = \frac{1322{,}12\,\text{mm} \cdot 1}{7{,}8\,\text{mm} \cdot 63\,\text{min}^{-1}} = 2{,}69\,\text{min}$$

9.11   Zahnradherstellverfahren

1. *Wälzverfahren*
Bei allen Wälzverfahren führen Werkstück und Werkzeug eine Wälzbewegung aus. Sie wälzen sich wie zwei verzahnte Getriebeelemente ab.
Beim Wälzen wird die Evolente von einem Werkzeug mit geradem Bezugsprofil, bei gleichzeitiger Bewegung des Werkstücks, eingehüllt. In jeder Lage tangieren die Schneiden des Evolentenprofils, so dass die Zahnflanke aus einer Folge von Hüllschnitten entsteht.

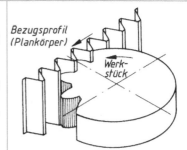

1.1 *Wälzfräsen*
Wälzfräsen ist ein kontinuierliches Wälzverfahren. Der Hüllkörper des Wälzfräsers ist eine zylindrische Evolentenschnecke. Während der Wälzbewegung drehen sich Werkzeug und Werkstück. Die Schnittbewegung wird von dem umlaufenden Fräser ausgeführt. Zur Herstellung von Stirnrädern werden Fräser und Werkstück relativ zueinander, in Richtung der Werkstückachse, verschoben, während gleichzeitig die Wälzbewegung ausgeführt wird.

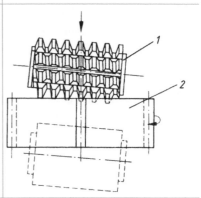

1.2 *Wälzstoßen*
Auch das Wälzstoßen ist ein kontinuierliches Wälzverfahren. Während des Verzahnens wälzen Schneidrad und Werkstück, wie Rad und Gegenrad eines Stirnradgetriebes, miteinander ab. Gleichzeitig führt das Schneidrad durch seine hin- und hergehende Stoßbewegung die Schnittbewegung aus.
Bei Geradeverzahnungen verläuft die Stoßbewegung in Achsrichtung des Werkstückes. Bei Schrägverzahnungen führt das schrägverzahnte Schneidrad eine dem zu erzeugenden Schrägungswinkel entsprechende schraubenförmige Schnittbewegung aus.
Das Werkzeug ist ein Gerad- oder Schrägstirnrad, dessen Flanken nach hinten verjüngt sind. Dadurch entsteht der für die Zerspanung erforderliche Freiwinkel.

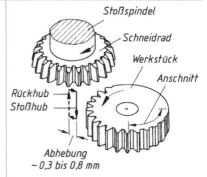

1.3 *Wälzhobeln*
Wälzhobeln ist ein Teilwälzverfahren (Gruppenteilverfahren). Das zu verzahnende Werkstück wälzt sich an dem Schneidkamm (Hobelwerkzeug) ab. Die Schnittbewegung (vertikale Bewegung) wird vom Werkzeug ausgeführt.
Beim Rückhub wird der Schneidkamm abgehoben. Wenn ein Zahn fertig bearbeitet ist, wird das Werkstück um eine Zahnteilung gedreht.
Das Werkzeug ist eine Zahnstange, dessen Flanken nach hinten freigearbeitet sind. Es wird als Schneidkamm bezeichnet.

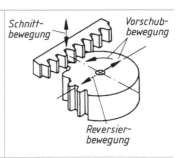

2. *Profilfräsen*
Beim Profilfräsen hat der Fräser das Profil der zu fräsenden Zahnlücke. Der rotierende Fräser und das Werkstück werden zueinander in Richtung der Werkstückachse verschoben.
Bei der Herstellung einer Geradverzahnung dreht sich das Werkstück nicht. Nur nach Fertigstellung einer Zahnlücke wird es um eine Teilung weiter gedreht (Einzelteilverfahren).
Bei Schrägverzahnungen führt das Werkstück eine kontinuierliche Drehbewegung aus, die dem Schrägungswinkel entspricht. Auch hier wird im Einzelteilverfahren geteilt.
Das Profilfräsen kann mit Fingerfräser oder Scheibenfräser ausgeführt werden.

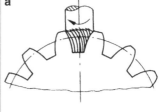

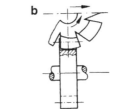

3. *Wälzschleifen*
Beim Wälzschleifen entsteht das Evolentenprofil durch Abwälzen des Zahnrades an zwei tellerförmigen Schleifscheiben. Die Schleifscheiben sind bei dem so genannten 0°-Verfahren parallel angeordnet.
Den Schleifvorschub in axialer Richtung führt das Werkstück aus. Es wird in axialer Richtung hin- und herbewegt. Die Teilung erfolgt am Ende des Vorschubweges.
In jedem Arbeitsgang werden gleichzeitig zwei Zahnflanken geschliffen. Die Spanzustellung wird durch das Zusammenrücken der Schleifscheiben erzeugt.

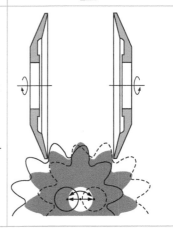

9.12   Testfragen zum Kapitel 9

1. Wie unterteilt man die Fräsverfahren?
2. Was versteht man unter dem Begriff Mittenspandicke h_{m}?
3. Wodurch wird beim Fräsen überwiegend der Spanquerschnitt begrenzt?

4. Was ist der Unterschied zwischen Vorschub pro Schneide f_z, Vorschub pro Umdrehung f und Vorschubgeschwindigkeit v_f?

5. Zeigen Sie die Winkel α, β und γ am Fräserzahn.

6. Wofür setzt man Scheibenfräser und wofür Messerköpfe ein?

7. Welche Aufgabe hat der Fräsdorn?

8. Was sind die bevorzugten Werkzeugwerkstoffe bei Scheibenfräsern und bei Messerköpfen?

9. Vergleichen Sie das Gegenlauffräsen mit dem Gleichlauffräsen (Skizzen) und diskutieren Sie die Vor- und Nachteile.

10. Erläutern Sic das Prinzip der Polygonspanntechnik und vergleichen Sie dieses mit der Schrumpftechnik.

11. Nennen Sie Verfahren zur Zahnradherstellung und erläutern Sie diese.

12. Welche Vorteile bieten modulare Werkzeugsysteme und wodurch sind sie charakterisiert?

Räumen
10

10.1 Definition

Räumen ist ein Zerspanungsverfahren mit mehrschneidigem Werkzeug, bei dem das Werkzeug die Schnittbewegung ausführt. Wegen der Staffelung der Zähne im Räumwerkzeug entfällt bei diesem Verfahren die Vorschubbewegung.

Der abzuspanende Werkstoff wird in einem Hub (ziehend oder schiebend) mit dem Räumwerkzeug, der Räumnadel, abgenommen.

10.2 Räumverfahren

Man unterscheidet beim Räumen zwei Arbeitsverfahren, das Innen- und das Außenräumen.

10.2.1 Innenräumen

Beim Innenräumen wird das Räumwerkzeug in den vorgearbeiteten Durchbruch des Werkstückes eingeführt. Dann setzt die Arbeitsbewegung ein. Dabei wird die Räumnadel mit ihren vielen Schneiden durch das Werkstück hindurchgezogen, oder auch hindurchgeschoben und erzeugt im Durchbruch des Werkstückes die Kontur der Räumnadel (z. B. Vierkant, Sechskant usw.).

Abb. 10.1 zeigt die Anordnung von Werkstück und Werkzeug beim Räumen.

© Springer Fachmedien Wiesbaden GmbH, ein Teil von Springer Nature 2020
J. Dietrich, A. Richter, *Praxis der Zerspantechnik*,
https://doi.org/10.1007/978-3-658-30967-1_10

Abb. 10.1 Prinzip des Räumens

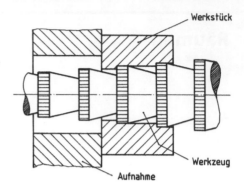

10.2.2   Außenräumen

Beim Außenräumen wird durch das Räumwerkzeug eine vorbearbeitete Außenkontur am Werkstück, z. B. die Maulöffnung eines geschmiedeten Schraubenschlüssels, fertig bearbeitet.

10.3   Anwendung der Räumverfahren

10.3.1   Innenräumen

Das Innenräumen wird angewandt, um Durchbrüche mit bestimmten Formen zu erzeugen. So werden z. B. Kerbverzahnungen, Keilbuchsen für Keilwellen, Keilwellenprofile für verschiebbare Zahnräder mit diesem Verfahren erzeugt. Einige typische Beispiele zeigt Abb. 10.2.

Abb. 10.2 Räumprofile für das Innenräumen (*Werkfoto der Firma Karl Klink, Niefern*)

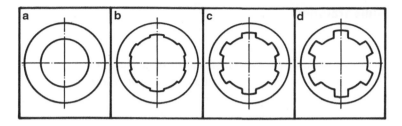

Abb. 10.3 Entstehung eines Keilnabenprofiles beim Innenräumen **a** – vor; **b** und **c** – während; **d** – am Ende des Räumvorganges

Das Räumen wird immer dann eingesetzt, wenn neben einer hohen Oberflächengüte zusätzlich noch eine große Form- und Maßgenauigkeit gefordert wird. Aus diesem Grund wird das Räumen manchmal auch bei der Erzeugung von runden Löchern, als Ersatz für das Reiben, eingesetzt.

Räumen ist ein wirtschaftliches Arbeitsverfahren, weil mit einem Hub in kürzester Zeit komplizierte Formen, die keiner Nacharbeit mehr bedürfen, hergestellt werden können.

Die Entstehung eines Keilwellenprofiles beim Innenräumen zeigt Abb. 10.3.

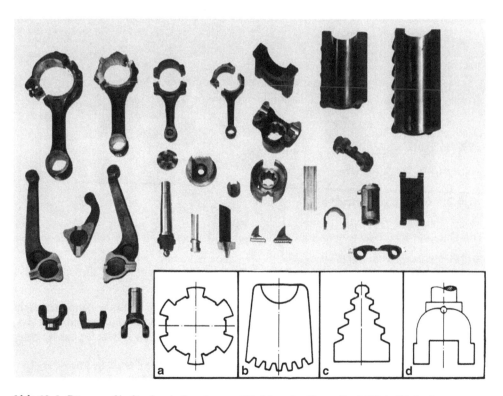

Abb. 10.4 Räumprofile für das Außenräumen (*Werkfoto der Firma Karl Klink, Niefern*)

10.3.2 Außenräumen

Außenräumen ist das Verfahren zur Erzeugung von Außenprofilen. Es wird aber auch zur Herstellung von Formnuten z. B. christbaumförmige Nuten (Abb. 10.4c), in denen die Turbinenschaufeln in Turbinenrädern befestigt werden, eingesetzt.

Die Bearbeitung von Außenverzahnungen (Abb. 10.4b) und Führungsflächen (Abb. 10.4d) so wie Führungsnuten sind weitere Einsatzgebiete für das Außenräumen.

Abb. 10.4 zeigt einige typische Werkstücke für das Außenräumen.

10.4 Erreichbare Genauigkeiten

10.4.1 Maßgenauigkeit

Die mit Sicherheit erreichbaren Genauigkeiten beim Innen- und Außrenräumen liegen bei

IT 7 bis IT 8

Mit erhöhtem Aufwand können aber auch Werte von

IT 6

erreicht werden.

Für das Innenräumen können die zulässigen Toleranzen für Naben- und nabenähnliche Profile aus folgendem DIN-Blatt entnommen werden:

DIN   Art des Profils
5471/72 Keilnabenprofile mit 4 bzw. 6 Keilen

10.4.2 Oberflächengüte

Die Güte der Oberfläche wird vom letzten Schlichtzahn, der in der Tiefenstaffelung mit $h = 0,01$ mm arbeitet, wesentlich beeinflusst.

Außerdem sind beim Innenräumen noch Reservezähne vorgesehen, die durch Nachschneiden und Schaben die Oberfläche verbessern.

Bei der Erzeugung profilierter Oberflächen durch alle Zähne eines Räumwerkzeugs oder bei der Erzeugung gerader Flächen durch seitengestaffelte Räumwerkzeuge, wird die Oberfläche durch die Nebenschneiden dieser Werkzeuge beeinflusst. Die beim Räumen von Baustählen erreichbaren Oberflächenrauigkeiten R_t liegen zwischen

$$R_t = 6,3 \text{ bis } 25 \,\mu\text{m}.$$

Hohe Oberflächengüten kann man auch bei den gut räumbaren Automatenstählen und Guss-werkstoffen erreichen.

Auch Einsatz- und Vergütungsstähle lassen gute Räumergebnisse erwarten, wenn eine gleichmäßige Ferrit-, Perlit-Verteilung bei normal geglühtem Material vorhanden ist.

10.5 Kraft- und Leistungsberechnung

Beim Räumen ist der Einstellwinkel ι

$$\boxed{\iota = 90°}$$ beim Innenräumen und

$$\boxed{\iota = 90 - \lambda}$$ beim Außenräumen

λ Neigungswinkel (Abb. 10.9) in °

Daraus folgt:

Spanungsbreite b (Abb. 10.5)

$$\boxed{b = a_p}$$ beim Innenräumen

$$\boxed{b = \frac{a_p}{\cos \lambda}}$$ beim Außenräumen (vgl. Abb. 10.9)

a_p Schnittbreite der Räumnadel in mm
b Spanungsbreite in mm
λ Neigungswinkel (Abb. 10.9) in °

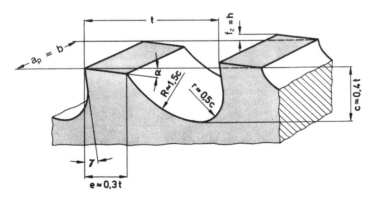

Abb. 10.5 Spanungsgrößen beim Räumen, t Teilung, e Zahnrückendicke, c Spankammertiefe, r Spanflächenradius, f_z Schneidenstaffelung (Vorschub pro Schneide), a_p Schnittbreite

Spanungsdicke h

$$h = f_z$$

h Spanungsdicke in mm
f_z Vorschub pro Schneide in mm

Spezifische Schnittkraft

$$k_c = \frac{(1\,\text{mm})^z}{f_z^z} \cdot k_{c1,1} \cdot K_\gamma \cdot K_{ver} \cdot K_v \cdot K_{st}$$

k_c spezifische Schnittkraft in N/mm²
$k_{c1,1}$ spezifische Schnittkraft bezogen auf in N/mm²
$\quad h = b = 1\,\text{mm}$
K_γ Korrekturfaktor für den Spanwinkel γ
K_{ver} Korrekturfaktor für den Werkzeugverschleiß
$\quad K_{ver} = 1{,}3$
K_{st} Korrekturfaktor für die Spanstauchung $K_{st} = 1{,}1$
K_v Korrekturfaktor für die Schnittgeschwindigkeit
$\quad K_v = 1$ bei HM-Schneiden
$\quad K_v = 1{,}15$ bei Schnellarbeitsstahlschneiden

$$K_\gamma = 1 - \frac{\gamma_{tat} - \gamma_0}{100}$$

$\gamma_{tat} = $ tatsächlicher Spanwinkel
$\gamma_0 \ = 6°$ für Stahl
$\gamma_0 \ = 2°$ für GG

Hauptschnittkraft pro Schneide

$$F_{cz} = a_p \cdot f_z \cdot k_c$$

F_{cz} Hauptschnittkraft pro Schneide in N
a_p Schnittbreite der Räumnadel in mm
f_z Vorschub pro Schneide in mm
A Spanungsquerschnitt ($A = a \cdot f_z$) in mm²

Anzahl der im Eingriff befindlichen Zähne

$$z_E = \frac{l}{t}$$

Abb. 10.6 Werkstücklänge beim Räumen, **a** Werkstück mit Durchgangsbohrung, **b** Werkstück mit abgesetzter Bohrung

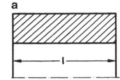 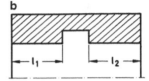

z_E Anzahl der im Eingriff befindlichen Zähne

l Räumlänge im Werkstück (siehe Abb. 10.6) in mm

t Teilung der Zahnung in mm

Teilung der Zahnung

Unter der Teilung t des Werkzeugs versteht man den Abstand von Schneide zu Schneide (Abb. 10.5).

Sie soll so gewählt werden, dass mindestens zwei Zähne im Eingriff sind. Andererseits dürfen nicht zu viel Zähne im Eingriff sein, weil sonst die erforderliche Räumkraft größer wird, als der Räumnadelquerschnitt an Kraft übertragen kann, bzw. als die Zugkraft der Räummaschine.

Um beim Räumen Schwingungen, die zu Rattermarken führen, zu vermeiden, variiert man die Teilung von Zahn zu Zahn um 0,1 bis 0,3 mm.

Als Raumlänge l ist die im Werkstück zu räumende Länge einzusetzen. Bei einem Werkstück mit Durchgangsbohrung entspricht l der Länge des Werkstückes. Ist das Werkstück ausgespart (Abb. 10.6b), dann setzt sich l aus den Teilstrecken l_1 und l_2 zusammen.

$$\boxed{l = l_1 + l_2}$$

Die kleinste zulässige Teilung lässt sich aus folgenden Kriterien ermitteln.

Kleinste zulässige Zahnteilung aus der in der Räummaschine zur Verfügung stehenden Kraft

$$F_c \leqq F_M \qquad\qquad F_c = F_{cz} \cdot z_E$$

$$a_p \cdot f_z \cdot k_c \cdot z_E \leqq F_M \text{ daraus folgt: } z_{Emax} = \frac{F_M}{a_p \cdot f_z \cdot k_c}$$

$$\boxed{t_{min} = \frac{l}{z_{Emax}} = \frac{l \cdot a_p \cdot f_z \cdot k_c}{F_M}}$$

t_{min} kleinste zulässige Zahnteilung in mm

l Räumlänge im Werkstück in mm

z_{Emax} maximale Anzahl der im Eingriff befindlichen Zähne

F_M Zugkraft der Räummaschine in N

a_p Schnittbreite der Räumnadel in mm

Tab. 10.1 Spanraumzahl C

Werkstoff	Spanraumzahl C			
	Innen-Räumwerkzeug		Außen-Räumwerkzeug	
	Flach	Rund	mit	
			Tiefenstaffelung	Seitenstaffelung
Stahl	5–8	8–16	4–10	1,8–6
Stahlguss	6	12	7	4
Grauguss	6	12	7	4
Ne-Metalle	3–7	6–14	3–7	1–5

(Auszug aus Richtwerttabellen der Firma Hoffmann, Pforzheim)

f_z Vorschub pro Schneide in mm
F_c Hauptschnittkraft in N

Kleinste zulässige Teilung unter Berücksichtigung des erforderlichen Spanraumes

$$t_{min} \approx 3 \cdot \sqrt{l \cdot f_z \cdot C}$$

t_{min} kleinste zulässige Zahnteilung in mm
l Räumlänge im Werkstück in mm
C Spanraumzahl

In dieser empirischen Gleichung wird der erforderliche Spanraum durch eine Spanraumzahl C berücksichtigt (siehe Tab. 10.1).

Kleinste zulässige Zahnteilung aus der zulässigen Kraft, die der Räumnadelquerschnitt übertragen kann

$$F_c \leqq F$$
$$F_c \leqq A_0 \cdot \sigma_{zul}$$

In diesem Fall darf die zum Räumen erforderliche Hauptschnittkraft F_c nicht größer sein als die zulässige Kraft F die der Kernquerschnitt der Räumnadel übertragen kann.
    Daraus folgt:

$$t_{min} = \frac{l \cdot a_p \cdot f_z \cdot k_c}{A_0 \cdot \sigma_{zul}}$$

t_{min} kleinste zulässige Zahnteilung in mm
l Räumlänge im Werkstück in mm

A_0 Kernquerschnitt der Räumnadel in mm^2

σ_{zul} zulässige Zugspannung des Räumnadelwerkstoffes in N/mm^2

Da die Räumnadel von Hersteller dimensioniert wird, muss der Fertigungsmann, der die Räumnadel einsetzt, diese Nachrechnung nicht durchführen.

Hauptschnittkraft

$$F_c = a_p \cdot f_z \cdot k_c \cdot z_E$$

F_c Hauptschnittkraft in N

a_p Schnittbreite in mm

f Vorschub pro Schneide in mm

k_c spezifische Schnittkraft in N/mm^2

z_E Anzahl der im Eingriff befindlichen Schneiden

Antriebsleistung der Maschine

$$P = \frac{F_c \cdot v_c}{60\,\text{s/min} \cdot 10^3\,\text{W/kW} \cdot \eta_M}$$

P Antriebsleistung der Maschine in kW

F_c Hauptschnittkraft in N

v_c Schnittgeschwindigkeit in m/min

η_M Wirkungsgrad der Maschine

10.6 Bestimmung der Hauptzeit

Die Hauptzeit setzt sich beim Räumen aus den Einzelzeiten für die Arbeitsbewegung und den Rückhub zusammen.

$$t_h = \frac{H}{v_c} + \frac{H}{v_r}$$

$$t_h = \frac{H(v_c + v_r)}{v_c \cdot v_r}$$

t_h Hauptzeit für ein Arbeitsspiel (Arbeits- und Rückhub) in min

H erforderlicher Hub in m

v_c Schnittgeschwindigkeit in m/min

v_r Rücklaufgeschwindigkeit in m/min

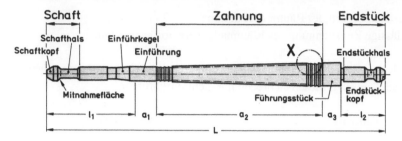

Abb. 10.7 Bezeichnung der Räumnadelteile, l_1 Schaft, a_1 Führung, a_2 Schneidenteil, a_3 Führung, l_2 Endstück, L Gesamtlänge Einzelheit X vgl. Abb. 10.9

Arbeitshub beim Innenräumen (Abb. 10.7)

Der Arbeitshub H (Abb. 10.7) setzt sich beim Innenräumen aus folgenden Größen zusammen

$$H = 1,2 \cdot l + a_2 + a_3 + l_2$$

H Hub beim Innenräumen in mm

l Räumlänge im Werkstück (siehe Abb. 10.6, Abschn. 10.5) in mm

a_2 Länge des Schneidenteiles in mm

a_3 Länge der Führung in mm

l_2 Länge des Endstückes in mm

Arbeitshub beim Außenräumen (Abb. 10.8)

$$H = 1,2 \cdot L + l_a + w$$

H Hub beim Außenräumen in mm

L Werkzeuglänge in mm

l_a Dicke der Abschlussplatte in mm

w Werkstückhöhe in mm

Länge des Schneidenteiles (Abb. 10.7)

$$a_2 = t_1 \cdot z_1 + t_2 \cdot (z_2 + z_3)$$

a_2 Länge des Schneidenteiles in mm

t_1 Teilung der Schruppzähne in mm

t_2 Teilung der Schlicht- und Kalibrierzähne in mm

Abb. 10.8 Prinzip des Außen-
räumens, *1* Abschlussplatte,
2 Werkstück, *3* Räumwerkzeug

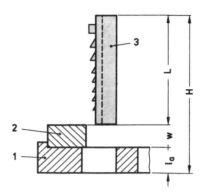

z_1 Anzahl der Schruppzähne
z_2 Anzahl der Schlichtzähne
z_3 Anzahl der Kalibrierzähne

(siehe dazu Abschn. 10.7.2 Gestaltung der Räumnadelzähne!)

10.7 Räumwerkzeuge

10.7.1 Schneidengeometrie der Räumnadel

Span- und Freiwinkel (Abb. 10.9) haben beim Räumwerkzeug die gleiche Wirkung wie beim Drehmeißel (siehe Abschn. 2.4).

Spanflächenfasen verstärken den Schneidkeil und vermindern die positiven Eigenschaften von größeren Spanwinkeln nur gering. Wegen des schwierigen Schleifens wird bei Räumnadeln auf Spanflächenfasen meist verzichtet.

Freiflächenfasen mit einem Fasenfreiwinkel von 0° bis 0,5° und Fasenbreiten von 0,5 mm haben nur Schlicht- und Kalibrierzähne. Man wählt nur kleine Fasenfreiwinkel mit geringen Fasenbreiten, um die Maßhaltigkeit des Räumwerkzeugs auch bei mehrmaligen Nachschleifen zu erhalten.

Die Tab. 10.2 zeigt die Größenordnung der Winkel an Räumwerkzeugen.

Der Neigungswinkel λ wird bei Innenräumwerkzeugen, weil sonst erhöhte Nachschleifkosten entstehen, mit $\lambda = 0°$ festgelegt.

Bei Außenräumwerkzeugen wählt man Neigungswinkel zwischen 3° und 20°. Durch die Neigung der Schneiden entstehen folgende Vorteile:

1. allmählicher Eintritt der Schneide,
2. geringere Schnittkräfte – keine stoßartige Belastung, die zu Schwingungen führt,
3. die Späne werden leichter nach der Seite abgeführt.

Tab. 10.3 Schneidzahngrößen (Auszug aus DIN 1416)

Teilung t in mm	Spankammertiefe c in mm	Zahnrückendicke e in mm	Spanflächenradius r in mm
3,5	1,2	1,1	0,8
4	1,4	1,2	0,8
4,5	1,6	1,4	1,0
5	1,8	1,6	1,0
6	2,2	2,0	1,6
7	2,5	2,2	1,6
⋮	⋮	⋮	⋮
25	9	8	5

Abb. 10.11 Staffelung der Zähne

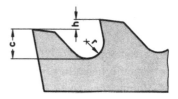

10.7.2.3 Zahnrückendicke e

und Spanflächenradius liegen zwischen

$$e = 1{,}1\text{–}8\,\text{mm}$$

$$r = 0{,}8\text{–}5\,\text{mm}$$

Die beiden Werte lassen sich näherungsweise berechnen

$$\boxed{e \approx 0{,}3 \cdot t}$$

$$\boxed{r \approx 0{,}6 \cdot c}$$

In DIN 1416 sind die Schneidzahngrößen festgelegt.

10.7.2.4 Staffelung der Zähne

Unter Staffelung versteht man die durch die Anordnung der Zähne vorgegebene Spanabnahme (Abb. 10.11). Die Staffelung der Zähne entspricht der Spanungsdicke h und weil der Einstellwinkel beim Räumen 90° ist, ist

$$\boxed{h = f_z}$$

f_z Vorschub pro Schneide in mm
h Spanungsdicke in mm

Tab. 10.4 Tiefen- und Seitenstaffelung beim Innenräumen

Werkstoff	Spanungsdicke h pro Zahn in mm				
	Flach-Räumwerkzeug		Rund-Räumwerkzeug		Profil-Räumwerkzeug
	Schruppen	Schlichten	Schruppen	Schlichten	
Stahl Stahlguss	0,04–0,1	0,01–0,025	0,01–0,03	0,0025–0,005	0,02–0,08
GG NE-Metalle	0,05–0,15	0,02–0,04	0,02–0,04	0,01–0,02	0,04–0,1

(Auszug aus Richtwerttabellen der Firma Kurt Hoffmann, Pforzheim)

Tab. 10.5 Tiefen- und Seitenstaffelung beim Außenräumen

Werkstoff	Spanungsdicke h pro Zahn in mm		
	Tiefenstaffelung		Seitenstaffelung
	Schruppen	Schlichten	
S 275 JR–E 360 C 22–C 60	0,06–0,15	0,01–0,025	0,08–0,25
Vergütungsstahl 1000 N/mm^2 Werkzeugstahl	0,04–0,10	0,01–0,025	0,08–0,25
Grauguss	0,08–0,2	0,02–0,04	0,29–0,6
Al-Leg. 9–13 % Si	0,1–0,2	0,02	Nicht angewandt
Messing, Bronze	0,1–0,3	0,02	Nicht angewandt

Man unterscheidet:

Tiefenstaffelung und Seitenstaffelung (siehe Tab. 10.4).

Tiefenstaffelung liegt vor, wenn die Vorschubrichtung senkrecht zur Räumfläche liegt.

Seitenstaffelung ist vorhanden, wenn die Räumfläche von der Seite her zerspant wird. Die zulässigen Spanungsdicken zeigt Tab. 10.5.

10.7.2.5 Anzahl der Schneiden (Abb. 10.10)

a) *Gesamtzähnezahl*

$$\boxed{z_w = \frac{h_{ges}}{f_z}}$$

z_w Gesamtzähnezahl der Räumnadel

h_{ges} Bearbeitungsaufmaß (Abb. 10.10) in mm

f_z Vorschub pro Schneide = Spanungsdicke h in mm

b) *Zähnezahl z_2 für das Schlichten*
Für das Schlichten nimmt man im Mittel fünf Zähne.

$$z_2 = 5 \text{ Zähne}$$

z_2 Anzahl der Zähne für das Schlichten

c) *Zähnezahl z_1 für das Schruppen*

$$z_1 = \frac{h_{\text{ges}} - 5 \cdot f_{z2}}{f_{z1}}$$

z_1 Anzahl der Zähne für das Schruppen
h_{ges} Bearbeitungsaufmass in mm
f_{z1} Vorschub pro Schneide beim Schruppen in mm
f_{z2} Vorschub pro Schneide beim Schlichten in mm

d) Für das Kalibrieren kann man ebenfalls fünf Zähne vorsehen. Da die Kalibrierzähne aber nur noch glätten und kein Aufmaß mehr abnehmen, geht diese Zähnezahl nicht in die Rechnung von z_1 ein.

10.7.2.6   Gesamtlänge der Innenräumnadel (Abb. 10.7)

$$L = l_1 + a_1 + a_2 + a_3 + l_2$$

L Gesamtlänge der Innenräumnadel in mm
l_1 Länge des Schaftes in mm
a_1 Länge der Führung in mm
a_2 Länge des Schneidenteiles in mm
a_3 Länge der hinteren Führung in mm
l_2 Länge des Endstückes in mm

Die Länge des Außenräumwerkzeugs ergibt sich aus der Länge des Schneidenteiles bzw. der Länge der Aufnahme des Schneidenteiles.

Die Ausbildungsformen der Schäfte, der Endstücke (Abb. 10.7) und der Führungen sind in DIN 1415 Blatt 1 festgelegt.

Einen Auszug aus DIN 1415 zeigt Tab. 10.6 für runde Schäfte und Endstücke.

10.7.2.7   Ausbildungsformen von Räumnadeln

Die Vielfalt der Räumnadelformen zeigt Abb. 10.12.

Für schwierige Profilformen setzt man das Außenräumwerkzeug aus mehreren Schneidenteilen zusammen.

Abb. 10.13 zeigt ein aus geraden Räumwerkzeugen, für die seitliche Bearbeitung eines Werkstückes und kreisförmigen Schneidenteilen zusammengesetztes Räumwerkzeug.

Tab. 10.6 Längen von runden Schäften l_1 und Endstücken l_2 in mm in Abhängigkeit vom Räumnadeldurchmesser d in mm (Abb. 10.7)

d in mm	Schaftlänge l_2 in mm	Endstücklänge l_2 in mm
20–25	180	190
28–40	200	125
⋮	⋮	⋮
100	360	200

Auszug aus DIN 1415 Bl. 1 und Bl. 4

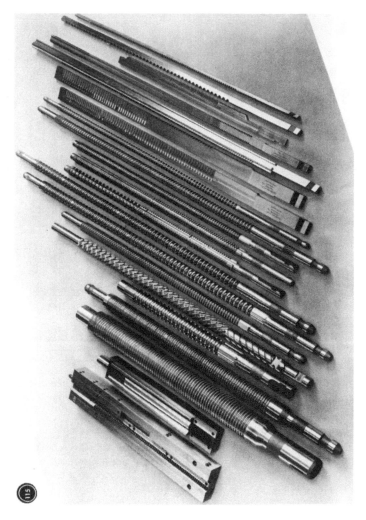

Abb. 10.12 Räumnadelformen zum Innen- und Außenräumen (*Werkfoto der Firma Karl Klink, Niefern*)

Abb. 10.13 Werkzeuge mit
eingesetzten Schneidenteilen
mit geraden und kreisförmigen
Konturen (*Werkfoto der Firma
Karl Klink, Niefern*)

10.7.3   Werkstoffe für Räumwerkzeuge

Räumwerkzeuge werden überwiegend aus Schnellarbeitsstahl hergestellt. Bevorzugt verwendet man die Werkstoffe:

Werkstoff-Nr.	DIN-Bezeichnung	nach EN 96
1.3348	S 2-9-2	HS 2-9-2
1.3343	SC 6-5-2	HS 6-5-2
1.3243	S 6-5-2-5	HS 6-5-2-5

Außer den SS-Stählen setzt man aber auch Hartmetall ein. Bei den Hartmetallwerkzeugen besteht der Grundkörper aus Werkzeugstahl. In diesen Grundkörper werden die Hartmetallschneiden eingesetzt.

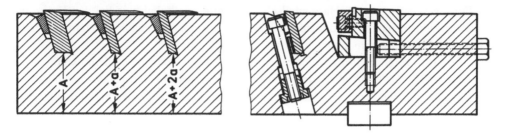

Abb. 10.14 Befestigung der Hartmetallschneiden durch Klemmkeil

Abb. 10.15 Hartmetallbestücktes Außenräumwerkzeug (*Werkfoto der Firma Karl Klink, Niefern*)

Abb. 10.16 Schneidenteile mit hart aufgelöteten Hartmetallschneidplatten (*Werkfoto der Firma Karl Klink, Niefern*)

Für die Befestigung der Hartmetallschneiden gibt es, ähnlich wie bei den Dreh- und Fräswerkzeugen, mehrere Möglichkeiten. Entweder werden die Schneiden hart aufgelötet oder durch Klemmverbindungen im Grundkörper befestigt.

Abb. 10.14 zeigt das Prinzip einer Klemmverbindung durch einen Klemmkeil.

Abb. 10.15 zeigt ein Außenräumwerkzeug mit eingesetzten Hartmetallschneiden.

Bei diesen Schneidenteilen (Abb. 10.16) sind die Hartmetallplatten hart aufgelötet.

10.8   Fehler beim Räumen

10.8.1   Werkzeugfehler

Tab. 10.7 Fehler und Fehlerursachen (Werkzeugfehler)

Auswirkung am Werkzeug	Fehlerursache	Abhilfe
Werkzeugschneide stumpft vorzeitig ab	Zahnteilung zu klein	Größere Zahnteilung wählen
Zähne brechen aus	Spankammer zu klein	Spankammer vergrößern
	Form der Spankammer nicht werkstoffgerecht	Form der Spankammer ändern
Räumnadel reißt ab, Bruchfläche zeigt grobes Gefüge	Werkzeug wurde beim Härten überhitzt	Härteverfahren überprüfen
Räummaschine bleibt stehen	Zahnteilung zu klein, zu viele Zähne im Eingriff, Räumkraft größer als Zugkraft der Maschine	Zahnteilung vergrößern, Staffelung der Zähne verkleinern
Eine Fläche am Werkstück unsauber	Innenräumnadel (vierkant) auf einer Seite stumpf	Räumnadel nachschleifen
Flächen am Werkstück (Innenräumen) ungleich bearbeitet	Werkstückspannung labil	Spannung verbessern
Auslaufseite eines innengeräumten Werkstückes verquetscht	Spankammer zu klein	Spankammer vergrößern
	Teilung zu klein	Spankammer vergrößern
Bohrung zeigt Rattermarken	Alle Zähne haben gleiche Teilung	Werkzeug mit ungleicher Zahnteilung einsetzen

10.8.2   Werkstückfehler

Tab. 10.8 Fehler und Fehlerursachen (Werkstückfehler)

Auswirkung am Werkzeug	Fehlerursache	Abhilfe
Rattermarken mit großem Abstand der Wellen	Auflage des Werkstückes nicht winkelig zur Bohrung	Auflage überprüfen
Werkstück unsauber, Quetscherscheinungen an der Auslaufseite des Werkstückes	Weiche Stellen im Werkstückwerkstoff	Werkstückwerkstoff überprüfen und evtl. ändern

10.9 Richtwerttabellen

Rücklaufgeschwindigkeiten v_r in m/min der Räummaschine

$$v_r = 12\text{--}30\,\text{m}/\text{min}$$

Tab. 10.9 Schnittgeschwindigkeiten v_c in m/min beim Räumen [52]

Werkstoff	Innenräumen	Außenräumen
S 275 JR–E 335	4–6	8–10
E 360 und leicht legierte Stähle	2–3	6–8
legierte Stähle bis 1000 N/mm²	1,5–2	4–6
Stahlguss	2–2,5	5–7
Grauguss	2–3	5–7
Messing, Bronze	3–4	10–12
Al-Legierungen	4–6	12–15

10.10 Berechnungsbeispiel

In eine Riemenscheibe aus E 360 mit einer Nabenlänge von 100 mm sollen zwei sich gegenüberliegende Nuten nach Skizze gleichzeitig mit einer Innenräumnadel erzeugt werden (siehe Abb. 10.17).

gegeben maximale Zugkraft der Innenräummaschine $F_M = 200\,\text{kN}$

gesucht

1. Zahnteilung
2. Zähnezahl für das Schruppen und Schlichten
3. Länge des Schneidenteils
4. Anzahl der im Eingriff befindlichen Zähne
5. Räumkraft

Abb. 10.17 Riemenscheibe

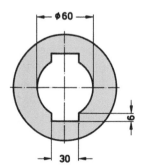

6. Vergleich von Räumkraft und Maschinenzugkraft

7. Hauptzeit für ein Werkstück

Lösung

1. Zahnteilung

    Die Zahnteilung wird hier nach dem erforderlichen Zahnraum berechnet.

$$t_{min} = 3 \cdot \sqrt{l \cdot f_z \cdot C}$$

Spanraumzahl C aus Tab. 10.1: $C = 7$ gewählt

$f_z = h$ wird aus Tab. 10.4 gewählt

$f_{z1} = h_1 = 0,1$ mm für das Schruppen

$f_{z2} = h_2 = 0,02$ mm für das Schlichten

Schruppen:

$$t_{min1} = 3 \cdot \sqrt{100\,\text{mm} \cdot 0,1\,\text{mm} \cdot 7} = 25,09\,\text{mm} \rightarrow 25\,\text{mm gewählt}$$

Schlichten:

$$t_{min2} = 3 \cdot \sqrt{100\,\text{mm} \cdot 0,02\,\text{mm} \cdot 7} = 11,22\,\text{mm} \rightarrow 11\,\text{mm gewählt}$$

2. Zähnezahlen für das Schruppen, Schlichten und Kalibrieren

2.1. Für das Schlichten werden fünf Zähne angenommen

$z_2 = 5$ Zähne

2.2. Für das Schruppen

$$z_1 = \frac{h_{ges} - 5 \cdot f_{z2}}{f_{z1}}$$

Die Nuttiefe beträgt 6 mm. Sie entspricht dem Aufmaß h_{ges}

$$z_1 = \frac{6\,\text{mm} - 5 \cdot 0,02\,\text{mm}}{0,1\,\text{mm}} = 59\,\text{Zähne}$$

2.3. Für das Kalibrieren werden ebenfalls fünf Zähne angenommen

$z_3 = 5$ Zähne

Für das Kalibrieren wird die gleiche Zahnteilung wie für das Schlichten gewählt.

3. Länge des Schneidenteiles a_2 der Räumnadel

$$a_2 = t_1 \cdot z_1 + t_2 \cdot (z_2 + z_3)$$
$$a_2 = 25\,\text{mm} \cdot 59 + 11\,\text{mm} \cdot (5 + 5) = 1585\,\text{mm}$$

4. Anzahl der im Eingriff befindlichen Zähne
Weil die größte Kraft beim Schruppen auftritt, wird für die Bestimmung von z_E die Teilung für das Schruppen eingesetzt.

$$z_E = \frac{l}{t} = \frac{100 \, \text{mm}}{25 \, \text{mm}} = 4 \, \text{Zähne}$$

5. Räumkraft
5.1. Spezifische Schnittkraft

$$k_c = \frac{(1 \, \text{mm})^z}{f_z^z} \cdot k_{c1.1} \cdot K_v \cdot K_{st} \cdot K_{ver} \cdot K_\gamma$$

$$K_v = 1{,}15; \quad K_{st} = 1{,}1; \quad K_{ver} = 1{,}3$$

$$K_\gamma = 1 - \frac{15° - 6°}{100} = 0{,}91$$

$k_{c1.1}$ aus Tab. 2.1 und $\gamma_{tat} = 15°$ aus Tab. 10.2

$$k_c = \frac{(1 \, \text{mm})^{0,3}}{(0{,}1 \, \text{mm})^{0,3}} \cdot 2260 \, \text{N/mm}^2 \cdot 1{,}15 \cdot 1{,}1 \cdot 1{,}3 \cdot 0{,}91$$

$$k_c = 6764{,}1 \, \text{N/mm}^2$$

5.2. Hauptschnittkraft
Weil zwei Nuten zu gleicher Zeit geräumt werden, ist F_c mit dem Faktor 2 zu multiplizieren

$$F_c = a_p \cdot f_{z1} \cdot k_c \cdot z_E \cdot 2$$

$$F_c = 30 \, \text{mm} \cdot 0{,}1 \, \text{mm} \cdot 6764{,}1 \, \text{mm}^2 \cdot 4 \cdot 2 = 162.338{,}4 \, \text{N}$$

$$F_c = 162{,}3 \, \text{kN}$$

6. Vergleich von Räumkraft F_c und Maschinenzugkraft F_M

$$F_M > F_c$$

$$200 \, \text{kN} > 162 \, \text{kN}$$

Weil die Maschinenzugkraft F_M größer ist als die erforderliche Räumkraft, kann die Maschine für diese Arbeit eingesetzt werden.

7. Nachrechnung der Zugbelastung am gefährdeten Querschnitt der Räumnadel

$$d_R = 38 \, \text{mm} \, (\text{DIN 1415})$$

$$A_0 = \frac{\pi}{4} \cdot d_R^2 = \frac{\pi}{4} \cdot 38^2 \, \text{mm}^2 = 1134 \, \text{mm}^2$$

$$\sigma = \frac{F_s}{A_0} = \frac{162 \cdot 10^3 \, \text{N}}{1134 \, \text{mm}^2} = 142{,}8 \, \text{N/mm}^2$$

$$\sigma_{zul} = 250 \, \text{N/mm}^2 \, \text{für Schnellarbeitsstahl}$$

$\sigma < \sigma_{zul}$. Deshalb kann auch aus der Sicht des Räumwerkzeugs die Arbeit mit dieser Räumnadel ausgeführt werden.

8. Hauptzeit

8.1. Arbeitshub beim Innenräumen

$$H = 1{,}2 \cdot l + a_2 + a_3 + l_2$$

$$l_2 = 125\,\text{mm aus Tab. 10.6}$$

$$a_3 = 40\,\text{mm angenommen}$$

$$a_2 = 1585\,\text{mm unter 3. berechnet}$$

$$l = 100\,\text{mm Nabenlänge in der Aufgabe gegeben}$$

$$H = 1{,}2 \cdot 100\,\text{mm} + 1408\,\text{mm} + 40\,\text{mm} + 125\,\text{mm} = 1870\,\text{mm}$$

8.2. Hauptzeit

$$v_c = \frac{H(v_c + v_r)}{v_c \cdot v_r}$$

$$v_c = 3\,\text{m/min aus Tab. 10.9 gewählt}$$

$$v_r = 20\,\text{m/min angenommen (siehe Abschn. 10.9)}$$

$$t_h = \frac{1{,}87\,\text{m} \cdot (3\,\text{m/min} + 20\,\text{m/min})}{3\,\text{m/min} \cdot 20\,\text{m/min}} = 0{,}72\,\text{min}$$

10.11 Praktikum Räumen

Das Verfahren Innenräumen wird unter Nutzung einer hydraulischen Presse als Video vorgeführt, die Praktikumsaufgabe und die aufgenommenen Kraft-Weg-Verläufe für die Erstellung des Protokolls werden ebenfalls zur Verfügung gestellt. Lehrende können dieses Modell auch für ihre jeweilige Ausbildungseinrichtung einfach nachnutzen. Als Praxisbeispiel wird das Außenräumen des „Tannenbaumprofils" für die sichere Verbindung von Turbinenschaufeln mit der Nabe ebenfalls in einem Video gezeigt.

10.12 Testfragen zum Kapitel 10

1. Für welche Werkstücke setzt man das Räumverfahren ein?
2. Was ist der Unterschied zwischen stoßenden und ziehenden Räumen?
3. Wie bezeichnet man das Räumwerkzeug und wie ist es aufgebaut?
4. Wie wird der Vorschub f_z beim Räumvorgang realisiert?
5. Wie wird die Gesamtzahl der Schneiden eines Innenräumwerkzeugs bestimmt?
6. Wie viele Zähne sollte man für solch ein Werkzeug für das Schlichten und wie viele für das Kalibrieren berücksichtigen?

Schleifen

11

11.1 Definition

Schleifen ist ein Zerspanungsverfahren, bei dem die Spanabnahme durch ein vielschneidiges Werkzeug mit geometrisch nicht definierten Schneiden erfolgt.

Beim Schleifen führt das Werkzeug die Schnittbewegung aus. Die beim Schleifen üblichen Schnittgeschwindigkeiten sind etwa 20mal so groß wie beim Drehen (25 bis 45 z. T. bis 120 m/s). Die Vorschubbewegung wird, abhängig vom Arbeitsverfahren, vom Werkzeug oder vom Werkstück ausgeführt.

Die Schleifverfahren unterteilt man nach der Form des Werkstückes in Plan- und Rundschleifen oder nach Art der Werkstückaufnahme in Schleifen zwischen Spitzen oder spitzenlosem Schleifen. Auch eine Unterteilung nach Einsatzgebieten, z. B. Führungsbahnschleifen oder Werkzeugschleifen, wäre möglich.

Die Schneiden des Schleifwerkzeuges können gebunden (Schleifscheibe, Trennscheibe, Schleifband, Honstein) oder lose (Läppen) sein.

11.2 Schleifverfahren

11.2.1 Planschleifen

Unter Planschleifen versteht man das Schleifen von ebenen Flächen. In der Werkstattpraxis wird auch der Begriff Flachschleifen anstelle des nach DIN festgelegten Begriffs Planschleifen verwendet. Beim Planschleifen führt das Werkzeug die Schnittbewegung und das Werkstück die Vorschubbewegung aus. Dabei kann der Schleifvorgang mit dem Umfang oder der Stirnfläche des Schleifwerkzeugs ausgeführt werden. Man unterscheidet deshalb:

© Springer Fachmedien Wiesbaden GmbH, ein Teil von Springer Nature 2020
J. Dietrich, A. Richter, *Praxis der Zerspantechnik*,
https://doi.org/10.1007/978-3-658-30967-1_11

11.2.1.1 Umfangsschleifen

Beim Umfangsschleifen (Abb. 11.1) ist die Schleifspindel horizontal angeordnet. Der Maschinentisch mit dem Werkstück bewegt sich geradlinig hin und her.

Der seitliche Vorschub pro Hub wird in der Regel vom Tisch ausgeführt. Es gibt aber auch Maschinen mit Rundtisch. Bei diesen Maschinen bewegt sich das Werkstück kreisförmig auf einer Planscheibe und der seitliche Vorschub wird vom Schleifwerkzeug ausgeführt.

Weil beim Umfangsschleifen die Schleifscheibe das Werkstück nur auf einem kleinen Teil ihres Umfanges berührt, ist die Spanleistung bei diesen Verfahren begrenzt. Zahlenwerte für Vorschub und Zustellung siehe Tab. 11.18 und 11.19.

Mit speziellen Scheiben und auf entsprechenden Maschinen tritt das sogenannte Vollschnittschleifen in Konkurrenz zum Fräsen.

11.2.1.2 Stirnschleifen

Stirnschleifen liegt vor, wenn der Schleifvorgang mit der Stirnseite der Schleifscheibe (Abb. 11.2) ausgeführt wird. Beim Stirnschleifen führt die Schleifscheibe (als Segment-

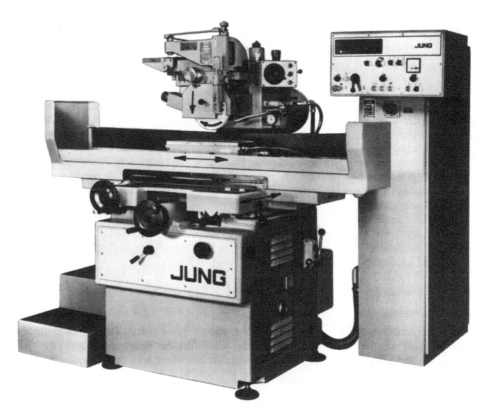

Abb. 11.1 Flach- und Profilschleifmaschine (*Werkfoto der Fa. Jung GmbH, Göppingen*)

Abb. 11.2 Prinzip des Stirn-
schleifens mit vertikaler
Schleifspindel

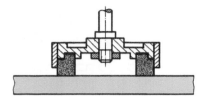

scheibe oder als Schleifring ausgebildet) die Schnittbewegung und das Werkstück die
seitliche Vorschubbewegung aus.

Im Gegensatz zum Umfangsschleifen ist hier die Berührungsfläche zwischen Werk-
stück und Werkzeug wesentlich größer. Deshalb lassen sich mit diesem Verfahren größere
Zerspanungsleistungen erbringen. Die Werkzeugachse kann beim Planschleifen vertikal
(Abb. 11.2) und bei größeren Maschinen (Abb. 11.3) auch horizontal sein.

Wegen der robusteren Bauweise und der größeren Zerspanleistung werden für das
Stirnschleifen überwiegend Maschinen mit vertikaler Schleifspindelachse eingesetzt. Nur
wenn das Oberflächenbild, meist nur aus optischen Gründen, ausschlaggebend ist, z. B.
bei Profilschleifarbeiten, setzt man Maschinen mit horizontaler Schleifspindelachse ein
(Abb. 11.3).

Man unterscheidet beim Stirnschleifen nach dem entstehenden Oberflächenbild
(Abb. 11.4) zwischen Kreuzschliff K, bei dem sich die Schleifkonturen kreuzen und
Strahlenschliff S, bei dem die Schleifkonturen einseitig strahlenförmig angeordnet sind.
Die sich kreuzenden Schleifkonturen beim Kreuzschliff entstehen, wenn die Schleifspin-
delachse senkrecht zum Werkstück angeordnet ist. Die strahlenförmige Anordnung beim
Strahlenschliff entsteht, wenn die Schleifspindelachse zum Werkstück geneigt ist.

Zahlenwerte für Zustellung siehe Tab. 11.19.

Abb. 11.3 Segment-Flä-
chenschleifmaschine mit
horizontaler Schleifspindelachse

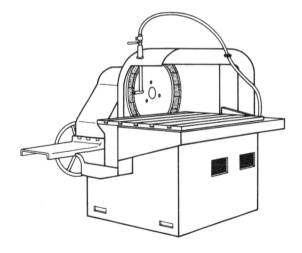

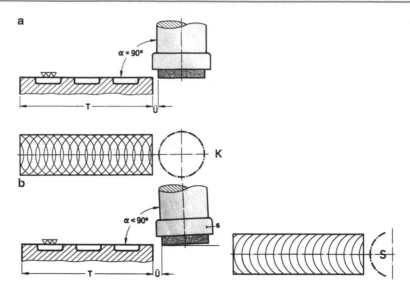

Abb. 11.4 Schleifbilder beim Stirnschleifen, **a** Kreuzschliff *K*, wenn Schleifspindelachse senkrecht zum Werkstück steht, **b** Strahlenschliff *S* wenn Spindelachse zum Werkstück geneigt ist

11.2.2 Profilschleifen

Profilschleifen ist ein Umfangsschleifen mit profilierten Schleifscheiben. Dabei entfällt in der Regel der seitliche Vorschub. Für das Profilieren der Schleifscheiben kennt man zwei Verfahren.

Einfache Profile, wie Radien, Winkel und Nuten werden mit den bekannten Abrichtgeräten erzeugt.

Schwierige Profile erzeugt man mit dem sogenannten Diaformgerät. Mit diesem Gerät wird die Schleifscheibe im Kopierprinzip nach einer Schablone profiliert. Durch Nutzung der CNC-Technik wird das Abrichten und Profilieren zunehmend durch gesteuerte Bewegungen realisiert.

11.2.3 Rundschleifen

Vom Rundschleifen spricht man bei der Schleifbearbeitung von rotationssymmetrischen Teilen.

Man unterscheidet dabei, ob die Bearbeitung von außen (Schleifen des Außendurchmessers einer Welle), oder von innen (Schleifen einer Bohrung) erfolgt.

Ein anderes Unterscheidungsmerkmal ist die Art der Werkstückaufnahme, z. B. ob das Werkstück ohne oder mit Spitzen gehalten wird. Das spitzenlose Schleifen wird in Abschn. 11.2.5 behandelt.

Abb. 11.5 Prinzip des Außenrundschleifens mit Längsvorschub

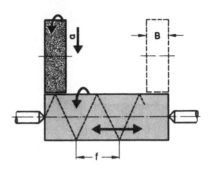

11.2.3.1 Außenrundschleifen

Beim Außenrundschleifen führt die Schleifscheibe die Schnitt- und die Zustellbewegung aus. Das zwischen Spitzen oder im Futter gehaltene Werkstück wird von einer Mitnehmerscheibe in Drehung versetzt. Schleifscheibe und Werkstück haben die gleiche Drehrichtung.

Außenrundschleifen mit Längsvorschub

Beim Schleifen mit Längsvorschub (Abb. 11.5) wird der Längsvorschub in der Regel vom Tisch der Rundschleifmaschine und damit vom Werkstück ausgeführt.

Längsvorschub und Werkstückdrehzahl müssen aufeinander abgestimmt sein. Wird der Längsvorschub zu groß gewählt, dann entstehen schraubenförmige Markierungen auf dem Werkstück. Ein sauberes Schliffbild erhält man, wenn der Vorschub f pro Werkstückumdrehung kleiner ist als die Schleifscheibenbreite B. Zahlenwerte für den Längsvorschub zeigt Tab. 11.18.

Wegen der Gefahr der Durchbiegung dürfen dünne Wellen nur mit kleinen Schnitttiefen geschliffen werden. Bei dicken Wellen wird die Zustellung durch die Antriebsleistung der Maschine begrenzt. Zu große Schnitttiefen ergeben größere Berührungsflächen zwischen Werkstück und Werkzeug und führen deshalb zu erhöhten Schnittkräften. Extreme Zustellungen können deshalb auch zum Bruch der Schleifscheibe führen.

Wenn man mit größeren Schnitttiefen arbeiten will, dann muss man den Längsvorschub verkleinern.

Schnitttiefen sind in Tab. 11.19 zusammengefasst.

Einstechschleifen

Beim Einstechschleifen (Abb. 11.6) gibt es keinen Längsvorschub. Die Schleifscheibe führt nur die Zustellbewegung aus. Man braucht dieses Verfahren, um z. B. Wellenabsätze zu schleifen. Für die Größe der Zustellung gelten die gleichen Kriterien wie beim Außenrundschleifen mit Längsvorschub (siehe Tab. 11.18).

Abb. 11.6 Prinzip des Ein-
stechschleifens

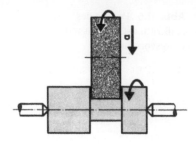

Gewindeschleifen

Das Gewindeschleifen ist ein Rundschleifen mit profilierten Schleifscheiben. Auch hier
unterscheidet man zwischen Längsschleifen (Schleifen mit Längsvorschub des Werkstücks) und Einstechschleifen.

Beim Gewindeschleifen mit Längsvorschub kann das Gewinde mit einer „Einprofilscheibe" oder mit einer „Mehrprofilscheibe" erzeugt werden.

Die schmale Einprofilscheibe, die das Profil des zu erzeugenden Gewindes hat
(Abb. 11.7), ist 6 bis 8 mm breit.

Die Mehrprofilscheibe ist etwa 40 mm breit und kegelig abgerichtet. Die zuerst zum
Eingriff kommenden Gewindegänge (Rillen) der Schleifscheibe, schleifen das zu erzeugende Profil vor und die letzten beiden Gewindegänge (Abb. 11.8) schleifen das Profil
fertig. Auf diese Weise wird die gesamte Spanabnahme auf mehrere Rillen der Schleifscheibe verteilt. Dadurch verringert sich die Belastung pro Rille. Deshalb haben Mehrpro-
filscheiben höhere Standzeiten als Einprofilscheiben.

Weil die Mehrprofilscheibe (Abb. 11.8) kegelig abgerichtet ist, kann man mit ihr ein
Gewinde nicht bis an einen Bund schleifen. Deshalb kann diese Scheibe nur für Durch-
gangsgewinde eingesetzt werden.

Zur Erzeugung von genauen Gewinden wird die Einprofilscheibe bevorzugt, weil man
mit ihr Genauigkeiten von $\pm 2\,\mu$m für den Flankendurchmesser und ± 10 Winkelminuten
für den Flankenwinkel erreichen kann.

Abb. 11.7 Längsschleifen
eines Gewindes mit Einprofilscheibe

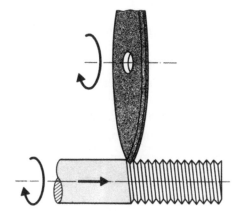

Abb. 11.8 Längsschleifen
eines Gewindes mit Mehrprofilscheibe

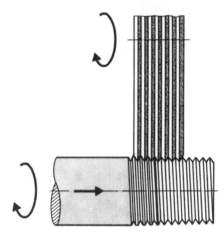

Beim Gewinde-Einstechschleifen (Abb. 11.9) wird das Gewinde mit einer Mehrpro-
filschleifscheibe erzeugt. Hier ist die Schleifscheibe jedoch zylindrisch abgerichtet. Das
Werkstück dreht sich beim Einstechschleifen, ähnlich wie beim Kurzgewindefräsen nur
$1\frac{1}{6}$ mal um. Die Schleifscheibe soll auf jeder Seite etwa 2 mm breiter sein als das zu erzeugende Gewinde.

Für das Innengewindeschleifen gelten die gleichen Bedingungen wie für das Außenge-
windeschleifen. Nur sind hier die Schleifscheibendurchmesser entsprechend kleiner. Sie
liegen je nach Werkstückgröße zwischen 20 und 150 mm.

Beim Gewindeschleifen haben Werkstück und Schleifscheibe die gleiche Drehrichtung. Eine Zustellbewegung, die von der Schleifscheibe ausgeführt wird, gibt es nur beim
Einstechschleifen.

Das Schleifergebnis ist beim Gewindeschleifen in sehr hohem Maße von der richtigen
Wahl der Schleifscheibe abhängig. Die zu wählenden Korngrößen (80 bis 600) sind bei
allen Steigungen gleich und nur vom Radius im Gewindekern abhängig.

Abb. 11.9 Einstech-
Gewindeschleifen mit
Mehrprofilscheibe

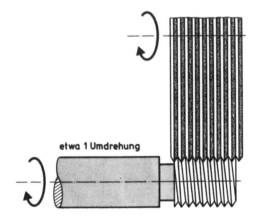

etwa 1 Umdrehung

Abb. 11.10 Prinzip des
Innenrundschleifens, *1* Schleif-
scheibe, *2* Werkstück, *3*
Dreibackenfutter

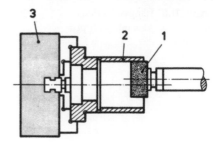

Die zu wählende Bindung der Schleifscheibe ist, zusätzlich zu den üblichen Auswahl-
kriterien (vgl. Abschn. 11.7), abhängig von der Gewindesteigung.

11.2.3.2 Innenrundschleifen

Das Innenrundschleifen (Abb. 11.10) entspricht in seinen Hauptkriterien dem Außenrundschleifen.

Die Berührungsfläche zwischen Werkstück und Werkzeug (Abb. 11.11) ist größer.

Die Berührungslänge l ist abhängig von der Schnitttiefe a_p und dem Durchmesserverhältnis von Schleifscheibe und Werkstück.

Die Schnittbewegung, der Längsvorschub und die Zustellbewegung werden vom Werkzeug ausgeführt.

Wegen der kleinen Schleifscheibendurchmesser werden die zum Schleifen optimalen
Schnittgeschwindigkeiten beim Innenschleifen meist nicht erreicht.

Optimale Verhältnisse erzielt man wenn

$$\boxed{D \approx 0{,}8d}\quad \text{gewählt wird.}$$

Abb. 11.11 Berührungslänge l der Schleifscheibe im
Werkstück d in mm Werk-
stückdurchmesser, D in mm
Schleifscheibendurchmesser

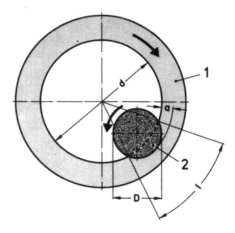

D Schleifscheibendurchmesser in mm

d Durchmesser der Werkstückbohrung in mm

Werte für Vorschub und Zustellung siehe Tab. 11.18 und 11.19.

11.2.4 Zerspandaten für Planschleifen und Rundschleifen mit eingespanntem Werkstück

Die zu wählende Schnitttiefe a_p (Zustellung a_e der Schleifscheibe) ist abhängig von der Körnung der Schleifscheibe und der Abmessung des zu schleifenden Werkstückes. Grobkörnige Schleifscheiben lassen größere Schnitttiefen zu, als feinkörnige Scheiben. Bei den feinkörnigen Scheiben setzen sich die Poren schneller zu. Dann schneidet die Scheibe nicht mehr, sondern quetscht und schmiert. Für das übliche Schleifen gilt als allgemeine Regel:

„Die Schnitttiefe muss kleiner sein als die Höhe des aus der Bindung herausragenden Schleifkorns."

Beim Vollschnittschleifen wird diese Regel durchbrochen, was durch spezielle, sehr offenporige Scheiben ermöglicht wird.

Beim Schlichten ist noch zu beachten, dass:

1. die Geschwindigkeit der Schleifscheibe groß und die des Werkstückes klein sein muss, wenn man gute Oberflächen erhalten will,
2. die Schleifscheibe gut ausfeuert, d. h. die Schleifscheibe muss ohne Zustellung noch mehrmals am Werkstück vorbeigeführt werden, bis keine Funkenbildung mehr auftritt,
3. die Umsteuerung des Längsvorschubes so eingestellt ist, dass die Schleifscheibe nur um ein Drittel ihrer Breite (1/3 B) über das Werkstück hinausfahrt, sonst entsteht an den Werkstückenden Untermaß.

Die Schleifscheibendrehzahl n_c ergibt sich aus der zulässigen Umfangsgeschwindigkeit der Schleifscheibe, die aus Richtwerttabellen entnommen werden kann (vgl. Tab. 11.20, 11.21, 11.23).

$$n_c = \frac{v_c \cdot 60\,\text{s/min} \cdot 10^3\,\text{mm/m}}{D \cdot \pi}$$

n_c Drehzahl der Schleifscheibe in min^{-1}

v_c Schnittgeschwindigkeit der Schleifscheibe $=$ Umfangsgeschwindigkeit in m/s

D Schleifscheibendurchmesser in mm

Tab. 11.1 Verhältniszahl q für verschiedene Werkstoffe

Werkstoff	q
Stahl	125
Grauguss	100
Ms und Al	60

Die Werkstückgeschwindigkeit v_w ist sehr viel kleiner als die Umfangsgeschwindigkeit der Schleifscheibe. Sie ergibt sich ebenfalls aus Richtwerttabellen. Beim Rundschleifen ist die Werkstückdrehzahl:

$$n_\mathrm{w} = \frac{v_\mathrm{w} \cdot 60\,\mathrm{s/min} \cdot 10^3\,\mathrm{mm/m}}{d \cdot \pi}$$

n_w Drehzahl des Werkstückes in min^{-1}
v_w Umfangsgeschwindigkeit des Werkstückes in m/s
d Durchmesser des Werkstückes in mm

Die beiden Geschwindigkeiten v_c und v_w sollen in einem bestimmten Verhältnis q zueinander stehen.

$$q = \frac{v_\mathrm{c}}{v_\mathrm{w}}$$

q Verhältniszahl
v_c Schnittgeschwindigkeit der Schleifscheibe (Umfangsgeschwindigkeit) in m/s
v_w Umfangsgeschwindigkeit des Werkstückes in m/s

Für verschiedene Werkstoffe kann man aus Tab. 11.1 die entsprechenden q-Werte entnehmen.

11.2.5 Spitzenloses Schleifen

Spitzenloses Schleifen ist ein Schleifvorgang bei dem das Werkstück nicht wie beim Außen- oder Innenrundschleifen zwischen Spitzen oder im Futter gespannt wird, sondern frei auf einem Leitlineal (Abb. 11.12) aufliegt.

Die Drehbewegung des Werkstückes wird durch Reibschluss zwischen Schleifscheibe und Regelscheibe erzeugt. Die Achsen der beiden Scheiben liegen horizontal in einer Ebene. Die Werkstückmitte liegt über der Verbindungslinie von Schleifscheiben- und Regelscheibenmittelpunkt.

Abb. 11.12 Prinzip des spitzenlosen Schleifens

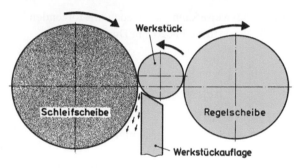

Abb. 11.13 Höhenversatz h, Werkstückauflagewinkel β und Tangentialwinkel γ beim spitzenlosen Schleifen

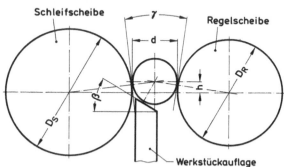

Die drei Hauptelemente beim spitzenlosen Schleifen sind:

- Schleifscheibe,
- Regelscheibe,
- Werkstückauflage.

Die Werkstückauflage ist aus Stahl. Sie ist gehärtet oder mit einer Hartmetallleiste bestückt.

Der Auflagewinkel β (Abb. 11.13) beträgt im Mittel 30°. Bei Werkstücken mit großem Durchmesser arbeitet man mit einem Winkel von 20°.

Der optimale Höhenversatz h lässt sich nach Reeka rechnerisch (Abb. 11.13) für einen Auflagewinkel von $\beta = 30°$ und einen Tangentenwinkel $\gamma = 12°$ mit folgender Gleichung annähernd bestimmen:

$$h = 0{,}1 \cdot \frac{(D_R + d) \cdot (D_s + d)}{D_R + D_s + 2 \cdot d}$$

h Höhenversatz in mm

D_R Durchmesser der Regelscheibe in mm

D_s Durchmesser der Schleifscheibe in mm

d Werkstückdurchmesser in mm

Näherungsweise kann man h auch mit folgenden Faustformeln bestimmen:
Für Werkstücke bis 20 mm Durchmesser:

$$h = \frac{d}{2}$$

h Höhenversatz in mm
d Werkstückdurchmesser in mm

Für Werkstücke mit größerem Durchmesser (> 20 mm)

$$h = \sqrt{1{,}6 \cdot d}$$

Genauere auf die konstruktive Ausführung der Schleifmaschine bezogene Werte erhält man von den Schleifmaschinenherstellern.

Das Durchmesserverhältnis von Regelscheibe zu Schleifscheibe liegt zwischen 0,6 und 0,8

$$D_R / D_s = 0{,}6\text{--}0{,}8,$$

im Mittel ist also

$$D_R = 0{,}7 \cdot D_s$$

D_R Regelscheibendurchmesser in mm
D_s Schleifscheibendurchmesser in mm

Werkstückauflage und Regelscheibe stützen das Werkstück im Schleifbereich und nehmen die auftretenden Schleifkräfte auf.

Die Regelscheibe besteht aus Normalkorundkorn und ist gummigebunden. In Sonderfällen verwendet man auch gummibandagierte Stahlscheiben oder gehärtete Stahlscheiben ohne Bandage.

Durch den hohen Reibungskoeffizienten des Regelscheibenwerkstoffes erreicht man, dass die Umfangsgeschwindigkeiten von Regelscheibe und Werkstück gleich groß sind. Die Umfangsgeschwindigkeit der Schleifscheibe ist wesentlich größer. Dadurch entsteht zwischen Schleifscheibe und Werkstück eine Relativgeschwindigkeit, die den Materialabtrag am Werkstück bewirkt. Die wirksame Schnittgeschwindigkeit am Werkstück ergibt sich aus der Differenz zwischen der Arbeitsgeschwindigkeit der Schleifscheibe und der Umfangsgeschwindigkeit der Regelscheibe.

Die Drehzahl der Regelscheibe ist stufenlos verstellbar. Der Verstellbereich liegt zwischen 1 : 6 und 1 : 8.

Nimmt man für die erforderliche Werkstück-Umfangsgeschwindigkeit v_w einen mittleren Wert von

$$v_w = 0,3\,\text{m/s}$$

an, dann lassen sich die Regelscheibendrehzahl und der Regelscheibendurchmesser wie folgt berechnen:

$$n_w = \frac{v_w \cdot 60\,\text{s/min} \cdot 10^3\,\text{mm/m}}{d \cdot \pi} = \frac{0,3 \cdot 60 \cdot 10^3}{d \cdot \pi} = \frac{5730}{d}$$

$$D_R = 0,7 \cdot D_s$$

$$n_R = \frac{d \cdot n_w}{D_R} = \frac{5730}{D_R} = \frac{5730}{0,7 \cdot D_s} = \frac{8180}{D_s}$$

n_R Drehzahl der Regelscheibe in min^{-1}

n_w Drehzahl des Werkstückes in min^{-1}

d Werkstückdurchmesser in mm

D_s Schleifscheibendurchmesser in mm

D_R Regelscheibendurchmesser in mm

v_w erforderliche Umfangsgeschwindigkeit des Werkstückes in m/s

8180 Konstante (gerundet) in mm/min

Die einzustellende Drehzahl der Schleifscheibe lässt sich aus der Umfangsgeschwindigkeit der Schleifscheibe bestimmen.

$$n_s = \frac{v_c \cdot 60\,\text{s/min} \cdot 10^3\,\text{mm/m}}{D_s \cdot \pi}$$

n_s Drehzahl der Schleifscheibe in min^{-1}

v_c Schnittgeschwindigkeit der Schleifscheibe in m/s

D_s Durchmesser der Schleifscheibe in mm

($v_c = 35\,\text{m/s}$ für das Schleifen von Stahl – siehe dazu Richtwerttabelle 11.18)

Auch beim spitzenlosen Schleifen soll das Geschwindigkeitsverhältnis q den in Tab. 11.20 angegebenen Werten entsprechen.

$$q = \frac{v_c}{v_w}$$

q Geschwindigkeitsverhältnis

v_c Schnittgeschwindigkeit der Schleifscheibe in m/s

v_w Umfangsgeschwindigkeit des Werkstückes in m/s

Beim spitzenlosen Schleifen unterscheidet man zwei Verfahren, das Einstechschleifen und das Durchgangsschleifen.

Abb. 11.14 Prinzip des spitzenlosen Schleifens mit Zustellbewegung

11.2.5.1 Einstechschleifen

Beim Einstechschleifen sind Schleif- und Regelscheibe um 0,5° zueinander geneigt.

Der dadurch erzeugte geringfügige Axialschub auf das Werkstück sorgt für eine eindeutige Anlage am Anschlag.

Der Arbeitsvorgang läuft beim Einstechschleifen wie folgt ab:

Das Werkstück wird zunächst bei zurückgezogener Regelscheibe auf die Auflageschiene aufgelegt. Nun wird durch die Zustellbewegung des Regelscheibenschlittens der Schlitten mit der sich drehenden Regelscheibe so lange in Richtung Schleifscheibe (Abb. 11.14) verfahren, bis das Werkstück an die Schleifscheibe angedrückt wird.

Die Schleifscheibe erfasst das Werkstück und versetzt es in Drehung. Die Drehzahl des Werkstückes wird jedoch durch die als Reibscheibe wirkende Regelscheibe geregelt und entspricht der Umfangsgeschwindigkeit der Regelscheibe.

Die mit sehr viel größerer Umfangsgeschwindigkeit (100-fach) umlaufende Schleifscheibe nimmt bedingt durch die Geschwindigkeitsdifferenz zwischen Schleif- und Regelscheibe nun am Werkstück Werkstoff ab.

Durch die Regelscheibendrehzahl wird bei gegebener Drehzahl der Schleifscheibe die relative Schnittgeschwindigkeit und die Überschliffzahl am Werkstück eingestellt.

11.2.5.2 Durchgangsschleifen

Beim Durchgangsschleifen wird die Regelscheibenachse zur Schleifscheibenachse in horizontaler Richtung geneigt.

Der Neigungswinkel α liegt zwischen

$$\alpha = 2{,}5°\text{--}3°$$

Dadurch erhält das Werkstück einen Axialvorschub und bewegt sich in Achsrichtung. Die Durchlaufgeschwindigkeit v_A lässt sich rechnerisch bestimmen.

$$v_A = D_R \cdot \pi \cdot n_R \cdot \sin\alpha$$

D_R Regelscheibendurchmesser in mm
n_R Drehzahl der Regelscheibe in min^{-1}
α Neigungswinkel der Regelscheibenachse in Grad
v_A Durchlaufgeschwindigkeit des Werkstückes in mm/min

11.2.6 Trennschleifen

Trennschleifen ist ein Schleifverfahren, das ausschließlich zum Abtrennen von Werkstoff, ähnlich dem Sägen, dient.

Mit diesem Verfahren werden sowohl Vollmaterial als auch Profile und Rohre getrennt.

Für die Trennschleifscheiben kommen die bekannten Schleifmittel wie Korund, Siliziumkarbid, Diamant und CBN zur Anwendung. Die Bindemittel für Trennscheiben sind Kunstharz, Gummi oder Metall.

Bei den Schleifmitteln CBN und Diamant kommt meistens ein Metallkern zum Einsatz, der stabil und wenig bruchempfindlich ist. Das Schleifmittel befindet sich nur an einem schmalen Rand des Schneidbereiches der Trennscheibe. Durch den Metallkern kann die Dicke der Trennscheiben gering sein ($< 0{,}1$ mm) und so die Schnittverluste minimieren. Das ist besonders bei der Bearbeitung hochharter und sehr teurer Halbleitermaterialien (Waferproduktion) mit Diamantscheiben wichtig.

11.2.7 Kontaktschleifen

Beim Kontaktschleifen läuft ein endloses Schleifband über zwei oder mehrere Rollen (Abb. 11.15). Die Rolle, an der der Kontakt zwischen Schleifband und Werkstück beim Schleifvorgang hergestellt wird und die dem Verfahren den Namen gibt, bezeichnet man als Kontaktscheibe.

Die Zerspanungsleistung, die Oberflächengüte des Werkstückes und die Standzeit des Schleifbandes sind überwiegend von der Ausführung der Kontaktscheibe abhängig.

Kontaktscheiben (Abb. 11.15) bestehen aus einem Aluminium- oder Kunststoffkern, der mit Gummi, Kunststoff oder Gewebe belegt ist.

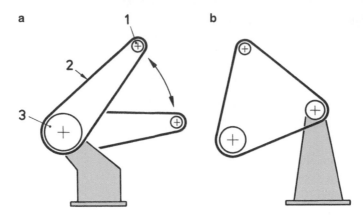

Abb. 11.15 Prinzip der Kontaktschleifmaschine, **a** stationäre Kontaktschleifmaschine (Schleif-bock), *1* Umlenkrolle, *2* Schleifband, *3* Kontaktscheibe, **b** Universal-Ständerschleifmaschine mit 2 Umlenkrollen und 1 Kontaktscheibe

Abb. 11.16 Ausführungsformen von Kontaktscheiben

Die Kontaktfläche der Scheibe kann glatt oder in verschiedenen Winkeln schräg- oder pfeilverzahnt sein. Die Zahnstollen sind, je nach Einsatzgebiet, rechteckig oder sägen-förmig ausgebildet. Die Härten der Laufpolster liegen zwischen 40 und 95 Shore der Shore-A-Skala.

Zur Erreichung hoher Zerspanungsleistungen benötigt man harte Kontaktscheiben mit Sägen-profil. Für allgemeine Schleifoperationen setzt man mittelharte rechteckgenutete und für den Feinschliff glatte, weiche Kontaktscheiben ein (siehe Abb. 11.16).

Den größten Einfluss auf das Schleifergebnis hat die Härte. Mit zunehmender Härte steigt die Zerspanleistung, aber auch die Oberflächenrauigkeit.

Abnehmende Stollenbreiten, zunehmende Nutweiten sowie eine Verkleinerung des Kontaktscheibendurchmessers bewirken ebenfalls eine Zunahme der Zerspanungsmenge pro Zeiteinheit und eine Vergröberung des Schliffbildes.

Die Kontaktschleifbänder sind 2 bis 5 m lang. Durch die Länge kühlen sich die Schleifkörner auf dem Rücklaufweg (Leerhub) gut ab.

Die Schleifkörner stehen in ihrer Bindung gleichmäßig mit den Spitzen nach oben. Die Zwischenräume sind nicht, wie bei den Filzscheiben, mit Bindemitteln zugesetzt.

Weil die Schleifkörner gleichmäßig zum Einsatz kommen und nicht mit Bindemitteln zugesetzt sind, ist die Schleifleistung größer als beim Schleifen an beschmirgelten Scheiben.

Als Bindemittel verwendet man Hautleime, Kunstharze und Lacke.

Zum Kühlen und Schmieren verwendet man beim Kontaktschleifen Sprühöle (mit 5° E oder 37° cSt bei 20 °C) für handgeführte Werkstücke, Flutöle (mit 1,6°–4° E) bei Breitbandanlagen und Schleifvorgängen bei denen viel Wärme entsteht.

Emulsionen aus wasserlöslichen mineralischen Ölen verwendet man für Durchlaufschleifanlagen und Fette für die Schleifbearbeitung fertig geformter oder gegossener Werkstücke, die lediglich einen Polierschliff für eine nachfolgende Galvanisier- oder Lackierbearbeitung erhalten sollen.

11.3 Anwendung der Schleifverfahren

11.3.1 Planschleifen

Das Planschleifen wird angewandt, um planparallele Flächen zu erzeugen. Typische Teile mit planparallelen Flächen sind Schneidplatten für Schneidwerkzeuge, Grundplatten für Press- und Ziehwerkzeuge, Kupplungslamellen, Ringe verschiedener Art (Abb. 11.17) und viele andere Maschinenelemente.

11.3.2 Profilschleifen

Das Schleifen von Keilwellenprofilen und Schneidstempeln mit Zahnprofilen (Abb. 11.18) so wie das Schleifen von profilierten Werkzeugen mit schwierigen Profilen aus dem Vollen sind Beispiele für das Profilschleifen (Abb. 11.19).

11.3.3 Rundschleifen

Sowohl das Außen- als auch das Innenrundschleifen wird zur Bearbeitung von rotationssymmetrischen Teilen aller Art (Abb. 11.20) eingesetzt.

Abb. 11.17 Rundtisch-Flach-
schleifmaschine Typ HFR 30
(*Werkfoto der Fa. Jung, Göppingen*)

Abb. 11.18 Einschleifen
des Profils in einen Kom-
plettschnitt für ein Zahnrad
(*Werkfoto der Fa. Jung, Göppingen*)

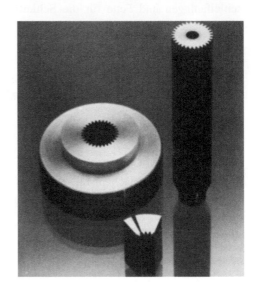

Abb. 11.19 Einschleifen des Profils in einen Schneidstempel aus dem vollen Material (*Werkfoto der Fa. Jung, Göppingen*)

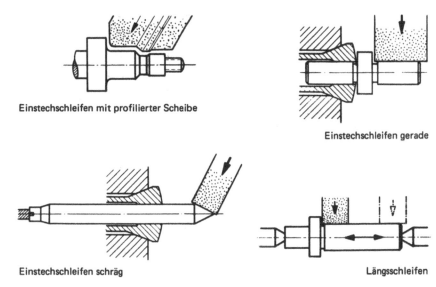

Einstechschleifen mit profilierter Scheibe

Einstechschleifen gerade

Einstechschleifen schräg

Längsschleifen

Abb. 11.20 Beispiele für das Außenrundschleifen

Abb. 11.21 Schleifen einer
Nockenwelle im Einstechver-
fahren auf einer spitzenlosen
Rundschleifmaschine

Spezielle Einsatzgebiete für das spitzenlose Schleifen sind:

Industriezweig	Durchlaufverfahren	Einstechverfahren
Wälzlager Industrie	Kugellageraußenringe Wälzkörper	–
Automobilindustrie	Bremskolben Stoßdämpferstangen Buchsen	Ventile Ventilstößel Nockenwellen (Abb. 11.21) Kurbelwellen
Werkzeugindustrie	Bohrer Stifte (zylindrisch)	Bohrer Gewindebohrer Reibahlen Kegelstifte

Abb. 11.22 Innendurchmesser(ID)-Trennschleifscheibe

Diamantschleifmittel am Innenrand

11.3.4 Trennschleifen

Das Trennschleifen steht im Werkstattbereich in Konkurrenz zum Sägen. Es ist unkompliziert in der Anwendung und wegen der geringen Trennbreite B (B ca. 1 % des Schleifscheibendurchmessers) ist der Trennverlust gering. Die üblichen Schnittgeschwindigkeiten liegen zwischen 45 und 80 m/s, es sind aber je nach Ausführungsform auch höhere Geschwindigkeiten möglich. Der maximale Trenndurchmesser d_{max} soll allgemein 1/10 des Scheibendurchmessers nicht überschreiten.

$$d_{max} = \frac{1}{10}D$$

d_{max} maximal möglicher Trenndurchmesser in mm
D Durchmesser der Trennschleifscheibe in mm

Die Durchmesser der Trennschleifscheiben liegen zwischen 30 und 500 mm und die Trennscheibendicke zwischen 0,1 und 5 mm.

Für die Bearbeitung von hochharten nichteisenhaltigen Werkstoffen wie Keramik, Glas und Halbleitermaterialien (Silizium) kommen metallische Trennschleifscheiben mit galvanisch aufgebrachten Diamantschleifmittel zum Einsatz (Abb. 11.22).

Die im Abb. 11.22 gezeigte ID-Trennschleifscheibe hat einen Außendurchmesser von 690 mm und der mit Diamant besetzte Innendurchmesser beträgt 280 mm. Die Trennscheibe besteht aus Edelstahl mit einer Dicke von 0,17 mm und die Diamantschichtdicke beträgt 0,3 mm, so dass eine geringe Schnittbreite realisiert werden kann. Die Scheibe bekommt durch die Einspannung (vergleichbar mit der Einspannung des Fells einer Trommel) seine Festigkeit und es sind Rundlaufgenauigkeiten von 0,2 mm erreichbar. Diese

Abb. 11.23 Prinzip einer
teilautomatischen Planschleifmaschine

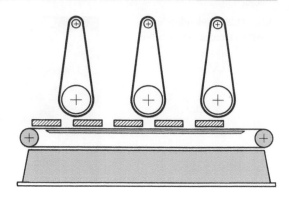

3D-Trennscheibe kommt für das Abtrennen dünner und hochgenauer Scheiben, vorzugsweise Wafer, zum Einsatz.

Für das Abtrennen der Enden der Einkristalle und für die Trennvorgänge zum Her-
auslösen der Chips aus dem Wafer sind auch Diamanttrennscheiben wesentlich kleineren
Durchmesser mit Schleifmaterial am Außenrand im Einsatz.

Durch den Einsatz von Diamantschleifmitteln wird eine sehr lange Lebensdauer der
Trennschleifscheiben erreicht.

11.3.5 Kontaktschleifen mit Schleifbändern

Das Kontaktschleifen, das ursprünglich fast ausschließlich zum Polierschleifen an Stelle
des Schleifbockes vorteilhaft eingesetzt wurde, umfasst heute fast alle Schleifverfahren.
Das Kontaktschleifen wird, wegen der guten Oberflächen die man mit ihm erreichen kann,
oft als Fertigschleifverfahren eingesetzt.

Alle Grundschleifverfahren, wie Plan- und Rundschleifen gibt es auch als Kontakt-
schleifverfahren.

Weil die Kontaktscheiben genau rundlaufen und sich, im Gegensatz zur Schleifscheibe, nicht abnutzen, wird mit dem Kontaktschleifen eine konstante Schnittgeschwindigkeit
erzielt, die eine Voraussetzung für ein automatisches Schleifen ist.

Bevorzugte Einsatzgebiete für das Kontaktschleifen sind die Schleifbearbeitung von

- Bau- und Möbelbeschlägen,
- Fahrrad- und Handwerkzeugteile,
- Teile aus der Besteckindustrie,
- Grundplatten von Bügeleisen,
- Rotationskörper und planparallele Platten für verschiedene Industriezweige.

Abb. 11.24 Prinzip von
spitzenlosen Kontakt-Rund-
schleifmaschinen, **a** mit
Regelband, **b** mit Regelscheibe

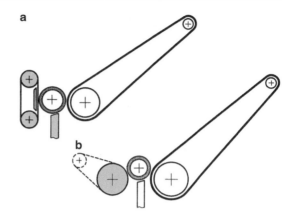

Mit Flachschleifmaschinen (Abb. 11.23) werden z. B. Metall- und Kunststoffteile plangeschliffen. Aber auch spitzenloses Rundschleifen (Abb. 11.24) ist mit dem Kontaktschleif-
verfahren möglich.

Beim Kontaktschleifen werden Zugaben von 0,1 bis 0,2 mm abgetragen. Die Maßgenauigkeit kann mit IT 10 bis IT 11 angenommen werden, die erreichbare Rautiefe liegt
bei 2 bis 4 μm.

11.4   Erreichbare Genauigkeiten und Bearbeitungsaufmaße beim Schleifen

Tab. 11.2 Bearbeitungszugaben und erreichbare Genauigkeiten

Schleif-verfahren	Bearbeitungszugabe			Erreichbare Genauigkeit	
	Für eine Werk-stücklänge in mm	Bearbeitungs-durchmesser bzw. Dicke des Werkstückes in mm	Zugabe bezo-gen auf den Durchmesser in mm	Maß-genauigkeit	Oberflächen-rauigkeit R_t in μm
Flach-	bis 100	bis 50	0,2–0,25	IT 8–IT 9 (IT 5–IT 6)	3–8 (1–3)
	150–200	bis 150	0,3–0,35		
Profil-	20–100	–	z. T. aus dem vollen Material	IT 4–IT 5	2–4
Außenrund-	bis 150	bis 50	0,2–0,25	IT 6 IT 8	5–10
	200–400	100–150	0,25–0,30		
Innenrund-	bis 50	bis 20	0,1–0,15	IT 8 IT 10	10–20
	80–100	21–100	0,2–0,25		
Spitzenlos-	bis 100	bis 30	0,2–0,3	IT 4 IT 6	2–4
		31–100	0,2–0,3		

Allgemein gilt: je größer der Bearbeitungsdurchmesser, bzw. die Bearbeitungsdicke und je größer die Länge des Werkstückes, um so größer ist die Bearbeitungszugabe.

Die Aufmasse gelten für ungehärtete Werkstücke. Bei gehärteten Werkstücken sind die Tabellenwerte um 20–40 % zu erhöhen.

11.5 Kraft- und Leistungsberechnung

Weil beim Schleifen die Schneiden geometrisch nicht eindeutig definiert sind, ist eine exakte Berechnung der Hauptschnittkraft und der Antriebsleistung nicht möglich.

Forschungsarbeiten von Salje, die die mittlere Spanungsdicke und die im Eingriff befindliche Schneidenzahl ermitteln, sollen eine genauere Leistungsberechnung ermöglichen.

Preger versucht die Schnittkraftberechnung vom Fräsen auf das Schleifen zu übertragen.

Nach Preger lässt sich die Mittenspandicke aus der Zustellung a_e, dem Schleifscheibendurchmesser und dem Vorschub pro Schleifschneide f_z ermitteln.

Für das Flachschleifen folgt daraus

$$h_\mathrm{m} = f_\mathrm{z} \cdot \sqrt{\frac{a_\mathrm{e}}{D_\mathrm{s}}}$$

h_m Mittenspandicke in mm
f_z Vorschub pro Schleifschneide in mm
D_s Schleifscheibendurchmesser in mm
a_e Zustellung beim Schleifen (Schnitteingriff) in mm

Der Vorschub f_z pro Schleifschneide lässt sich aus dem effektiven Kornabstand λ_Ke (Abstand zwischen zwei tatsächlich zum Einsatz kommenden Schleifkörnern) und der Verhältniszahl q bestimmen.

$$f_\mathrm{z} = \frac{\lambda_\mathrm{Ke}}{q}; \quad q = \frac{v_\mathrm{c}}{v_\mathrm{w}}$$

λ_Ke effektiver Kornabstand in mm (siehe Tab. 11.3)
q Verhältniszahl
v_c Schnittgeschwindigkeit der Schleifscheibe in m/s
v_w Umfangsgeschwindigkeit des Werkstückes in m/s

Daraus ergeben sich für die Berechnung der Kraft und der erforderlichen Maschinenantriebsleistung folgende Gleichungen:

Tab. 11.3 Effektiver Kornabstand λ_{Ke} in mm in Abhängigkeit von der Zustellung a_e in mm und der Körnung der Schleifscheibe

Körnung	a_e in mm						
	Schlichten				Schruppen		
	0,003	0,004	0,005	0,006	0,01	0,02	0,03
60	39	38	37	36	33	23	15
80	47	46	45	44	40	31	24
100	54	53	52	51	48	38	30
120	60	59	58	57	53	44	37
150	64	63	62	61	56	48	40

1.   *Mittenspandicke*

1.1. *Flachschleifen*

$$h_m = \frac{\lambda_{Ke}}{q} \sqrt{\frac{a_e}{D_s}}$$

1.2. *Rundschleifen*

$$h_m = \frac{\lambda_{Ke}}{q} \sqrt{a_e \cdot \left(\frac{1}{D_s} \pm \frac{1}{d}\right)} \qquad \begin{array}{l} + \quad \text{für Außenrundschleifen} \\ - \quad \text{für Innenrundschleifen} \end{array}$$

h_m Mittenspandicke in mm

λ_{Ke} effektiver Kornabstand in mm

q Verhältniszahl

a_e Zustellung beim Schleifen (Schnitteingriff) in mm

D_s Schleifscheibendurchmesser in mm

d Werkstückdurchmesser in mm

2.   *Spezifische Schnittkraft* k_c

$$k_c = \frac{(1\,\text{mm})^z}{h_m^z} \cdot k_{c1.1} \cdot K$$

k_c spezifische Schnittkraft in N/mm^2

$k_{c1.1}$ spezifische Schnittkraft für $h_m = b = 1$ mm in N/mm^2

K Korrekturfaktor der den Einfluss der Korngröße (Tab. 11.4) berücksichtigt.

Tab. 11.4 Korrekturfaktor K in Abhängigkeit von der Körnung und der Mittenspandicke

Körnung	h_m in mm			
	0,001	0,002	0,003	0,004
40	5,1	4,3	4,0	3,6
60	4,5	3,9	3,5	3,2
80	4,0	3,6	3,2	3,0
120	3,4	3,0	2,8	2,5
180	3,0	2,6	2,4	2,2
280	2,5	2,2	2,0	1,9

3.   *Mittlere Hauptschnittkraft F_{cm} pro Schneide*

$$F_{cm} = b \cdot h_m \cdot k_c$$

F_{cm} mittlere Hauptschnittkraft pro Schneide in N
b Spanungsbreite = wirksame Schleifbreite in mm
h_m Mittenspandicke in mm
k_c spezifische Schnittkraft in N/mm^2

4.   *Eingriffswinkel φ*
4.1. *Planschleifen*
4.1.1. *Umfangsschleifen (Abb. 11.25 und 11.26)*

$$\cos \varphi = 1 - \frac{2a_e}{D_s}$$

φ Eingriffswinkel
a_e Zustellung (Schnitteingriff) in mm
a_p Schnittbreite in mm

Abb. 11.25 Eingriffsgrößen
beim Umfangsschleifen

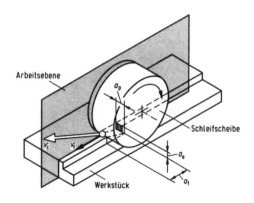

Abb. 11.26 Eingriffswinkel
beim Umfangsschleifen

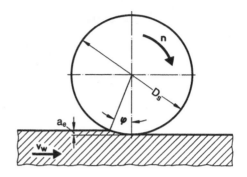

a_f Vorschubeingriff in mm

D_s Schleifscheibendurchmesser in mm

4.1.2. *Stirnschleifen (Abb. 11.27 und 11.28)*

$$\varphi = \varphi_E - \varphi_A$$

φ Eingriffswinkel

φ_E Endwinkel

φ_A Anfangswinkel

$$\cos \varphi_A = 1 - \frac{2a_{e1}}{D_s}$$

$$\cos \varphi_E = 1 - \frac{2a_{e2}}{D_s}$$

a_e Schnittbreite in mm

a_{e1}, a_{e2} Schnittbreitenanteile nach Abb. 11.27 in mm

D_s in mm Schleifscheibendurchmesser

Abb. 11.27 Eingriffswinkel
beim Stirnschleifen

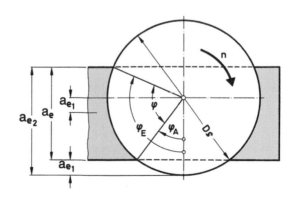

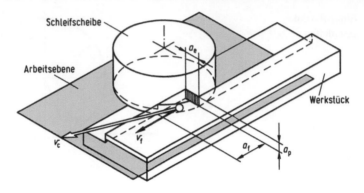

Abb. 11.28 Schnitttiefe a_p, Schnitteingriff a_e und Vorschubeingriff a_f beim Stirnschleifen

4.2. *Rundschleifen*

$$\phi \approx \frac{360°}{\pi} \cdot \sqrt{\frac{a_e}{D_s \cdot \left(1 \pm \frac{D_s}{d}\right)}}$$

$+$ für Außenrundschleifen

$-$ für Innenrundschleifen

φ Eingriffswinkel in °
a_e Zustellung in mm
D_s Schleifscheibendurchmesser in mm
d Werkstückdurchmesser in mm

Die Näherungsformel gilt für $\varphi \leq 60°$.

5.   *Anzahl der im Eingriff befindlichen Schneiden*
Sie lässt sich nach Preger bestimmen zu:

$$z_E = \frac{D_s \cdot \pi \cdot \varphi}{\lambda_{Ke} \cdot 360°}$$

z_E Anzahl der im Eingriff befindlichen Schneiden
D_s Schleifscheibendurchmesser in mm
λ_{Ke} effektiver Kornabstand in mm
φ Eingriffswinkel in °

6.   *Mittlere Gesamthauptschnittkraft F_m*

$$F_m = F_{cm} \cdot z_E$$

F_m mittlere Gesamthauptschnittkraft in N
F_{cm} mittlere Hauptschnittkraft pro Schneide in N
z_E Anzahl der im Eingriff befindlichen Schneiden

7. *Antriebsleistung der Maschine*

$$P = \frac{F_\mathrm{m} \cdot v_\mathrm{c}}{10^3\,\mathrm{W/kW} \cdot \eta_\mathrm{M}}$$

P Antriebsleistung beim Schleifen in kW

v_c Umfangsgeschwindigkeit der Schleifscheibe in m/s

η_M Wirkungsgrad der Maschine ($\eta_\mathrm{M} = 0{,}5$ bis $0{,}7$)

11.6 Bestimmung der Hauptzeit

11.6.1 Planschleifen

Umfangsschleifen (Abb. 11.29)

$$t_\mathrm{h} = \frac{B_\mathrm{b} \cdot i}{f \cdot n}$$

t_h Hauptzeit in min

B_b Weg der Schleifscheibe in Querrichtung in mm

i Anzahl der Schliffe mit Ausfeuern

f Vorschub je Doppelhub in mm/DH

n Anzahl der Doppelhübe pro Minute in DH/min

$$B_\mathrm{b} = \frac{2}{3} \cdot B + b \qquad b_\mathrm{a} = \frac{1}{3} \cdot B$$

b Werkstückbreite in mm

B Breite der Schleifscheibe in mm

b_a Überlauf der Schleifscheibe in mm

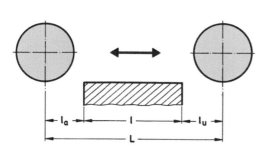 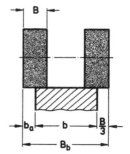

Abb. 11.29 Prinzip des Planschleifens – Umfangsschleifen

$$L = l_a + l + l_u$$

L Weg der Schleifscheibe in Längsrichtung in mm

l_a Anlaufweg in mm

l_u Überlaufweg in mm

l Werkstücklänge in mm

$$l_a = l_u = 10 \text{ bis } 40 \,\text{mm}$$

$$l_a \approx 0{,}04 \cdot l$$

$$n = \frac{v_w}{2 \cdot L}$$

n Anzahl der Doppelhübe pro Minute in DH/min

v_w Werkstückgeschwindigkeit in mm/min

L Weg der Schleifscheibe in Längsrichtung in mm

$$i = \frac{z_h}{a_e} + 8$$

i Anzahl der Schliffe

z_h Bearbeitungszugabe in mm

a_e Zustellung pro Doppelhub (Schnitteingriff) in mm

8   Anzahl der Doppelhübe zum Ausfeuern

Stirnschleifen

Weil beim Stirnschleifen der Schleifscheibendurchmesser D_s (Abb. 11.30) in der Regel gleich oder etwas größer ist als die Breite des Werkstückes, gibt es hier keinen Weg in Querrichtung.

Daraus folgt für die Hauptzeit:

$$t_h = \frac{i}{n}$$

Abb. 11.30 Prinzip des Planschleifens – Stirnschleifen

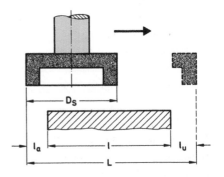

Abb. 11.31 Prinzip des
Außenrundschleifens mit
Längsvorschub

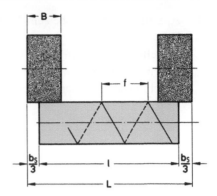

i Anzahl der Schliffe

n Anzahl der Doppelhübe pro Minute in DH/min

11.6.2 Außen- und Innenrundschleifen

Längsvorschub (Abb. 11.31)

Hier liegen die gleichen Bedingungen wie beim Drehen vor.

$$t_h = \frac{L \cdot i}{f \cdot n_w}$$

$$L = l - \frac{1}{3}B$$

t_h Hauptzeit in min

i Anzahl der Schliffe

f Vorschub pro Werkstückumdrehung in mm

n_w Drehzahl des Werkstückes in min^{-1}

L Weg der Schleifscheibe in Längsrichtung in mm

l Werkstücklänge in mm

B Breite der Schleifscheibe in mm

Die Anzahl der Schliffe i ergibt sich aus der Durchmesserdifferenz des Werkstückes vor und nach dem Schleifvorgang.

$$i = \frac{\Delta d}{2 \cdot a_e} + 8$$

8   Anzahl der Doppelhübe zum Ausfeuern

Δd Durchmesserdifferenz in mm

a_e Zustellung pro Schliff in mm

d_v Durchmesser vor dem Schleifen am Werkstück in mm

d_n Durchmesser nach dem Schleifen am Werkstück in mm

$$\Delta d = |d_v - d_n|$$

Für Δd gilt der absolute Wert, ohne Berücksichtigung des Vorzeichens, das beim Innenschleifen negativ wird.

Einstechschleifen

$$t_h = \frac{L}{v_f} = \frac{\Delta d}{2 \cdot a_e \cdot n_w}$$

t_h Hauptzeit in min

a_e Zustellung pro Werkstückumdrehung (Schnitteingriff) in mm

n_w Drehzahl des Werkstückes in min^{-1}

Δd Durchmesserdifferenz in mm

v_f Vorschubgeschwindigkeit in mm/min

11.6.3   Spitzenloses Schleifen

Durchgangsschleifen (Abb. 11.32)

$$t_h = \frac{L \cdot i}{v_A}$$

v_A Durchlaufgeschwindigkeit des Werkstückes in mm/min

n_R Drehzahl der Regelscheibe in min^{-1}

α Neigungswinkel ($\alpha = 2{,}5\text{–}3°$) in °

i Anzahl der Schliffe

$$L = l + B$$

L Weg des Werkstückes in mm

l Werkstücklänge in mm

B Breite der Schleifscheibe in mm

b_R Breite der Regelscheibe in mm

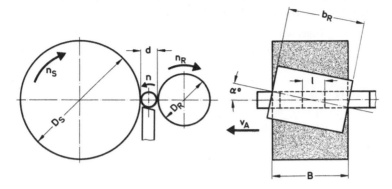

Abb. 11.32 Prinzip des spitzenlosen Durchgangsschleifens

Werden viele Werkstücke ohne Zwischenraum im Durchlauf geschliffen, z. B. Rollen für Rollenkugellager, dann wird

$$L = n \cdot l + B$$

n Anzahl der Rollen, die ohne Zwischenraum geschliffen werden

Einstechschleifen

$$t_h = \frac{L}{v_f} = \frac{\Delta d}{2 \cdot a_e \cdot n_w}$$

11.7 Schleifwerkzeuge

11.7.1 Schleifmittel

Die wichtigsten Schleifmittel sind Korund, Siliziumkarbid, Borkarbid, Bornitrid und der Diamant (siehe Tab. 11.5).

Bei den Korundarten, deren Hauptbestandteil Aluminiumoxid ist, unterscheidet man zwischen Naturkorund und Elektrokorund.

Elektrokorund wird im elektrochemischen Schmelzprozess aus Bauxit gewonnen. Die erstarrte Schmelze wird zerkleinert und auf Schleifkörpergröße gemahlen. Mit steigendem kristallinen Al_2O_3-Gehalt nehmen Härte und Sprödigkeit des Korundschleifkornes zu.

Man unterscheidet deshalb drei Qualitäten:

Normalkorund NL: 95 % Al_2O_3
Halbedelkorund HK: 98 % Al_2O_3
Edelkorund EK: 99,9 % Al_2O_3

Tab. 11.5 Eigenschaften und Einsatzgebiete der wichtigsten Schleifmittel

Schleifmittel	Eigenschaften	Wichtige Einsatzgebiete
Normalkorund NK	Große Härte und Zähigkeit	Niederleg. Stahl, Stahlguss, Temperguss, schwere Grobschleifarbeiten mit großer Zerspannungsleistung
Halbedelkorund HK	Große Härte, weniger zäh als Normalkorund	Gehärteter Stahl, vergüteter Stahl
Edelkorund EK	Weißer Edelkorund, sehr hartes, sprödes u. schnittfreudiges Schleifkorn	gehärteter, leg. Stahl, Werkzeug- und Schnellarbeitsstahl, rostfreier Stahl
	rosa Edelkorund, sehr hart, etwas weniger spröde als 81A	ungehärteter, leg. Stahl mit hoher Festigkeit, gehärteter Stahl
	dunkelroter Spezialkorund, bei großer Härte zäher als 81A und 82A	hochleg. Werkzeugstahl
	Einkristallkorund, sehr hartes, verschleißfestes Schleifkorn	hochleg., wärmeempfindlicher Werkzeugstahl u. Schnellarbeitsstahl
Siliziumkarbid SC	Grünes Siliziumkarbid, besonders hart und spröde, stoßempfindlich	Hartguss, Hartmetall, NE-Metalle, harte, nichtmetallische Werkstoffe
	dunkles Siliziumkarbid, besonders hart, etwas weniger spröde als 1C	Grauguss, metallische und nichtmetallische Werkstoffe mit geringer Zugfestigkeit
Diamant DT	Große Härte	Läppen und Schleifen von hartmetallbestückten Werkzeugen, gleichzeitiges Schleifen von Hartmetall und Stahl

Siliziumkarbid (SiC) wird ebenfalls im elektrochemischen Prozess aus kohlenstoffreichem Petrolkoks und Quarzsand hergestellt. Siliziumkarbid zählt zu den härtesten künstlichen Schleifmitteln und ist härter als Elektrokurund.

Bornitrid ist eine Bor-Stickstoffverbindung. Sie ist unter der vom Hersteller (General Electric Company) geschützten Bezeichnung „Borazon" bekannt.

Diamant, er ist das härteste Schleifmittel.

Mit den heute bekannten synthetischen Herstellverfahren ist man in der Lage, künstliche Diamanten in ganz bestimmten Korngrößen, wie sie für bestimmte Einsatzzwecke benötigt werden, herzustellen.

Die Zuordnung der Härten nach der Härteskala von Knoop zeigt Tab. 11.6.

Tab. 11.6 Härten der Schleifmittel

Werkstoff	Härte in kN/mm^2
Korund	20
Siliziumkarbid	28
Bornitrid	48
Diamant	70

Tab. 11.7 Körnungen nach DIN ISO 525 (Korngrößen in mm)

Sehr grob		Grob		Mittel	
Nr.	Korngröße	Nr.	Korngröße	Nr.	Korngröße
8	2,830–2,380	**14**	1,680–1,410	**30**	0,710–0,590
10	2,380–2,000	**16**	1,410–1,190	36	0,590–0,500
12	2,000–1,680	20	1,190–1,000	**46**	0,420–0,350
		24	0,840–0,710	50	0,350–0,297
				60	0,297–0,250

Fein		Sehr fein		Staubfein	
Nr.	Korngröße	Nr.	Korngröße	Nr.	Korngröße
70	0,250-0,210	150	0,105–0,088	**280**	0,040–0,030
80	0,210-0,177	**180**	0,088–0,074	320	0,030–0,020
90	0,177-0,149	200	0,074–0,062	400	0,020–0,016
100	0,149-0,125	220	0,062–0,053	**500**	0,016–0,013
120	0,125-0,105	240	0,053–0,040	600	0,013–0,010
				800	0,007–0,003

Die **fett**gedruckten Körnungen sind am gebräuchlichsten.

Tab. 11.8 Härtegrade der Schleifscheiben nach DIN ISO 525

Sehr weich	Weich	Mittel	Hart	Sehr hart	Äußerst hart
E F **G**	**H I Jot K**	**L M N O**	**P Q R** S	T U V W	X Y Z

Die **fett**gedruckten Härtegrade sind am gebräuchlichsten.

11.7.2 Körnungen

Die Schleifkorngrößen werden nach DIN ISO 525 mit Nummern gekennzeichnet. Je größer die Kennnummer, um so feiner die Körnung. Die Kennnummer ist zugleich die Siebnummer und gibt die Anzahl der Maschen auf einem Zoll Sieblänge an (siehe Tab. 11.7).

11.7.3 Härtegrade

Unter Härte versteht man bei einer Schleifscheibe den Widerstand gegen das Ausbrechen des Kornes aus der Bindung. Sie ist nicht identisch mit der Härte des Schleifkornes. Die Bindungshärte soll so abgestimmt sein, dass die Schleifkörner ausbrechen, wenn sie stumpf werden. Dadurch hält sich die Schleifscheibe selbständig scharf. Die Härtegrade werden in Buchstaben angegeben (siehe Tab. 11.8).

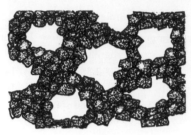

Abb. 11.33 Gefüge einer hochporösen Schleifscheibe

sehr offen

11.7.4 Gefüge der Schleifscheibe

Das Gefüge des Schleifkörpers (Abb. 11.33) ist wabenartig. Es wird von den Raumanteilen für das Schleifkorn, das Bindemittel und den Poren bestimmt. Den größten Anteil haben die Poren. Die internationale Gefügekennzeichnung zeigt Tab. 11.9.

11.7.5 Bindungsarten

Die Schleifkörner werden mit Bindemitteln vermischt und durch Pressen oder Gießen in die gewünschte Form gebracht. Danach werden sie je nach Bindemittel gebrannt bei 1200 bis 1400 °C (z. B. keramische Bindungen), oder getrocknet bei 300 °C (z. B. Silicatbindungen). Die gängigsten Bindungen nach DIN ISO 525 sind in Tab. 11.10 dargestellt.

11.7.6 Ausführungsformen und Bezeichnung der Schleifscheiben

11.7.6.1 Ausführungsformen

Einige gebräuchliche Formen mit den dazugehörigen Normen, in denen die Maße dieser Schleifscheiben festgelegt sind, zeigt Abb. 11.28.

Wegen der großen Anzahl der Normen, die es für Schleifkörper gibt, werden an dieser Stelle und in den folgenden Seiten nur einige genannt. Eine Gesamtübersicht finden Sie im Literaturverzeichnis.

Eine Übersicht über die Abmessungen der Schleifscheiben für das Werkzeugschleifen nach DIN ISO 603 enthält Tab. 11.11.

Tab. 11.9 Kennzeichnung der Gefüge von Schleifkörpern

Sehr dicht	Dicht	Mittel	Offen	Sehr offen
1, 2	3, 4	**5, 6, 7, 8**	9, 10, 11	12, 13, 14

Die **fett**gedruckten Gefüge sind am häufigsten.

Tab. 11.10 Bindungsarten

	Bezeichnung der Bindung	Hauptbestandteile	Vorteile	Nachteile
Starre nicht elastische Bindungen (mineralische Bindungen)	Keramische – Ke	Ton mit Zuschlägen	Unempfindlich gegen Wasser, Öl, Wärme sehr griffig	Festigkeit begrenzt, lange Fertigungszeit
	Magnesit – Mg	Sorel – Zement	Dichtes Gefüge ergibt glatten Schliff	Geringe Festigkeit deshalb v_{zul} klein
	Silicat – Si	Wasserglas	Werden nicht gebrannt, sondern bei $300\,°C$ getrocknet, deshalb schnell herstellbar, wasserbeständig	
Elastische Bindungen (organische Bindungen)	Kunstharz – Ba	Bakelite Phenolharze (80 %) und Kresol (10 %) bzw. Formaldehyd (10 %)	Griffig, freischneidend, größere Festigkeit als keramische Bindung, deshalb hohe Schnittgeschwindigkeit zulässig, kurze Fertigungszeit	Trockene Lagerung erforderlich, Einsatzzeit begrenzt
	Gummi – Gu Naturharz – Nh	Kautschuk mit Füllstoffen Schellack	Dichtes Gefüge, hohe Festigkeit, besonders geeignet für Schleifscheiben mit geringer Dicke und Scheiben mit scharfem Profil	Temperaturempfindlich, Erweichung bei $120\,°C$

Die Abmessungen der übrigen Formen sind in den folgenden Normen festgelegt.

DIN ISO 525   gerade Schleifkörper von 4–900 mm Außendurchmesser
DIN ISO 603   gerade ausgesparte Schleifkörper für das Innenschleifen
DIN ISO 603-5   Schleifzylinder mit Bodenflansch für das Flachschleifen
DIN ISO 603-15 Trennschleifscheiben

Darüber hinaus werden von den Schleifscheibenherstellern Schleifscheiben in allen Abmessungen bis 1200 mm ⌀ für bestimmte Einsatzgebiete und Schleifmaschinentypen hergestellt.

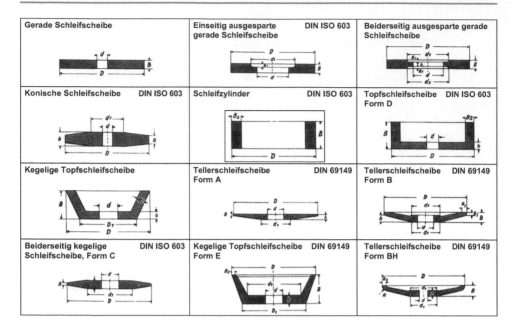

Abb. 11.34 Gebräuchliche Schleifscheibenformen

Tab. 11.11 Abmessungsbereiche der Schleifscheiben nach DIN ISO 603 (Bezeichnungen vgl. Abb. 11.34)

Art der Schleifscheibe	Hauptmaße der Schleifscheibe in mm		
	D	B	d
Topfscheibe Form D	50–150	32–80	13–20
Kegelige Topfscheibe	50–150	25–50	13–20
Tellerschleifscheibe Form A und B	80–250	8–21	20–32
Schleifscheibe beiderseits kegelig Form C	80–250	8–19	20–32
Kegelige Topfscheibe Form E	50–150	25–50	13–20
Tellerschleifscheibe Form BH	200	25	32

Abb. 11.35 Gerade Schleifscheibe nach DIN ISO 525

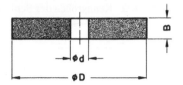

11.7.6.2 Bezeichnung der Schleifscheiben nach DIN ISO 525 (Tab. 11.2)

Schleifkörperabmessung $D \times B \times d$	Schleifkörper nach DIN	Schleifmittel	Härte	Gefüge	Bindung
$175 \times 32 \times 51$	DIN ISO 525	EK	M	5	Ke

Die hier im Beispiel angeführte Schleifscheibe ist ein Schleifkörper nach DIN ISO 525 (Abb. 11.35) mit der Abmessung:

Außendurchmesser: $D = 175\,\text{mm}$
Breite: $B = 32\,\text{mm}$
Bohrungsdurchmesser: $d = 51\,\text{mm}$
Schleifmittel: Edelkorund (EK)
Härte: M
Gefüge: 5
keramische Bindung: Ke

Jede Schleifscheibe muss mit einem Etikett versehen sein, auf dem die Kenndaten des Schleifkörpers und der Name des Herstellers angegeben sind. Durch die Grundfarbe des Etiketts wird das Schleifmittel angegeben (siehe Tab. 11.13).

Das Etikett ist außerdem mit einem farbigen Diagonalstreifen versehen. Die Farbe dieses Streifens gibt die höchstzulässige Umfangsgeschwindigkeit der Schleifscheibe an (siehe Tab. 11.14).

11.7.7 Befestigung der Schleifscheiben

Weil Schleifscheiben mit hohen Umfangsgeschwindigkeiten arbeiten, können beim Zerspringen einer Schleifscheibe schwere Unfälle entstehen.

Deshalb sind Schleifscheiben vor der Montage auf ihren Klang zu prüfen. Bei leichtem Anschlagen der Scheibe geben gesprungene oder beschädigte Scheiben einen unreinen Klang. Solche Scheiben dürfen nicht verwendet werden!

Tab. 11.12 Kenngrößen des Schleifkörpers nach DIN ISO 525

Schleifmittel		Körnung	Härte	Gefüge	Bindungsart	
Normalkorund	NK	8 10 12 14	D E F G	2 3 4	keramisch	Ke
Halbedelkorund	HK	16 20	H I	5		
		24	J	6	Kunstharz	Ba
		30	K	7		
Edelkorund	EK	36 46 54	L M N	8	Gummi	Gu
Korund (schwarz)	KS	60 70 80	O P Qu	9 10	Silikat	Si
		90	R	11		
Naturkorund	KO	100 120 150 180	S T U V	12 13	Magnesit	Mg
Siliziumkarbid	SC	220 140 280	W X Y	14 15	Naturharz	Nh
Diamant	DT	320 400 500 600	Z	16		

Härte: weich ↑ hart; Körnung: grob ↑ staubfein; Gefüge: dicht ↔ offen ↔ hochporös

Tab. 11.13 Etikettfarben und Zuordnung des Schleifmittels

Farbe des Etiketts	Schleifmittel
Braun	Normalkorund
Gelb	Halbedelkorund
Rot	Edelkorund
Grün	Siliziumkarbid

Tab. 11.14 Zuordnung von Farbe des Diagonalstreifens auf dem Etikett zur zulässigen Umfangsgeschwindigkeit der Schleifscheibe

Farbe des Diagonalstreifens	Maximale zulässige Umfangsgeschwindigkeit der Schleifscheibe in m/s
Weiß	15–25
Blau	45
Gelb	60
Rot	80
Grün	100

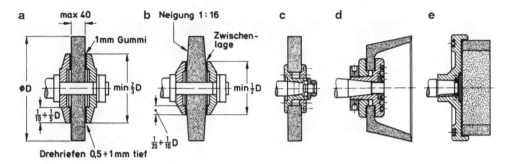

Abb. 11.36 Befestigung der Schleifscheiben, **a** gerade -, **b** konische -, **c** mit großer Bohrung, **d** Schleiftöpfe, **e** Schleifringe

Beim Einspannen in die Flansche (Abb. 11.36) ist auf Folgendes zu achten:

1. Zwischen Flanschen und Schleifscheibe sind elastische Zwischenlagen aus Gummi, Weichpappe, Filz oder Leder zu legen.
2. Die Flansche sollen Drehriefen von 0,5–1,0 mm Tiefe haben.
3. Der Flanschdurchmesser muss mindestens $\frac{1}{3}$ des Schleifscheibendurchmessers betragen.
4. Die Flansche müssen mindestens $\frac{1}{6}$ der Seitenhöhe des Schleifkörpers bedecken.

Bei großen Schleifscheiben bis 1000 mm Durchmesser und 40 mm Dicke, die nicht ausgespart sind, gelten die im Abb. 11.36a gezeigten Bedingungen.

Wenn die Verwendung von Schutzhauben nicht möglich ist, dann setzt man vorteilhaft konische Schleifscheiben (Abb. 11.36b) mit einer Seitenneigung 1 : 16 ein.

Große Schleifscheiben mit großer Bohrung spannt man zwischen Flanschen (Abb. 11.36c), die zum Auswuchten eingerichtet sind.

Schleiftöpfe (Abb. 11.36d) werden mit einem Gegenflansch, der den seitlichen Druck aufnimmt, befestigt.

Schleifringe (Abb. 11.36e) kittet man auf eine Tragplatte mit schwalbenschwanzförmiger Nut.

11.7.8 Abrichten der Schleifscheiben

Die Schleifscheiben unterliegen wie jedes andere spanende Werkzeug dem Verschleiß. Es kommt sowohl zur Abstumpfung der Schneidkörner, zur Veränderung der Profilform der Schleifscheibe und zur Verschmutzung (Zusetzen der Poren).

Die Wiederherstellung der Schärfe und der ursprünglichen Form der Schleifscheibe wird als Abrichten bezeichnet. Bei diesem Vorgang werden auch die Spanräume der

a b

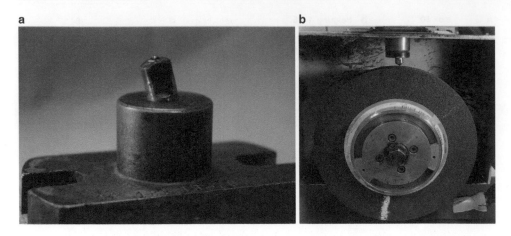

Abb. 11.37 Abrichtwerkzeug Einkorndiamant (**a**), Einbausituation an einer Planschleifmaschine (**b**) (*Foto: Th. Müller, HTW Dresden*)

Schleifscheibe wieder von Spänen befreit (Reinigen), so dass man bei gleichzeitiger Ausführung dieser Maßnahmen vom Konditionieren spricht.

Das Abrichten stellt eine Bearbeitung der Oberfläche der Schleifscheibe dar und ist mit Verlust von Schleifscheibenvolumen verbunden. Es muss je nach Schleifverfahren und zu bearbeiteten Material in festgelegten Zeiträumen durchgeführt und zustandsabhängig regelmäßig wiederholt werden. Bei hohen Anforderungen an die Genauigkeit des Werkstücks kann auch ein kontinuierliches Abrichten erforderlich sein (continuous dressing), das durch ständig im Eingriff befindliche Profilierabrichtrollen umgesetzt wird.

Als Abrichtwerkzeuge kommen üblicherweise Ein- und Mehrkorndiamanten oder diamantbesetzte Abrichtrollen zum Einsatz.

Das Abrichten ist ein wesentlicher Bestandteil des Schleifprozesses und für die Erreichung der qualitativen und quantitativen Ziele unverzichtbar.

Im Abb. 11.37a ist ein Abrichtwerkzeug mit einem Einkorndiamant dargestellt. Im Abb. 11.37b ist die Einbausituation des Einkorndiamanten in einer Flachschleifmaschine zu sehen. Das Abrichtwerkzeug befindet sich oberhalb der Schleifscheibe und wird programmgesteuert im Abrichtprozess eingesetzt.

11.7.9 Auswahl der Schleifscheiben für bestimmte Einsatzgebiete

Tab. 11.15 Richtlinien für die Wahl von Schleifmittel, Körnung, Härte und Gefüge für keramisch gebundene Schleifscheiben (Auszug aus DIN 69102 und Unterlagen der Fa. Elbe-Schleifmittelwerk)

Werkstoff	Rundschleifen		Innenschleifen			Flachschleifen	Stirnschliff	
	Außenschleifen		Schleifscheibendurchmesser in mm			Umfangsschliff bis 200 mm Scheibendurchmesser	Topfscheibe 200–350 Ø	Segmente
	Zwischen Spitzen	Spitzenlos	Bis 16	16–36	36–80			
Einsatz- und Werkzeugstähle legierte Stähle gehärtet bis 63 HRC	EK 50 L 6	HK 60 L 5	EK 80 L 5	EK 60 K 5	EK 46 Jot 6	EK 46 Jot 12	EK 30 Jot 10	EK 30 Jot 10
Schnellarbeitsstähle gehärtet bis 63 HRC	EK 50 Jot 6	EK 50 K 5	EK 80 Jot 6	EK 60 I 6	EK 46 H 9	EK 46 G 11	EK 36 G 10	EK 30 I 10
Schnellarbeitsstähle gehärtet > 63 HRC	EK 50 I 6 / SC	EK 60 L 5	SC 80 I 6	SC 60 H 6	SC 46 G 9	EK 46 G 11	EK 36 G 10	EK 30 H 10
Hartmetall	SC 60 H	SC 60 I	SC 80 M	SC 60 L	SC 46 K	SC 60 G	SC 50 G	SC 50 H
Stahl ungehärtet bis 700 N/mm²	NK 50 M 6	NK 60 M 5	HK 80 M 6	HK 60 L 6	HK 46 K 6	EK 46 K 10 / NK	EK 36 K 10 / NK	EK 24 K 10 / NK
Stahl vergütet bis 1200 N/mm²	NK 50 L 6	HK 60 M 5	EK 60 L 6	EK 60 K 6	EK 46 Jot 6	EK 46 I 14	EK 36 I 10	EK 24 Jot 10
Grauguss	SC 50 Jot 6 / EK	SC 50 K 5	SC 80 K 6	SC 60 Jot 6	SC 46 I 8	EK 46 I 12 / SK	EK 36 I 10 / SK	EK 30 Jot 8 / SK
Zinklegierungen und Leichtmetalle	SC 46 I 3[a]	SC 60 K 9	SC 60 I 8	SC 60 19	SC 46 Jot 10	SC 36 I 12[a]	SC 24 I 10[a]	SC 20 I 10[a]

[a] Kunstharzbindung
In dieser Tabelle sind angegeben: Schleifmittel – Körnung – Härte – Gefüge, z. B. EK 50 L 6

11.8   Fehler beim Schleifen

11.8.1   Einflussgrößen auf den Schleifvorgang

Es ist nur dann ein optimales Schleifergebnis zu erwarten, wenn das Schleifwerkzeug und die Schleifbedingungen (Umfangsgeschwindigkeit, Vorschübe, Zustellung) richtig auf das Werkstück abgestimmt sind.

Die nachfolgende Tab. 11.16 zeigt, wie sich die Veränderung der einzelnen Faktoren auf das Schleifergebnis auswirkt.

Tab. 11.16 Einflussgrößen beim Schleifen und ihre Auswirkung auf das Schleifergebnis

Veränderung		Auswirkung auf Schleifergebnis
Schleifkörper		
Körnung	Gröber	Zerspanungsleistung größer
		Rautiefe am Werkstück nimmt zu
	Feiner	Zerspanungsleistung kleiner
		Rautiefe am Werkstück nimmt ab.
		Schleifkörper wirkt härter und formbeständiger
Härte	Härter	Zerspanungsleistung nimmt ab.
		Abgestumpftes Korn bricht später oder gar nicht aus.
		Erwärmung des Werkstücks nimmt zu
		(Schleifrisse, Gefügeveränderung)
	Weicher	Schleifkorn bricht früher aus.
		Schleifkörperverschleiß nimmt zu.
		Rautiefe am Werkstück größer
		Formfehler werden größer
Gefüge	Dichter	Schleifkörper wirkt härter.
		Schleifkörper formbeständiger
		Rautiefe am Werkstück kleiner
	Offener	Schleifkörper wirkt weicher.
		Schleifkörper schleift kühler.
		Rautiefe am Werkstück größer
Schleifkörperumfangsgeschwindigkeit		
Höher		Schleifkörper wirkt härter.
		Rautiefe am Werkstück nimmt ab
Niedriger		Schleifkörper wirkt weicher
Werkstückgeschwindigkeit		
Höher		Schleifkörper wirkt weicher
Veränderung		Auswirkung auf Schleifergebnis
Werkstückform		
Kleine Berührungszone zwischen Schleifkörper und Werkstück (z. B. Außen-Rundschliff)		Härterer Schleifkörper erforderlich, um zu frühes Ausbrechen des Schleifkornes zu vermeiden
Große Berührungszone zwischen Schleifkörper und Werkstück (z. B. bei Flachschliff mit Topfschleifscheibe)		Weicheren oder offeneren Schleifkörper verwenden, um nahe an den Selbstschärfungsbereich zu kommen und um zu große Wärmeentwicklung zu vermeiden
Unterbrechungen in der Werkstückfläche		Schleifkörper wirkt weicher

(Auszug aus Unterlagen der Elbe-Schleifmittelwerke)

11.8.2 Fehlertabelle

Tab. 11.17 Fehler beim Schleifen

Auswirkung am Werkstück	Fehlerursache	Abhilfe
Schleifrisse Brandflecken weiche Zonen oder Verzug am Werkstück	Schleifkörper zu hart Zustellung zu groß Schnittgeschwindigkeit zu hoch Kühlung nicht ausreichend	Weichere Schleifscheibe kleiner Zustellung v_c – herabsetzen besser kühlen
Vorschubmarkierungen (beim Rundschleifen Schraubenlinien auf der Oberfläche)	Schleifkörper zu hart Schleifkörper falsch abgerichtet, Schleifkörper greift einseitig an	Neu abrichten weichere Schleifscheibe verwenden
Rattermarken	Schwingungen Schleifkörper zu hart oder nicht richtig ausgewuchtet Werkstückaufnahme nicht in Ordnung	Weichere Schleifscheibe neu auswuchten Werkstückaufnahme überprüfen
Schleifkomma	Es lösen sich Schleifkörper von der Schleifscheibe und gelangen in den Kühlmittelkreislauf.	Kühlmittelreinigung verbessern Schleifscheibe überprüfen
Schleifriefen	Schleifkörper zu grob Ausfeuerzeit zu kurz	Kleinere Korngröße verwenden länger ausfeuern

11.9 Richtwerttabellen

Tab. 11.18 Vorschübe beim Schleifen

Art der Bearbeitung	Rundschleifen mit Längsvorschub	Flachschleifen (Umfangsschliff)
	Vorschub in Längsrichtung f in mm/U	Seitlicher Vorschub f in mm/Hub
Schruppen	$\frac{2}{3} \cdot B$ bis $\frac{3}{4} \cdot B$	$\frac{2}{3} \cdot B$ bis $\frac{4}{5} \cdot B$
Schlichten	$\frac{1}{4} \cdot B$ bis $\frac{1}{2} \cdot B$	$\frac{1}{2} \cdot B$ bis $\frac{2}{3} \cdot B$
Genauigkeitsbearbeitung	–	2,0 mm

B Schleifscheibenbreite in mm

Tab. 11.19 Zustellung a_e in mm (Schnitttiefe a_p) beim Schleifen

Art der Bearbeitung	Werkstoff	Rundschleifen			Flachschleifen
		Außen	Innen	Einstechen	
Schruppen	Stahl	0,02–0,04	0,01–0,03	0,002–0,02	0,03–0,1
	GG	0,04–0,08	0,02–0,06	0,006–0,03	0,06–0,2
Schlichten	Stahl	0,002–0,01	0,002–0,005	0,0004–0,005	0,002–0,01
	GG	0,004–0,02	0,004–0,01	0,001–0,006	0,004–0,02

Tab. 11.20 Schnittgeschwindigkeiten der Schleifscheibe v_c in m/s, Werkstückgeschwindigkeiten v_w in m/s und Verhältniszahlen $q = v_c/v_w$ für das Rund- und Flachschleifen. Auszug aus Firmenschrift der Fa. Naxos-Union, Frankfurt

Werkstoff	Rundschleifen									Flachschleifen						Trennschleifen
	Außenrundschleifen						Innenrundschleifen			Umfangsschleifen			Stirnschleifen			
	Vor-			Fertig-												
	v_c	v_w	q	v_c	v_w	q	v_c	v_w	q	v_c	v_w	q	v_c	v_w	q	v_c
Stahl, weich	30	0,22	130	30	0,17	180	25	0,32	80	30	0,16 bis	180 bis	25	0,1 bis	250 bis	45 bis 80
Stahl, gehärtet	35	0,27	130	35	0,17	210	25	0,38	65		0,58	50		0,42	60	
Grauguss	25	0,22	115	25	0,18	135	25	0,38	65					0,1 bis 0,5	250 bis 50	
Messing und Bronze	30	0,32	95	30	0,27	110	25	0,40	60	25	0,25 bis	40 bis	–	0,33 bis	60 bis	
Al-Legierungen	20	0,58	35	20	0,45	45	20	0,58	35	20	0,67	100	20	0,75	27	–
Hartmetall	8	0,08	100	8	0,07	120	8	0,13	60	8	0,07	115	25	0,07	115	45

Die Umfangsgeschwindigkeiten der Schleifscheiben v_c können mit besonderer Zulassung des DSA (Deutscher Schleifscheiben Ausschuss) für bestimmte Schleifkörper überschritten werden (siehe dazu Tab. 11.21).

Tab. 11.21 Erhöhte Umfangsgeschwindigkeiten für vom DSA zugelassene Schleifscheiben der Naxon-Union, Frankfurt (Auszug aus Firmenschriften der Naxos-Union)

DSA-Zulassungs-Nr.	Bezeichnung	Bindg.	Geringste Härte	Gröb. Körng.	Da größter Durchm.	B größte Dicke	Größte Bohrung	Geringste Wandst.	Geringste Bodenst.	Arb. Geschw. m/s
952	Schleifscheiben hochverdichtet ohne Bohrung	Ba	Z	10	610	76	–	–	–	80
966	Schleifscheiben hochverdichtet mit Feinkornzentrum	Ba	Z	10/12	610	76	305	–	–	80
969	Schleifscheiben mit Feinkornzentrum	Ba	L	12	610	76	0,5 Da	–	–	60
969	Schleifscheiben mit Feinkornzentrum	Ba	L	12	800	100	0,5 Da	–	–	60
1079	Schleifscheiben	Gu	O P	60 46	500 760	50 30	0,5 Da	–	–	60
1097	Schleifscheiben auch für Nassschliff	Ba	L	24cb	610 1000	510 250	0,5 Da	–	–	60
1207	Kleinst-Schleifkörper	Ke	I	24	50 45 40 35	30 35 45 50	0,18 Da	–	–	45
1208	Trennschleifscheiben mit Faserverstärkung	Ba	–	24	230	1/50 Da	22,3	–	–	80
1211	Trennschleifscheiben mit Faserverstärkung	Ba	–	16	800	1/50 Da	0,1 Da	–	–	100
1297	Kleinst-Schleifkörper	Ba	N	20	50	25	Schaft 10 mm	–	3/5 B	45

Tab. 11.21 (Fortsetzung)

DSA-Zu-lassungs-Nr.	Bezeichnung	Bindg.	Geringste Härte	Gröb. Körng.	Da größter Durchm.	B größte Dicke	Größte Bohrung	Geringste Wandst.	Geringste Bodenst.	Arb. Ge-schw. m/s
1300	Trennscheiben faserstoffverstärkt für Handtrennmaschinen	Ba	N	24	300	1/50 Da	0,14 Da	–	–	80
1310	Schleifscheiben faserstoffverstärkt	Ba	–	10/16	500	65	DIN 69120	–	–	80
1414	Schleiftöpfe mit Feinkornboden und Armierung	Ba	O	10/27	400	260	0,25 Da	0,25 Da	0,19 B	45
1705	Trennscheiben faserstoffverstärkt	Ba	R	20	1200	1/50 Da	0,6 Da max 250	–	–	80
1706	Trennscheiben heißgepresst faserstoffverstärkt	Ba	Z	14	1200	14	0,25 Da	–	–	100
1744	Schleifscheiben Bohrung kunstharzgetränkt	Ke	L	100	610	50	0,5 Da	–	–	80
1767	Trennscheiben faserstoffverstärkt	Ba	–	24	1200	1/50 Da	0,2 Da	–	–	100
1827	Schleifscheiben mit Aussparung	Ke	H	46	300	50	127	60	20	45

Andere Schleifmittelhersteller haben ähnliche Zulassungen wie die hier gezeigten.

Tab. 11.22 Zulässige Unwuchten der Schleifscheiben in g in Abhängigkeit von der Masse der Schleifscheibe in kg, dem Durchmesser in mm und der Umfangsgeschwindigkeit in m/s

Masse des Schleifkörpers in kg	Schleifscheibendurchmesser in mm								
	Bis 305			305–610			Größer 610		
	Umfangsgeschwindigkeiten in m/s								
	Bis 40	40–63	63–100	Bis 40	40–63	61–100	Bis 40	40–63	63–100
0,5	5,6	4,5	3,6	7,2	5,6	4,5	8,9	7,2	5,6
1,0	7,9	6,4	5,1	10	8,0	6,3	13	10	8
2,0	11	9	7	14	11	9	18	14	11
3,0	13	11	9	18	13	11	22	18	13
4,0	16	13	10	20	16	13	25	20	16
6,0	19	16	12	25	19	16	31	25	19
10	25	20	16	32	25	20	40	32	25
15	31	25	20	39	31	25	49	39	31
20	35	28	23	45	35	28	57	45	35

Beispiel: Für eine Schleifscheibe mit einem Durchmesser von 500 mm, der Masse 6 kg, die mit einer Umfangsgeschwindigkeit von 60 m/s arbeiten soll, ist eine Unwucht von 19 g zulässig.

Tab. 11.23 Massen einiger gerader Schleifscheiben in kg nach DIN ISO 525

Durchmesser der Schleifscheibe in mm	Breite der Schleifscheibe in mm						
	6	10	16	25	40	63	100
25	0,008	0,013	0,020	0,033	0,052	–	–
50	0,030	0,050	0,075	0,125	0,200	–	–
100	0,12	0,20	0,32	0,50	0,80	–	–
150	0,26	0,45	0,72	1,13	1,80	–	–
200	0,48	0,80	1,28	2,00	3,20	–	–
300	1,1	1,8	2,9	4,5	7,2	–	–
400	–	3,2	5,1	8,0	13	20	32
500	–	–	–	13	20	32	50
650	–	–	–	–	33	52	83
750	–	–	–	–	–	69	110
900	–	–	–	–	–	102	162

Tab. 11.24 Kühl- und Schmiermittel für das Schleifen

Medium	Zusatzmittel	Geeignet für	
		Art der Arbeit	Werkstoff
Wasser	–	Einfache Arbeiten	NE-Metalle
wässrige Lösungen	Soda oder Schleifsalze (3–5 %)	Einfache Arbeiten mit geringen Oberflächengüten	Stahl Grauguss
Emulsionen (Mischung aus H_2O und Bohröl Anteil Bohröl 2 %)	Emulgatoren, die das Öl im Wasser fein verteilt halten	Flach-, Rundschleif- und Profilschleifarbeiten	Für alle Metalle
Schleiföle (Mineralöle mit Viskositäten 16–36 cSt bei 50 °C) nicht geeignet für Schleifkörper mit Naturharz oder Gummibindung	Hochdruckzusätze (z. B. Schwefel, Chlor- oder Phosphorverbindungen) Korrosionsinhibitoren	Außen- und Innenrundschleifen bei schweren Zerspanungsbedingungen, Schleifen von Zahnflanken, Gewinden und Nuten Schleifen mit v_c 60 m/s	Stahl gehärtet Nirostastähle hochlegierte Stähle Leichtmetalle Magnesium
Spindelöl	Petroleum (Mischung 1 : 1)	Honen	Stahl, Kupfer Aluminium Magnesium
Petroleum	–	für Feinschleifarbeiten und Honen	Stahl und Kupferlegierungen

11.10 Berechnungsbeispiele

Beispiel 1 Es sind einsatzgehärtete Wellen ($60\varnothing \times 140$ lang) aus 16 MnCr 5 (Abb. 11.38) mit einer Schleifzugabe von 0,2 mm auf Fertigmaß zu schleifen.

gesucht

1. mögliche Schleifverfahren
2. Wahl des Schleifverfahrens
3. Wahl der Schleifscheibe
4. Festlegung der Zerspanungswerte
5. Bestimmung der Antriebsleistung der Maschine ($\eta_M = 0{,}6$)
6. Bestimmung der Hauptzeit

Lösung

1. Rundschleifen mit Längsvorschub oder Rundschleifen – Einstechschleifen

Abb. 11.38 Zu bearbeitende
Welle

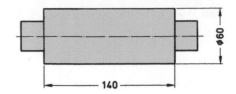

2. Es wird für die Bearbeitung der Welle das Rundschleifverfahren mit Längsvorschub
    gewählt.
3. Wahl der Schleifscheibe
3.1. Schleifmittel, Körnung, Härte und Gefüge
    Aus Tab. 11.15 wurde eine Schleifscheibe der Qualität EK 50 L 6 gewählt.
3.2. Abmessung der Schleifscheibe
    Aus Tab. 11.22 wurde die Abmessung: 400∅ × 40 mm Breite gewählt.
4. Aus den Tab. 11.18, 11.19 und 11.20 wurden gewählt:
    $v_c = 35$ m/s; $v_w = 0,27$ m/s; $q = 130$; $a_e = 0,003$ mm
    Vorschub in Längsrichtung: $f = 0,7 \cdot B = 0,7 \cdot 40$ mm $= 28$ mm/U
5. Antriebsleistung der Maschine
5.1. Mittenspandicke

$$h_m = \frac{\lambda_{Ke}}{q} \cdot \sqrt{a_e \cdot \left(\frac{1}{D_s} + \frac{1}{d} \right)} = \frac{39\,\text{mm}}{130} \cdot \sqrt{0,003\,\text{mm} \left(\frac{1}{400\,\text{mm}} + \frac{1}{60\,\text{mm}} \right)}$$

$$h_m = \frac{39\,\text{mm}}{130} \cdot 0,0076 = 0,0023\,\text{mm}$$

($\lambda_{Ke} = 39$ aus Tab. 11.3)
5.2. Spezifische Schnittkraft

$$k_c = \frac{(1\,\text{mm})^z}{h_m^z} \cdot k_{c1.1} \cdot K = \frac{(1\,\text{mm})^{0,26}}{0,0023^{0,26}} \cdot 2100\,\text{N/mm}^2 \cdot 4 = 40.800\,\text{N/mm}^2$$

$K = 4,0$ aus Tab. 11.4 interpoliert
5.3. Mittlere Hauptschnittkraft pro Schneide
    $F_{cm} = b \cdot h_m \cdot k_c$
    Die wirksame Schleifbreite b entspricht etwa dem 0,7fachen der Schleifscheibenbrei-
    te B und wurde deshalb mit $b = 28$ mm angenommen.
    $F_{cm} = 28\,\text{mm} \cdot 0,0023\,\text{mm} \cdot 40.800\,\text{N/mm}^2 = 2627,5\,\text{N}$
5.4. Eingriffswinkel φ

$$\varphi = \frac{360°}{\pi} \cdot \sqrt{\frac{a_e}{D_s \cdot \left(1 + \frac{D_s}{d}\right)}} = \frac{360°}{\pi} \cdot \sqrt{\frac{0,003\,\text{mm}}{400\,\text{mm} \left(1 + \frac{400\,\text{mm}}{60\,\text{mm}}\right)}} = 0,11°$$

5.5. Anzahl der im Eingriff befindlichen Schneiden z_E

$$z_E = \frac{D_s \cdot \pi \cdot \varphi°}{\lambda_{Ke} \cdot 360°} = \frac{400\,mm \cdot \pi \cdot 0{,}11°}{39\,mm \cdot 360°} = 0{,}0098$$

5.6. Antriebsleistung der Maschine

$$P = \frac{F_{cm} \cdot z_E \cdot v_c}{10^3\,W/kW \cdot \eta_M} = \frac{2627{,}5\,N \cdot 0{,}0098 \cdot 35\,m/s}{10^3\,W/kW \cdot 0{,}6} = 1{,}5\,kW$$

6. *Hauptzeit*

6.1. Anzahl der Schnitte i_{ges}

$$i = \frac{\Delta d}{2a_e} + 8 = \frac{(60{,}2\,mm - 60\,mm)}{2 \cdot 0{,}003\,mm} + 8$$

$$i = 41$$

6.2. Weg der Schleifscheibe in Längsrichtung

$$L = l - \frac{1}{3}B = 140\,mm - \frac{40\,mm}{3} = 126{,}7\,mm$$

6.3. Vorschub pro Umdrehung (Tab. 11.18)
$f = 0{,}7 \cdot B = 0{,}7 \cdot 40\,mm = 28\,mm/U$

6.4. Drehzahl des Werkstückes (siehe Abschn. 11.2.4)

$$n_w = \frac{v_w \cdot 60\,s/min}{d \cdot \pi} = \frac{0{,}27\,m/s \cdot 60\,s/min}{0{,}06\,mm \cdot \pi} = 86\,min^{-1}$$

$n_w = 90\,min^{-1}$ (Normdrehzahl gewählt oder bei stufenloser Drehzahl gerundet)

6.5. Hauptzeit

$$t_h = \frac{L \cdot i}{f \cdot n_w} = \frac{126{,}7\,mm \cdot 41}{28\,mm/U \cdot 90\,U/min} = 2{,}06\,min$$

Das Produkt $f \cdot n_w$ ergibt die Vorschubgeschwindigkeit v_f des Schleifmaschinentisches.

$$v_f = f \cdot n_w = 28\,mm/U \cdot 90\,U/min = 2520\,mm/min$$

Ist der Antrieb der Schleifmaschine hydraulisch, dann kann man praktisch stufenlos jede errechnete Tischgeschwindigkeit, im Regelbereich der Maschine, einstellen.

Bei mechanischem Antrieb gibt es nur bestimmte feste Vorschubgeschwindigkeiten.

In diesem Fall ist die dem rechnerischen Wert von v_f, nächstliegende Vorschubgeschwindigkeit zu wählen und in die Berechnung für die Hauptzeit einzusetzen.

v_{ftat} in mm/min die tatsächlich an der Maschine vorhandene bzw. einstellbare Vorschubgeschwindigkeit des Tisches

Beispiel 2 Es soll eine Platte aus E 360 mit der Abmessung

$$400\,\text{mm lang} \times 200\,\text{mm breit} \times 30\,\text{mm dick}$$

auf einer Fläche geschliffen werden.

Die zweite Fläche ist bereits geschliffen. Das Aufmaß beträgt 0,8 mm.

gesucht

1. Schleifverfahren
2. Wahl der Schleifscheibe
3. Wahl der Zerspanungswerte
4. Hauptzeit

Lösung

1. Das Schleifverfahren ist Planschleifen (Stirn- oder Umfangsschleifen). Es wird hier das Umfangsschleifen als Verfahren gewählt.
2. Wahl der Schleifscheibe
2.1. Schleifmittel, Körnung, Härte und Gefüge aus Tab. 11.14: EK 46 K 14
2.2. Abmessung der Schleifscheibe
     $200\varnothing \times 25$ mm Breite aus Tab. 11.23 gewählt.
3. Wahl der Zerspanungswerte
3.1. Umfangsgeschwindigkeiten aus Tab. 11.21

$$v_c = 30\,\text{m/s}; \quad v_w = 0,3\,\text{m/s} = 18\,\text{m/min}; \quad q = \frac{v_c}{v_w} = \frac{30}{0,3} = 100$$

3.2. Seitlicher Vorschub (Tab. 11.18)
     $f = 0,7 \cdot B = 0,7 \cdot 25\,\text{mm} = 17,5\,\text{mm/Hub}$
     $f = 35\,\text{mm/Doppelhub}$
3.3. Zustellung a_e aus Tab. 11.19
     $a_e = 0,06$ mm im Mittel für die Rechnung gewählt
     Für die ersten Hübe wird $a_e = 0,1$ mm und bei einem Restaufmaß von ca. 0,1 mm wird
     $a_e = 0,03$ mm gewählt.
4. Hauptzeit (Abschn. 11.6.1)
4.1. Weg der Schleifscheibe in Querrichtung

$$B_b = \frac{2}{3} \cdot B + b = \frac{2}{3} \cdot 25\,\text{mm} + 200\,\text{mm} = 216{,}7\,\text{mm}$$

4.2. Weg der Schleifscheibe in Längsrichtung

$$L = l_a + l + l_u$$
$$l_a = l_u = 0{,}04 \cdot l = 0{,}04 \cdot 400\,\text{mm} = 16\,\text{mm}$$
$$L = 16\,\text{mm} + 400\,\text{mm} + 16\,\text{mm} = 432\,\text{mm}$$

4.3. Anzahl der Schliffe (Anzahl der Zustellungen)

$$i = \frac{z_h}{a_e} + 8 = \frac{0,8\,\text{mm}}{0,06\,\text{mm}} + 8 = 13,3 + 8 = 21,3 \rightarrow 21$$

4.4. Anzahl der Doppelhübe pro Minute n

$$n = \frac{v_w}{2 \cdot L} = \frac{18\,\text{m/min}}{2 \cdot 0,432\,\text{m}} = 20,8\,\text{DH/min}$$

4.5. Hauptzeit

$$t_h = \frac{B_b \cdot i}{f \cdot n} = \frac{216,7\,\text{mm} \cdot 21}{35\,\text{mm/DH} \cdot 20,8\,\text{DH/min}} = 6,25\,\text{min}$$

Beispiel 3 Es sollen 1000 Stück Rollen für Rollenkugellager aus legiertem Stahl mit einer Härte von 64 HRC und der Abmessung

$$20\,\text{mm}\varnothing \times 30\,\text{mm lang}$$

geschliffen werden.

Das Aufmaß beträgt 0,1 mm.

Es wird eine Schleifscheibe mit der Abmessung

$$D_s = 300\,\text{mm}\,\varnothing \text{ und einer Breite von } B = 150\,\text{mm}$$

verwendet.

gesucht

1. Arbeitsverfahren
2. Regelscheibendurchmesser
3. Höhenversatz des Auflagelineals
4. Hauptzeit

Lösung

1. Als Arbeitsverfahren wird das *spitzenlose Durchgangsschleifen* gewählt.
2. Regelscheibendurchmesser
    $D_R = 0,7 \cdot D_s = 0,7 \cdot 300\,\text{mm} = 210\,\text{mm}$
3. Höhenversatz

$$h = 0,1 \cdot \frac{(D_R + d) \cdot (D_s + d)}{D_R + D_s + 2 \cdot d} = \frac{0,1 \cdot (210\,\text{mm} + 20\,\text{mm}) \cdot (300\,\text{mm} + 20\,\text{mm})}{210\,\text{mm} + 300\,\text{mm} + 2 \cdot 20\,\text{mm}}$$

$$h = \frac{0,1 \cdot 230\,\text{mm} \cdot 320\,\text{mm}}{550\,\text{mm}} = 13,38\,\text{mm}$$

nach Faustformel:

$$h = \frac{d}{2} = \frac{20\,\text{mm}}{2} = 10\,\text{mm}$$

4. Hauptzeit

4.1. Weg der 1000 Stück Werkstücke

$$L = n \cdot l + B = 1000 \cdot 30\,\text{mm} + 150\,\text{mm} = 30.150\,\text{mm}$$

4.2. Anzahl der Schliffe (Abschn. 11.6.2)

$$i = \frac{\Delta d}{2 \cdot a_\text{e}} = \frac{0,1\,\text{mm}}{2 \cdot 0,01\,\text{mm}} = 5$$

($a_\text{e} = 0,01$ mm gewählt)

4.3. Drehzahl der Regelscheibe (Abschn. 11.2.5)

$$n_\text{R} = \frac{8,18}{D_\text{s}} = \frac{8,18\,\text{m/min}}{0,3\,\text{m}} = 27,26\,\text{min}^{-1}$$

4.4. Durchlaufgeschwindigkeit

(Neigung der Regelscheibe mit $\alpha = 3°$ angenommen)

$$v_\text{A} = D_\text{R} \cdot \pi \cdot n_\text{R} \cdot \sin\alpha = 210\,\text{mm} \cdot \pi \cdot 27,26\,\text{min}^{-1} \cdot 0,0523 = 941,2\,\text{mm/min}$$

4.5. Hauptzeit

$$t_\text{h} = \frac{L \cdot i}{v_\text{A}} = \frac{30.150\,\text{mm} \cdot 5}{941,2\,\text{mm/min}} = 160,2\,\text{min}$$

11.11 Testfragen zum Kapitel 11

1. Wie unterteilt man die Schleifverfahren?
2. Wie wird beim spitzenlosen Durchgangsschleifen der Werkstückvorschub erzeugt?
3. Was versteht man bei der Schleifscheibe unter dem Begriff „Härte" und mit welchen Symbolen wird sie gekennzeichnet?
4. Welche Bindungsarten (Bindemittel zum Verbinden der Schleifkörner) gibt es?
5. Welche Schleifmittel gibt es?
6. Was ist beim Einspannen einer Schleifscheibe zu beachten?
7. Was versteht man unter Trennschleifen und wo wird es angewendet?
8. Welche Schleifverfahren kommen für das Gewindeschleifen zum Einsatz?
9. Was ist Kontaktschleifen und wo wird es angewendet?
10. Nennen Sie die wichtigsten Einsatzgebiete des Außenrundschleifens.
11. Warum muss eine Schleifscheibe abgerichtet werden?
12. Welche Werkzeuge kommen für das Abrichten zum Einsatz?

Honen

12

12.1 Langhubhonen

Honen, auch als Ziehschleifen bezeichnet, ist ein Feinstschleifverfahren mit gebundenem Schleifkorn und längs orientierten Schleifkörpersegmenten (Honsteinen).

Das Honwerkzeug, die Honahle (Abb. 12.1) ist je nach Anwendungsgebiet und Werkstückabmessung mit zwei bis sechs Honsteinen bestückt.

Es führt gleichzeitig eine drehende und eine Hubbewegung, die von der Honmaschine (Abb. 12.2) erzeugt wird, aus.

Beim Honen muss das Werkzeug oder das Werkstück, jeweils immer ein Element, mehrere Freiheitsgrade haben. Nur so ist eine gleichachsige Bearbeitung einer Bohrung möglich.

Abb. 12.1 Schwenkleisten-Sackloch-Honwerkzeug (*Werkfoto der Fa. Gehring, Ostfildern*)

© Springer Fachmedien Wiesbaden GmbH, ein Teil von Springer Nature 2020
J. Dietrich, A. Richter, *Praxis der Zerspantechnik*,
https://doi.org/10.1007/978-3-658-30967-1_12

Abb. 12.2 Vertikale Honmaschine L200 (*Werkfoto der Fa.
Gehring, Ostfildern*)

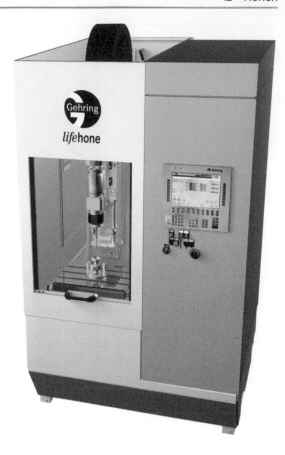

Das bewegliche Element wird nach dem eingespannten Teil ausgerichtet. Man unterscheidet deshalb beim Honen zwei Systeme:

1. Werkstück festgespannt
   Bei festgespanntem Werkstück wird das Werkzeug, die Honahle, beweglich an einer
   Pendelstange (Abb. 12.3a oder b) aufgehängt.
2. Werkstück schwimmend oder kardanisch aufgenommen
   Bei beweglichem Werkstück wird die Honahle an einer starren Antriebsstange
   (Abb. 12.3c) befestigt.

Zur Werkstoffabtragung kommt es beim Honen durch das Anpressen der Honsteine an
die zu bearbeitende Bohrung.

Durch einen Spreizmechanismus des Honwerkzeugs (Abb. 12.4) werden die Honleisten während der Honbewegung hydraulisch oder mechanisch an die zu bearbeitende
Oberfläche angedrückt.

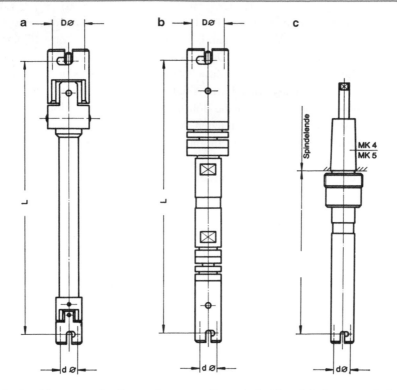

Abb. 12.3 Antriebsstangen für Honwerkzeuge, **a** Doppelgelenkige Gelenkstange mit fester Anschlagbegrenzung, **b** Doppelgelenkige Pendelstange mit Kugelgelenken und einstellbarer Ausschlagbegrenzung, **c** Starre Antriebsstange, *D* Anschlussdurchmesser für Antriebskopf, *d* Anschlussdurchmesser für Honwerkzeug, *L* Bestell-Länge

Abb. 12.4 Prinzip einer hydraulischen Zustelleinrichtung, *1* Zustellkolben, *2* Kolbenstange, *3* Zustellstange, *4* Expansionskonus, *5* Steinhalter, *6* Honstein

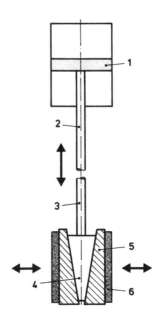

Wirkungsweise der Spreizeinrichtung Die Honoperation beginnt mit dem Einfahren des Honwerkzeugs in die Bohrung. Nach dem Einfahrvorgang wird der Zustellkolben 1 von oben mit einem Ölstrom beaufschlagt. Der sich aufbauende Druck bewirkt die Abwärts-bewegung der Kolbenstange 2 über die Zustellstange 3. Der Expansionskonus 4 wandelt, entsprechend seinem Neigungswinkel, die Axialbewegung in eine Radialbewegung um und spreizt dabei die Honsteine gegen die Bohrungswand. Wenn der Honvorgang beendet ist, läuft der Zustellkolben einen begrenzten Weg zurück. Die Honsteine werden durch Zugfedern zurückgezogen. Die Honoperation wird mit dem Ausfahren der Spindel aus dem Werkstück beendet.

Der spezifische Anpressdruck der Honsteine ist abhängig von der Wahl des Honsteins. Die Größenordnung der Anpressdrücke zeigen die nachfolgenden Zahlen.

Diamanthonleisten $300\text{--}600\,\mathrm{N/cm^2}$

kubisch kristalline $\Big\}$
Bornitridleisten $200\text{--}350\,\mathrm{N/cm^2}$

keramisch gebundene $\Big\}$
Korundhonleisten $30\text{--}200\,\mathrm{N/cm^2}$

Die beim Honen entstehenden kleine Späne werden mit dem Kühlmittel (Honöl) sofort weggeschwemmt.

Die gehonte Oberfläche hat höchste Oberflächenqualität und höchste Maß- und Form-genauigkeit. Sie zeigt feine sich überkreuzende Spuren.

Abmessung der Honsteine Die Länge des Honsteins soll bei zylindrischen Durchgangs-bohrungen der Bohrungslänge (Abb. 12.5) betragen.

$$L = \frac{2}{3} \cdot l$$

L Länge des Honsteins in mm
l Länge der Bohrung in mm

Für den Überlauf wählt man ca. der Honsteinlänge L

$$U = \frac{1}{3} \cdot L$$

U Überlauf in mm
L Honsteinlänge in mm

Die Hublänge H ergibt sich aus der Werkzeuglänge und dem Überlauf.

$$H \cong 0{,}8 \cdot L$$

Abb. 12.5 Prinzip des Honens
von Durchgangsbohrungen,
1 Werkstück mit Durchgangsbohrung, *2* Honahle

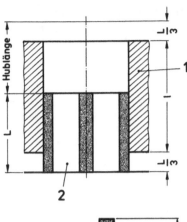

Abb. 12.6 Prinzip des Honens
von Sacklochbohrungen

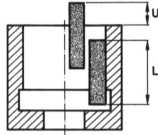

H Länge des Hubes in mm
L Länge des Honwerkzeugs in mm

Sacklochbohrungen (Abb. 12.6) sollten, wegen des erforderlichen Honsteinüberlaufes, einen Freistich haben.

Da auch beim Sacklochhonen der Überlauf etwa der Honsteinlänge betragen soll, ergibt sich für die Länge des Honsteins:

$$L = 3 \cdot U$$

L Länge des Honsteins in mm
U Überlauf in mm

Ein Sacklochhonwerkzeug mit paralleler Leistenverstellung für das im Abb. 12.6 dargestellte Werkstück zeigt Abb. 12.7.

Die Schnittgeschwindigkeit setzt sich beim Honen, wegen der gleichzeitig ablaufenden Dreh- und Hubbewegung, aus zwei Komponenten zusammen.

$$v_c = \sqrt{v_u^2 + v_a^2}$$

Abb. 12.7 Sackloch-Hon-
werkzeug für das im Abb. 12.6
abgebildete Werkstück

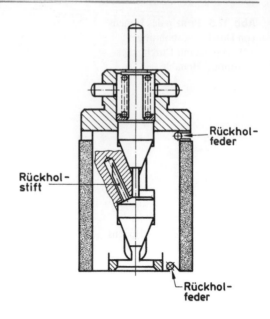

v_c resultierende Schnittgeschwindigkeit in m/min
v_u Umfangsgeschwindigkeit in m/min
v_a Axialgeschwindigkeit in m/min

Mittlere Werte für v_u und v_a sind:

$$v_u = 10\text{–}15\,\text{m/min}$$
$$v_a = 15\text{–}20\,\text{m/min}$$

Weitere Richtwerte sind in Tab. 12.1 zusammengestellt.

Tab. 12.1 Richtwerte für das Honen

Werkstoff	Umfangsgeschwindigkeit v_u in m/min	Axialgeschwindigkeit v_a in m/min
Stahl ungehärtet	22	12
Stahl gehärtet	22	9
Leg. Stähle	25	12
Grauguss	28	12
Messing und Bronze	26	13
Aluminium	24	9

Die Werte in der Tabelle gelten für das Vorhonen. Für das Fertighonen können diese Werte um 10 %
erhöht werden.

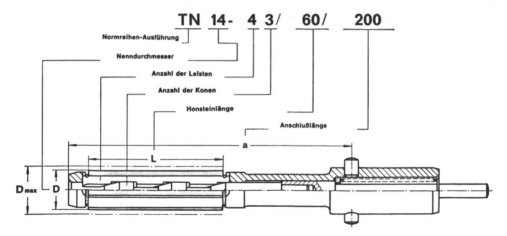

Abb. 12.8 Bezeichnung eines Honwerkzeugs

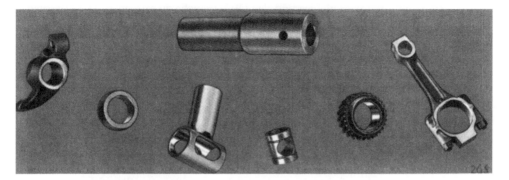

Abb. 12.9 Gehonte Bohrungen an verschiedenen Werkstücken

Bezeichnung der Honwerkzeuge Die Honwerkzeugbezeichnung setzt sich aus mehreren Kennziffern zusammen. Diese Kurzbezeichnung gibt Aufschluss über Größe und Aufbau des Werkzeuges.

Die Bezeichnung für ein Normreihen-Honwerkzeug für 14 mm Durchmesser, vierteilig, mit 3 Konen, 60 mm langen Honsteinen und einer Anschlusslänge (Bajonettmitte bis Unterkante Honahle) von 200 mm zeigt Abb. 12.8.

Anwendung des Langhubhonens

Honen, als Feinbearbeitungsverfahren, ist praktisch für alle Werkstoffe wie Grauguss, Stahl gehärtet und ungehärtet, Hartmetall, Buntmetalle und Aluminium einsetzbar.

Honen wird als Endbearbeitungsverfahren nach einer Bohr- oder Schleifbearbeitung von Zylinderlaufflächen, Gehäusebohrungen, Bohrungen in Zahnrädern und Pleueln, Rohren und Büchsen (Abb. 12.9) eingesetzt (siehe Tab. 12.2).

Tab. 12.2 Erreichbare Genauigkeiten und Bearbeitungsaufmaß

Werkstücklänge in mm	bis 25	bis 300
Durchmesser der Bohrung in mm	bis 20	80 bis 100
Bearbeitungsaufmaß bezogen auf Durchmesser in mm	0,03–0,04	0,05–0,10
Maßgenauigkeit	IT 4 bis IT 5	IT 4 bis IT 5
Rauhtiefe in μm	0,05–0,2	0,05–0,2

Beim Honen von Zylinderlaufbuchsen für Verbrennungsmotoren wird durch eine zwei-stufige Technologie eine Plateaustruktur der Oberfläche erzielt. Diese ist dadurch cha-rakterisiert, dass tiefe Honspuren (ca. 7 μm) mit einer grobkörnigen Diamanthonleiste beim Vorhonen eingebracht und beim Fertighonen mit feinkörnigen Honleisten die großen Traganteile und geringe Oberflächenrauheit (Rz < 2,5 μm) der Plateaus erreicht wird. Die Zielstellung besteht darin eine bessere Haftung des Schmieröls durch die Vertiefungen, eine Verringerung des Verschleißes und des Ölverbrauchs zu erreichen. Die konsequen-te Weiterentwicklung des Plateauhonens ist das Laserstrukturieren (Laserhonen), wo die beim Plateauhonen relativ zufällig eingebrachten tiefen Honspuren durch systematisch mit dem Laser eingebrachte Schmierstofftaschen ersetzt werden.

Im Abb. 12.10 ist der Laserkopf im Einsatz zu sehen, der eine vorgehonte Zylinder-laufbahn mit exakten Schmierstofftaschen versieht.

Durch die thermische Natur des Abtragens mit dem Laser muss die Zylinderlauffläche noch entgratet und fertiggehont werden. Die Schmierstofftaschen wirken als konvergie-rende Schmierspalte und begünstigen die Ausbildung der hydrodynamischen Schmierung. Untersuchungen haben ergeben, dass das tribologische System durch das Laserstrukturie-ren erheblich verbessert wird und sowohl der Verschleiß von Kolbenring als auch der Zylinderlaufbahn um ca. 40–50 % und gleichzeitig der Ölverbrauch um ca. 15–30 % (be-zogen auf 160.000 km Laufleistung) reduziert werden konnte.

Das Laserstrukturieren kommt auch für weitere Anwendungen, wie die Lager der Kur-belwelle, die Stirnfläche des großen Pleuelauges, aber auch Kolbenbolzen und Lagerteile bis hin zu Umformwerkzeugen erfolgreich zur Anwendung.

Ein neu entwickeltes Honverfahren zur Verkürzung der Prozesskette bei der Bearbei-tung von Zylinderkurbelgehäusen stellt das Positionshonen dar. Bei diesem Verfahren wird das Feinbohren und Vorhonen durch das Positionshonen ersetzt, wobei das Hon-werkzeug unbeweglich mit der Spindel verbunden und zusätzlich mit einer Schneide für das Anfasen ausgerüstet ist (siehe Abb. 12.11) und damit eine Positionskorrektur der Boh-rungsachse bei gleichzeitiger Absicherung der Rechtwinkligkeit in einem Takt ermöglicht wird.

Das Positionshonen wird in der Serienfertigung (innerhalb der Taktzeit von 30 s) ein-gesetzt und ermöglicht mit einer hohe Zerspanleistung von ≤ 0,8 mm bezogen auf den Durchmesser diese Verkürzung der Prozesskette auf drei statt vier Operationen. Die Ziel-stellungen wie Korrektur der Achsenposition, Rechtwinkligkeit und Erreichung der Maß-,

Abb. 12.10 Laserstrukturieren von Schmierstofftaschen und Fertighonen (**c**) (*Werkfoto der Fa. Gehring, Ostfildern*)

Form- und Rauheitswerte der geforderten Endqualität werden ohne Feinbohren mit drei Honspindeln (Positionshonen und zwei Fertighonoperationen) erreicht.

Die Honoperationen nach dem Positionshonen können in den bekannten Varianten – wie Laserstrukturieren, Spiralgleithonen, Plateauhonen, Fluidstrahl-Glätthonen oder Formhonen – ohne Einschränkungen durchgeführt werden [25].

Im Abb. 12.12 soll noch das Spiralgleithonen gezeigt werden, das sich durch die Anwendung eines vergrößerten Honwinkels (bis zu 140°) im Vergleich zum konventionellen Honen unterscheidet. Dadurch sind sehr glatte Oberflächen und eine reduzierte Ölschichtdicke auf der Zylinderlaufbahn möglich, was zu sinkenden Ölverbrauch und damit zur Reduzierung der Umweltbelastung beiträgt.

Für die Feinbearbeitung von Grauguss-Zylinderlaufbahnen von Viertakt-Diesel- und Ottomotoren kommt es gegenwärtig zum Einsatz.

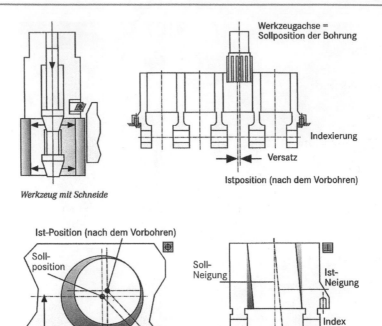

Werkzeug mit Schneide

Lagetoleranzen

Abb. 12.11 Honwerkzeug mit Schneide-/Lagetoleranzen (*Werkfoto der Fa. Gehring, Ostfildern*)

Abb. 12.12 Spiralgleithonen
von Zylinderlaufflächen (*Werk-*
foto: Firma Nagel Maschinen-
und Werkzeugfabrik GmbH,
Nürtingen)

12.2   Kurzhubhonen

Das Kurzhubhonen auch Superfinishverfahren oder Schwingschleifen genannt, ist ein
Feinstschleifverfahren, bei dem das Werkstück umläuft und gleichzeitig ein gegen das
Werkstück gedrückter Schleifkörper eine schnelle Längsschwingung von nur wenigen
Millimetern (Abb. 12.13) ausführt.

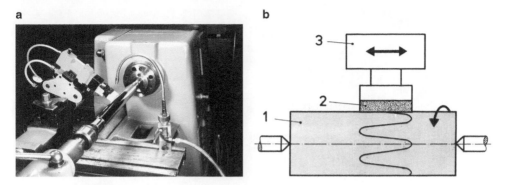

Abb. 12.13 Bearbeitung einer Kolbenstange mit einer Kurzhubhonvorrichtung auf einer Drehmaschine (**a**), Arbeitsprinzip (**b**) *1* Werkstück, *2* Schleifkörper, *3* Schwingkopf (*Werkfoto: Firma Nagel Maschinen- und Werkzeugfabrik GmbH, Nürtingen*)

Abb. 12.14 Spitzenloses Kurzhubhonen (*Werkfoto: Firma Nagel Maschinen- und Werkzeugfabrik GmbH, Nürtingen*)

Der Honstein entspricht vom Aufbau und der Zusammensetzung den beim Langhubhonen verwendeten.

Durch die Überlagerung der zwei Bewegungen (Drehbewegung des Werkstückes und oszillierende und Vorschubbewegung des Werkzeuges) wird erreicht, dass die Schleifkörner auf immer neuen Wegen über die Oberfläche bewegt werden. Dadurch erreicht man besonders hohe Oberflächengüten.

Das Kurzhubhonen kann wie im Bild gezeigt mit einer Vorrichtung auf Drehmaschinen angewendet werden, aber in der industriellen Serienanwendung kommen Maschinen, die nach dem Durchlaufprinzip (spitzenlos) (Abb. 12.14) oder nach dem Einstechprinzip (Abb. 12.15) arbeiten zum Einsatz.

Abb. 12.15 Kurzhubhonmaschine (Einstechprinzip) (*Werkfoto: Firma Nagel Maschinen- und Werkzeugfabrik GmbH, Nürtingen*)

Anwendung des Kurzhubhonens

Das Verfahren wird eingesetzt, wenn neben höchster Oberflächengüte das Gefüge des spanend bearbeiteten Werkstückes, bis in die oberste tragende Schicht hinein, völlig gleichmäßig sein soll. Wenn also hohe Anforderungen an die Mikrostruktur eines Werkstückes gestellt werden, dann ist das Kurzhubhonen besonders geeignet. Die derartig bearbeiteten Bauteile zeigen gute Einlaufeigenschaften und geringen Verschleiß.

Durch das Verfahren werden hohe Oberflächengüten von $R_z = 0{,}1$ bis $0{,}4\,\mu m$ bei Traganteilen von bis zu 98 % erreicht. Die Maßgenauigkeit liegt im Bereich von IT 3 bis IT 4 bei gleichzeitig hohen Rundlaufgenauigkeiten.

Lagerbuchsen, hochbeanspruchte Lagerzapfen, Wälzlager und Wälzkörper sind nur einige Anwendungsbeispiele. Weitere Anwendungen finden sich in Gleit- und Wälzlagern, aber auch in Fahrzeug- und Motorenteilen sowie in der Hydraulikindustrie. Im Abb. 12.16 wird das effektive Kurzhubhonen einer Kurbelwelle unter Verwendung von Finishband gezeigt, wobei im Vergleich zum Honstein ständig neue Schneiden zur Verfügung stehen.

Abb. 12.16 Kurzhubhonen einer Kurbelwelle mit Finishband (*Werkfoto: Firma Nagel Maschinen- und Werkzeugfabrik GmbH, Nürtingen*)

12.3   Testfragen zum Kapitel 12

1. Wie ist das Verfahren Honen charakterisiert und welche Unterteilung wird vorgenommen?
2. Wie bezeichnet man das Honwerkzeug?
3. Wie funktioniert das Kurzhubhonen?
4. Welche Vorteile werden durch das Laserstrukterieren erreicht?

Läppen

Läppen ist ein Feinstschleifverfahren mit losem Korn, bei dem Werkstück und Werkzeug bei fortwährendem Richtungswechsel aufeinander gleiten.

Feine Schleifkörner bilden mit Öl eine Läpppaste oder mit Petroleum eine Läppflüssigkeit. Diese Paste wird auf die Läppwerkzeuge, die Läppscheiben (Abb. 13.1), aufgebracht.

Durch das in ihrer Bewegungsrichtung unregelmäßige Aufeinandergleiten von Läppscheibe und Werkstück, wird das Läppkorn bewegt.

Dabei wird das Werkzeug, aber auch die Läppscheibe abgetragen. Das Verhältnis der Abtragung dieser beiden Teile ist abhängig von ihren Werkstoffen. Läppscheiben werden überwiegend aus Grauguss (Sonderguss) mit einer Festigkeit von 2000 N/cm² hergestellt.

Die Bewegung der Werkstücke entsteht durch Reibungskoppelung oder durch eine Zwangsführung wie sie Abb. 13.2 zeigt. Bei der Anordnung nach Abb. 13.2 kämmen die Werkstückhalter in einem festen außenliegenden und einem treibenden innenliegenden Zahnkranz.

Bezüglich der Anordnung von Werkstückhaltern muss man für jeden Anwendungsfall eine eigene optimale Lösung suchen.

Abb. 13.1 Prinzip des Planläppens, **a** obere Läppscheibe, **b** untere Läppscheibe, **c** Werkstück

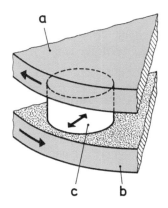

© Springer Fachmedien Wiesbaden GmbH, ein Teil von Springer Nature 2020
J. Dietrich, A. Richter, *Praxis der Zerspantechnik*,
https://doi.org/10.1007/978-3-658-30967-1_13

Abb. 13.2 Hydraulische
Zweischeiben-Läpp- und Fein-
schleifmaschine Modell ZL
800 H mit Planetenantriebsein-
richtung (*Werkfoto: Fa. Hahn
& Kolb, Stuttgart*)

Abb. 13.3 Prinzip eines In-
nenrundläppwerkzeuges,
1 Läppdorn, *2* Läpphülse

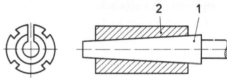

Innen- und Außenrundläppen wird auf Läppmaschinen mit vertikaler Spindel, deren Drehzahl regelbar ist, ausgeführt.

Die Umfangsgeschwindigkeit des Läppdornes soll dabei zwischen $v_c = 10$ bis 20 m/min liegen.

Die oszillierende Hubbewegung wird meist hydraulisch erzeugt.

Läppwerkzeuge für Bohrungen (Abb. 13.3) bestehen aus einem gehärteten kegeligen Dorn (Kegel 1 : 40) aus Stahl, der die eigentliche Läpphülse aus Gusseisen trägt.

Damit der Durchmesser der Läpphülse, der durch den Abrieb kleiner wird, nachgestellt werden kann, ist sie geschlitzt.

Bei dem Läppvorgang zersplittern die Schleifkörner durch den zwischen Läppwerkzeug und Werkstück wirkenden Druck.

Dadurch werden neue kleinere Läppkörner gebildet, die während des Läppvorganges die Oberfläche immer mehr verbessern.

13.1 Anwendung des Läppens

Das Planläppen wird zur Bearbeitung von Kolbenringen, Stanzteilen, Kupplungsringen, Zahnsegmenten und Teilen für Messgeräte (Abb. 13.4) eingesetzt.

Bohrungen von Buchsen, Hülsen, Pumpenzylindern werden mit den Innenrundläppverfahren fertig bearbeitet.

Abb. 13.4 Typische Werkstücke für das Läppen (*Werkfoto der Fa. Hahn & Kolb, Stuttgart*)

Das Läppen wird angewandt, wenn Oberflächenrauigkeiten gefordert werden, die kleiner als $R_t = 0{,}5\,\mu$m sind und zugleich höchste Formgenauigkeiten gefordert werden. Maßgenauigkeit IT 4 bis IT 5, Bearbeitungsaufmaß 0,02 bis 0,04 mm.

13.2 Drahttrennläppen

Das Drahttrennläppen ist eines der ältesten Fertigungsverfahren der Menschheit, zugleich aber auch eines der jüngsten. So wurde es schon um 1900 v. Chr. zum Trennen von Jade eingesetzt und wird andererseits erst seit den achtziger Jahren des 20. Jh. als ein Sonderverfahren innerhalb der Läppbearbeitung entwickelt und angewendet. Es ist ein sehr produktives Verfahren zur Herstellung dünner und hochgenauer Scheiben aus vorwiegend spröden und harten Werkstoffen, wie zum Beispiel Halbleitermaterialien, Keramik oder auch Glas. Aber auch weniger sprödharte Materialien, wie Aluminium oder Molybdän, können bearbeitet werden.

Das Verfahrensprinzip des Drahttrennläppens, bei dem ein dünner und hochfester Draht als Läppwerkzeug zum Einsatz kommt, ist in Abb. 13.5a dargestellt. Dieser Draht, üblicherweise messingummantelter Stahldraht, wird mit hoher Geschwindigkeit v_D zwischen 5–10 m/s vielfach über Führungswalzen geleitet, so dass sich ein paralleles Drahtgitter ergibt. Durch Benetzung des Drahtes mit einer Läppflüssigkeit (Slurry) und einer Vorschubbewegung des Werkstücks durch das Drahtfeld hindurch wird der Trennvorgang realisiert. Die Vorschubgeschwindigkeit ist vom Werkstoff sowie der Größe und Anzahl der herzustellenden Scheiben abhängig. Die Läppflüssigkeit besteht aus einer flüssigen Trägerphase, wie z. B. Öl, Wasser oder Glykol, und dem Läppmittel, meist Siliziumcarbid oder auch Korund und Diamant. Die hohe Produktivität des Verfahrens ergibt sich vor allem daraus, dass bis zu mehrere tausend Scheiben gleichzeitig hergestellt werden können [24].

Im Unterschied zu den allgemein bekannten Läppverfahren ist für die Gestalterzeugung der getrennten Scheiben nicht die Hauptläppfläche, welche abgearbeitet wird, sondern die Nebenläppfläche von Bedeutung (Abb. 13.5b). Weiterhin ist die bei der konventionellen Läppbearbeitung unregelmäßige Bewegungsrichtung beim Drahttrennläppen nicht realisierbar. Die gerichtete Bewegung der Läppkörner spiegelt deren Verschleiß im Ar-

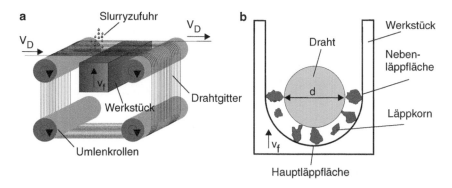

Abb. 13.5 **a** Verfahrensprinzip des Drahttrennläppens, v_f Vorschubgeschwindigkeit, v_D Drahtgeschwindigkeit, **b** Querschnitt durch den Läppspalt (*TU Dresden, Zerspan- und Abtragtechnik*) [24]

Abb. 13.6 Typische Dickenzunahme der Wafer in Richtung Drahtgeschwindigkeit aufgrund des Läppmittelverschleißes, *d* Drahtdurchmesser, v_D Drahtgeschwindigkeit, *T* Teilung (*TU Dresden, Zerspan- und Abtragtechnik*) [24]

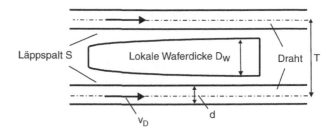

Abb. 13.7 Anwendungsbeispiel: aus einem Block getrennte Siliziumscheiben für die Solarzellenherstellung (*Foto der TU Dresden, Zerspan- und Abtragtechnik*)

beitsergebnis wider. So entsteht die charakteristische Trompetenform des Läppspaltes und damit eine Dickenzunahme der getrennten Scheiben in Bewegungsrichtung des Drahtes (Abb. 13.6).

Diese Formabweichung der Scheiben wird maßgeblich durch die Streuung der Korngrößenverteilung der Läppkörner bestimmt. Bei großen Streuungen ergibt sich eine höhere Keiligkeit der Scheiben, da sich vorrangig nur die größten Körner am Läppprozess beteiligen und erst mit deren Verschleiß die Körner mit mittlerer Korngröße zum Einsatz kommen und den Abstand zwischen Draht und Scheibenoberfläche bestimmen. Je nach verwendetem Werkstoff und Art des Läppmittels können Dickenunterschiede und Parallelitätsabweichungen bis unter $10\,\mu$m erreicht werden. Mit dem Drahttrennläppen lassen sich Scheiben zwischen 100 Mikrometern und einigen Millimetern Dicke herstellen. Typische Oberflächengüten liegen im Bereich unterhalb von $2{,}5\,\mu$m für R_z bzw. unter $1\,\mu$m für R_a.

Anwendung findet das Verfahren vor allem zur Herstellung von dünnen Scheiben, welche sich nur schwer oder gar nicht durch andere Verfahren, wie zum Beispiel dem Walzen bei Blechen herstellen lassen. Aber auch die geringen Schnittverluste, die durch den Einsatz sehr dünner Drähte mit Durchmessern im Bereich von ca. 100 bis $200\,\mu$m und entsprechend feiner Läppmittel entstehen, lassen das Verfahren ökonomisch als sehr interessant erscheinen. Das Drahttrennläppen hat sich dadurch vor allem bei der Herstellung von Scheiben aus teuren Materialien etabliert und findet bei der Produktion von Siliziumwafern für die Elektronik- und Solarindustrie Einsatz in der Massenfertigung (Abb. 13.7). Die neue Generation Siliziumwafer mit einem Durchmesser von 300 mm ist ausschließlich nur noch mit dem Drahttrennläppen herstellbar.

13.3   Testfragen zum Kapitel 13

1. Was ist Läppen und wie funktioniert es?
2. Nennen Sie typische Anwendungsbeispiele des Läppens.
3. Was sind die Besonderheiten des Drahttrennläppens?
4. Was sind die Einsatzgebiete des Drahttrennläppens?

Hochgeschwindigkeitszerspanung (HSC)

14

14.1 Definition

Unter Hochgeschwindigkeitszerspanung wird vielfach nur die Fertigung unter Verwendung hoher Schnittgeschwindigkeiten (Spindeldrehzahlen) und/oder gleichzeitig großen Vorschubgeschwindigkeiten, zur Erreichung kurzer Bearbeitungs- bzw. Durchlaufzeiten, verstanden. Eine sinnvolle Einordnung ist aber nur unter Berücksichtigung des zu bearbeitenden Materials (Weich- oder Hartbearbeitung), der Schneidstoffe und des Zeitspanvolumens möglich.

Aus dem Englischen hat sich der Begriff HSC (**High Speed Cutting**) für die Hochgeschwindigkeitszerspanung auch im deutschen Sprachraum durchgesetzt und wird deshalb in den weiteren Ausführungen verwendet.

14.2 Einführung in die HSC-Zerspanung

Nachdem bereits in den 1930iger Jahren durch SALOMON eine Hochgeschwindigkeitsbearbeitung patentiert wurde (DR-Patent-Nr. 523594, 1931), wurde wie bei vielen Patenten eine industrielle Nutzung erst nach Schaffung der technischen Voraussetzungen, wie in diesem Fall die Entwicklung und Konstruktion von HSC-Maschinen und die Bereitstellung geeigneter Schneidstoffe, um nur einige zu nennen, möglich.

Die eigentliche Entwicklung der HSC-Bearbeitung setzte deshalb erst zu Beginn der 1980iger Jahre in Japan ein, aber auch in Deutschland wurden die nachfolgend aufgeführten Potenziale bald erkannt und speziell durch das Institut für Produktionstechnik und Spanende Werkzeugmaschinen (PTW) der Technischen Hochschule Darmstadt maßgeblich beeinflusst:

- Erhöhung des Zeitspanvolumens
- Reduzierung der Zerspanungskräfte

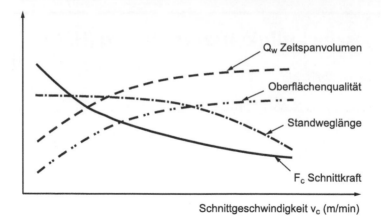

Schnittgeschwindigkeit v_c (m/min)

Abb. 14.1 Kenngrößen der Hochgeschwindigkeitsbearbeitung

- Verbesserung der Oberflächenqualität
- Reduzierung des Wärmeeintrags in das Werkstück.

Eine qualitative Charakterisierung der Hochgeschwindigkeitsbearbeitung ist in Abb. 14.1 dargestellt.

Die Palette der zu bearbeitenden Werkstoffe reicht von Leichtmetallen über Kunststoffe (faserverstärkt) und Keramik bis zu Guss und Stahlwerkstoffen (auch gehärtet).

Während die ersten Anwendungen der HSC-Bearbeitung im Bereich der Luft- und Raumfahrt erfolgten, sind gegenwärtig besonders der Werkzeug- und Formenbau, aber auch die Herstellung von Präzisionsteilen sowie dünnwandiger Bauteile hervorzuheben.

In Abhängigkeit vom zu bearbeiten Werkstoff liegen die Schnittgeschwindigkeiten ca. um den Faktor 5–10 höher als im konventionellen Bereich, wie in der nachfolgenden Tab. 14.1 dargestellt wird (siehe Tab. 14.2).

Tab. 14.1 Anwendungsgebiete der HSC-Bearbeitung

Anwendungsbereiche	Beispiele
Luft- und Raumfahrtindustrie	Strukturteile (Integralteile) Verbundwerkstoffbearbeitung Turbinenschaufeln
Automobilindustrie	Modelle Blechumformwerkzeuge Spritzgusswerkzeuge
Konsumgüter-, Elektro-/Elektronikindustrie	Elektroden (Grafit/Kupfer) Werkzeugeinsätze (gehärtet), Modelle
Fördertechnik, Energieerzeugung	Verdichterräder, Schaufeln, Gehäuse

Tab. 14.2 Schnittgeschwindigkeiten für die Hochgeschwindigkeitszerspanung

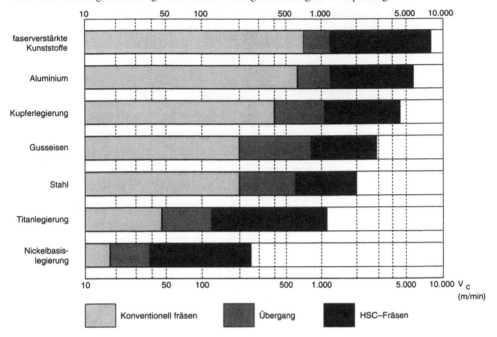

HSC-Bearbeitung bedeutet jedoch nicht nur Fertigen mit hohen Schnittgeschwindigkeiten und/oder hohen Vorschubgeschwindigkeiten, sondern sollte als Prozess betrachtet werden, bei dem die Fertigung mit speziell abgestimmten Methoden, Werkzeugen und Maschinen erfolgt. HSC-Bearbeitung beim Fräsen bedeutet nicht zwangsläufig den Einsatz sehr hoher Spindeldrehzahlen, denn auch mit Fräswerkzeugen größeren Durchmessers kann eine HSC-Bearbeitung bei niedrigeren Drehzahlen erfolgen. Bei der Schlichtbearbeitung von gehärteten Stahlwerkstoffen kommt die HSC-Anwendung auf Werte für die Schnittgeschwindigkeit und den Vorschub, der ca. den Faktor 4–6 im Vergleich zu den konventionellen Schnittwerten erreicht. Die HSC-Anwendungen betreffen zunehmend auch die hochproduktive Bearbeitung von Gehäuseteilen, kleinere und mittlere Komponenten vom Schruppen bis zum Schlichten und teilweise bis zum Feinstschlichten.

14.3   Anwendung der Hochgeschwindigkeitsbearbeitung

14.3.1   HSC-Verfahren

Die HSC-Bearbeitung findet durch die möglichen Produktivitäts- und Effektivitätsvorteile gegenwärtig Einzug in fast allen Gebieten der Zerspantechnik.

Das Verfahren Drehen ist allerdings bedingt durch die Verfahrenskinematik, d. h. rotierendes Werkstück und damit verbundene Sicherheitsprobleme bei der Spannung und Fliehkraftbeherrschung bei größeren Bauteilen, im Vergleich zum Fräsen auf kleinere Werkstücke beschränkt.

Beim Bohren mit hohen Schnittgeschwindigkeiten gibt es im Gegensatz zum Fräsen, wo die technologisch bedingten kurzen Späne vorteilhaft für eine HSC-Bearbeitung sind, lange im ununterbrochenen Schnitt erzeugte Späne, die zudem noch aus der Bohrung herausbefördert werden müssen. Die auftretende Wärme kann nicht so schnell wie beim Fräsen mit dem Span abgeführt werden, sondern wird vom Bohrwerkzeug und der Bohrungswandung aufgenommen. Ohne den Einsatz einer Innenkühlung in den Vollhartmetallbohrwerkzeugen, durch die es ermöglicht wird, dass der Kühlschmierstoff direkt an die Kontaktstellen zwischen Schneiden und Werkstoff gebracht wird, ist ein HSC-Bohren nicht möglich, (siehe Abschn. 8.7.1.6) Das Kühlschmiermittel übernimmt dabei noch die Aufgabe den Spänetransport zu unterstützen. Von einer HSC-Bearbeitung beim Bohren spricht man, wenn die konventionellen Zerspanungswerte um mindestens den Faktor 2 übertroffen werden, da auch hier bezüglich der absoluten Werte natürlich große Unterschiede hinsichtlich der zu bearbeitenden Werkstoffe auftreten. Der weitere Einsatz des HSC-Bohrens wird durch Entwicklungen auf dem Werkzeuggebiet und der Bereitstellung entsprechender HSC-Maschinen maßgeblich beeinflusst.

Hauptfeld der HSC-Bearbeitung liegt deshalb beim Fertigungsverfahren Fräsen, sodass sich die nachfolgenden Betrachtungen auf das Fräsen konzentrieren werden.

Wie in der Einleitung bereits ausgeführt, kann eine erfolgreiche HSC-Bearbeitung nur gelingen, wenn ein perfektes Zusammenwirken von Werkzeugmaschine, Werkzeug, Werkstück- und Werkzeugspanntechnik, Kühlschmierstoff, den Zerspanungsparametern wie Spindeldrehzahlen, bzw. Schnittgeschwindigkeiten und Vorschüben und der CNC-Steuerung, realisiert wird.

Die HSC-Bearbeitung von Flugzeugkomponenten wie Spanten und Rippen aus Aluminium, die teilweise einen Zerspanungsaufwand von bis zu 95 % aufweisen, erfolgte industriell bereits Mitte der 1980er Jahre und wird gegenwärtig bei Schnittgeschwindigkeiten, die im Bereich von 1000–7000 m/min und Vorschüben bis zu 30 m/min liegen, realisiert.

Auch andere Leichtmetall-Anwendungen in der Fahrzeugtechnik (Aluminium- und Magnesiumguss oder Strangpressprofile aus Aluminium) können bedingt durch die geringen spezifischen Schnittkräfte, gut durch HSC-Fräsen bei sehr hohen Schnittgeschwindigkeiten und Vorschüben realisiert werden. Als Schneidstoffe haben sich besonders zähe Hartmetalle (diamantbeschichtet) und polykristalliner Diamant bewährt.

Das HSC-Fräsen von Stahl und Guss speziell bei der Schlichtbearbeitung bekommt zunehmende Bedeutung, da es durch die möglichen sehr viel höheren Vorschubgeschwindigkeiten zu einer erheblichen Verkürzung der Hauptzeiten kommt oder durch Verringerung des Zeilenabstandes bei den hohen Vorschubgeschwindigkeiten eine sehr viel bessere Annäherung der Fräskontur an die Sollkontur erreicht wird. Die manuelle Nacharbeit kann erheblich reduziert werden, was speziell im Werkzeug- und Formenbau zu wesentlichen Wettbewerbsvorteilen führt.

Durch geeignete Fräswerkzeuge und Wahl der technologischen Parameter kann das HSC-Fräsen im Härtebereich zwischen 46 und 63 HRC auch das aufwendige Senkerodieren ersetzen. Werkzeuge zum Schmieden oder Tiefziehen können somit fast vollständig gefräst werden. Als Beispiel sei die Herstellung einer Schmiedegesenkhälfte eines Gabelschlüssels angeführt, der in Stahl mit 54 HRC in 88 min gefräst wurde, während die konventionelle Bearbeitungszeit für Erodieren und Nachpolieren 17 h betrug.

Hinsichtlich der Frässtrategie hat sich durch zahlreiche Untersuchungen herausgestellt, dass das Gleichlauffräsen bei der HSC-Bearbeitung in der Regel zu bevorzugen ist. Beim Gegenlauffräsen kommt es vielfach durch die Gleitphase des Zahnes im Anschnitt und Anschweißungen der Späne zu erhöhtem Werkzeugverschleiß und teilweise Schneidenausbrüchen. Durch die Eingriffsbedingungen beim Schaftfräsen, die durch die Drehrichtung der Frässpindel, die Bewegungsrichtung des Werkzeugs (Werkstücks) und der Lage des zu schneidenden Materials abhängig ist, kommt es zwangsläufig auch zum Gegenlauffräsen, denn es ist nicht sinnvoll die Drehrichtung der Spindel in der Bearbeitung zu ändern. Es muss deshalb eine Optimierung der Frässtrategie durch geeignete Verfahrstrategien vorgenommen werden.

Ein weiterer Gesichtspunkt, der beim HSC-Fräsen eine große Rolle spielt, ist die mitunter erforderliche plötzliche Richtungsänderung der Bahn des Fräswerkzeugs. Durch die Bearbeitung mit sehr hohen Vorschubgeschwindigkeiten kommt dem Beschleunigungs- und Bremsverhalten der verwendeten Maschine eine besondere Bedeutung zu. Die „Look-Ahead"-Fähigkeit der CNC-Steuerung ist charakterisiert durch die Leistungsfähigkeit der Steuerung. Durch diese Steuerung kann sich die Maschine auf eine abrupte Richtungsänderung mit den dazu notwendigen Brems- und Beschleunigungsvorgängen einstellen. Wird durch die zu fräsende Werkstückkontur eine häufige plötzliche Änderung der Richtung der Fräserbahn notwendig, so muss die Maschine entsprechend oft abbremsen und wieder beschleunigen. In Abhängigkeit von den möglichen Maschinenparametern und den „Look-Ahead"-Möglichkeiten der Steuerung kommt es zu merkbaren Zeitverlusten oder oft auch zu messbaren Konturfehlern. Speziell bei spitzen Innenecken einer Werkstückkontur treten Probleme durch die relativ große Eingriffsbreite in Verbindung mit der plötzlichen Richtungsänderung der Fräserbahn auf, die zu sehr ungünstigen Schnittbedingungen, damit zu höheren Belastungen und damit verbundenen Verschleiß der Werkzeuge führen.

14.3.2 HSC-Maschinen

Eine Hochgeschwindigkeitsbearbeitung ist nur möglich, wenn alle Elemente des Systems Werkzeugmaschine – Werkzeug – Werkstück optimal aufeinander abgestimmt sind. Die hohen kinematischen und dynamischen Anforderungen an die jeweilige Maschinenausführung für die unterschiedlichen Einsatzfälle bedingen modulare Lösungen mit innovativen Lösungen im Bereich des Maschinenaufbaus, vielfach Mineralguss für die Grundgestelle, des Achsenkonzepts und der Antriebs- und Steuerungstechnik.

Die industrielle Umsetzung der HSC-Frästechnologie hat deshalb in Abhängigkeit von den unterschiedlichen Bearbeitungsaufgaben, wie z. B. Leichtmetallbearbeitung mit hohem Zerspanungsaufwand in der Luftfahrzeugindustrie oder der Fertigbearbeitung von gehärteten Stahlwerkzeugen im Werkzeug- und Formenbau zu einem breiten Angebot an HSC-Bearbeitungszentren und Einzelmaschinen geführt, die hier nur kurz behandelt werden können.

Auf einige der wesentlichen Baugruppen und Komponenten eines HSC-Maschinensystems soll kurz eingegangen werden.

Bei den Hauptspindeln haben sich wälzgelagerte Motorspindeln durchgesetzt, die jeweils eine an die geforderte Zerspanungsleistung angepasste Spindelleistung zu einem guten Preis-Leistungsverhältnis anbieten. Wie bereits erwähnt hat sich der Hohlschaftkurzkegel (HSK) als Schnittstelle zum Werkzeug bewährt und durchgesetzt.

Bei den Vorschubantrieben überwiegen noch die elektromechanischen Servolinearantriebe, aber die Lineardirektantriebe, die wesentlich höhere Vorschubgeschwindigkeiten (> 100 m/min) und Beschleunigungen von 2–3 g (20–30 m/s^2) ermöglichen, sind aus dem Experimentalstadium heraus.

Die Maschinengestelle sind bei mittleren und kleinen HSC-Maschinen zunehmend in Mineralguss, der eine Dämpfung die 6 bis 10 mal höher als Grauguss, eine Wärmeleitfähigkeit 25 mal kleiner als Stahl ist, um nur einige Eigenschaften aufzuführen, ausgeführt (siehe Abb. 14.13). Bei großen Maschinen muss die erforderliche hohe Steifigkeit durch entsprechende Stahlschweißkonstruktionen erreicht werden. Hier sind neuartige Konstruktionen auf der Basis der Parallelkinematiken als nichtkartesische Achskonzepte (Hexapode, Pentapode, Tripode) überlegen, sowohl was die Struktursteifigkeit als auch die thermische Stabilität angeht (siehe Abb. 14.2).

Bei den Achskonzepten sind die drei Hauptachsen X, Y und Z in der Regel als kartesische Linearachsen ausgelegt. Zusätzlich sind Rund- und Schwenkachsen für den Übergang vom 3- zum 5-achsigen Fräsen in unterschiedlichen Realisierungsvarianten ausgeführt. Nichtkartesische Achskonzepte sind für die 5-Achs-Fräsbearbeitung durch entsprechende Steuerungstechnik, extremen Vorschubgeschwindigkeiten (> 100 m/min) und Beschleunigungswerte bis 3 g besonders geeignet.

Hinsichtlich der Sicherheitsanforderungen sind für HSC-Maschinen besondere Maßnahmen gegen Gefahren für das Bedienungspersonal bedingt durch die hohen Geschwindigkeiten zu treffen. Eine hohe passive Sicherheit wird durch entsprechende Gestaltung des in der Regel gekapselten Arbeitsbereiches erreicht, aber auch für die Überwachung des Prozesses müssen zusätzliche Einrichtungen vorgesehen werden, um ein sofortiges Abschalten der Maschine bei drohendem Versagensfall zu ermöglichen.

Die Firma Hermle hat z. B. eine Auffahrsicherung für die Motorspindel integriert, die im Falle der Kollision die Frässpindel mitsamt der Lagerung axial um bis zu 8 mm gegen so genannte Stauchhülsen verschiebt. Der axiale Hub wird über einen Stift und einen

Schalter abgetastet/abgefragt. Bei Kollision löst der Schalter automatisch die sofortige Abschaltung der Steuerung aus (Maschinenfabrik Berthold Hermle AG, Gosheim).

Nachfolgend sollen ausgewählte Maschinen für die Hochgeschwindigkeitszerspanung vorgestellt werden.

14.3.2.1 Parallelkinematische HSC-Bearbeitungsmaschinen

Mechatronische HSC-Maschinenkonzepte setzen die Entwicklungstrends der Zukunft und sollen deshalb am Anfang der Betrachtungen stehen, auch wenn sie derzeit nicht die Serienanwendungen dominieren.

Die Maschinengenauigkeit der parallelkinematischen Fräsbearbeitungszentren wird nicht durch die Genauigkeit der Justage der Führungen der Achsen, wie es bei herkömmlichen Maschinen notwendig ist, sondern durch eine spezielle Kalibrierung der Hauptspindelposition im Raum erreicht.

Die exakte mathematische Berechnung der notwendigen Bewegungen wird erst durch die stabile und spielfreie Anordnung der Gelenkpositionen ermöglicht und durch innovative Lösungen im Software- und Regelungsbereich wird ein optimales Verhältnis von Mechanik, Elektronik und Software in der Maschine erreicht.

Eine Bauweise von Maschinen in Parallelkinematik ist dadurch charakterisiert, dass die Arbeitsspindel der Maschine mit dem Maschinengestell durch Streben verbunden ist, deren Länge mit den Vorschubantrieben eingestellt wird. An beiden Seiten dieser Streben befinden sich Gelenke mit mehreren Freiheitsgraden. An diese Gelenke und an wenige andere Maschinenkomponenten müssen hohe Genauigkeitsforderungen gestellt werden. Im Gegensatz zu konventionell aufgebauten Werkzeugmaschinen entfallen die hohen Genauigkeitsforderungen an Linearführungen einschließlich ihrer Lage zueinander und Genauigkeitsanforderungen an das großvolumige Maschinengestell.

In der Maschinensteuerung von Parallelkinematiken ist ein kinematisches Modell hinterlegt, das einen für jede einzelne Maschine spezifischen Parametersatz nutzt. Zum Beispiel sind die Koordinaten der Drehpunkte von Gelenken in diesen Parametern enthalten. Es ist nicht notwendig, diese Gelenkpunkte mit hohem fertigungstechnischen Aufwand exakt zu positionieren. Nach der Maschinenmontage werden diese Punkte indirekt durch Auswertung von Messungen der Hauptspindelpositionen im Arbeitsraum der Maschine bestimmt (Kalibrierung).

Nachfolgend werden HSC-Bearbeitungsmaschinen mit einer innovativen und patentierten 5-Streben Parallelkinematik vorgestellt:

Metrom 5-Achs-Bearbeitungszentrum P 1000
Dieses Bearbeitungszentrum ist für die Bearbeitung von Stahl, Inconel® (Inconel ist der Markenname der Firma „Special Metals Corporation"), Verbundwerkstoffen, Aluminium u. a. Materialien im Werkzeug- und Formenbau, für verschiedenste Maschinen- und Anlagenbauanwendungen und speziell für anspruchsvolle und hochgenaue Bearbeitungen konzipiert. In besonderen Anwendungen werden auch direkt Sandformen für die Guss-

a   b

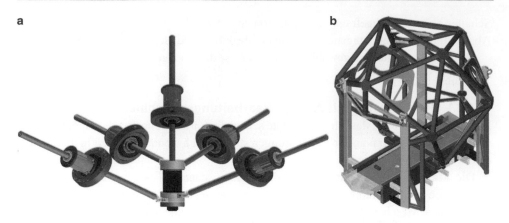

Abb. 14.2 Prinzip der Hauptspindelanbindung (**a**) und Modell des Ikosaeder-Gestells (**b**) (*Werkfoto: Metrom GmbH, Hartmannsdorf; www.metrom.com*)

herstellung gefräst oder Keramiken bearbeitet. In Verbindung mit einem CNC-Drehtisch ist auch das Drehfräsen, Unrunddrehen und Unrund-Drehfräsen möglich.

Die Hauptspindel der Maschine wird querkraftfrei mit fünf gleichen Streben, die für eine hohe Bearbeitungsgenauigkeit innengekühlt sind, für eine 5-Achs-Simultanbearbeitung geführt.

Beim kinematischen Konzept der Maschine mit 5 Streben wird ausgenutzt, dass nicht alle 6 Freiheitsgrade des zu bewegenden Körpers von gleicher Bedeutung sind. Wenn die Drehung um die Achse der Frässpindel nicht als Freiheitsgrad berücksichtigt wird, werden nur 5 Antriebe benötigt, um jede 5-achsige Position innerhalb der Arbeitsraumgrenzen einzustellen. Alle Beschleunigungskräfte für Bewegungen der Frässpindel werden ausschließlich in Längskräfte der Streben übertragen. Dadurch kann die notwendige Steifigkeit der Hauptspindel gegen Verschiebungskräfte erreicht werden.

Die Verbindung zum extrem steifen Ikosaeder-Gestell (zwölfeckig, zwanzigflächig) erfolgt mit spielfreien Dreh-, Schwenk- und Kardangelenken (siehe Abb. 14.2). Die schnellen Vorschub- und Positionierbewegungen der Hauptspindel mit bis zu 60 m/min und Beschleunigungen bis zu 1 g (10 m/s^2) werden durch Kugelgewindetriebe erreicht.

Die bei parallelkinematischen Konzepten auftretenden großen Vorteile sind neben der relativ einfachen mechanischen Konstruktion die große Zahl an Gleichteilen und vor allem die hohe Lebensdauer und Zuverlässigkeit, die aus der reinen Zug- bzw. Druckbeanspruchung auf die Streben resultiert.

In Abb. 14.3 ist der kompakte nur wenig Arbeitsraum benötigende Aufbau und im Bild rechts die Bewegung der Hauptspindel durch die fünf Streben gut zu erkennen.

Der Einsatz eines NC-Rundtisches erlaubt die 5-Seitenbearbeitung in einer Aufspannung und durch die optimale Anstellung des Werkzeuges für jeden Bearbeitungsfall eine hochgenaue simultane 5-Achsbearbeitung.

a b

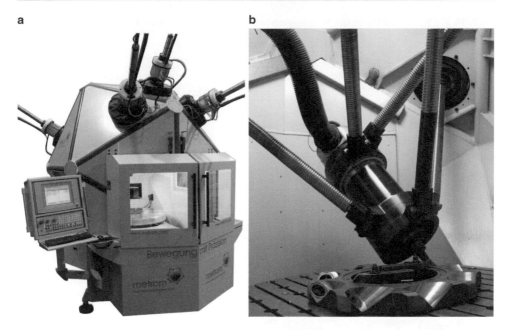

Abb. 14.3 Ansicht der P 1010 (**a**) und Blick in den Arbeitsraum (**b**) (*Werkfoto: Metrom GmbH, Hartmannsdorf; www.metrom.com*)

a b

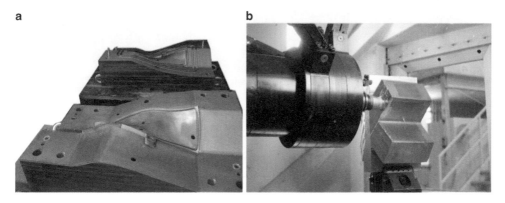

Abb. 14.4 Gesenkfräsen mit dem Bearbeitungszentrum PG 1000 (*Werkfoto: Metrom GmbH, Hartmannsdorf; www.metrom.com*)

An die CNC-Steuerung werden hohe Anforderungen hinsichtlich Satzwechselzeit und Interpolationsgeschwindigkeit gestellt sowie die Einbindung eines Parallelkinematik-Prozessors für die Umrechnung von kartesischen in Maschinenkoordinaten. Es kommen die andronic 2060 oder die Siemens 840 D sl zum Einsatz.

In Abb. 14.4 ist ein Bearbeitungsbeispiel für den Werkzeug- und Formenbau zu sehen.

Tab. 14.3 Technische Daten des 5-Achs-Bearbeitungszentrums Metrom P 1000

Werkstück	Werkstückgröße (5-Seitenbearbeitung)	1000 mm × 1000 mm × 1000 mm
	Max. Werkstückgewicht	300 kg optional bis 4000 kg
	Aufspannfläche	Durchmesser NC-Tisch 1000 mm
Hauptspindel	Typ 1: 25 kW (S1)	Max. Drehzahl 15.000 1/min
	Typ 2: 14 kW (S1)	Max. Drehzahl 24.000 1/min
	Schwenkwinkel	90°
Automation	CNC-Steuerung	Andronic 2060 Siemens Sinumerik 840D sl
Genauigkeit	Raumgenauigkeit	±0,010 mm
	Wiederholgenauigkeit	0,003 mm
Bearbeitung	Arbeitsvorschub bis	60 m/min
	Beschleunigung in alle Richtungen bis	10 m/s^2
Werkzeuge	Automatischer Werkzeugwechsler	22 Plätze (mehr auf Anfrage)
	Max. Werkzeuglänge/Werkzeugdurchmesser	250 mm/110 mm
	Werkzeugaufnahme	HSK A 63

a   b

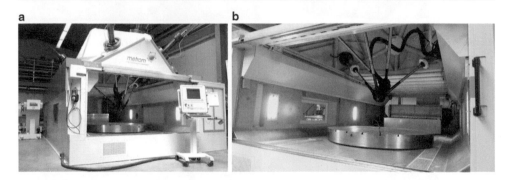

Abb. 14.5 Aufbau der Metrom PG 2040 (**a**) und Blick in den Arbeitsraum (**b**) (*Werkfoto: Metrom GmbH, Hartmannsdorf; www.metrom.com*)

Die technischen Daten zum HSC-Bearbeitungszentrum P 1000 sind in Tab. 14.3 zu finden.

Metrom 5-Achs-Bearbeitungszentrum PG 2040

Für eine effektive Bearbeitung von Werkstückgrößen bis 2000 mm in Länge und Breite und bis 1000 mm in der Höhe kommt das patentierte Parallelkinematik-Konzept des Pentapoden in der Gantry-Bauweise mit stationären Tisch zum Einsatz.

Abb. 14.5 zeigt den Aufbau der PG 2040 und einen Blick in den Arbeitsraum.

Durch die Dynamik der Maschine und die geringe zu beschleunigenden Massen kann die Bearbeitung großer und schwerer Werkstücke als 5-Seitenbearbeitung in einer Auf-

Abb. 14.6 Bearbeitungsbeispiele des PG 240 (*Werkfoto: Metrom GmbH, Hartmannsdorf*)

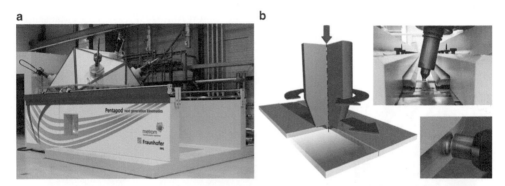

Abb. 14.7 Rührreibschweißanlage des Fraunhofer IWS Dresden auf der Basis der PG 2040, u. a. im Einsatz zum Schweißen von Flugzeugrumpf-Versuchsträgern (*Werkfoto: Metrom GmbH, Hartmannsdorf; Fraunhoferinstitut IWS Dresden*)

spannung mit hoher Produktivität erfolgen. In Abb. 14.6 sind zwei markante Bearbeitungsbeispiele zu sehen.

Die zunehmende Tendenz zur verfahrensübergreifenden Integration von weiteren Fertigungsmöglichkeiten wurde mit dem Einsatz der Metrom PG 2040 zum Rührreibschweißen in der Industrieforschung demonstriert, welche beispielsweise für die Entwicklung neuartiger Fügekonzepte von Flugzeugrumpfstrukturen verwendet wird (siehe Abb. 14.7).

Dabei können die Vorteile der frästechnischen Vorbereitung von Schweißverbindungen und die eigentlichen Fügeoperationen optimal miteinander verbunden werden.

Die technischen Daten zur Metrom PG 2040 sind in Tab. 14.4 dargestellt.

Mobile mechantronische Maschinen
Das hier beschriebene parallelkinematische Konzept, das sich auch durch geringe Rückwirkungskräfte und ein sehr günstiges Last-Masse-Verhältnis auszeichnet, hat durch die freie Ausrichtung des Koordinatensystems zwischen Werkstück und Maschine ein un-

Tab. 14.4 Technische Daten des 5-Achs-Bearbeitungszentrums Metrom P 2040

Werkstück	Werkstückgröße (5-Seitenbearbeitung)	2000 mm × 2000 mm × 1000 mm
	Max. Werkstückgewicht	7000 kg
	Aufspannfläche	Durchmesser NC-Tisch 2000 mm
Hauptspindel	Typ 1: 25 kW (S1)	Max. Drehzahl 15.000 1/min
	Typ 2: 14 kW (S1)	Max. Drehzahl 24.000 1/min
	Schwenkwinkel	90°
Automation	CNC-Steuerung	Andronic 2060 Siemens Sinumerik 840D sl
Genauigkeit	Raumgenauigkeit	±0,025 mm
	Wiederholgenauigkeit	0,01 mm
Bearbeitung	Arbeitsvorschub bis	60 m/min
	Beschleunigung in alle Richtungen bis	10 m/s^2
Werkzeuge	Werkzeugwechsler	Auf Anfrage (Pick-Up oder Magazin)
	Werkzeugaufnahme	HSK A 63

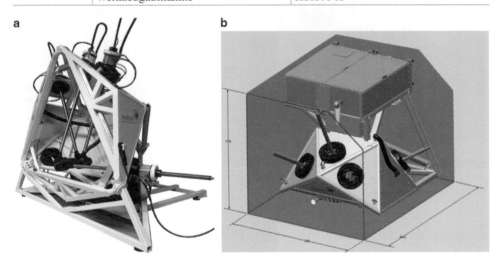

Abb. 14.8 Aufbau der mobilen HSC-Maschine Kranich 800 (**a**) und Transport in Standard Flugpalette (**b**) (*Werkfoto: Metrom GmbH, Hartmannsdorf; www.metrom.com*)

schlagbares Alleinstellungsmerkmal zu den konventionellen Maschinen und ermöglicht die beiden Varianten von mobilen Maschinen wie folgt:

a) Metrom Kranich 800

Die in Abb. 14.8 gezeigte parallelkinematische Maschine wird zum Werkstück transportiert und das weltweit.

Die Bearbeitung großer und komplizierter Werkstücke ist damit hochgenau, produktiv und kostengünstig mit einer mobilen HSC-Maschine möglich. Das Abb. 14.9 zeigt einen typischen Anwendungsfall aus dem Turbinenbau.

Abb. 14.9 Einsatz des
mobilen HSC-Bearbei-
tungszentrums Kranich 800
*(Werkfoto: Metrom GmbH,
Hartmannsdorf; www.metrom.
com)*

Abb. 14.10 Darstellung des
Bearbeitungssatelliten mit Zu-
stellvorrichtung am Werkstück
*(Werkfoto: Metrom GmbH,
Hartmannsdorf; www.metrom.
com)*

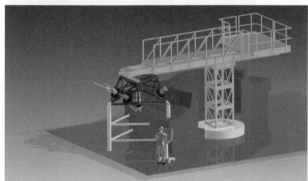

b) Metrom Bearbeitungssatellit

Die zweite Variante für eine lokale Bearbeitung überdimensionaler Bauteile mit einem
Durchmesser von mehr als 10 Metern mit der Genauigkeit und Produktivität anspruchs-
voller stationärer Maschinen wird durch das parallelkinematische Konzept des Metrom
Bearbeitungssatelliten umgesetzt.

In Abb. 14.10 ist der prinzipielle Aufbau zu sehen.

Die Baugruppen können vor Ort einfach und schnell montiert werden und die Bear-
beitungseinheit wird durch eine Positioniereinrichtung mit Dreh- und Linearachse an das
Werkstück angepasst. Der Einsatzbereich ist im Prototypen- und Formenbau, bei der Bearbeitung großer Anlagentechnik, der Bearbeitung von Turbinen im Schiffbau u. a. zu sehen.

Für den Kunden ergeben sich große Einsparungen an Zeit und Kosten durch den Transport der Maschine zum Werkstück und die Bearbeitung direkt am Einsatzort.

In Abb. 14.11 ist ein Einsatzfall abgebildet.

Abb. 14.11 Bearbeitung eines Bauteils mit einem Durchmesser von ca. 12 m (*Werkfoto: Metrom GmbH, Hartmannsdorf*; www.metrom.com)

Abb. 14.12 Hermle C 500 V
(*Foto: CNC-Labor der HTW Dresden*)

14.3.2.2 Hermle C 500 V für den Werkzeug- und Formenbau

Die HSC-Fräsmaschine Hermle C 500 ist eine der kleinsten Maschinen für den Werkzeug- und Formenbau und bietet die größten Verfahrwege im Verhältnis zum erforderlichen Platzbedarf (siehe Abb. 14.12). Die Konstruktion beruht auf der modifizierten Gantry-

Abb. 14.13 Maschinenbett in Mineralguss (*Werkfoto: Hermle AG, Gosheim*)

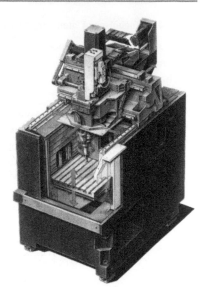

Bauweise – X- und Y-Achse im Werkzeug, Z-Achse im Werkstück – und ermöglicht eine gleichbleibende ergonomische Arbeitshöhe unabhängig von der Werkstückhöhe.

Durch die Verwendung von Mineralguss für das Maschinenbett werden sehr hohe Dämpfungswerte und sehr geringe Werte für die Wärmeleitfähigkeit erreicht (siehe Abb. 14.13). Die Maschine zeichnet sich durch gute Lauf-, Positionier- und Dauergenauigkeit bei kurzen Positionier- und Anfahrzeiten durch Beschleunigungswerte von $7\,\text{m/s}^2$ und Eilgeschwindigkeiten bis $35\,\text{m/min}$ aus (siehe Tab. 14.5).

Der X-Schlitten wird als Traverse auf drei Wagen mit zwei versetzten Führungen gelagert. Die Führungen in allen Linearachsen sind als Profilschienenwälzführungen ausgeführt. Die Vorschubbewegung wird mit vorgespannten Kugelgewindetrieben in Verbindung mit digitalen AC-Servoantrieben realisiert.

Der automatische Werkzeugwechsel erfolgt im Pick-up-Verfahren und es sind maximal 20 Werkzeuge (HSK 63 A) im Tellermagazin, dadurch wird eine Span-zu-Span-Zeit von 5 s erreicht.

Die Programmierung der CNC-Steuerung Heidenhain TNC 426 kann im Dialog oder nach DIN/ISO erfolgen und ermöglicht eine anspruchsvolle Fräsbearbeitung für den Werkzeug- und Formenbau.

14.3.2.3 ALZMETALL GS 1000/5

Die Firma ALZMETALL bietet mit der GS 1000/5 (Abb. 14.14) ein hochdynamisches und extrem steifes Bearbeitungszentrum für die HSC-Bearbeitung an, das eine 5-Achs-Simultan-Bearbeitung von räumlich gekrümmten Flächen erlaubt.

In Abb. 14.15 ist der Aufbau der Maschine zu sehen, der durch eine besondere Struktur gekennzeichnet ist. Die Auslegung des Maschinengestells erfolgte nach Simulationen

Tab. 14.5 Technische Daten der Maschine Hermle C 500 V

Antriebsleistung Motorspindel	kw	16 (40 % ED)
Drehmoment	Nm	53 (40 % ED)
Drehzahlbereich	min^{-1}	50 … 16.000
Werkzeugaufnahme		HSK-A 63
Aufspannfläche	mm × mm	540 × 560
Verfahrwege der Arbeitsspindel	mm	X = 500, Y = 400, Z = 450
Verstellgeschwindigkeiten	m/min (Eilgang) m/min (Eilgang) m/s^2 (Beschleunigung)	35 (X und Y) 30 (Z) 7

Abb. 14.14 ALZME-
TALL GS 1000/5 (*Werkfoto:
ALZMETALL Werkzeugma-
schinenfabrik und Gießerei
Gmbh & Co. KG, Alten-
markt/Alz*)

mit der Finite-Elemente-Methode, um das Schwingungsverhalten hinsichtlich der dynamischen Steife zu optimieren. Wie in Abb. 14.15 zu sehen ist, werden die X- und Y-Achse
mit einem Vierfach-Führungssystem im steifen Gestell der Maschine hochgenau geführt.

Der Tisch führt eine Schwenkbewegung (A-Achse) und eine Drehbewegung des auf-
gespannten Werkstückes (C-Achse) aus. Alle fünf Achsen können gleichzeitig verfahren
werden, was durch die Siemenssteuerung 840 D (optional Heidenhain TNC 530) ermöglicht wird.

In Tab. 14.6 sind die wesentlichen technischen Daten der Maschine aufgeführt. Die Beschleunigung in den Achsen X-,Y- und Z-Achse liegt bei 1,5 g und die Span-zu-Span-Zeit
bei lediglich 6 s.

In Abb. 14.16 ist die fünfachsige Bearbeitung einer Form für die Reifenherstellung zu
sehen.

Abb. 14.15 Strukturbild
ALZMETALL GS 1000/5
(*Werkfoto: ALZMETALL Werk-
zeugmaschinenfabrik und
Gießerei Gmbh & Co. KG,
Altenmarkt/Alz*)

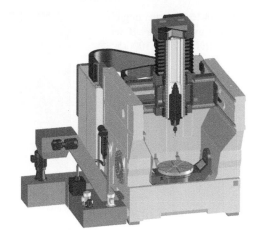

14.3.3 Werkzeuge für das HSC-Fräsen

Die HSC-Bearbeitung stellt sowohl an den Schneidstoff als auch an die Konstruktion und Auslegung des Werkzeugs besondere Anforderungen. Die Auswahl des richtigen Schneidstoffs für die Hochgeschwindigkeitsbearbeitung ist natürlich, wie bereits besprochen, vor allem werkstoffabhängig. So hat sich für die Aluminiumbearbeitung PKD und diamantbeschichtetes Hartmetall herauskristallisiert. Für die Bearbeitung von Guss und teilweise auch gehärteter Stähle kommen CBN-Schneidstoff, aber auch neuere Entwicklungen an Feinkorn- und Feinstkornhartmetallen und Cermets, jeweils mit entsprechenden Beschichtungen, sowie hochwarmfeste whiskerverstärkte Keramikschneidstoffe zum Einsatz.

Hinsichtlich der Konstruktion der Werkzeuge sind bei der HSC-Bearbeitung folgende zwei Kriterien entscheidend:

Tab. 14.6 Technische Daten der Maschine ALZMETALL GS 1000/5

Antriebsleistung HF-Motorspindel	kW	40 (25 % ED)
Drehmoment	Nm	96 (25 % ED)
Drehzahlbereich	U/min	50 bis 24.000
Werkzeugaufnahme		HSK-A63
Aufspannfläche	mm	540×560
Verfahrwege der Arbeitsspindel	mm	$X = 800$, $Y = 800$, $Z = 600$
Schwenkbereich A-Achse, Drehzahl max.		$+120°$, $-120°$ $n = 20 \, \text{min}^{-1}$
Drehbereich C-Achse, Drehzahl max.		$360°$ endlos $n = 37 \, \text{min}^{-1}$
Verstellgeschwindigkeiten	m/min (Eilgang) m/s^2 (Beschleunig.)	60 (X ,Y und Z) 17

Abb. 14.16 Bearbeitung ei-
nes Formwerkzeugs auf der
ALZMETALL GS 1000/5
(*Werkfoto: ALZMETALL Werk-
zeugmaschinenfabrik und
Gießerei Gmbh & Co. KG,
Altenmarkt/Alz*)

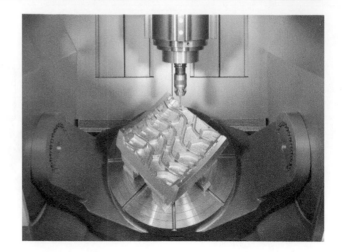

- Unwucht des Werkzeugs,
- ertragbare Fliehkräfte.

Nach Untersuchungen der Firma Sandvik, Dr. K. Christoffel, Sandvik GmbH, Düsseldorf, können durch Unwuchten des Werkzeugs bei hohen Drehzahlen Kräfte entstehen,
die über den aus dem Zerspanungsvorgang ergebenden Schnittkräften liegen. Allerdings
sind erst bei sehr hohen Unwuchtwerten eindeutige Auswirkungen auf die Oberflächengüte festzustellen. Der zu erwartende negative Effekt auf die Werkzeugstandzeit und auf
die Belastung der Spindellagerung muss bei der Festlegung von Auswucht-Gütestufen
beachtet werden.

Fräswerkzeuge für den HSC-Einsatz, die zunehmend auch als Wendeplattenwerkzeuge
eingesetzt werden, sind konstruktiv so auszulegen, dass auch bei Drehzahlen im Bereich
der Grenzdrehzahlen keine Brüche des Werkzeuggrundkörpers oder der Spannelemente
auftreten. Neuentwickelte HSC-Fräser werden deshalb auf Schleuderprüfständen getestet.
Im Abb. 14.17 ist ein Wendeplatten-Eckfräser zu sehen, bei dem die zulässige Schnittgeschwindigkeit entsprechend Normentwurf „Fräswerkzeuge für die spanende Bearbeitung
mit erhöhten Umfangsgeschwindigkeiten – sicherheitstechnische Anforderungen" durch
Schleudertest ermittelt wurde. Die zulässige Drehzahl/Schnittgeschwindigkeit wird über
den Sicherheitsfaktor 2 aus der Versagensdrehzahl ermittelt.

Bei allen Schleudertests war der Bruch der Spannschraube einer Wendeplatte die Ver-
sagensursache, was aber nach Aussage des Werkzeugherstellers als wesentlich ungefähr-li-
cher zu bewerten ist als das Zerbersten des Werkzeuggrundkörpers. Die passive Sicherheit
der HSC-Maschinen (Kapselung, Sicherheitsglas usw.) muss auf jeden Fall hoch sein, da
auch Fehlbedienungen zum Werkzeugbruch führen können.

Weiterhin muss beachtet werden, dass sich die Angaben über zulässige Drehzahlen
nur auf das entsprechende Werkzeug beziehen. Die Aufnahme an der Maschinenspindel,
bei HSC-Maschinen grundsätzlich über Hohlschaftkurzkegel (HSK), der durch gute Lauf-

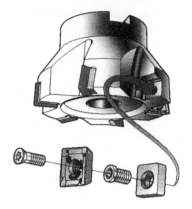

Durchmesser	Versagens-Drehzahl	zulässige Drehzahl	zulässige v_c
mm	min^{-1}	min^{-1}	m/min
50	49.900	24.950	3.919
125	30.200	15.100	5.925

Abb. 14.17 Zulässige Schnittgeschwindigkeiten für einen Wendeplatten-Fräser (Eckfräser CoroMill R 290.90) (*Dr. K. Christoffel, Sandvik GmbH, Düsseldorf*)

Tab. 14.7 Vergleich der Drehmomentübertragung unterschiedlicher Halter-Systeme

Schaftdurchmesser	Drehmoment	Halter
mm	Nm	
12	**93**	**CoroGrip**
	72	Schrumpfhalter
	50	Dehnspannfutter
20	**440**	**CoroGrip**
	243	Schrumpfhalter
	181	Dehnspannfutter
25	**804**	**CoroGrip**
	421	Schrumpfhalter
	365	Dehnspannfutter
32	**1512**	**CoroGrip**
	–	Schrumpfhalter
	651	Dehnspannfutter

Corogrip – feingewuchtet für die Hochgeschwindigkeitsbearbeitung, bis zu 40.000 U/min für kleine Haltergrößen

und Wechselgenauigkeit, aber speziell durch die Verstärkung der Spannkraft unter Fliehkrafteinfluss gekennzeichnet ist. Auch die Aufnahmen, Adapter oder evtl. Verlängerungen sowie deren Art der Spannung (Schrumpf-, Hydrodehnfutter usw.) und Verbindung müssen berücksichtigt werden. Die verwendeten Baugruppen und Komponenten können die zulässige Drehzahl durchaus reduzieren (siehe Tab. 14.7).

In Abb. 14.18 sind Kraftspannfutter für die Aufnahme von Schaftfräsern für die HSC Bearbeitung im Werkzeug- und Formenbau gezeigt.

In Abb. 14.19 ist das Funktionsprinzip des Hydro-Dehnspannfutters dargestellt, das sich durch einfachste Handhabung und sekundenschnellen Werkzeugwechsel auszeichnet.

Der Fräser wird in das Futter gesteckt, die Spannschraube mit einem Innensechskantschlüssel auf Anschlag eingedreht. Der Spannkolben presst die Hydraulikflüssigkeit in das Kammersystem, so dass die Dehnbüchse gleichmäßig den Werkzeugschaft spannt. Das Kammersystem hat zudem eine dämpfende Wirkung auf das eingespannte Werkzeug.

Die Rundlauf- und Wiederholgenauigkeit von < 0,003 mm gewährleistet einen gleichmäßigen Schneideneingriff und trägt somit zu erheblichen Standwegvergrößerungen bei. Die feste Spannung erlaubt einen Einsatz bis Drehzahlen von 50.000 min^{-1}.

Für das Fräsen von Großformen, z. B. Prägewerkzeuge für den Automobilbau, werden Messerköpfe (Fräsköpfe) mit Wendeschneidplatten für die Schruppbearbeitung eingesetzt.

Abb. 14.18 Coro-Grip Präzisions-Kraftspannfutter (*Werkfoto: Fa. Sandvik, Düsseldorf*)

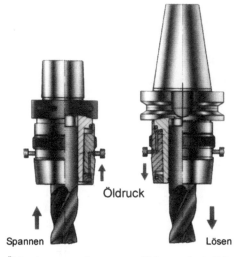

Öldruck nur zum Spannen und Lösen erforderlich

Abb. 14.19 Funktionsprinzip des Hydro-Dehnspannfutters TENDO (*Werkfoto: Firma Schunk GmbH & Co. KG*)

Abb. 14.20 Kugelkopffräser Typ M27 (*Quelle: WIDIA: www.widia.com*)

Abb. 14.21 Torusfräser (*Quelle: WIDIA: www.widia.com*)

Zur Erzeugung von Profilkonturen setzt man Formfräser, wie z. B. Kugelkopffräser oder Torusfräser ein.

Diese Profilfräser werden bevorzugt für das Vor- und Fertigschlichten eingesetzt.

Der Kugelkopffräser (Abb. 14.20) ist mit runden Hartmetallplatten aus Feinkornhartmetall, die PVD-beschichtet (TiAlN) sind, ausgestattet.

Der Torusfräser ist ein Vollhartmetallfräser aus beschichtetem Feinkornhartmetall mit TiAlN-Beschichtung. Er ist 30° spiralgenutet und hat zwei oder vier Schneiden. Die gängigen Fräserdurchmesser betragen 2 bis 20 mm.

Abb. 14.22 Vollhartmetall-
Zirkular-Bohrgewindefräser-
ZBGF-H (*Quelle: EMUGE-
Werk Richard Glimpel GmbH
& Co. KG, Lauf*)

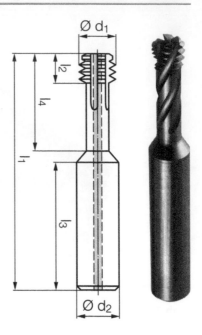

Werkzeuge für das HSC-Gewindefräsen

Für die rationelle Herstellung von Innengewinden im HSC-Bereich, d. h. auch für die Hartbearbeitung, stehen neuartige Vollhartmetall-Zirkular-Bohrgewindefräser zur Verfügung (siehe Abb. 14.22).

Diese Hochleistungswerkzeuge mit innerer Kühlmittelzufuhr sind in der Lage, durch eine Zirkular-Fräsoperation das Kernloch und das Gewinde in einem Arbeitsgang zu fertigen.

Es ergeben sich daraus die folgenden Leistungsmerkmale:

- kurze Prozesszeiten durch Hochgeschwindigkeitsbearbeitung;
- keine Wechselzeiten, da Fasen, Bohren und Gewindefräsen mit einem Werkzeug realisiert werden;
- Hartbearbeitung bis 60 HRC.

Während das Gewindefräsen auch auf konventionellen Fräsmaschinen anwendbar ist, setzt das Zirkular-Gewindefräsen zwingend eine leistungsfähige CNC-Fräsmaschine voraus, die in der Lage ist, die 3-D-Spiralinterpolation auszuführen. Durch die innere Kühlmittelzufuhr (20 bar), die an modernen HSC-Fräsmaschinen in der Regel vorhanden ist, kann auch der Schneidenbereich ausreichend gekühlt und der Spänetransport realisiert werden.

Das Prinzip des Zirkular-Bohrgewindefräsens ist in Abb. 14.23 dargestellt.

Das Gewinde wird in den folgenden sechs Arbeitsschritten hergestellt:

1. Positionieren des Fräsers im Eilgang über der Bohrungsmitte
2. Radiales Verfahren auf Gewindedurchmesser

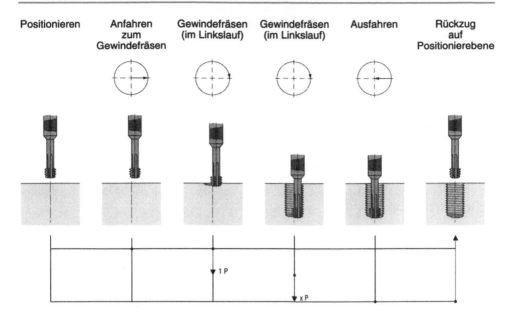

Abb. 14.23 Prinzip des Zirkular-Bohrgewindefräsens (*Quelle: EMUGE-Werk Richard Glimpel GmbH & Co. KG, Lauf*)

3. Senken und Zirkular-Bohrgewindefräsen auf eine Tiefe von 1 × Steigung
4. Zirkular-Bohrgewindefräsen auf (je nach Fräser) eine Tiefe $n \times$ Steigung
5. Radiales Verfahren auf Bohrungsmitte
6. Verfahren des Werkzeugs im Eilgang auf den Sicherheitsabstand

Es sind damit Einsparungen bis zu 50 % zur herkömmlichen Fertigung von Innengewinden möglich.

Für die Programmierung der CNC-Maschine sind sowohl für das Bohrgewindefräsen als auch für das Zirkular-Bohrgewindefräsen Zyklen verfügbar (z. B. für Heidenhain TNC 426).

Die Schnittwerte für das Bohrgewindefräsen mit Vollhartmetall-Werkzeugen sind in Tab. 14.8 enthalten.

14.3.4 Mikrozerspanung

Die Forderung der Industrie nach schneller und kostengünstiger Verfügbarkeit von Kleinst- und Mikrobauteilen hat bewirkt, dass der Mikrozerspanung gegenüber den üblichen Mikrofertigungsverfahren höhere Beachtung geschenkt wird. Durch sie wird vor allem im Formen- und Werkzeugbau eine wirtschaftliche Fertigung erst ermöglicht. Maschinenhersteller wie zum Beispiel Makino, Kugler oder Kern haben diesen Trend erkannt

Tab. 14.8 Schnittwerte für das Bohrgewindefräsen

	v_c m/min	v_c m/min	Vorschub Bohren f_b mm/U	Vorschub Bohren f_b mm/U	Vorschub Fräsen f_z mm/Zahn	Vorschub Fräsen f_z mm/Zahn
Einsatz-gebiete	unbe-schichtet	TiCN-be-schichtet	Fräser-durchmesser $d \leq 8$ mm	Fräser-durchmesser $d \leq 8$ mm	Fräser-durchmesser $d \leq 8$ mm	Fräser-durchmesser $d \leq 8$ mm
Guss-aluminium	100–250	150–400	0,15–0,30	0,20–0,40	0,05–0,08	0,07–0,15
Grauguss	80–140	100–200	0,1–0,25	0,20–0,40	0,04–0,07	0,05–0,12
Duroplaste	60–150	100–400	0,15–0,30	0,20–0,40	0,05–0,10	0,08–0,20

(Quelle: EMUGE-Werk Richard Glimpel GmbH & Co. KG, Lauf)

Abb. 14.24 Makino
V 22 Vertikales Bear-
beitungszentrum für die
Mikrobearbeitung (*Werkfoto: miTec-Microtechnologie
GmbH, Limbach-Oberfroh-
na*). **Ausgewählte technische
Daten:** Verfahrwege (X, Y,
Z Achsen) 320 × 280 × 300
mm, Verfahrwege (B, C Achse) 120° (−15° ∼ +105°);
360°, 5-Achsen-Spezifikation,
Bearbeitungsgenauigkeit 2 μm,
Hybridwerkzeuglängenver-
messung, Steuerung FANUC
310iM

und bieten heute speziell auf die Mikrobearbeitung abgestimmte Maschinenkonzepte an.
In Abb. 14.24 ist ein derartiges Bearbeitungszentrum mit einigen technischen Daten zu
sehen.

Auch seitens der Werkzeughersteller werden Fräs- und Bohrwerkerzeuge ab Durchmessern von 0,03 mm insbesondere aus Japan standardmäßig angeboten.

In Abb. 14.25 ist ein Mikrofräser im Einsatz zu sehen.

Als Schneidwerkstoff kommt vorwiegend Vollhartmetall, Diamant und CBN zum Einsatz, wobei letzterer wegen seines hohen Standvermögens und erzielbarer Oberflächengüten sich immer mehr in der Mikrobearbeitung etabliert. Das Bearbeitungsergebnis wird
dabei stark von den in Abb. 14.26 dargestellten Anforderungen beeinflusst.

Unter Laborbedingungen können damit ebene Formeinsätze aus hochlegierte Stählen
mit Rauheiten von bis zu $R_a = 0,05$ μm und Stege größer als 20 μm mit einer Fertigungs-
toleranz von bis zu 2 μm hergestellt werden. In der Praxis können diese Werte noch nicht
erreicht werden, denn Schnittparameter lassen sich nicht einfach von der Makro- in die

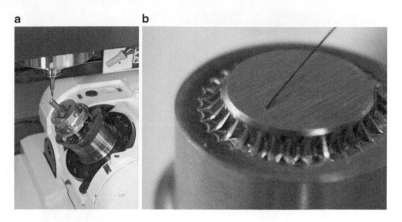

Abb. 14.25 Mikrohartfräsen eines Formeinsatzes aus 1.2343 54HRC, **b** mit Referenzhaar (*Werkfoto: miTec-Microtechnologie GmbH, Limbach-Oberfrohna*)

Mikrobearbeitung skalieren. Dies gilt für das Mikrofräsen als auch für das Mikrobohren. Prozessschwankungen führen schnell zum Werkzeugbruch und oftmals zur Schädigung der Oberfläche. Speziell auf die Mikrobearbeitung ausgerichtete Unternehmen wie die miTec-Microtechnologie GmbH stellen heute mit Fräserdurchmessern von 50 µm Mikrostrukturen bis 50 µm Breite prozesssicher her (siehe Abb. 14.27).

Mikrobohren hat im Gegensatz zum Fräsen den Nachteil, dass lange Späne entstehen, die schnell aus der Bohrung heraus befördert werden müssen. In der Makrobearbeitung übernimmt diese Aufgabe der Kühlschmierstoff. Doch in der Mikrobohrbearbeitung ist dies aufgrund des geringen Querschnittes nicht möglich. Heute sind kleine Bohrungen mit

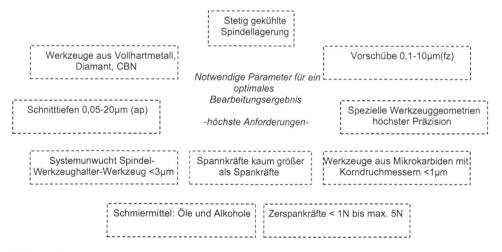

Abb. 14.26 Anforderungen an die Mikrozerspanung (*Quelle: Harbich, miTec-Microtechnologie GmbH, Limbach-Oberfrohna*)

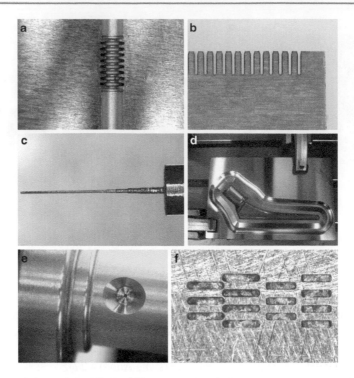

Abb. 14.27 Bearbeitungsbeispiele der Mikrobearbeitung/Mikrozerspanung, **a** Formeinsatz μ-senkerodiert Rillenbreite 0,1 mm, **b** Kamm aus Hartmetall, gefräst, Nutbreite 0,1 mm, **c** Werkzeug gefräst mit $R_a < 0{,}1\,\mu$m, **d** Mikrobohrung, $d = 0{,}05$ mm, **e** Elektrode $d = 0{,}1$ mm, gefräst, **f** Mikrotaschen, $0{,}05 \times 0{,}02$ mm, gefräst (*Werkfotos: miTec-Microtechnologie GmbH, Limbach-Oberfrohna*)

Bohrwerkzeugen im Bereich von bis zu 30 μm herstellbar. Auch ist es möglich, Werkzeuge mit Innenkühlung und einem Bohrungsdurchmesser von > 500 μm zu verwenden. Die Bohrungstiefen hängen wiederum vom Werkzeug ab, sind aber mit mindesten $1 \times D$ zu realisieren. Mikrobohren stellt eine Ergänzung im Arbeitsprozess Mikrobearbeitung dar und kann auf denselben Bearbeitungszentren wie das Mikrofräsen angewendet werden.

14.3.5 Hybrides Fräsverfahren (Fräsen und generatives Auftragen)

Im Werkzeug- und Formenbau bringen Lösungen zur konturnahen Kühlung und Temperierung einen erheblichen Fortschritt bei Effizienz und Qualität. Die generative Fertigung mit metallischen Materialien hat sich hierbei zu einer Schlüsseltechnologie entwickelt.

Die Maschinenfabrik Berthold Hermle AG zählt zu den weltweit führenden Herstellern von Fräsmaschinen und Bearbeitungszentren und ist bekannt für höchste Präzision, Effizienz und Zuverlässigkeit beim Thema Zerspanen. Darüber hinaus investiert sie seit einigen Jahren in die Entwicklung neuer Technologien und Verfahren zur additiven Fertigung.

Als Resultat dieser Entwicklungsarbeit präsentiert sich die Hermle MPA Technologie als ein innovatives und vielseitiges Auftragsverfahren für Metallpulver, das seine Stärken besonders im Bereich des Werkzeug- und Formenbaus voll ausspielen kann. Hierzu gehört zum Beispiel der flexible Aufbau generativ gefertigter Komponenten auf bereits vorgefertigten Halbzeugen, wie auch die Möglichkeit, mehrere Materialien in einem Bauteil zu kombinieren. Die MPA Auftragseinheit ist in ein Hermle 5-Achsen-Bearbeitungszentrum integriert und verbindet so die zerspanende Bearbeitung mit den Möglichkeiten des generativen Materialaufbaus zu einem hybriden Fertigungsschema. Eine tragende Rolle spielt dabei eine patentierte Lösung zum temporären Verfüllen innenliegender Geometrien mit einem Material, das zum Ende der Fertigung aufgelöst werden kann. [31]

14.3.5.1   MPA Technologie – Auftrag von Metallpulver im thermischen Spritzverfahren

Die Hermle MPA Technologie steht für ein Auftragsverfahren für Metallpulver (MPA = Metall Pulver Auftrag). Es handelt sich dabei um ein thermisches Spritzverfahren, das speziell für den Aufbau großvolumiger Bauteilkomponenten aus Metall optimiert wurde.

Damit unterscheidet es sich von den meisten anderen additiven Verfahren: Während die Erzeugung filigraner Strukturen im Spritzverfahren nur indirekt über anschließende Zerspanung möglich ist, ist der Aufbau massiver Körper mit qualitativ hochwertigem Gefüge eine besondere Stärke (siehe Abb. 14.28).

Ausgangsmaterial für das MPA Auftragsverfahren sind Metallpulver. Die Pulverpartikel werden mit Hilfe eines Trägergases zur Düse der Auftragseinheit transportiert. Dort wird in einer Mischzone überhitzter Wasserdampf als Energieträger zugeführt. Beim Durchlauf durch die Laval-Düse überträgt er einen Teil seiner Energie auf die Pulverparti-

Abb. 14.28 Auftragseinheit und schematische Darstellung der Laval-Düse (Quelle: Hermle AG, Gosheim: http://www. hermle-generativ-fertigen.de/)

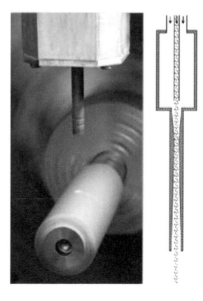

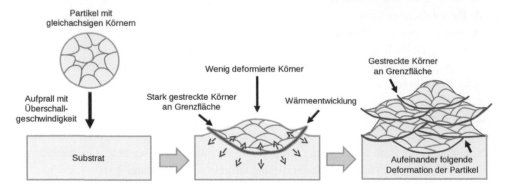

Abb. 14.29 Schematische Darstellungen des Pulverauftrages (Quelle: Hermle AG, Gosheim; Darstellung nach [32]: http://www.hermle-generativ-fertigen.de/)

kel, die dabei sowohl erhitzt, als auch auf mehrfache Schallgeschwindigkeit beschleunigt werden. Beim Aufprall auf das jeweilige Substrat werden sowohl die Pulverpartikel aus der Düse als auch die Substratoberfläche stark plastisch verformt. Besonders die Oberflächenkörner erfahren eine starke Streckung und an den Grenzflächen herrschen lokal Drücke von mehr als 10 GPa und Temperaturen bis zu 1000 °C. Dabei entsteht eine bindende Kontaktfläche zwischen dem Partikel und dem Substrat bzw. bereits zuvor aufgebrachten Pulverpartikeln. Durch die plastischen Verformungen wird das Bauteil – ausgehend von den Anbindungsflächen zwischen den Partikeln – isotherm erwärmt. Im Unterschied zu vielen anderen additiven Fertigungsverfahren wird beim MPA Auftragsprozess sowohl das Pulver als auch das Substrat zu keinem Zeitpunkt aufgeschmolzen. Daraus resultieren vergleichsweise geringe Spannungen im Gefüge und nahezu verzugsfreie Bauteile (siehe Abb. 14.29). [31]

14.3.5.2 Hybrides Maschinenkonzept

Die MPA-Auftragseinheit ist in ein Hermle 5-Achs-Bearbeitungszentrum vom Typ C 40 integriert. Damit wird die Fräsmaschine um die Möglichkeiten der additiven Fertigung erweitert und Materialauftrag und Zerspanung zu einem hybriden Fertigungsschema innerhalb einer Maschine kombiniert. Die Ausrichtung der Auftragsdüse auf dem Z-Schlitten der Maschine ist parallel zur Werkzeugspindel. Damit ist nahezu der gesamte Arbeitsraum für die Düse zugänglich (siehe Abb. 14.30) [31].

Über den Dreh-Schwenk-Tisch ist auch die komplette 5-Achs-Dynamik der Maschine voll nutzbar. Als direkte Folge resultiert die Möglichkeit, auch auf gekrümmten Freiformflächen eines bereits vorgefertigten Rohlings einen Materialaufbau zu erzielen. Limitierend ist hier nur die Maschinendynamik: Aufgrund hoher Bahngeschwindigkeiten während des Materialauftrags gibt es untere Grenzen für mögliche Krümmungsradien an den aufzutragenden Flächen. In Verbindung mit dem großen Arbeitsraum setzt die MPA

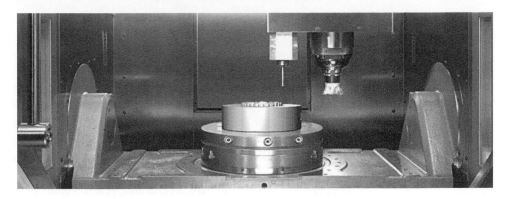

Abb. 14.30 Blick in den Arbeitsraum der C 40 mit MPA-Auftragseinheit und Frässpindel (Quelle: Hermle AG, Gosheim: http://www.hermle-generativ-fertigen.de/)

Maschine Maßstäbe. Sie erlaubt die generative Herstellung großvolumiger Bauteile mit mehreren hundert Kilogramm Masse und mehr als 500 mm Durchmesser. [31]

14.3.5.3 Materialspektrum und Qualität der Gefüge

Bedingt durch die Geometrie der Düse hat der Pulverstrahl auf Höhe des Substrats einen Durchmesser von mehreren Millimetern. Durch Abfahren paralleler Auftragsbahnen wird ein flächiger Schichtaufbau erzielt. Um immer ein einheitliches und optimales Gefüge zu erhalten, ist für jedes verwendete Metallpulver eine detaillierte Abstimmung der Prozessparameter notwendig. Eigenschaften wie Zug- und Druckfestigkeit, Restporosität und eventuelle Einschlüsse werden in diesem Zuge in umfangreichen Versuchsreihen mit Referenzbauteilen bestimmt. Dabei gilt nahezu ohne Ausnahme: Erst nach einer Wärmebehandlung des fertigen Bauteils wird ein den Anforderungen entsprechendes Gefüge erreicht. Dessen Eigenschaften sind dafür dann auch nahezu identisch mit vergleichbarem Halbzeug.

Das MPA-Verfahren eignet sich für eine Vielzahl von Metallen. Das Materialspektrum umfasst unter anderem die Warmarbeitsstähle 1.2344 und 1.2367, die Kaltarbeitsstähle 1.2333 und 1.2379 sowie die rostfreien Edelstähle 1.4404 und 1.4313. Des Weiteren können auch Schwermetalle wie Reineisen, Reinkupfer oder Bronze aufgetragen werden. Die jeweilige Aufbaurate ist dabei abhängig vom verwendeten Material: Bei den Stählen werden zwischen 200 und 250 cm^3 pro Stunde erreicht, bei reinem Kupfer sind es sogar bis zu 900 cm^3 pro Stunde. Von besonderer Bedeutung ist ein speziell entwickeltes Füllmaterial, das nur temporär in Bauteile integriert wird. Es dient der Realisierung von Hohlräumen wie zum Beispiel Kühlkanälen oder als Stützmaterial bei Bauteilen mit Hinterschneidungen. Das Füllmaterial wird auch im MPA-Verfahren aufgetragen und ist gut zerspanbar. Zudem ist es wasserlöslich und kann somit zum Abschluss des Fertigungsprozesses aus den Bauteilen herausgelöst werden. [31]

14.3.5.4 Verfahrensdurchführung

Zur Fertigung von Bauteilen mit dem MPA-Verfahren werden Materialauftrag und zerspanende Arbeitsschritte miteinander verflochten. Während die Düse das Material flächig
schichtweise aufträgt, werden die Konturen des Bauteils durch anschließende Fräsbearbeitung definiert. Eine mögliche Vorgehensweise ist dabei – ähnlich wie etwa beim
Lasersintern – die Zerlegung der Bauteilgeometrie in einen Stapel aufeinander folgender
planparalleler Schichten. Bei einem Bauteil aus Stahl mit einem integriertem Kühlkanal
sähe der Ablauf in etwa so aus: Im ersten Schritt wird eine Schicht Stahl aufgetragen, aus
der anschließend das Volumen des Kanals innerhalb der aktuellen Schicht herausgefräst
wird. In dieses Kanalvolumen wird nun ein Füllmaterial aufgetragen. Eventuelle Hinterschneidungen der Kanalgeometrie können nun als Negativkonturen in das Füllmaterial
gefräst werden. Mit dem Auftrag der nächsten Stahlschicht schließt sich das Schema und
der Aufbau einer neuen Schicht im Modell beginnt. Da die Bauteilkonturen jeweils erst
durch die Fräsbearbeitung definiert werden, ist die Dicke der einzelnen Schichten variabel:
Der Materialaufbau erfolgt immer so weit, wie alle relevanten Konturen im Bauabschnitt
noch zur Zerspanung zugänglich sind.

Auch wenn Bauteile von Grund auf in einer Folge von planen Schichten hergestellt
werden können, bietet das Maschinenkonzept noch deutlich mehr. Mit dem 5-Achs-Sys-
tem kann die Ausrichtung der Düse zum Bauteil dynamisch variiert werden. Das bedeutet,
dass die Materialschichten auch auf Freiformflächen aufgetragen werden können. Dies
wiederum eröffnet die Möglichkeit, in vielen Fällen massive Rohlinge einzusetzen und
diese nur an den entsprechenden Stellen um additiv gefertigte Komponenten zu ergänzen. Einschränkungen in den möglichen Geometrien werden dabei durch die Größe des
Spritzflecks, die Grenzen der Maschinendynamik sowie durch den Bauraum der Maschine
festgelegt.

Mit diesen Möglichkeiten reduziert sich das Fertigungsschema für viele Bauteile auf
wenige Arbeitsschritte. Abb. 14.31 zeigt die wesentlichen Fertigungsschritte zur Herstellung eines Bauteils mit oberflächennahem Kühlkanal. Ausgangspunkt ist ein Rohling

Abb. 14.31 Darstellung der Fertigungsschritte zur Herstellung eines Bauteils mit oberflächennahem
Kühlkanal (Quelle: Hermle AG, Gosheim: http://www.hermle-generativ-fertigen.de/)

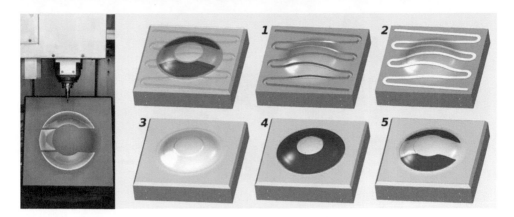

Abb. 14.32 Darstellung der Fertigungsschritte zur Herstellung eines Demonstrationsbauteils (Quelle: Hermle AG, Gosheim: http://www.hermle-generativ-fertigen.de/)

mit bereits eingefrästem Kanal. Dieser wird im ersten Schritt verfüllt (links). In einem Frässchritt wird nun die Oberfläche klar definiert (mittig), bevor auf die gesamte Fläche ein Stahlmantel aufgetragen wird (rechts). Das Bauteil kann nun in die endgültige Form gefräst werden.

Das in Abb. 14.32 gezeigte Schema veranschaulicht ein weiteres Beispiel für einen Fertigungsablauf. Das Demonstrationsbauteil mit den Maßen von $520 \times 520 \times 140\,\text{mm}$ und ca. 300 kg Gewicht zeigt ein Hermle Logo und beinhaltet neben einem 3400 mm langen Kanal auch ein integriertes Kupferelement. Ausgangspunkt ist ein massiver quadratischer Rohling mit kreisförmiger Auswölbung im Bereich des Logos, in den der Kanal gefräst (1), und anschließend mit wasserlöslichem Füllmaterial verfüllt wird (2). In Schritt (3) wird die erste Schicht aus 1.2344 Warmarbeitsstahl im 5-Achs-Simultan-Auftrag gespritzt und der Kanal verschlossen. Dann wird die Tasche für die Kupfereinlage gefräst und die Kupferfüllung im rotierenden Auftrag mit drehender C-Achse aufgebracht (4). Nach dem Auftrag der zweiten Stahlschicht werden die Sichtfenster zur Kupfereinlage geöffnet und das Füllmaterial aus dem Kanal herausgelöst (5).

Bei Werkzeugen mit oberflächennahem Kühlkanalverlauf kann die MPA-Technologie ihre Stärken ausspielen. (siehe Abb. 14.33) Ob beim Auftrag auf Freiformflächen (Abb. 14.33) oder rotierend bei zylindrischen Bauteilen – in den meisten Fällen kann auf einem Rohling aufgebaut werden. Die mit dem MPA Verfahren generativ ergänzen Teile – im Bild blau markiert – sind oft nur die Deckschicht auf den Kanälen. [31]

14.3.5.5 Anwendungen der MPA-Technologie

Das Anwendungsgebiet der MPA-Technologie ist breit gefächert. Ein Schwerpunkt ihres Einsatzes liegt im Werkzeug- und Formenbau für Spritz- und Druckgussverfahren. Sie ermöglicht eine kontinuierliche Kühlung von Bauteiloberflächen, wie sie mit herkömmlichen Herstellungsverfahren nicht oder nur sehr aufwändig realisierbar ist. Die

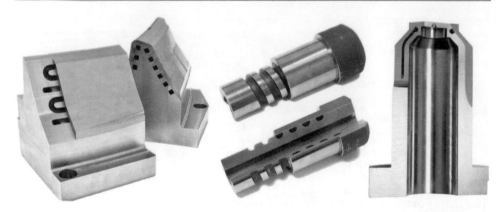

Abb. 14.33 Beispiele für den Aufbau auf Rohlingen. Die markierten Flächen zeigen das jeweils aufgetragene Material über dem oberflächennahen Kühlkanal (Quelle: Hermle AG, Gosheim: http:// www.hermle-generativ-fertigen.de/)

Abb. 14.34 Stahl-Kupfer-Kombinationen für eine optimierte Wärmeleitung in Bereichen, die nicht mit Kühlkanälen erreicht werden können (Quelle: Hermle AG, Gosheim: http://www.hermle-generativ-fertigen.de/)

Möglichkeit, eine oberflächennahe Kühlung auf einen vorgefertigten Rohling aufzusetzen, macht den Einsatz der additiven Fertigung auch bei großen Bauteilen attraktiv. In der Regel müssen weniger als 20 Prozent des Bauteilvolumens mit dem MPA-Verfahren aufgetragen werden.

Kombinationen mit Kupferelementen
Auf große Resonanz stößt auch die Option, Kupferelemente in ein Bauteil zu integrieren, oftmals in Verbindung mit einem Kühlkanal. Die Verbindung von Kupferelementen und Kühlkanälen erlaubt einen sehr effizienten Wärmetransport. Das Kupfer kommt meist dort zum Einsatz, wo für eine Flüssigkeitskühlung kein Raum ist (siehe Abb. 14.34).

Oft weisen die herzustellenden Bauteile geometrische Engstellen auf, in denen kein Kanal unterzubringen ist. Wenn aber genau dort ein großes Wärmeaufkommen vorliegt, können Kupferkerne die Energie von dort sehr effizient ableiten und an entfernter vor-

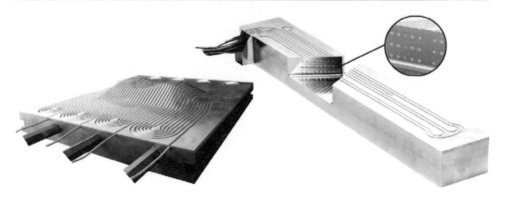

Abb. 14.35 Kombinationen mit Heizleitern oder Funktionselementen (Quelle: Hermle AG, Gosheim: http://www.hermle-generativ-fertigen.de/)

beilaufende Kühlkanäle weitergeben. Erfahrungen mit Kundenbauteilen zeigen, dass die jeweilige Abkühlzeit im Spritzgusswerkzeug auf diese Weise um mehr als 25 % verkürzt werden kann.

Ein dazu konträres Anwendungsbeispiel stellen Bauteile mit integrierten Heizelementen dar. Dazu werden isolierte Heizleiter in vorgefräste Kanäle eingepresst und anschließend per Auftrag von Stahlpulver eingespritzt (siehe Abb. 14.35). Während nach unten der übliche Transfer über den Presskontakt vorhanden ist, bietet die direkte Anbindung nach oben eine hervorragende Wärmeleitung. Werden zusätzlich auch Thermosensoren eingespritzt, kann die Heizleistung sogar lokal geregelt werden. [31]

14.3.6 Zerspanungsrichtwerte für die Hochgeschwindigkeits-Fräs- und Drehbearbeitung

Die nachfolgenden Richtwerttabellen sollen die Größenordnung der Schnittgeschwindigkeiten, in Abhängigkeit vom zu zerspanenden Werkstoff und der Vorschubgeschwindigkeit f_z in mm/Zahn zeigen.

Die Hartmetallhersteller sagen aber schon heute aus, dass sich diese Werte in absehbarer Zeit noch erhöhen werden.

Tab. 14.9 Schnittgeschwindigkeiten v_c für das Hochgeschwindigkeitsfräsen (Richtwerte der Fa. Waldrich, Siegen)

Obere Reihe: v_c in m/min, Untere Reihe f_z in mm

Werkstoffe	GE 240 1.0443	X155Cr-MoV12 1.2379	400CrMn-Mo7 1.2311	GJL 450 EN JL 1070	X40Cr-MoV51 1.2344	GJL 250 EN JL 1040	CrMo- 0.6025 GJL 250	Werkzeugtyp	Werkzeugdurchmesser (in mm)	Bearbeitungsart	Empfohlener Schneidstoff
	390 0,40	290 0,35	390 0,35	440 0,40	340 0,35	550 0,45	550 0,45	Kugelfräser	32	Vor-schlichten	HM beschicht.
	490 0,30	390 0,25	490 0,25	540 0,35	390 0,25	930 0,30	930 0,30	Kugelfräser	20–25	Vor-schlichten	HM beschicht.
	540 0,20	440 0,20	590 0,25	590 0,20	440 0,20	740 0,30	740 0,30	Kugelfräser	12–16	Vor-schlichten	HM beschicht.
	790 0,25	740 0,25	740 0,25	740 0,35	690 0,25	740 0,35	740 0,35	Kugelfräser	12–16	Schlichten	HM beschicht.
	790 0,25	740 0,25	740 0,25	740 0,35	740 0,35	740 0,35	740 0,35	Kugelfräser	12–16	Schlichten	Cermet
	390 0,10	450 0,15	450 0,10	450 0,15	400 0,10	450 0,15	450 0,15	Kugelfräser	8–10	Schlichten	HM beschicht.
	390 0,10	450 0,15	450 0,10	450 0,15	390 0,10	450 0,15	450 0,15	Kugelfräser	8–10	Schlichten	Cermet
	205 0,45	175 0,35	195 0,45	225 0,45	195 0,45	245 0,45	245 0,45	Torusfräser	80–125	Schruppen	HM beschicht.
	170 0,50	150 0,40	170 0,50	200 0,50	180 0,45	230 0,50	230 0,50	Torusfräser	80–125	Schruppen	P30–P50

Tab. 14.10 Schnittgeschwindigkeiten v_c für das Hochgeschwindigkeitsfräsen (Richtwerte der Fa. Widiafabrik, Essen)

Operation	Werkzeug		GE 240	X 155 CrMoV 12.1	40 CrMnMo 7	C 45 W	X 40 CrMoV 5.1	X 40 CrMoV 5.1	EN-GJL-250 (GG-25)
		Werkstückstoff	1.0443	1.2379	1.2311	1.1730	1.2344	1.2344	0.6025
		Festigkeit R_m [N/mm²]		1100	1200	1200	1100	1500	
		Härte HB/HRC	200 HB	60 HRC		56 HRC			190 HB
Kopierfräsen Schruppen	Fräser mit runden WSP (z. B. M100)	Schneidstoff Sorte z. B. Widia	HC-P25 TN7525	HC-P25 TN7525	HC-P25 TN7525	HC-P25 TN7525	HC-P25 TN7525	HC-P25 TN7525	HC-K15 TN5515
		v_c [m/min]	250	120	130	130	120	120	280
		f_z [mm] bei $\varnothing = 50 - 125$ mm	0,26	0,26	0,26	0,26	0,26	0,26	0,26
Kopierfräsen Schruppen	Kugelkopf-Schruppfräser mit WSP (z. B. M28)	Schneidstoff Sorte z. B. Widia	HC-P35 TN7535	HC-P35 TN7535	HC-P35 TN7535	HC-P35 TN7535	HC-P35 TN7535	HC-P35 TN7535	HW-K15 THM
		v_c [m/min]	180	84	84	84	84	84	120
		f_z [mm] bei $\varnothing = 25$ mm	0,18	0,18	0,18	0,18	0,18	0,18	0,19
Schruppfräsen	Walzstirnfräser mit WSP (z. B. M300)	Schneidstoff Sorte z. B. Widia	HC-P35 TN7535	HC-P35 TN7535	HC-P35 TN7535	HC-P35 TN7535	HC-P35 TN7535	HC-P35 TN7535	HC-K15 TN5515
		v_c [m/min]	150	70	80	80	70	70	215
		f_z [mm] bei $\varnothing = 50$ mm [1]	0,19	0,19	0,19	0,19	0,19	0,19	0,16
Kopierfräsen Schlichten	Kugelkopf-Schlichtfräser mit WSP (z. B. M27)	Schneidstoff Sorte z. B. Widia	HT-P15 TT125	HC-K05 TN2505	HT-P15 TT125	HC-K05 TN2505	HT-P15 TT125	HC-K05 TN2505	HC-K15 TN2505
		v_c [m/min]	280	300	250	290	250	280	350
		f_z [mm] bei $\varnothing = 10$ mm	0,12	0,08	0,12	0,08	0,12	0,08	0,01
Kopierfräsen Schlichten	Torusfräser aus VHM (z. B. Top Mill S)	Schneidstoff	HC-K20	HC-K20	HC-K20	HC-K20	HC-K20	HC-K20	HC-K20
		v_c [m/min]	160	85	80	100	85	110	120
		f_z [mm] bei $\varnothing = 6$ mm	0,02	0,02	0,02	0,02	0,02	0,02	0,02

[1] Kleinere Durchmesser bedingen kleinere Vorschübe

WSP = Wendeschneidplatte

Tab. 14.11 Schnittgeschwindigkeiten v_c für das Hochgeschwindigkeitsfräsen (Richtwerte der Fa. Kennametal Hertel GmbH Co. KG Fürth)

Bereich: Fräsen Werkstoff	Gefüge	Zugfestigkeit R_m (MPa)	Britneil/ Rockwell Härte HB/HRC	KC-930M HM-CVD HC-P30 M30-K25 v_c (m/min)	KY3500 Keramik CN-K20 v_c (m/min)	KY4300 Keramik CM-M15 CM-K10 v_c (m/min)	KT530M HM-PVD HT-P25 HT-M25 v_c (m/min)	KD1410 PKD DP-K10 v_c (m/min)
Unlegierter Stahl	C = 0,10–0,25 %	420	125	240–280			260–300	
	C = 0,25–0,55 %	–	250	190–230			240–280	
	C = 0,55–0,80 %	1020	300	190–230			220–260	
Niedriglegierter Stahl		610	180	140–180			200–240	
		–	275	130–170			180–220	
		1190	350	130–170			150–190	
Hochlegierter Stahl	ferritisch/martensitisch	680	200	130–170			150–190	
	martensitisch	1100	325	210–250			150–190	
Edelstahl	austenitisch	680	200	150–190			230–270	
	austenitisch/ferritisch	810	240	120–160			200–240	
Nichtrostender Stahl	austenitisch	610	180	130–170			210–250	
	austenitisch/ferritisch	880	260	130–170			180–220	
Gusseisen	perlitisch/ferritisch		180	180–220	700–900			
	perlitisch/martensitisch		260	160–200	500–700			
Aluminiumlegierungen	< 12 % Si, nicht alterbar		75					3500–4500
	> 12 % Si, nicht alterbar		130					
Kupfer und seine Legierungen (Bronze, Messing)	Pb > 1 %		110					
	CuZn, CuSnZn		90					
	Cu, ungebleites + Elektrk		100					
NE-Metalle	Verbundwerkstoffe							
Titan und seine Legierungen	Reintitan	400						
	alpha-beta Legierung	1050						
Gehärteter Stahl und Hartguss			45-63 HRC			95–135		
						95–135		

Tab. 14.11 (Fortsetzung)

Bereich: Fräsen Werkstoff	Gefüge	Zug-festigkeit R_m (MPa)	Brinell/Rockwell Härte HB/HRC	K110M HM-unb. HW-M10-HW-K10 v_c (m/min)	K125M HM-unb. HW-P25 v_c (m/min)	KC510M HM-PVD HC-M15 HC-K10 v_c (m/min)	KC520M HM-PVD HC-K20 v_c (m/min)	KC525M HM-PVD HC-P25 M30-K25 v_c (m/min)
Unlegierter Stahl	C = 0,10–0,25 %	420	125		140–180			270–310
	C = 0,25–0,55 %	–	250		100–160			220–260
	C = 0,55–0,80 %	1020	300		70–120			220–260
Niedriglegierter Stahl		610	180		70–110			160–200
			275		60–100			150–190
		1190	350		80–120			150–190
Hochlegierter Stahl	ferritisch/martensitisch	680	200		80–120			150–190
	martensitisch	1100	325		80–120			240–280
Edelstahl	austenitisch	680	200					180–220
	austenitisch/ferritisch	810	240					140–180
Nichtrostender Stahl	austenitisch	610	180					150–190
	austenitisch/ferritisch	880	260					150–190
Gusseisen	perlitisch/ferritisch		180	80–120				
	perlitisch/martensitisch		260	60–100				
Aluminiumlegierungen	< 12 % Si, nicht alterbar		75	400–800		900–1200		
	> 12 % Si, nicht alterbar		130			350–450		
Kupfer und seine Legierungen (Bronze, Messing)	Pb > 1 %		110	250–350		450–550		
	CuZn, CuSnZn		90	250–350		550–650		
	Cu, ungebleites + Elektrk		100	250–350		600–700		
NE-Metalle	Verbundwerkstoffe			250–350		600–700		
Titan und seine Legierungen	Reintitan	400		25–35		80–100		90–110
	alpha-beta Legierung	1050		30–40		50–70		60–80
Gehärteter Stahl und Hartguss			45–63 HRC					

Tab. 14.12 Zerspanungsrichtwerte für das Hochgeschwindigkeits-Planfräsen (Richtwerte der Fa. Kennametal Hertel GmbH Co. KG, Fürth)

Werkstoff	HW-K10 K110M	HC-K10 KC520M	HC-K20 KC920M	HC-P15 KC715M	HC-M30 KC725M	CN-K20 KY3500	DP-K15 KD1415	BN-K40 KB1340
C45 1.1191				v_c = 450 m/min f_z = 0,25 mm	v_c = 400 m/min f_z = 0,22 mm			
16MnCr5 1.7131				v_c = 400 m/min f_z = 0,2 mm	v_c = 350 m/min f_z = 0,18 mm			
42CrMo4V 1.7225				v_c = 300 m/min f_z = 0,25 mm	v_c = 270 m/min f_z = 0,22 mm			
X40CrMoV51 1.2344				v_c = 200 m/min f_z = 0,2 mm	v_c = 250 m/min f_z = 0,2 mm			
X5CrNi1810 1.4301					v_c = 200 m/min f_z = 0,15 mm			
GJL-250 5.1301	v_c = 120 m/min f_z = 0,25 mm	v_c = 280 m/min f_z = 0,25 mm	v_c = 400 m/min f_z = 0,2 mm			v_c = 1000 m/min f_z = 0,2 mm		v_c = 1000 m/min f_z = 0,3 mm a_p = 0,5 mm*
GJS-600-15 JS 1060		v_c = 190 m/min f_z = 0,2 mm	v_c = 250 m/min f_z = 0,2 mm					
AC AlSi9Cu1	v_c = 800 m/min f_z = 0,3 mm	v_c = 2000 m/min f_z = 0,25 mm					v_c = 6000 m/min f_z = 0,2 mm	

Planfräsen a_p = 3 mm, Werkzeugdurchmesser D_C = 100 mm, Eingriffsbreite 65–70° von D_C, Stabile Verhältnisse

Tab. 14.13 Schnittgeschwindigkeiten v_c für das Hochgeschwindigkeits-Drehen (Richtwerte der Fa. Kennametal Hertel GmbH Co. KG Fürth)

Bereich: Drehen		Zug-festigkeit	Brinell/Rockwell Härte	KC5010 HM-PVD HC-P10-M10-K10	KC9110 HM-CVD HC-P10	KC9225 HM-CVD HC-M25	KC9315 HM-CVD HC-K15	KT315 Cermet-PVD HT-P15-M19-K10
Werkstoff	Gefüge	R_m (MPa)	HB/HRC	v_s (m/min)	v_s (m/min)	v_s (m/min)	v_s (m/min)	v_s (m/min)
Unlegierter Stahl	C = 0,10–0,25 %	420	125	290–330	360–420			400–470
	C = 0,25–0,55 %	–	250	260–300	300–380			350–410
	C = 0,55–0,80 %	1020	300	220–270	260–320			290–380
Niedriglegierter Stahl		610	180	200–230	240–280			300–350
		–	275	190–220	220–260			260–310
		1190	350	170–200	180–240			220–280
Hochlegierter Stahl	ferritisch/martensitisch	680	200	160–180	190–220			200–240
	martensitisch	1100	325	140–160	160–200			160–220
Edelstahl	austenitisch	680	200	180–210				180–240
	austenitisch/ferritisch	810	240	150–180				160–200
Nichtrostender Stahl	austenitisch	610	180	160–210		180–250		220–270
	austenitisch/ferritisch	880	260	140–180		120–200		180–220
Gusseisen	perlitisch/ferritisch		180	220–260				
	perlitisch/martensitisch		260	180–240				
Aluminiumlegierungen	< 12 % Si, nicht alterbar		75					
	> 12 % Si, nicht alterbar		130					
Kupfer und seine Legierungen (Bronze, Messing)	Pb > 1 %		110					
	CuZn, CuSnZn		90					
	Cu, ungebleites + Elektrik		100					
NE-Metalle	Verbundwerkstoffe							
Titan und seine Legierungen	Reintitan	400		100–150				
	alpha-beta Legierung	1050		80–120				
Gehärteter Stahl und Hartguss			45-63 HRC					

14.4   Testfragen zum Kapitel 14

1. Wie kann die Hochgeschwindigkeitsbearbeitung qualitativ charakterisiert werden?
2. Nennen Sie die Anwendungsgebiete der HSC-Bearbeitung.
3. Wie sind die Spanungsparameter bei der HSC-Bearbeitung im Vergleich zur konventionellen Bearbeitung?
4. Welche Materialien kommen für das Maschinenbett von HSC-Maschinen zum Einsatz?
5. Was sind die wesentlichen Unterschiede zwischen parallelkinematisch arbeitenden Maschinen und herkömmlichen Maschinenkonzepten?
6. Was ist beim Einsatz der Fräswerkzeuge und Werkzeugspannmittel bei der HSC-Bearbeitung zu beachten?
7. Welche Anforderungen sind bei der Mikrozerspanung zur Erreichung eines guten Arbeitsergebnisses zu beachten?
8. Welche Vorteile ergeben sich für den Werkzeug- und Formenbau durch Einsatz der hybriden Technologie Fräsen und generatives Auftragen?
9. Wie sind konturnahe innere Kühlkanäle herstellbar?

Produktionsdatenorganisation 15

Die durchgängige Digitalisierung der Produktion ist eine Voraussetzung für die zukünftig erfolgreiche Industrie. Die globale Vernetzung aller Anlagen, Produkte und Menschen ermöglicht eine intelligente Fabrik. Der zentrale Zugriff auf alle für die Prozessführung benötigten sowie der dabei anfallenden Daten ist dabei die Bedingung für gesicherte Planungs-, Organisation- und Fertigungsabläufe. Die Nutzung dieser umfangreichen Informationen erfordert eine einheitliche Organisation über deren gesamten Lebenszyklus. Die facettenreichen Ausprägungen der unterschiedlichen Bereiche führen zu spezifischen Betrachtungen der Datenhaltung im Rahmen einer einheitlichen Kommunikationsstrategie.

15.1 Definition und Zielstellung

Unter Produktionsdaten versteht man alle fertigungsrelevanten Daten, die für die Bearbeitung eines Bauteils erforderlich sind. Es handelt sich dabei insbesondere um die Informationen, die beim Durchlauf der CAD-CAM-NC-Prozesskette benötigt bzw. erzeugt werden, und die in der Fertigung entstehenden Prozessdaten.

Neben technischen Primärdaten für interne Berechnungen sind typische Beispiele dafür NC-Programme, Werkzeuglisten, Zeitberechnungen oder SOLL- und IST-Daten bzw. Einsatzzeiten der Werkzeuge. Diese Daten werden i. Allg. nicht in ERP/PPS-Systemen (ERP – Enterprise Resource Planning, PPS – Produktionsplanungs- und Steuerungssystem) bzw. MES Systemen (MES – Manufacturing Execution System) organisiert, müssen aber für die Fertigung bereitgestellt bzw. nachgepflegt werden und sind erforderlich für die Durchführung der Produktion sowie für Reihenfolge- und Optimierungsbetrachtungen.

Die Kommunikation mit der ERP/PPS- und MES-Ebene bzgl. Stamm- und Prozessdaten ist eine weitere Aufgabe der Produktionsdatenorganisation. Damit wird sowohl die Verbindung zu den kommerziellen Abläufen im Betrieb, wie z. B. dem Einkauf, als auch zur unmittelbaren Prozesssteuerung realisiert.

© Springer Fachmedien Wiesbaden GmbH, ein Teil von Springer Nature 2020
J. Dietrich, A. Richter, *Praxis der Zerspantechnik*,
https://doi.org/10.1007/978-3-658-30967-1_15

Abb. 15.1 Produktionsdaten-
organisation betrifft
alle Bereiche der Fertigung
(Quelle:
EXAPT Systemtechnik GmbH,
Aachen, www.exapt.de)

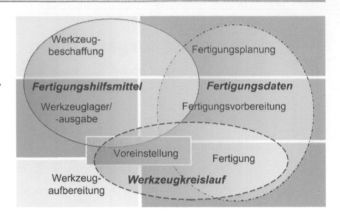

Organisatorisch gliedern sich Produktionsdaten in:

- Fertigungshilfsmittel, wie Werkzeuge, Mess- und Prüfmittel, Vorrichtungen usw.
- Prozessdaten, die die Ergebnisdaten aus dem Prozess repräsentieren
- Daten für die Logistik

Schlagwörter, mit denen diese Gebiete umrissen werden, sind:

- Werkzeug- oder Betriebsmittelorganisation bzw. Toolmanagement
- Fertigungsdatenorganisation
- Werkzeugkreislauf bzw. Tool Lifecycle Management

Die Produktionsdatenorganisation betrifft alle Bereiche zur Planung und Durchführung der Fertigung (Abb. 15.1) und beinhaltet ebenfalls die logische Auswertung der Daten sowie die Optimierung von Prozessen.

Die einheitliche Organisation dieser Daten in einer betrieblichen Datenbank hat das Ziel einer durchgängigen Verfügbarkeit aller Informationen an den unterschiedlichen Stationen in der Prozessfolge der Fertigung. Weiterhin wird damit ein zentraler Punkt für die Kommunikation mit der gesamtbetrieblichen Organisation geschaffen.

15.2   Werkzeugorganisation – Toolmanagement

15.2.1   Aufgaben

Die schnellverschleißenden Werkzeuge für die mechanische Fertigung stellen einen wesentlichen Kostenblock für die Produktion dar. Dabei sind nicht nur die Anschaffungskosten und Umlaufmittelbindung, sondern auch die internen Logistikkosten der einzusetzenden Werkzeuge von Bedeutung.

Die Aufgabe der Werkzeugorganisation bzw. des Toolmanagements besteht in der einheitlichen Organisation aller Informationen über die vorhandenen Werkzeuge und deren Einsatzdaten und ist in die gesamtbetriebliche Organisation integriert.

Mit einer durchgängigen Werkzeugorganisation wird abgesichert, dass

- das richtige Werkzeug,
- zum richtigen Zeitpunkt,
- am richtigen Ort,
- bei minimalen Kosten

bereitgestellt wird.

Sie ist Voraussetzung für den erfolgreichen Einsatz von CAD/CAM-Systemen. Durch die direkte Übernahme der benötigten Komplettwerkzeuge aus der Werkzeugorganisation wird gewährleistet, dass die im NC-Programm verwendeten Werkzeuge mit der Realität in der Werkstatt übereinstimmen. Die geplanten Werkzeuge werden automatisch in Werkzeuglisten gespeichert und stehen somit für die Werkzeuglogistik zur Verfügung.

In der Fertigungsindustrie werden für die spanende Bearbeitung auf CNC-Maschinen Werkzeuge eingesetzt, die aus mehreren Komponenten zusammengesetzt sind (Abb. 9.60, 9.61, 15.2). Je nach Komplexität des Werkstückes und der eingesetzten Technologie kommen teilweise sehr viele unterschiedliche Werkzeuge zum Einsatz. Jede einzelne Werkzeugkomponente und jedes zusammengebaute Werkzeug haben eine

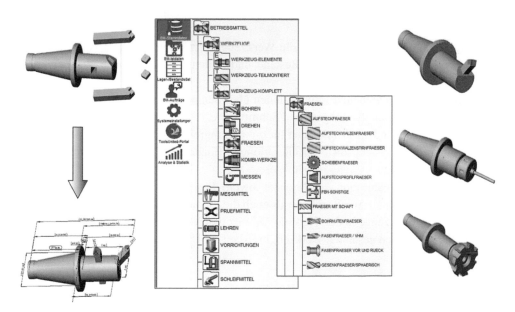

Abb. 15.2 Komponentenbasierte Komplettwerkzeuge (Quelle: EXAPT Systemtechnik GmbH, Aachen, www.exapt.de)

eindeutige Beschreibung. Diese umfangreichen Daten werden in einer Datenbank, die spezielle Datenfelder für die technische Beschreibung, Grafiken und den Einsatz in der Fertigung enthält, gespeichert.

Die in der Werkzeugorganisation betrachteten Daten gliedern sich in

- Stammdaten,
- Bewegungsdaten,
- Einsatzdaten,
- Hilfsdaten.

Die Stammdaten definieren die technischen Eigenschaften der Werkzeugkomponenten und der daraus zusammengebauten Komplettwerkzeuge bezüglich des geometrischen Aufbaus sowie der technischen Einsatzmöglichkeiten. Die reale Verfügbarkeit im Lager wird dabei nicht berücksichtigt.

Sie gliedern sich in

- alphanumerische Daten zur geometrischen und fertigungstechnischen Beschreibung sowie für weitere Informationen z. B. über Zusammenbau und Einsatz der Komponenten und Komplettwerkzeuge,
- grafische Daten zur Präsentation der Komponenten und Komplettwerkzeuge sowohl als 2D-Grafik für die Dokumentation als auch zunehmend als 3-D-Modell zur besseren Visualisierung für den Zusammenbau. Das 3D-Modell ist eine unbedingte Voraussetzung für die Simulation mit Kollisionskontrolle im CAM-System.

Die Bewegungsdaten repräsentieren die Werkzeuglogistik von der Bedarfsplanung über den Einkauf, die Lagerhaltung mit Bestand und Aufenthaltsort bis zum Verbrauch der Werkzeuge.

Die Einsatzdaten enthalten Informationen über den erfolgten Einsatz der Werkzeuge, wie Einsatzzeiten (Standvermögen) und Schnittwerte.

Die Hilfsdaten sind als Primärdaten für die umfangreichen Berechnungen des Schnittregimes im CAM-System sowie für die rationelle Eingabe und Pflege der einzelnen Datenarten erforderlich.

Die Werkzeugorganisation gewährleistet sowohl die technische Umsetzung der im NC-Programm festgelegten Arbeitsabläufe als auch die Planung und Koordination der zusammengebauten Werkzeuge in der Werkstatt. Sie ist damit das technische und organisatorische Zentrum für den gesamten Werkzeugkreislauf im Unternehmen.

15.2.2 Komponentenbasierte Werkzeugorganisation

Werkzeugkomponenten sind Einzelteile, aus denen Komplettwerkzeuge montiert werden (Abb. 15.3).

Abb. 15.3 Werkzeug-
komponenten und Kom-
plettwerkzeug (Quelle:
EXAPT Systemtechnik
GmbH, Aachen,
www.exapt.de)

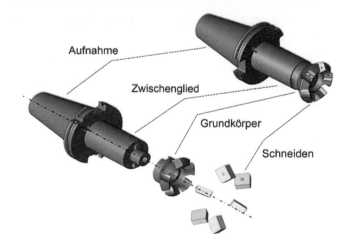

Die Werkzeugkomponenten werden eingekauft, ggf. auch im eigenen Werkzeugbau gefertigt. Sie werden im Werkzeuglager eingelagert und stückzahlmäßig, jedoch nicht als Individuum, erfasst.

Die Werkzeugkomponenten gliedern sich in

- Aufnahmen,
- Zwischenglieder,
- Grundkörper,
- Schneiden.

Für die Werkzeugorganisation sowie für die Nutzung von Werkzeugdaten in CAM-Systemen ist die Beschreibung der Werkzeugkomponenten sowohl nach organisatorischen als auch nach technischen Gesichtspunkten erforderlich.

Die Erfassung dieser Komponentenstammdaten erfolgt über entsprechende Eingabemasken in Toolmanagementsystemen unter Berücksichtigung von Hilfsdaten zur schnelleren Eingabe.

Bei den Daten unterscheidet man zwischen Kopfdaten und beschreibenden Daten. Die Kopfdaten dienen zur Organisation und enthalten u. a. eine eindeutige Sachnummer als Datenbank-Identifikation für die Art der Komponente, die Bezeichnung, die Bestellnummer, den Werkzeug-Typ und haben für alle Komponenten die gleiche Struktur. Auf Basis der Kopfdaten wird intern eine Baumstruktur erstellt, die zum schnellen Finden der Komponenten ohne Kenntnis der Sachnummer dient.

Die beschreibenden Daten dienen zur geometrischen und technischen Definition einer Komponente und haben je nach Ausprägung der Komponenten und Werkzeug-Typ eine unterschiedliche externe Präsentation. Die interne Strukturierung erfolgt entsprechend DIN 4000 bzw. ISO 13399. Damit werden Werkzeuge in neutraler Form, unabhängig von betrieblichen Festlegungen oder Softwarelösungen, beschrieben und können in Folge von anderen Systemen reibungslos übernommen werden.

Zur technischen Beschreibung gehören ebenfalls Trennstelleninformationen, mit denen festgelegt wird, mit welchen anderen Komponenten eine physikalische Kombination möglich ist.

Bei schneidenden Komponenten können zusätzlich Schnittwertinformationen hinterlegt werden, die im späteren CAM-Prozess ausgewertet werden. Es handelt sich dabei um globale Richtwerte, da das konkrete einsetzbare Komplettwerkzeug nicht bekannt ist.

Die grafische Präsentation der Werkzeugkomponenten ist ein wichtiger Teil der beschreibenden Daten. Die in sehr unterschiedlicher Ausprägung verfügbaren und erforderlichen Daten werden mit den Komponenten erfasst und in der Datenbank registriert. Sie enthalten neben der Geometrie als 2D- oder 3D-Modell ebenfalls sogenannte Verbinder, mit denen später ein Komplettwerkzeug aus Einzelkomponenten geometrisch und lageorientiert zusammengesetzt werden kann.

Das Layout der jeweiligen Oberflächen für die Dateneingabe und -pflege ist in den meisten Fällen zumindest partiell anwenderspezifisch anpassbar (Abb. 15.4)

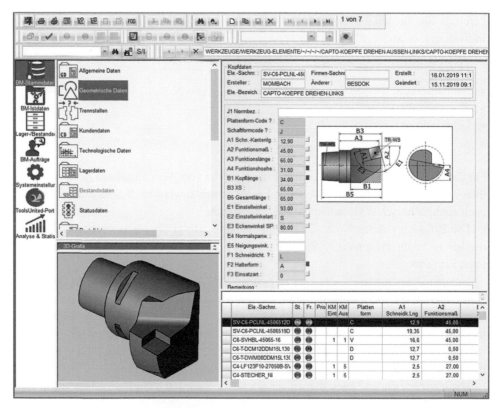

Abb. 15.4 Datenstruktur einer Werkzeugkomponente mit Kopfdaten, beschreibenden Daten, Bemaßungsgrafik und 3D-Modell (Quelle: EXAPT Systemtechnik GmbH, Aachen, www.exapt.de)

Unter dem Gesichtspunkt der Digitalisierung der Produktion werden zunehmend die Werkzeugdaten einschließlich notwendiger Grafiken und vor allem der aufwendigen 3D-Werkzeugmodelle von den Herstellern direkt, über die Kataloge der Werkzeughändler bzw. von speziellen Werkzeugdatenanbietern bereitgestellt. Über Importfunktionen können sie in die Werkzeugkomponenten-Organisation übernommen werden.

15.2.3 Zusammenbau zum Komplettwerkzeug

Die für die Bearbeitung auf der CNC-Maschine benötigten Komplettwerkzeuge müssen aus den einzelnen Komponenten zusammengesetzt werden und sind verfahrens- und maschinenabhängig sehr unterschiedlich ausgeprägt (s. Abschn. 7.8 und 9.7).

Maschinenseitig befindet sich die Aufnahme und auf der gegenüberliegenden Seite die schneidende Komponente, z. B. eine Wendeschneidplatte oder ein Bohrer. Zwischen Aufnahme und Schneide müssen ein Grundkörper und ggf. Zwischenglieder so eingefügt werden, dass die schneidenden Komponenten aufgenommen und die erforderliche Abmessung des Komplettwerkzeugs erreicht werden.

Der Zusammenbau von Komplettwerkzeugen kann auf generischem Weg, d. h. auf der Basis der alphanumerischen Daten, grafisch-interaktiv oder in einer Mischung von beiden Varianten erfolgen.

Beim Zusammenbau wird zunächst die grundsätzliche Struktur des Komplettwerkzeugs festgelegt. Die maschinenseitige Aufnahme ist durch die CNC-Maschine vorgegeben und die werkstückseitige Komponente durch die eingesetzte Technologie. Auf der Basis der vom NC-Programmierer festgelegten Konfiguration des Komplettwerkzeugs werden der schneidende Teil und die erforderlichen Zwischenglieder interaktiv ausgewählt. Die Trennstelleninformationen gewährleisten, dass nur die Komponenten, die die gleiche Trennstellenkodierung haben, für den Zusammenbau angeboten werden.

Im Ergebnis ist das einsatzbereite Komplettwerkzeug einschließlich einer Stückliste, der Zusammenbauvorschrift, ggf. auch mit Toleranzangaben, und einer Dokumentation definiert. Das Komplettwerkzeug muss für die Nutzung organisatorisch eingeordnet und um spezifische Informationen, wie z. B. Freigabe oder Status, ergänzt werden. Diese Einordnung erfolgt über die Kopfdaten, die neben einer eindeutigen Identifikationsnummer auch die Werkzeugbezeichnung und i. Allg. eine Werkzeugklassifikation enthalten (Abb. 15.5).

Die geometrischen Daten für das Komplettwerkzeug ergeben sich zum großen Teil aus den Komponentendaten und werden während des Zusammenbaus intern generiert. Ergänzungen, wie z. B. die Gesamtlänge bei einstellbaren Werkzeugen, sind erforderlich. Als Beispiel sei ein Bohrer mit einer Spannzangenspannung genannt. Die SOLL-Werte für die Voreinstellung und die dazugehörige Messmethode sind festzulegen.

Die Schnittwertinformationen werden ebenfalls aus den Komponentendaten übernommen, können aber für das Komplettwerkzeug wesentlich differenzierter aufbereitet werden. Neben pauschalen Richtwerten, die Werkstoff und relativ grobe Einsatzbedingungen

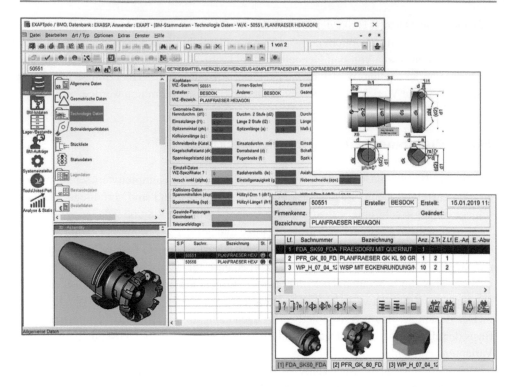

Abb. 15.5 Datenstruktur eines Komplettwerkzeugs mit beschreibenden Daten, Bemaßungsgrafik, Stückliste und 3D-Modell (Quelle: EXAPT Systemtechnik GmbH, Aachen, www.exapt.de)

berücksichtigen, können Einzelschnittwerte hinterlegt werden, die konkrete Einsatzfälle abdecken. In höher ausgebauten Systemen besteht die Möglichkeit, auf die Historie des Werkzeugs bzgl. der Schnittwerte zuzugreifen, was insbesondere beim wiederholten Einsatz des Werkzeugs von großem Vorteil ist.

Komplettwerkzeuge sind nicht lagerhaltig, d. h. sie werden nach dem Einsatz auf der CNC-Maschine demontiert. Organisatorisch bleiben die Komplettwerkzeuge jedoch erhalten. Die Daten werden bei der Demontage in der Datenbank nicht gelöscht, sondern stehen für den wiederholten Einsatz zur Verfügung. In der CAM-Planung kann auf diese Werkzeuge virtuell zugegriffen werden. Im Einsatzfall werden sie dann entsprechend der Zusammenbauvorschrift physikalisch neu montiert.

Handelt es sich bei einem Komplettwerkzeug jedoch um ein Standardwerkzeug mit häufigem Einsatz, so wird dieses in Abhängigkeit der Organisationsform auch komplett eingelagert.

Weiterhin werden Komplettwerkzeuge oft nicht vollständig zerlegt, sondern als teilmontierte Werkzeuge eingelagert. Im Montageverbund bleiben solche Werkzeuge, die in ihrer Grundform wiederholt benötigt werden, aber z. B. im Schneidteil variieren.

15.2.4   Lager- und Bestandsführung

Die Lager- und Bestandsführung ist erforderlich, um den Aufenthaltsort sowie die Bestände der in der Werkzeugorganisation erfassten Werkzeuge zu führen. Sie umfasst i. Allg. nicht nur die Werkzeuge für die spanende Fertigung, sondern die gesamten Fertigungshilfsmittel des Betriebes.

Für die spanenden Werkzeuge kann der Aufenthaltsort z. B. ein Werkzeuglager in der Werkzeugwirtschaft, ein Ausgabeautomat für schnellverschleißende Werkzeuge in der Werkstatt, ein Werkzeugwagen oder eine CNC-Maschine sein. In der Lagerverwaltung erfolgt die Ortsbeschreibung mehrstufig, z. B. Lagergruppe, Lager, Lagerort.

Für die Lagerung der Werkzeugkomponenten kommen unterschiedliche Lagersysteme je nach Anzahl und Größe der zu betrachtenden Gegenstände zum Einsatz. Für Kleinteile oder bei einem geringeren Umfang an Komponenten kommen Schubkasten- und/oder Schranksysteme zum Einsatz (Abb. 15.6 und 15.7). In diesen Werkzeug-Handlagern liegen die Komponenten in Kästen. Die Identifikation erfolgt über Handscanner mittels Kodierung, die am Lagerplatz im Schubkasten angebracht ist. Das Ein- und Ausbuchen erfolgt manuell. Komfortabler und in der Datenhaltung abgeschlossen sind solche Systeme, bei denen nach manueller Eingabe oder scannen der Werkzeugidentifikation das Werkzeug und der Lagerort am Bedienterminal visualisiert und der entsprechende Lagerort über das Werkzeugorganisationssystem angesteuert und geöffnet wird.

Für die Lagerung von größeren Teilen werden oft Paternosterregale eingesetzt (Abb. 15.8). Sie können manuell oder automatisch bedient werden, wobei sich der automatische Betrieb in Verbindung mit dem Werkzeugorganisationssystem durchgesetzt hat. Bei der Bestückung unterscheidet man zwischen Festplatzlagerung und chaotischer Lage-

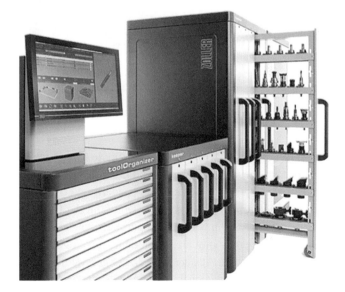

Abb. 15.6 Schranklagersystem (*Werkbild: E. ZOLLER GmbH & Co. KG, Pleidelsheim,* www.zoller.info)

Abb. 15.7 Werkzeugschrank
als Handlager (*Werkbild:
manroland web produktionsgesellschaft mbH, Augsburg,*
www.manroland-wp.com)

Abb. 15.8 Paternosterlager-
system (*Werkbild: Kardex
Germany GmbH, Neuburg/
Kammel,* www.kardex-remstar.
de)

rung. Bei der Festplatzlagerung wird jedem Artikel ein fester Lagerplatz zugeordnet, den
er dauerhaft behält. Im Gegensatz dazu wird bei der chaotischen Lagerung dem Artikel
kein fester Lagerplatz zugeordnet, sondern es erfolgt eine dynamische Zuordnung über
das Werkzeugorganisationssystem. Dort sind die Lagerplätze digital hinterlegt und es erfolgt eine Analyse, in welchem Lagerplatz der Artikel gelagert werden kann. Durch diese
Variante wird eine optimale Ausnutzung der Lagerkapazität erreicht. Die Voraussetzung
ist die automatische Ansteuerung des Lagersystems über die Werkzeugorganisation. Nur
dort ist bekannt, an welchem Lagerplatz sich der Artikel befindet.

Die Bestandsführung gibt Auskunft über die mengenmäßige Verfügbarkeit der Fertigungshilfsmittel. Voraussetzung ist die vollständige und nachvollziehbare Einlagerung bzw. Entnahme aus dem Lager. Die Bestandsführung überwacht den Aktual-, Minimal- und Sollbestand. Über diese Stellgrößen kann maßgeblicher Einfluss auf den Gesamtbestand an Fertigungshilfsmittel genommen und die Umlaufmittelbindung reduziert werden.

Es besteht die Möglichkeit, Werkzeuge im Lagerbestand zu reservieren damit bei der Abarbeitung des Auftrages auf der CNC-Maschine diese Werkzeuge gesichert zur Verfügung stehen und Wartezeiten vermieden werden. Beispiele dafür sind Sonderkommisionen für einen speziellen Auftrag oder im CAM-Prozess bereits fest eingeplante Werkzeuge.

Über die Bestandsführung wird bestandsgesteuert der Einkauf angestoßen. Bei Unterschreitung des Soll- bzw. Minimalbestandes wird eine Bestellanforderung (BANF) generiert. Diese wird bewertet und je nach betrieblicher Organisation als abteilungsinterne Bestellung genutzt oder als standardisierte Bestellanforderung automatisch an das ERP-System des Betriebes weitergeleitet.

15.3 Mess- und Prüfmittelorganisation

15.3.1 Aufgaben

Die Mess- und Prüfmittelorganisation ist Bestandteil des Qualitätssicherungssystems (QS-System) und Voraussetzung für das Erreichen der geforderten Präzision in der Fertigung sowie für Konformitätsbestätigungen. Unter dem Gesichtspunkt der Zertifizierung und Produkthaftung sind Produzenten zum Nachweis gezwungen, dass auch die verwendeten Mess- und Prüfmittel (Abb. 15.9) einer regelmäßigen Überwachung unterliegen.

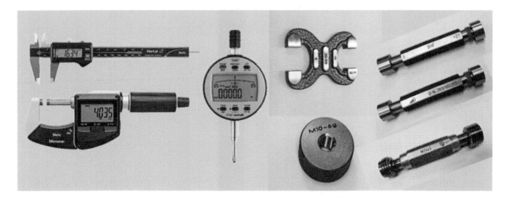

Abb. 15.9 Mess- und Prüfmittel (*Werkbilder: Mahr GmbH, Göttingen,* www.mahr.com; HTW Dresden, www.htw-dresden.de/hochschule/fakultaeten/maschinenbau/ueber-uns/bereiche/produktionstechnik)

Die Mess- und Prüfmittel werden einheitlich, oft im Zusammenhang mit der Werkzeug-organisation, verwaltet und alle Informationen über die physikalischen Ausprägungen sowie den Einsatz in der zentralen Datenbank des Unternehmens gespeichert.

Damit werden ebenfalls die Integration und Kommunikation im betrieblichen Umfeld, z. B. Erstellung von Prüfplänen für die Fertigung in der CAM-Planung, gewährleistet. Über die Mess- und Prüfmittelorganisation wird weiterhin Lagerort, Bestand und Status erfasst und die Verbindung zum betrieblichen ERP-System, z. B. für den zentralen Einkauf, hergestellt.

15.3.2 Individualisierte Organisation

Damit der Einsatz von Mess- und Prüfmitteln exakte und fehlerfreie Ergebnisse liefert, müssen diese auch einer konsequenten Kontrolle unterliegen. Es ist deshalb erforderlich, jedes Mess- oder Prüfmittel als Individuum zu betrachten. Eine gruppenweise Betrachtung gleicher Artikel ist für das Erfassen der geometrischen und technischen Parameter ausreichend, gewährleistet aber keine Informationen über den qualitativen Zustand des einzelnen Individuums. Für jedes Individuum muss eine eigene Identifikationsnummer vergeben werden, die auf dem jeweiligen Artikel angebracht ist.

Das einzelne Mess- oder Prüfmittel muss in der Datenbank mit

- Identifikationsnummer,
- Bezeichnung,
- Hersteller

charakterisiert werden und Informationen zu

- Prüfstatus,
- Prüfungsergebnis und Bemerkungen,
- Wartungszyklen sowie
- Angaben über die Prüforganisation, den nächsten Prüftermin und das Prüfintervall

enthalten.

15.3.3 Prüffristüberwachung

Jedes individuelle Mess- und Prüfmittel unterliegt der Qualitätssicherung. Dazu gibt es Wartungs- und Prüffristen. Die Mess- und Prüfmittelorganisation hält diese Daten für jeden einzelnen Artikel nach und informiert immer rechtzeitig über den aktuellen Status. Entsprechend der Auswertung dieser Zustände werden die benötigten Prüfpläne abgeleitet. Das Aus- und Einlagern an externe Serviceunternehmen, z. B. zum erneuten Zertifizieren der Mess- und Prüfmittel, oder bei Verleih wird entsprechend unterstützt, so dass ein tagaktueller Status über den Mess- und Prüfmittelbestand vorliegt. Die Prüfpläne können entsprechend den internen Abläufen und Anforderungen, z. B. Reservierungen durch die CAM-Planung, optimiert werden. Im Ergebnis liegt eine lückenlose Dokumentation über das Mess- und Prüfmittelmanagement vor.

15.4 Sonstige Fertigungshilfsmittel

15.4.1 Vorrichtungen/Spannmittel

Für die Bearbeitung muss das Werkstück auf der Werkzeugmaschine in spezielle Vorrichtungen eingespannt werden. Je nach Maschinentyp und Verfahren kann die Spannvorrichtung entweder fest auf der CNC-Maschine montiert sein oder als Palette extern bestückt und mit dem Werkstück gemeinsam auf die CNC-Maschine geschoben werden. Die Spannvorrichtungen variieren je nach Maschinentyp, Werkstückgröße, Ausgangsmaterial und Fertigungstechnik in einem großen Umfang und sind oft auf einzelne Werkstücke bzw. Werkstückgruppen zugeschnitten. Im Bereich der Drehbearbeitung werden vorrangig standardisierte Spannmittel, z. B. Kraftspannfutter, eingesetzt (s. Kap. 7.4). Für die Bearbeitung von prismatischen Werkstücken kommen i. Allg. spezielle Vorrichtungen, z. B. Spanntürme (Abb. 15.10), zum Einsatz bzw. es erfolgt eine individuelle Spannung, z. B. mit Spannpratzen.

Unter dem Gesichtspunkt kleiner Stückzahlen und großer Flexibilität werden sogenannte Baukastenvorrichtungen oder modulare Vorrichtungssysteme (Abb. 15.11) auch in Verbindung mit Nullpunktspannsystemen eingesetzt. Dabei wird aus normierten Elementen, wie z. B. Grundplatte, Winkelelemente, Säulen, Auflagen usw., die Vorrichtung montiert. Die Vorrichtung kann nach Gebrauch wieder demontiert oder teilmontiert für weiteren Einsatz gelagert werden.

Für einen reibungslosen Ablauf in der Fertigung müssen die Vorrichtungen in den organisatorischen Kreislauf einbezogen werden. Voraussetzung dafür ist, dass die kompletten bzw. teilmontierten Vorrichtungen sowie alle Einzelelemente in der betrieblichen Datenbank verwaltet und abgespeichert werden.

Für Einzweckvorrichtungen werden dazu die eindeutige Identifikationsnummer, die Bezeichnung und i. Allg. wenige charakteristische Daten benötigt, wie z. B. Zeichnungsnummer, Abmessungen und Gewicht. Zusätzlich sind Anbau- und Einsatzdokumentationen, z. B. für elektrische oder pneumatische Anschlüsse, erforderlich. Weiterhin sind Bilder, z. B. Fotos, von großem Nutzen bei der eindeutigen Identifikation und Handhabung der Vorrichtungen.

Bei Baukastenvorrichtungen sind die einzelnen Elemente mit geometrischer Ausprägung und möglichst 3D-Modell einschließlich Lagerort und Bestand zu verwalten und in die gesamte Datenkommunikation des Betriebes zu integrieren. Für die montierte Vorrichtung sind zusätzlich die Stücklisten und Montagedokumentationen für den geometrischen Zusammenbau der Vorrichtung zu speichern, damit bei wiederholtem Bedarf die Vorrich-

Abb. 15.10 Mehrfachspannung auf einem Spannturm
(*Werkbild: manroland web
produktionsgesellschaft mbH,
Augsburg,* www.manroland-
wp.com)

Abb. 15.11 Modulares
Vorrichtungssystem (*Werkbild: ANDREAS MAIER
GmbH & Co. KG, Fellbach,*
www.amf.de)

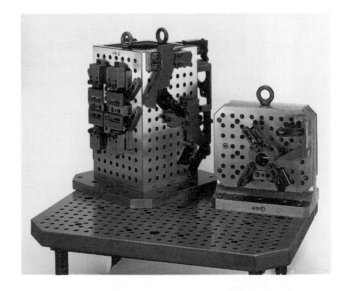

tung in der gleichen Form wieder aufgebaut werden kann. Damit wird eine durchgängige Verfügbarkeit der Vorrichtung im Fertigungsprozess abgesichert.

Im CAM-Prozess kann auf Daten der Vorrichtungsorganisation zugegriffen, die Spannung des Werkstückes im Vorfeld der Programmierung festgelegt und nach Generierung der Werkzeugwege auf mögliche Kollision geprüft werden. Über die Identifikationsnummer ist die Vorrichtung dem Prozess eindeutig zugeordnet und wird als Prozessvoraussetzung im Vorfeld des Fertigungsbeginnes berücksichtigt und bereitgestellt. Die Stückliste für die Vorrichtung und die Zusammenbauvorschrift wird abgeleitet und damit gewährleistet, dass das Werkstück in der Vorrichtung auf der CNC-Maschine störungsfrei bearbeitet werden kann.

15.4.2 Weitere Fertigungshilfsmittel

Mit dem Aufbau einer Werkzeugorganisation ist die Grundlage für eine datenbankorientierte Organisation für alle Fertigungshilfsmittel geschaffen. Es bietet sich an, auf dieser Basis ebenfalls viele weitere Gegenstände wie Schlosserwerkzeuge, Montagekoffer, Reinigungsmittel oder Ersatzteile zu organisieren. Damit wird erreicht, dass nach einer einheitlichen Strategie die Verbrauchsgegenstände werksübergreifend verwaltet werden.

15.5 Werkzeugkreislauf – Tool Lifecycle Management

15.5.1 Zielstellung

Planung, Organisation, Steuerung und Überwachung des Werkzeugeinsatzes in der CNC-Fertigung tragen entscheidend zum wirtschaftlichen Erfolg der Fertigung bei. Je besser diese Prozesse ausgeprägt sind desto weniger Verluste entstehen durch fehlende oder falsche Werkzeuge an der CNC-Maschine sowie durch unnötige Werkzeugrüstvorgänge und -transporte. Die produktive Maschinenlaufzeit steigt bei gleichzeitig sinkendem Bereitstellungsaufwand und die Produktion läuft ausgeglichener bei geringerer Umlaufmittelbindung.

Durch einen geschlossenen Informationskreislauf über alle Prozesse und Stationen wird diese Zielstellung erreicht. Es wird der gesamte Lebenszyklus des Werkzeugs digital abgebildet (TLM – Tool Lifecycle Management – Werkzeuglebenszyklusmanagement). Dabei ist wesentlich, dass Informationen aus den einzelnen Prozessstufen in die Datenbank zurückübertragen werden und nach Auswertung zur ständigen Verbesserung der Datenbasis beitragen.

Ein geschlossener physikalischer und digitaler Werkzeugkreislauf bietet für alle Beteiligten eine sehr gute Transparenz und die Nachvollziehbarkeit aller Prozesse des Werkzeugeinsatzes. Verbunden ist damit eine deutliche Steigerung der Sicherheit und eine deutliche Zeitersparnis.

In dem Kreislauf werden alle Maschinen, Einstellgeräte, Lager und Arbeitsplätze usw. einbezogen und digital mit Daten versorgt. Die Organisation aller Werkzeuge und Komponenten in einer zentralen Datenbank ist Voraussetzung.

Es wird eine Workflow-Unterstützung über den gesamten Planungsprozess und Einsatzkreislauf der Werkzeuge unter folgenden Aspekten gewährleistet:

- Welche Werkzeuge werden benötigt?
- Wo befinden sich die Werkzeuge?
- Wie lange sind die Werkzeuge im Einsatz?
- Vermeidung von unnötiger Montage und Demontage von Werkzeugen.
- Vermeidung von unnötigem Rüsten und Entladen von Werkzeugen an der CNC-Maschine.

Im Ergebnis kann der Logistikaufwand für Werkzeuge deutlich gesenkt werden.

15.5.2 Stationen des Werkzeugkreislaufes

15.5.2.1 Start

Der Ausgangspunkt für den Werkzeugkreislauf (Abb. 15.12) ist der Fertigungsauftrag entsprechend der Planung aus dem betrieblichen ERP- oder MES-System. Unter dem Gesichtspunkt einer durchgängigen Digitalisierungsstrategie können diese Daten intern übernommen werden.

Die im CAM-Prozess entwickelten Werkzeuglisten bilden zu den jeweiligen Fertigungsaufträgen den entsprechenden Bruttobedarf an Werkzeugen. Daraus wird für die Werkzeugvoreinstellung ein Einstellauftrag abgeleitet.

Je nach Organisationsform in der Werkzeugwirtschaft können bereits montierte Komplettwerkzeuge als Standardwerkzeuge im Lager vorhanden sein, die sofort einsetzbar sind. Weiterhin verfügen CNC-Maschinen über unterschiedlich große Werkzeugmagazine. Zur Senkung der Rüstaufwendungen befinden sich auf diesen Speichern ebenfalls Standardwerkzeuge, die sehr oft zur Anwendung kommen und nicht nach jedem Auftrag aus dem Magazin entfernt werden, also dauerhaft auf der CNC-Maschine verbleiben. In beiden Fällen werden nur die Schneidplatten gewechselt. Für den Maschinenbediener stehen dafür ggf. externen Werkzeugausgabeautomaten zur Verfügung, die in die Werkzeugorganisation integriert sind. Auf der CNC-Maschine werden die Werkzeuge vor dem Einsatz über eine interne Werkzeugvermessung ausgemessen, um Abweichungen von der SOLL-Abmessung durch den Schneidplattentausch zu kompensieren (Abb. 7.20, 7.27). Prinzipiell können alle Werkzeuge auf der CNC-Maschine vermessen werden. Der dafür relativ hohe Zeitaufwand vermindert die produktive Zeit der Maschine. Bei Fertigungsaufgaben, die viele verschiedene Werkzeuge benötigen, wie z. B. bei unterschiedlichen Bohrungen, bietet eine externe Werkzeugvoreinstellung mit integrierter Vermessung deshalb Vorteile.

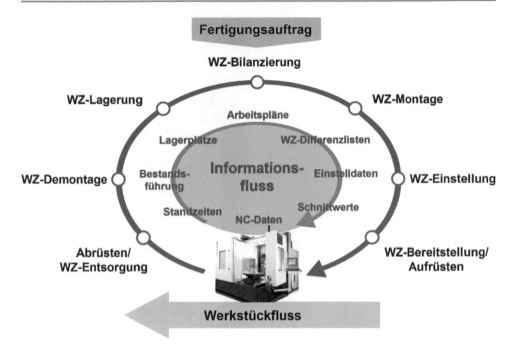

Abb. 15.12 Physischer Durchlauf und Informationsfluss im Werkzeugkreislauf (Quelle: EXAPT Systemtechnik GmbH, Aachen, www.exapt.de; Gebr. Heller Maschinenfabrik GmbH, Nürtingen, www.heller.biz)

Die Standardwerkzeuge werden mit den Bruttoanforderungen aus der CAM-Planung abgeglichen und eine Differenzliste erstellt, die nur die wirklich neu zu rüstenden Werkzeuge enthält und daraus ein Einstellauftrag und die Kommissionierliste für die benötigten Werkzeuge abgeleitet.

15.5.2.2 Werkzeugmontage

Der physikalische Durchlauf beginnt mit der Montage der in der Differenzliste vorgegebenen Werkzeuge aus Einzelkomponenten entsprechend der vorgegebenen SOLL-Maße. Die Basis für den Zusammenbau ist die Stückliste und Zusammenbaudokumentation, die zu dem Komplettwerkzeug in der Werkzeugorganisation abgelegt ist und die SOLL-Maße, i. Allg. die Länge des Werkzeugs sowie die Messstrategie, enthält. Bei der Montage der einzelnen Komponenten kommen entsprechend dem vorgesehenen Einsatzzweck verschiedene Techniken zum Einsatz. Sie reichen von der traditionellen Schraubtechnik über das Schrumpfen von Schaftwerkzeugen für höchste Rundlaufgenauigkeit (Abb. 9.56) bis zum Auswuchten der montierten Werkzeuge.

Abb. 15.13 Werkzeug Einstell-
und Messgerät (Werkbild: E.
ZOLLER GmbH & Co. KG,
Pleidelsheim, www.zoller.info)

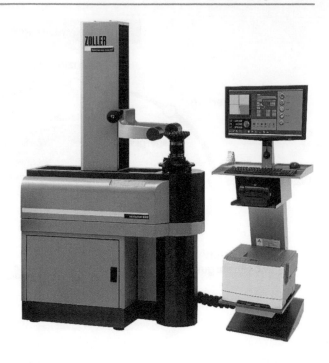

15.5.2.3 Werkzeugvoreinstellung

Das Einstellen und Vermessen der montierten Werkzeuge erfolgt auf speziellen Vorein-
stellgeräten (Abb. 15.13). Es werden die IST-Maße des montierten Werkzeugs ermittelt,
die i. Allg. von den SOLL-Maßen auf Grund der Montageungenauigkeit abweichen. Vom
Voreinstellgerät wird direkt auf die Daten der Werkzeugorganisation zugegriffen. Die gemessenen IST-Daten werden gespeichert und die Werkzeugkorrekturwerte in Differenz-
oder Absolutmaß als Einstelldaten für die Fertigung bereitgestellt. Die Werkzeugkorrekturwerte sind für den Einsatz des Werkzeugs auf der CNC-Maschine erforderlich. Sie
werden dort mit den SOLL-Daten, auf deren Basis das NC-Programm erstellt wurde,
verrechnet. Je nach Organisationsform werden die Einstelldaten mit einem Postprozes-
sor steuerungsgerecht aufbereitet und direkt über DNC oder über externe Medien am
Werkzeughalter, wie Drucketiketten (Klarschrift, Barcode, QR-Code, DataMatrix-Code
(Abb. 15.14)) oder RFID-Chip (Abb. 15.15) gemeinsam mit der Beladeliste und dem NC-
Programm an die CNC-Steuerung übertragen.

15.5.2.4 Werkzeugtransport und Beladen der CNC-Maschine

Die vermessenen Werkzeuge werden mittels Transportwagen (Abb. 15.16) an die entsprechende CNC-Maschine transportiert und dort in das Magazin der CNC-Maschine geladen.

Abb. 15.14 Werkzeug mit Einstelldaten auf Print-Etikette (*Werkbild: manroland web produktionsgesellschaft mbH, Augsburg,* www.manroland-wp.com)

Abb. 15.15 Werkzeug mit Einstelldaten auf Chip (*Werkbild: Balluff GmbH, Neuhausen a.d.F.,* www.balluff.com)

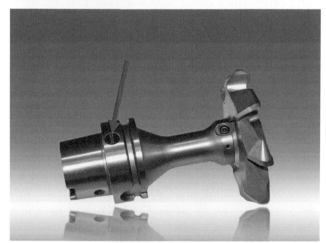

Abb. 15.16 Werkzeugtransportwagen (*Werkbild: SMS group GmbH, Hilchenbach,* www.sms-group.com)

15.5.2.5 Werkzeugeinsatz und Entladen der CNC-Maschine

Nach erfolgter Bearbeitung aller Werkstücke werden die nicht mehr benötigten Werkzeuge vom Magazin der CNC-Maschine entnommen und auf Transportwagen geladen. Die tatsächlichen Einsatzzeiten der Werkzeuge können von der CNC-Steuerung in die Werkzeugorganisation übernommen werden und stehen zur Bewertung des Werkzeugverschleißes zur Verfügung.

15.5.2.6 Werkzeugdemontage und Lagerung

Die eingesetzten Werkzeuge werden in die Werkzeugwirtschaft zurückgeführt und dort aufbereitet. Nach Begutachtung, Demontage und Entscheidung über Schneidplattenwechsel bzw. Nachschleifen, Reparatur oder Entsorgung werden die wiederverwendbaren Komponenten wieder in das Lager aufgenommen.

15.5.3 Rüstoptimierung

In der Produktion werden oft an einer CNC-Maschine mehrere unterschiedliche Fertigungsaufträge in kurzer Zeit, z. B. einer Schicht, abgearbeitet. Für jeden Fertigungsauftrag sind die benötigten Werkzeuge in der Werkzeugwirtschaft bereitzustellen. Damit kann es vorkommen, dass sich benötigte Werkzeuge bereits auf der CNC-Maschine von Vorträgen befinden. Um doppelten Rüstaufwand zu vermeiden, bietet sich das Verschneiden von mehreren Rüstaufträgen an, d. h. es werden nur die Werkzeuge neu montiert, die weder als Standardwerkzeug auf der CNC-Maschine noch in einem Vorauftrag enthalten sind. Die benötigten und bereits von Voraufträgen vorhandenen Werkzeuge verbleiben auf der CNC-Maschine.

Je nach System können Reihenfolgeoptimierungen der Fertigungsaufträge bezüglich der CNC-Maschinen oder Maschinengruppen durchgeführt werden. Es wird automatisch geprüft, welche Werkzeuge sich wo befinden und für welchen Auftrag sie benötigt werden. Damit können über mehrere Aufträge optimale Werkzeuglisten für das Rüsten zusammengestellt werden. Teilweise ist es unter diesem Gesichtspunkt sinnvoll, die Reihenfolge der Abarbeitung von Fertigungsaufträgen unter Berücksichtigung der Terminplanung so zu verändern, dass der Rüstaufwand minimiert wird. Mit diesen Strategien können die Werkzeug- und Rüstkosten erheblich reduziert und damit die Umlaufmittelbindung gesenkt werden.

Auch in einer sehr gut organisierten und geplanten Produktion muss immer beachtet werden, dass in dem Fertigungsprozess Störungen auftreten können. Für den Werkzeugkreislauf sind solche Ereignisse der Bruch oder das vorzeitige Erliegen des Standvermögens eines Werkzeugs. Für diese Havariefälle sind grundsätzlich Werkstattaufträge einsteuerbar, die mit hoher Priorität bearbeitet werden.

15.6 Fertigungs- und Technologiedaten

15.6.1 Datenarten

Ein leistungsfähiger CAD/CAM- und Fertigungsprozess beruht auf umfangreichen Datenbeständen. Diese Informationen sind die Basis für die Kommunikation zwischen den einzelnen Prozessstufen und tragen gleichzeitig zur ständigen Verbesserung der Prozesse bei. Eine Erfassung und Speicherung dieser sehr unterschiedlichen Daten in einer zentralen Datenbank ist Voraussetzung, dass in allen Prozessstufen auf die gleichen Daten zugegriffen wird und doppelter Eingabe- und Pflegeaufwand vermieden wird (Abb. 15.17).

Es handelt sich dabei um sehr spezifische Daten der Fertigungsprozessgestaltung, die zu unterscheiden sind in

- Primärdaten,
- Basisdaten,
- Ergebnisdaten,
- Prozessdaten.

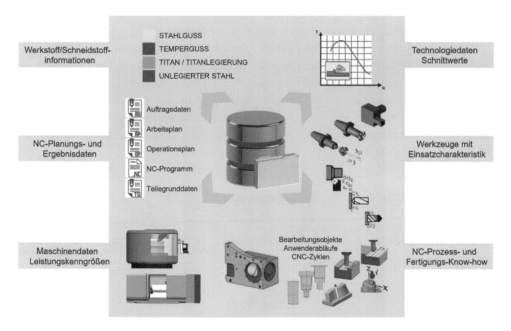

Abb. 15.17 Fertigungs- und Technologieerfahrung in der Produktionsdatenbank als Technologieplattform (Quelle: EXAPT Systemtechnik GmbH, Aachen, www.exapt.de)

15.6.2 Primärdaten

Im CAD/CAM-Prozess finden zugeschnittene Berechnungen, wie z. B. die Schnittwertermittlung und die Leistungsüberprüfung, statt. Dafür werden entsprechende Primärdaten benötigt. Es handelt sich dabei vor allem um die technische Charakteristik von Werkstoffen (z. B. spezifische Schnittkräfte), Schneidstoffen, Werkzeugen und Werkzeugmaschinen. Eine gute Quelle für aktuelle Primärdaten sind die Werkzeug- und Werkzeugmaschinenhersteller. Die Informationen können in der Datenbank kumuliert und für den Anwender normiert bereitgestellt werden.

15.6.3 Basisdaten

Für einen hocheffizienten CAM-Prozess werden umfangreiche fertigungstechnische Informationen, die oft anwenderspezifische Erfahrungen widerspiegeln, benötigt. Beispiele dafür sind Schnittwerte oder betrieblich optimierte Bearbeitungsabläufe sowohl für den wiederholten Aufruf als auch für eine teil- oder vollautomatische Abarbeitung. Diese fließen nahtlos in die CAM-Planung ein. Die Trennung von allgemeingültigen Bearbeitungsstrategien im CAM-System und betriebsspezifischen Abläufen in der anwendereigenen Datenbank gewährleistet einen sicheren Know-how-Schutz.

Neben den technischen Inhalten sind die Unterstützung und Vereinfachung von organisatorischen Abläufen zu beachten. Für die Werkzeugauswahl besteht die Möglichkeit, bestimmte Einsatzszenarien zusammenzufassen. So können für jede CNC-Maschine die im Werkzeugmagazin enthaltenen Standardwerkzeuge hinterlegt werden (Abb. 15.18). Der CAM-Programmierer wird bei der Werkzeugauswahl zuerst auf diesen Standardwerkzeugplan gelenkt. Damit können eine unnötige Vielfalt von Werkzeugen reduziert und Kosten eingespart werden.

Abb. 15.18 Standardwerkzeugplan (Quelle: EXAPT Systemtechnik GmbH, Aachen, www.exapt.de)

15.6.4   Ergebnisdaten

Im Verlauf der CAM-Planung, aber auch in den folgenden Prozessschritten werden Informationen erzeugt, die an späteren Stationen im gesamten Prozess benötigt werden.
Wesentlich sind dabei:

- Teiledaten
- Operationspläne
- NC-Programme
- NC-Programmlisten
- Zeitberechnungen
- Werkzeugpläne
- Spannskizzen
- Status
- Dokumentationen

Diese Informationen beziehen sich auf ein konkretes Werkstück und einen zugeordneten
Bearbeitungsablauf. Die Identifikation erfolgt über das Werkstück im Zusammenhang mit
der entsprechenden Bearbeitungsoperation (Abb. 15.19).

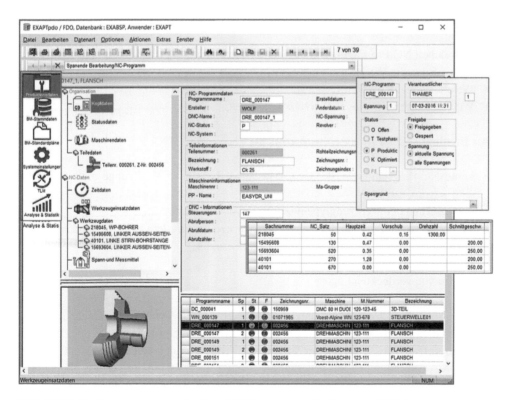

Abb. 15.19 Fertigungsdatenorganisation: NC-Programm mit Status und Werkzeugeinsatzdaten
(Quelle: EXAPT Systemtechnik GmbH, Aachen, www.exapt.de)

Die Ergebnisdaten werden in der Datenbank abgespeichert und stehen im Gesamtprozess auch zur wiederholten Nutzung zur Verfügung.

15.6.5 Prozessdaten

Die auftragsgebundenen Prozessdaten sind nur für den jeweiligen Auftrag relevant. Sie werden in der jeweiligen Prozessstufe erzeugt und für weitere Schritte benötigt, wie z. B. die Werkzeugkorrekturwerte aus der Werkzeugvermessung. Andere Informationen dienen zur weiteren Verbesserung des Datenbestandes, z. B. die Rückübertragung des korrigierten NC-Programms oder Einsatzzeiten eines Werkzeugs. Für eine permanente Nutzung müssen sie entweder manuell oder über ausgewählte Algorithmen freigegeben werden.

15.6.6 Analyse und Statistik

Der umfangreiche Datenbestand ermöglicht Auswertungen nach verschiedenen Gesichtspunkten.

Für die Bewertung des Werkzeugeinsatzes sind vor allem folgende Fragen von Bedeutung:

- In welchen NC-Programmen sind welche Werkzeuge verplant?
- Wie werden die Werkzeuge eingesetzt?
- Welche Mengen wurden verbraucht?
- Welche Kosten sind angefallen?

Als Ergebnis solcher Analysen wird erreicht:

- keine NC-Programme an der CNC-Maschine, bei denen Werkzeuge nicht verfügbar sind
- Reduzierung der Werkzeugtypenvielfalt durch
  - Vergleich der tatsächlich eingesetzten Werkzeuge mit dem Lagerbestand
  - Nachweis der Einsatzhäufigkeit von Werkzeugen
- transparente, optimierte Lagerbestände
- Abbau von verdeckten Lagern

Weitere Statistiken können automatisch abgeleitet werden. Typische Beispiele dafür sind Periodenauswertungen, wie die Anzahl der NC-Programme pro Maschine, der DNC-Programmabrufe je Maschine oder der Werkzeugaufrufe je Zeiteinheit.

In Auswertung der NC-Programme kann ein Werkzeugverwendungsnachweis (Abb. 15.20) abgeleitet werden. Daraus geht hervor, welches Werkzeug in welchem NC-Programm zum Einsatz kommt. Bei der Aussonderung eines Werkzeugs kann damit

Abb. 15.20 Werkzeugver-
wendungsnachweis (Quelle:
EXAPT Systemtechnik GmbH,
Aachen, www.exapt.de)

das jeweilige NC-Programm für die Wiederverwendung automatisch gesperrt und für
eine Überarbeitung gekennzeichnet werden. Verlustzeiten durch fehlende Werkzeuge bei
Fertigungsstart bei Wiederholfertigung eines NC-Programms werden vermieden.

Durch die Analyse- und Statistikfunktionen wird die Transparenz und Stabilität im
Fertigungsprozess wirkungsvoll gesteigert und gleichzeitig eine deutliche Senkung der
Werkzeugbeschaffungskosten erreicht.

15.7 Kommunikation in der Produktion

15.7.1 Zielstellung

Die Effektivität der Produktion wird wesentlich dadurch beeinflusst, inwieweit alle Pro-
zessbeteiligten und Stationen in den Informationskreislauf eingebunden sind und aktuell
über alle relevanten Informationen verfügen (Abb. 15.21). Technisch wird das durch eine
Vernetzung über das gesamte Unternehmen gewährleistet. Datenseitig sind alle Informa-

Abb. 15.21 Kommunikation
in der Produktion (Quelle:
EXAPT Systemtechnik GmbH,
Aachen, www.exapt.de)

tionen in der betrieblichen Datenbank zusammengefasst. Über geeignete Kommunikationsplattformen stehen diese Daten an jeder Stelle in der Werkstatt zur Verfügung. Damit sind ein vollständiger Datenzugriff und Überblick über die an der jeweiligen Stelle erforderlichen Daten gewährleistet.

15.7.2 Kommunikationsplattform für die Werkstatt

Das physikalische Transferieren von Daten zur CNC-Maschine und zurück bzw. zu anderen Prozessstationen erfolgt im Hintergrund. Entscheidend ist die Interaktionsebene zum Auslösen von Vorgängen bzw. zur Informationsgewinnung. Es geht dabei um mehr als nur das Anstoßen des Datentransfers. Vielmehr ist es erforderlich, dass eine volle Transparenz über alle fertigungsrelevanten Informationen ortsunabhängig gewährleistet wird.

Lösungen, die als Webclient browserorientiert über das Netzwerk auf die Daten zugreifen und auf dezentraler Technik eingesetzt werden, bieten eine technische Lösung dafür. Die Oberfläche ist auf die jeweilige Station zugeschnitten. Damit kann schnell und zielgerichtet die jeweilige Aktion ausgeführt werden. Fertigungsrelevante Informationen, wie z. B. Rüstpläne, Werkzeuglisten oder Lagerorte für Werkzeuge und Vorrichtungen sowie dazugehörige Dokumentationen, können an jedem Punkt in der Werkstatt eingesehen werden (Abb. 15.22).

Zusätzlich können zeitaktuell Aktionen direkt am dezentralen Terminal ausgelöst werden. So können z. B. Rüstaufträge initiiert oder der DNC-Transfer gestartet werden.

Die ortsunabhängige Zugriffsmöglichkeit auf alle Informationen zum NC-Programm (Abb. 15.23) ermöglicht die papierlose Fertigung, eine ausgezeichnete Transparenz für den Fertigungsprozess sowie schnelle Reaktionen bei operativen Anforderungen.

Für das Einfahren von NC-Programmen ist die dezentrale Simulation der mit dem CAM-System generierten Werkzeugwege direkt an der CNC-Maschine von großem Vorteil und bringt Sicherheit in den Prozess. Zeitaufwändige Rückfragen in der CAM-Abteilung entfallen und die Einfahrzeiten werden reduziert.

Eine durchgängige Werkstattkommunikation erfordert nicht nur den Informationstransfer zu den einzelnen Stationen, sondern auch zurück. Wichtige Informationen wie technologische Einflüsse, aufgetretene Probleme oder Fehler können textuell und ggf. per Bild zurück in die Datenbasis fließen und in den entsprechenden Verantwortungsbereichen ausgewertet werden. In einem Logbuch (Abb. 15.24) werden zum NC-Programm alle Hinweise gesammelt und ausgewertet. Entsprechend der betrieblichen Organisation können dabei Zwangsabläufe zur Behebung eines Problems gestartet werden.

Dieser geschlossene Kreislauf gibt die Gewähr, dass Probleme und Fehler nicht wiederholt auftreten und das System schrittweise mit realen Daten angereichert wird. Dieser bidirektionale Know-how-Austausch zwischen Werkstattebene und den vorbereitenden Abteilungen erleichtert die Kommunikation zwischen den einzelnen Stationen und optimiert gleichzeitig und kontinuierlich den Fertigungsprozess.

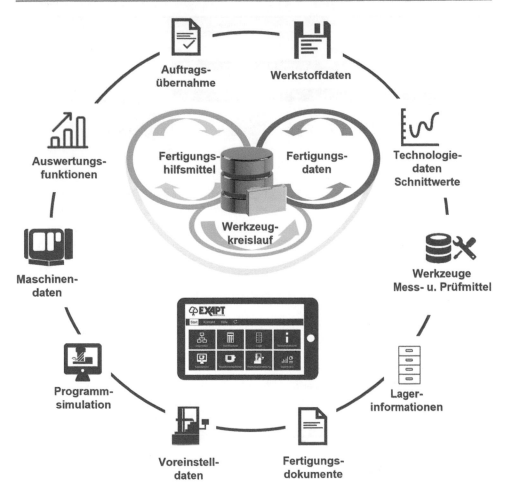

Abb. 15.22 Verteilte Daten in der Werkstattkommunikation (Quelle: EXAPT Systemtechnik GmbH, Aachen, www.exapt.de)

15.7.3 Digitale Arbeitsmappe

Eine digitale Arbeitsmappe (Abb. 15.25) bündelt die Informationen über alle Stationen zur CNC-Maschine und zurück. Der datenbankgestützte Informationsfluss in Echtzeit erhöht die Transparenz und Nachvollziehbarkeit aller Informationen und Aktionen. Der Aufwand für die Erstellung und Pflege der konventionellen Fertigungsbegleitmappen mit Zeichnungen und Arbeitsplänen entfällt. Der Informationsaustausch wird mit diesen Strategien digitalisiert und ist dauerhaft nachvollziehbar.

Abb. 15.23 Werkstattkommunikation: Informationen zum NC-Programm mit Werkzeugplan und Simulation (Quelle: EXAPT Systemtechnik GmbH, Aachen, www.exapt.de)

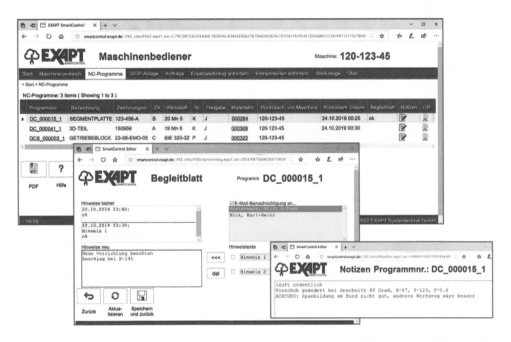

Abb. 15.24 Digitales Logbuch zum NC-Programm (Quelle: EXAPT Systemtechnik GmbH, Aachen, www.exapt.de)

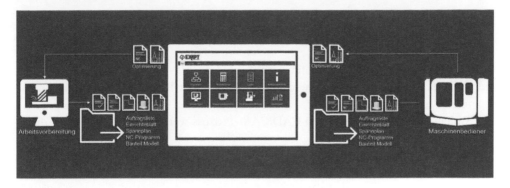

Abb. 15.25 Digitale Arbeitsmappe (Quelle: EXAPT Systemtechnik GmbH, Aachen, www.exapt.de)

15.7.4 Technologieplattform

Ein gut ausgebautes Werkzeug- und Produktionsdatenmanagement ist die Basis für diese durchgängige Kommunikation, jedoch für eine effiziente Prozessführung allein nicht ausreichend. Der Ausbau zu einer Technologieplattform mit integrierter Fertigungsdatenbank ist erforderlich. Diese Plattform korrespondiert zum einen mit CAD-Systemen und versorgt CAM-Systeme mit Werkzeug- und Technologiedaten. Sie führt zum anderen die Ergebnisse der CAD/CAM-Planung in einer integrierten Datenhaltung zusammen und hält diese als Vorgabe für die Fertigung bereit. Ebenso fließen die Prozessdaten zurück und führen zu einer ständigen Verdichtung und Verbesserung der Datenbestände und damit bei Folgeprozessen zu mehr Sicherheit und besserer Reproduzierbarkeit der Planungsergebnisse in der Fertigung.

15.8 Testfragen zum Kapitel 15

1. Was sind die Schwerpunkte der Produktionsdatenorganisation?
2. Mit welchen gesamtbetrieblichen Systemen kommuniziert die Produktionsdatenorganisation?
3. Was sind die Aufgaben der Werkzeugorganisation?
4. Welche Datenarten werden bei der Beschreibung der Werkzeugkomponenten unterschieden?
5. Wie erfolgt der Zusammenbau eines Werkzeugs aus einzelnen Komponenten?
6. Was sind die Aufgaben der Lager- und Bestandsführung?
7. Welche Lagersysteme sind bekannt und wofür werden sie eingesetzt?
8. Welche Besonderheiten sind bei der Mess- und Prüfmittelverwaltung zu beachten?
9. Was ist organisatorisch bei dem Einsatz von modularen Vorrichtungssystemen zu beachten?

10. Welche Stationen werden bei dem Werkzeugkreislauf betrachtet?
11. Welche technischen Möglichkeiten gibt es zur Übertragung der Werkzeugeinstelldaten an die CNC-Maschine?
12. Was versteht man unter Rüstoptimierung?
13. Welche Fertigungs- und Technologiedaten sind in der Produktionsdatenbank enthalten?
14. Welche Ergebnisdaten aus dem CAD/CAM-Prozess werden in der Produktionsdatenbank gespeichert?
15. Welche Möglichkeiten und Vorteile bieten die Analyse- und Statistikfunktionen in der Produktionsdatenbank?
16. Welche Daten müssen in der Werkstatt für die Fertigung zur Verfügung stehen?
17. Was sind die Vorteile einer dezentralen Kommunikationsplattform in der Werkstatt?

CAD/CAM

16

Kundenorientierte Fertigung in kleinen Stückzahlen, steigender Kostendruck und der Einsatz von CNC-Multifunktionsmaschinen bestimmen die mechanische Fertigung. Für den wirtschaftlichen Einsatz dieser Maschinen ist eine leistungsfähige NC-Programmierung erforderlich. Weitere Nutzwerte können mit einem gut ausgestalteten CAD/CAM-NC-Prozess erschlossen werden. Werkstückmodellierung, NC-Planung und Simulation des Fertigungsablaufes auf der Maschine im 3D-Raum ermöglichen eine realitätsnahe Vorbereitung des Fertigungsprozesses und einen gesicherten Übergang von der virtuellen Planung zur realen Produktion.

16.1 Einleitung

Die Fertigungsindustrie ist geprägt durch die zunehmende Komplexität der Werkstücke, kinematisch und verfahrenstechnisch anspruchsvolle Werkzeugmaschinen sowie eine sich rasant entwickelnde Werkzeug- und Schneidstofftechnik (Abb. 16.1).

Parallel zu der technischen Weiterentwicklung ändern sich die Rahmenbedingungen mit den Forderungen:

- Verkürzung der Zeitspanne vom Auftragseingang bis zur Auslieferung
- Reduzierung der Kosten
- Steigerung der produktiven Zeit der Maschine
- Verbesserung der Qualität
- Zunahme der individualisierten Einzelteilfertigung
- Erhöhung der Flexibilität

Mit Digitalisierungsstrategien wie Industrie 4.0 können diese Forderungen zielführend unterstützt werden. Für die Fertigung kommt dabei der Einsatzvorbereitung der CNC-Maschinen wesentliche Bedeutung zu. Die Komplexität der Anforderungen erfordert eine

© Springer Fachmedien Wiesbaden GmbH, ein Teil von Springer Nature 2020
J. Dietrich, A. Richter, *Praxis der Zerspantechnik*,
https://doi.org/10.1007/978-3-658-30967-1_16

Abb. 16.1 Bearbeitungsaufgabe auf einem Dreh-Fräs-Komplettbearbeitungszentrum (*Werkbild: SMS group GmbH, Hilchenbach*, www.sms-group.com)

hochleistungsfähige Programmierung dieser Maschinen. Unterstützt werden die Arbeiten durch eine gute Visualisierung der Werkstücke im 3D-Umfeld und ausgefeilte Simulationstechniken. Trotz der ausgezeichneten virtuellen Möglichkeiten mit der heutigen Technik muss immer beachtet werden, dass es sich bei der NC-Vorbereitung um eine Detailplanung handelt und in der Fertigung hohe Qualitätsanforderungen eingehalten werden müssen.

16.2   Zielstellung und Aufgaben

16.2.1   Rechnereinsatz in der Produktionsvorbereitung

Mit dem Einzug der Rechentechnik in die Industrie standen vor allen Dingen die Rationalisierung und Automatisierung von Wiederholprozessen sowie die Betriebsorganisation im Vordergrund. In den ingenieurtechnischen und organisatorischen Bereichen wurden mittels der sogenannten CA-Techniken (CA – Computer Aided) zahlreiche Lösungen auf den unterschiedlichsten Gebieten entwickelt.

In der Erzeugnisentwicklung lag dabei der Schwerpunkt zunächst auf der Unterstützung der Teilekonstruktion und der Erstellung von Konstruktionszeichnungen. Mit zunehmender Leistungsfähigkeit der Rechentechnik und Software entwickelte sich das Gebiet zur rechnergestützten Konstruktion unter dem Begriff „Computer Aided Design" (CAD). Unter dem Gesichtspunkt der sich immer schneller ändernden Rahmenbedingungen bezüglich Losgröße, Variantenvielfalt und Lieferfristen bei gleichzeitig steigendem Kostendruck, zunehmendem Innovationstempo sowie fortschreitenden Digitalisierungsstrategien wird aktuell von Bauteilmodellierung und digitaler Produktdefinition, die sich im Laufe der weiteren Prozessstufen zum digitalen Zwilling entwickelt, gesprochen.

In der Fertigung konzentrierte sich der Rechentechnikeinsatz insbesondere auf die Programmierung von numerisch gesteuerten Maschinen (NC/CNC-Maschinen), die digitale Informationen zur Bearbeitung von Werkstücken benötigten. Diese Informationen, z. B. Weginformationen zur Abbildung der Werkstückgeometrie sowie Schaltinformationen für Werkzeug- und Korrekturschalteraufruf, Schnittdaten, Schmiermittelorganisation usw., werden in NC-Programmen bereitgestellt.

NC-Maschinen gehen auf eine Entwicklung in den USA am MIT (Massachusetts Institute of Technology) zurück, wo 1953 die erste numerisch gesteuerte Werkzeugmaschine in Betrieb genommen wurde. Diese Maschinen werden durch eine NC-Steuerung (NC – Numerical Control) und mit dem Einzug der Mikroelektronik durch eine CNC-Steuerung (CNC – Computerized Numerical Control) automatisch gesteuert (s. Abschn. 7.2.7.2, Abb. 7.12). Die alphanumerischen Steuerbefehle und Koordinatenbewegungen werden in digitaler Form als NC-Programm, früher über Lochstreifen, heute über digitale Speicher oder über Direktkopplung mit einem zentralen Server bereitgestellt.

Erstellt werden die NC-Programme mit NC-Programmiersystemen, die in der Weiterentwicklung als CAM-Systeme (CAM – Computer Aided Manufacturing) sowie in der Kopplung mit CAD-Systemen als CAD/CAM-Systeme bezeichnet werden. Diese gehen organisatorisch weit über die eigentliche Erstellung des NC-Programms hinaus. Sie unterstützen den gesamten Pfad von der Konstruktion bis zur Fertigung (Abb. 16.2). Es handelt sich folglich nicht nur um eine Programmieraufgabe, sondern um einen Planungsprozess,

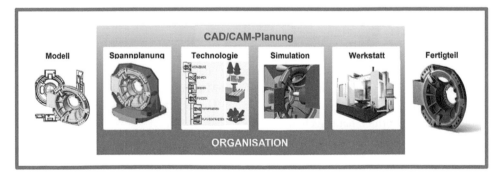

Abb. 16.2 CAD/CAM – Vom CAD-Modell zum fertigen Bauteil (Quelle: EXAPT Systemtechnik GmbH, Aachen, www.exapt.de; *Werkbild: KUKA AG, Augsburg,* www.kuka.com; Gebr. Heller Maschinenfabrik GmbH, Nürtingen, www.heller.biz)

weshalb auch der Begriff NC-Planung, CAM-Planung bzw. CAD/CAM-Planung verwendet wird.

16.2.2 Aufgaben der NC-Programmierung

Die Aufgabe der NC-Programmierung besteht in der Umsetzung der Werkstückgeometrie in Arbeitsbewegungen der Maschine in Form eines NC-Programms.

Der Satz- und Adressaufbau eines NC-Programms ist nach DIN 66025/ISO 6983 standardisiert. Die DIN 66025/ISO 6983 enthält jedoch nur die Grundstruktur und wesentliche Befehle des NC-Programms. In Ergänzung haben die CNC-Steuerungs- und Maschinenhersteller zahlreiche eigene Erweiterungen von Schaltbefehlen über Zyklen zur Steuerung von Bearbeitungsabläufen wie Gewindebohren oder Taschenfräsen bis hin zur Integration von Hochsprachelementen vorgenommen. Es sind damit steuerungsabhängig eigene Dialekte entstanden.

Als Ausgang liegt je nach Verfügbarkeit eine Bauteilzeichnung und/oder ein 2½D- oder 3D-CAD-Bauteilmodell vor. Die Werkstückgeometrie ist auf der Basis des Arbeitsplanes, der eingesetzten Fertigungsmittel und der Spannsituation so aufzubereiten, dass eine Bearbeitung möglich ist. Dazu sind unter Berücksichtigung der ausgewählten Werkzeugmaschine, Werkzeuge, Spannmittel und Fertigungstechniken einschließlich der zugehörigen umfangreichen technologischen Daten die erforderlichen Weg- und Schaltinformationen zu ermitteln.

Bei der Erstellung von NC-Programmen ist zusätzlich zu der formalen Aufgabenstellung zu beachten, dass die Anforderungen an die NC-Planung aus technischer und auch aus organisatorischer Sicht ständig steigen. Die Zeit für die NC-Planung wird immer kürzer und bei gleichzeitig steigendem Kostendruck und wachsenden Qualitätsanforderungen muss das NC-Programm rationell und sicher erstellt werden.

16.2.3 Methoden der NC-Programmierung

Die Erstellung der NC-Programme erfolgt „extern" in der Arbeitsvorbereitung am PC, wobei die Maschine während der Programmierung unabhängig arbeiten kann, oder „werkstattorientiert" direkt an der Steuerung der CNC-Maschine (WOP -Werkstattorientierte Programmierung) (Abb. 16.3). In der praktischen Umsetzung haben sich zusätzlich verschiedene Mischformen herausgebildet.

Die für die externe Programmierung eingesetzten Techniken sind:

- die „manuelle Programmierung", bei der das NC-Programm direkt im NC-Code „manuell" i. Allg. mit Unterstützung von speziellen NC-Editoren oder optimierten Oberflächen der Steuerung als Desktop-Lösung erstellt wird oder

Abb. 16.3 Methoden der
NC-Programmierung –
externe Programmierung
und werkstattorientierte
Programmierung (WOP)

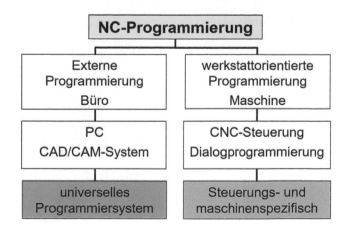

- die „maschinelle Programmierung", bei der mit einem CAM-System das NC-Programm zunächst steuerungsneutral generiert und dann über Postprozessoren an die Steuerungen und Maschinen angepasst wird.

Die werkstattorientierte und manuelle Programmierung haben ihre Bedeutung in der Kleinserienfertigung einfacher oder parametrischer Werkstücke. Die Basis ist vorrangig die Parameter- und Zyklenprogrammierung, die heute oft mit grafischer Unterstützung verfügbar ist (Abb. 7.18, 7.19). Da eine Integration in einen durchgängigen Datenfluss von der Konstruktion bis zur Fertigung sehr aufwendig bzw. unmöglich ist, verliert die externe manuelle Programmierung stark an Bedeutung. Unter dem Gesichtspunkt der Digitalisierung der Produktion erfolgt eine Orientierung auf den durchgängigen Einsatz von CAD/CAM-Systemen mit integrierter Produktionsdatenorganisation.

16.2.4   Arbeitsschritte bei der CAM-Planung

Aus der Aufgabe für die NC-Programmierung ergeben sich eine Vielzahl von detaillierten Arbeitsschritten, die vom NC-Programmierer ausgeführt werden müssen (Abb. 16.4):

Diese vielen einzelnen Schritte werden durch den Einsatz eines CAM-Systems wesentlich vereinfacht. Insbesondere für den blau markierten Bereich bieten CAM-Systeme sehr gute Unterstützung und Automatisierungstechniken für den NC-Programmierer. Mit zunehmender Verfügbarkeit von 3D-Werkstückmodellen sowie der steigenden Leistungsfähigkeit der CAM-Systeme werden die Geometriedaten des Werkstückes direkt vom Konstruktionsmodell übernommen und weiterverarbeitet, was eine erhebliche Beschleunigung des Planungsablaufes mit sich bringt.

Abb. 16.4 Arbeitsschritte
zur Erstellung eines
NC-Programms

- CAD-Daten übernehmen und Zeichnung lesen
- CAD-Daten aufbereiten
  - Bearbeitungsverfahren bestimmen
  - CNC-Maschine auswählen
  - Arbeitsablauf und Spannung festlegen
    - ❖ Werkzeuge und ggf. Aggregate auswählen und konfigurieren
      - ✓ Bearbeitungsgeometrie erfassen bzw. selektieren, ggf. Zwischenkonturen erstellen
      - ✓ Technologieattribute wie Oberflächengüte und Toleranzen festlegen
      - ✓ Schnittaufteilung durchführen
      - ✓ Werkzeugwege detaillieren
      - ✓ Schnittwerte ermitteln
      - ✓ Werkzeugwege auf Kollision überprüfen
      - ✓ NC-Steuerungsbefehle erzeugen
      - ✓ Haupt- und Nebenzeit berechnen
    - ❖ Werkzeugliste erstellen
    - ❖ Einstellpläne für CNC-Maschine und Werkzeugvoreinstellung erstellen
- Endkontrolle aller erzeugten Informationen

16.2.5 Leistungsumfang CAM-Systeme

Zur Unterstützung der Programmierung in der Arbeitsvorbereitung haben sich CAM-Systeme vor allem aus Produktivitäts- und Qualitätsgründen sowie unter dem Gesichtspunkt der durchgängigen Digitalisierung durchgesetzt. Für die Bearbeitung von Freiformflächen sind sie Voraussetzung. Die Leistungsfähigkeit eines CAM-Systems geht jedoch weit über die reine Erstellung des NC-Programms hinaus.

Neben den Importfunktionen für CAD-Geometrie über Standardschnittstellen wie DXF, IGES oder STEP stehen zur fertigungstechnischen Aufbereitung der Konstruktionsgeometrie des Fertigteils umfangreiche geometrische Funktionen zur Verfügung, wie z. B.

- das Ausrichten des Fertigteils in einem NC-gerechten Koordinatensystem,
- das Eliminieren von nicht fertigungsrelevanten Daten des CAD-Modells,
- die Modellierung von Nebenformelementen, wenn diese nicht im CAD-Modell enthalten sind,
- die Erzeugung von Zwischenkonturen für einzelne Prozessschritte,
- das Verschieben auf Passmaß von Konturen, Bohrmustern usw., wenn das CAD-Modell auf Nennmaß modelliert ist,
- die Unterdrückung von Ein- und Freistichen für die Vorbearbeitung.

Die wichtigsten Merkmale eines CAM-Systems sind die umfangreichen fertigungstechnischen Funktionen zur Erzeugung der Werkzeugwege.

Abb. 16.5 Optimierte Fräs-
strategien für die Bearbeitung
eines Verdichterrades (Quelle:
EXAPT Systemtechnik GmbH,
Aachen, www.exapt.de,
MAN Energy Solutions SE,
Augsburg, www.man-es.com)

So stehen für Fräsen im prismatischen Bereich u. a. Bearbeitungsstrategien zum

- Konturfräsen,
- Flächenfräsen,
- Taschenfräsen,
- Fasenfräsen,
- Zirkularfräsen innen/außen,
- Gewindefräsen

zur Verfügung.

Im Freiformflächenbereich können u. a. optimierte Strategien, wie

- Fräsen mit konstanter Z-Ebene,
- Mehrachs-Taschenfräsen,
- adaptives Schruppen,
- Schlichten mit konstanter Querzustellung,
- Kanalfräsen,
- Strategien für Blisk- und Impeller-Bearbeitung,
- 3- zu 5-Achsenkonvertierung

genutzt werden (Abb. 16.5).

Bei den Bearbeitungsstrategien für Drehen (Abb. 16.6, 16.7) handelt es sich z. B. um

- Schrupp-, Schlicht- und Feinschlichtdrehen,
- Lang-, Plan- und konturparalleles Drehen bzw. Drehen mit Vorschubrichtung im festen
  Winkel zur Drehachse,
- Einstechen,
- Gewindedrehen,
- Hinterschneidungen drehen.

Abb. 16.6 Automatische
Drehtechnologie – Schnittauf-
teilung bei fallenden Konturen
unter Berücksichtigung des
Einstellwinkels der Neben-
schneide (Quelle: EXAPT
Systemtechnik GmbH,
Aachen, www.exapt.de)

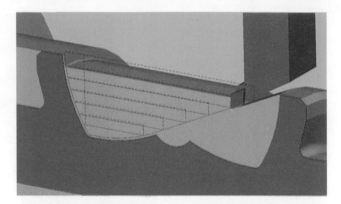

Abb. 16.7 Automatische
Drehtechnologie – Kamm-
stechen als passivkraftneutrale
Stechbearbeitung (Quelle:
EXAPT Systemtechnik GmbH,
Aachen, www.exapt.de)

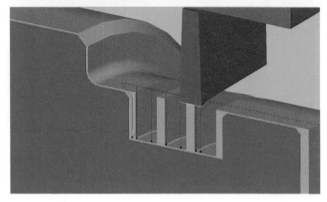

Beim Bohren bestehen umfangreiche Möglichkeiten für zentrische Bearbeitung, wie
z. B.

- Bohren ins Volle,
- Aufbohren,
- Gewindebohren,
- Ausspindeln.

Mit diesen fertigungstechnischen Abläufen erfolgt eine teil- oder vollautomatische Generierung von Bearbeitungsabläufen und den daraus resultierenden Werkzeugwegen auf
der Basis der vorgegebenen Geometrie. Die einzelnen Bearbeitungen sind bei leistungsfähigen CAM-Systemen mit der jeweiligen Bearbeitungsgeometrie verbunden, so dass bei
Änderung der Geometrie auch die Werkzeugwege automatisch wieder neu generiert werden.

Allerdings ist es nicht immer möglich, mit diesen automatisch generierten Werkzeugwegen die Anforderungen für alle Anwendungsfälle mit vertretbarem Aufwand abzude-
cken und das gesamte Werkstück optimal zu bearbeiten. Deshalb muss immer die Möglichkeit bestehen, die Werkzeugwege im Einzelschritt interaktiv zu erzeugen.

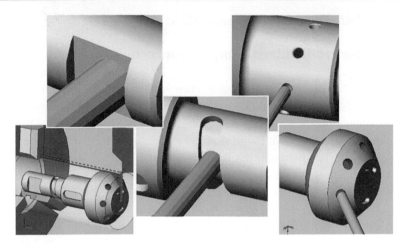

Abb. 16.8 Dreh-Fräszentrum – Fertigungsaufgaben für Komplettbearbeitung (Quelle: EXAPT Systemtechnik GmbH, Aachen, www.exapt.de)

Die genannten Berechnungen zur Erzeugung von Werkzeugwegen bauen auf einem umfangreichen modifizierbaren Bestand an Standardabläufen und Technologie-, Werkstoff-, Schneidstoff-, Werkzeug-, Werkzeugmaschinen- und Spannmitteldaten auf, die bereitgestellt werden müssen und strategisch in der Produktionsdatenorganisation integriert sind. Die für die Bearbeitung erforderlichen Werkzeuge sind der zentralen Werkzeugverwaltung zu entnehmen bzw. aus den dort abgelegten Werkzeugkomponenten für die Bearbeitung spezifisch zu konfigurieren und abzuspeichern (s. Kap. 15).

CAM-Systeme mit höherer Leistungsfähigkeit bieten zudem die Möglichkeit, sowohl das Leistungsspektrum entsprechend den betrieblichen Anforderungen zu konfigurieren als auch die gegebenen Standardbearbeitungsabläufe zu modifizieren, für die Wiederverwendung abzuspeichern bzw. anwenderseitig Abläufe selbst zu definieren und in die gesamte Verarbeitung zu integrieren.

Die einzelnen Fertigungsverfahren werden in einer modernen CNC-Fertigung oft in Kombination eingesetzt. So genannte Dreh-/Fräszentren bzw. Fräs-/Drehzentren ermöglichen einen Technologiemix Drehen – Bohren – Fräsen und damit die Komplettbearbeitung von Werkstücken (Abb. 16.8, 7.14–7.17).

Unterstützt wird der NC-Programmierer durch Simulationstechniken zur Verifizierung und Qualitätssicherung der Ergebnisse. Diesen Techniken kommt immer größere Bedeutung zu, da damit die gesamte Planung im virtuellen Umfeld und im Vorfeld der Fertigung erfolgt. Fehler, die sonst erst auf der Maschine erkennbar sind, werden vermieden und die Einfahrzeit der NC-Programme wird reduziert (s. Kap. 16.6).

16.3 CAD/CAM im betrieblichen Umfeld

16.3.1 Von der Produktdarstellung bis zur Fertigung

Der CAD/CAM-Prozess umfasst alle technischen Aufgaben, die zur Fertigung von Bauteilen auf CNC-Maschinen erforderlich sind. Im Ergebnis des Konstruktionsprozesses entsteht ein Bauteilmodell, das in einer Werkstückzeichnung und heute i. Allg. in einem CAD-Modell repräsentiert wird. Damit sind alle geometrischen Informationen festgelegt, die für eine einwandfreie Fertigung des Bauteils notwendig sind. Für die Fertigung wird in der Arbeitsvorbereitung daraus ein Arbeitsplan entwickelt, der die einzelnen Prozessstufen der Produktentstehung vom Rohteil bis zum Fertigteil enthält. Für die im Arbeitsplan enthaltenen Prozessstufen, die auf CNC-Maschinen ausgeführt werden sollen, müssen die von der Konstruktion erstellten Informationen zu einem funktionsfähigen NC-Programm umgesetzt werden (Abb. 16.9).

CAD/CAM-Systeme sind Bestandteile der technischen IT eines Betriebes. Sie kommunizieren mit ERP-Systemen (ERP – Enterprise Resource Planning) bzgl. der Auftragsplanung, dem Produktdatenmanagement (PDM) bzgl. der produktdefinierenden Daten als

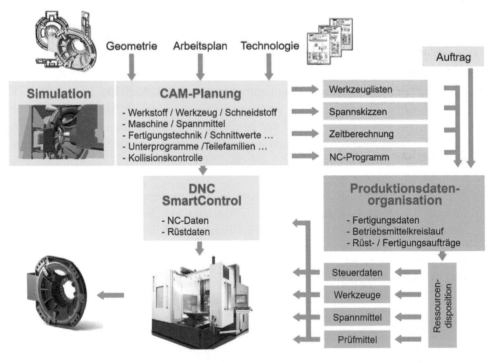

Abb. 16.9 CAD/CAM-System – Unterstützung von der Produktdarstellung bis zur Fertigung (Quellen: EXAPT Systemtechnik GmbH, Aachen, www.exapt.de; *Werkbilder: KUKA AG, Augsburg,* www.kuka.com; *Gebr. Heller Maschinenfabrik GmbH, Nürtingen,* www.heller.biz)

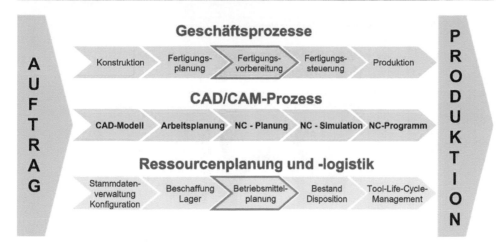

Abb. 16.10 CAD/CAM im betrieblichen Umfeld (Quelle: EXAPT Systemtechnik GmbH, Aachen, www.exapt.de)

Ergebnis der Produktentwicklung sowie mit MES-Systemen (MES – Manufacturing Executive System) zur Feinsteuerung der Fertigung.

Die CAD/CAM-Planung ist in die betrieblichen Abläufe integriert und ordnet sich in die Fertigungsvorbereitung ein. Weiterhin ist die gesamte Ressourcenplanung, insbesondere bezüglich der Werkzeuge mit seinen umfangreichen Facetten, zu berücksichtigen, die durch die integrierte Kommunikation mit Systemen der Produktionsdatenorganisation abgesichert werden kann (Abb. 16.10).

Die Kommunikation zwischen dem CAD/CAM-System und der Produktionsdatenorganisation ermöglicht es, auf die während der CAM-Planung benötigten Ressourcendaten, wie Werkzeuge oder Spannmittel, zuzugreifen. Weiterhin werden damit die Ergebnisse der CAM-Planung, wie Zeitberechnung, Fertigungsunterlagen, Spannpläne, Werkzeuglisten, in dem gesamten Prozess organisiert und digital für die weitere Nutzung bereitgestellt. Dabei ist nicht nur die Versorgung des Fertigungsprozesses mit Daten zu betrachten, sondern auch die Rückführung von Informationen aus der Fertigung zur Verbesserung des CAD/CAM-Prozesses zu sehen.

16.3.2 Die CAD-CAM-NC-Prozesskette

Der Durchgängigkeit aller Informationen von der Konstruktion bis zur Fertigung und zurück kommt entscheidende Bedeutung für die Produktivität und Qualität im Betrieb zu. Je vollständiger und umfangreicher die Daten von der Konstruktion bereitgestellt und weiterverarbeitet werden, desto schneller und stabiler läuft der CAM-Prozess und in Folge auch die mechanische Fertigung. Eine detailliert abgestimmte CAD-CAM-NC-Prozesskette ist

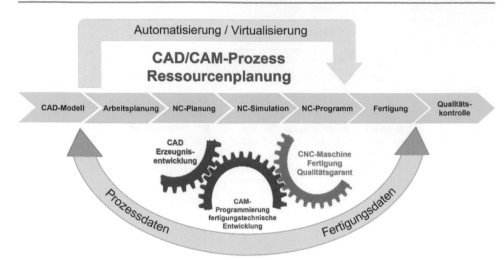

Abb. 16.11 Kommunikation in der CAD-CAM-NC-Prozesskette (Quelle: EXAPT Systemtechnik GmbH, Aachen, www.exapt.de; SMS group GmbH, Hildenbach, www.sms-group.com)

ebenfalls die Voraussetzung für eine reibungslose Automatisierung dieser Prozessstufen sowie für eine aussagefähige Virtualisierung im Vorfeld der Fertigung.

Der Informationsfluss von der Erzeugnisentwicklung bis zur Fertigung ist jedoch aufgrund der unterschiedlichen Sichtweisen und vielen Einflussfaktoren sehr komplex und erfordert eine ständige Abstimmung zwischen Konstruktion, Arbeitsvorbereitung und Fertigung. Große Bedeutung kommt dabei der Rückführung der Prozessdaten aus der Fertigung und Qualitätskontrolle in die vorbereitenden Abteilungen zur dauerhaften Verbesserung zukünftiger Planungsergebnisse zu.

Neben der technischen Durchgängigkeit entlang der CAD-CAM-NC-Prozesskette muss weiterhin die organisatorische Einbettung dieser Prozesse in das Ressourcenmanagement, wie z. B. das Toolmanagement, und die Datenorganisation des Betriebes berücksichtigt werden. Es handelt sich dabei nicht nur um die Frage der Verfügbarkeit von Ressourcen, sondern ebenfalls um die Organisation und Logistik der Daten bis in die Werkstatt. Die im Durchlauf der Produktionsvorbereitung erzeugten Daten müssen zeitgerecht an den entsprechenden Stationen verfügbar sein, damit auf dieser Basis weitere Prozesse, wie z. B. die Werkzeugvoreinstellung, ausgelöst werden können. Die aus der mechanischen Bearbeitung und Qualitätssicherung gewonnenen Prozessdaten sind für den Zugriff in den vorgelagerten Abteilungen bereitzustellen (Abb. 16.11 und s. Kapitel 15).

16.3.3   Digital integrierte Produktion – Industrie 4.0

Die Digitalisierung der industriellen Produktion sowohl im ingenieurtechnischen als auch im produktiven Bereich führt zwangsläufig zu einer durchgängigen Betrachtung aller Da-

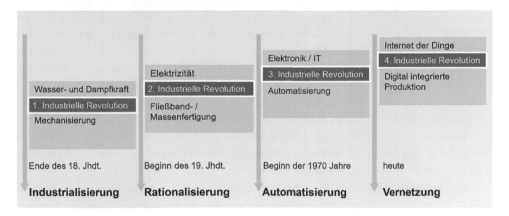

Abb. 16.12 Die vierte industrielle Revolution im Zeitstrahl der technischen Entwicklung

tenströme. Unter dem Begriff CIM (CIM – Computer Integrated Manufacturing) erfolgte in den 1980er Jahren die Zusammenfassung der technischen und organisatorischen Bereiche unter Nutzung einer einheitlichen Datenbasis und einer Vielzahl von statischen Schnittstellen zwischen den singulären Anwendungen.

In den letzten Jahren ist zur technischen Automation die Automation der Informationen hinzugekommen. Die Daten-Kommunikation zwischen den einzelnen Stationen spielt eine immer größere Rolle. Es erfolgt ein datentechnisches Zusammenwachsen der technischen Prozesse mit den Geschäftsprozessen und eine Verschmelzung der virtuellen mit der physikalischen Welt in einem „Internet der Dinge", wobei der Mensch im Mittelpunkt steht.

Unter dem Begriff Industrie 4.0 wurde 2012 ein Zukunftsprojekt zur umfassenden Digitalisierung der industriellen Produktion im Rahmen der Hightech-Strategie der Bundesregierung ins Leben gerufen. Industrie 4.0 steht als Synonym für die vierte industrielle Revolution (Abb. 16.12) und charakterisiert den digitalen Wandel in der Produktion.

Die industrielle Produktion soll mit moderner Informations- und Kommunikationstechnik verzahnt werden. Dabei steht nicht der Computer im Vordergrund, sondern die intelligente Vernetzung von Maschinen, Abläufen und Menschen via Internet.

„Fabrik von morgen:

Maschinen, die miteinander kommunizieren, sich gegenseitig über Fehler im Fertigungsprozess informieren, knappe Materialbestände identifizieren und nachbestellen – das ist eine intelligente Fabrik. Diese Mission steckt hinter dem Schlagwort Industrie 4.0." [BMBF20]

Industrie 4.0 ist als Strategie zu verstehen, die von jedem Betrieb mit eigenem Leben gefüllt werden muss und alle Bereiche betrifft. Die traditionelle Fertigung wird zur Smart Factory weiterentwickelt. Ziel ist eine sich selbst organisierende Produktion, zu der die Fertigungsanlagen und Logistiksysteme gehören.

Der Begriff bezeichnet eine neue Herangehensweise, um die Digitalisierung und Internetnutzung zur Vernetzung auch in der Fertigung stärker durchzusetzen und damit die Produktion weiter zu optimieren. Es werden alle Stationen der Wertschöpfungskette und die dazu erforderlichen Neben-, Hilfs- und Zulieferprozesse einbezogen und mit den Geschäfts- und Logistikprozessen vernetzt. Mensch, Maschine, Roboter und Werkstück kommunizieren miteinander in Echtzeitsteuerung über Internet.

Besonders ist auf die Rolle des Personals und des Services hinzuweisen. Die erfolgreiche Umsetzung von derartigen Projekten wird nur gelingen, wenn mit einer langfristigen Strategie bereits bei der Projektierung die betroffenen Personen mit einbezogen werden und der Service dauerhaft abgesichert wird.

Die Digitalisierungsstrategie ermöglicht eine flexible und wirtschaftliche Produktion von Erzeugnissen, insbesondere im Hinblick auf die zunehmend individuellen Kundenwünsche und Einzelfertigung mit den Schlagwörtern „Losgröße 1" oder „Stückzahl 1". Sie führt zur Vermeidung von Engpässen und einer effizienten Nutzung aller Ressourcen.

Zur Untersetzung dieser Strategie wurden in vielen Industriebetrieben und in zahlreichen Ausbildungs- und Forschungseinrichtungen erste Lösungen und Demonstratoren umgesetzt. Die Zielstellung liegt dabei insbesondere in dem Nachweis der Funktionsfähigkeit und der wirtschaftlichen Effekte. Weitere wesentliche Gesichtspunkte sind die weiterführende Forschung auf den Gebieten der digitalen Produktion und cyber-physischen Produktionssysteme (CPPS) unter Einbeziehung der künstlichen Intelligenz (KI) sowie die Ausbildung und Qualifikation von Fachpersonal. In Lern- oder Modellfabriken wird die durchgängig vernetzte Produktion mit komplexen Fertigungs- und Logistikprozessen realitätsgetreu abgebildet. Damit können die Industrie 4.0 Inhalte demonstriert und trainiert werden. Ein Beispiel für eine Smart Factory ist die „Industrie 4.0 Modellfabrik – das Industrial Internet of Things (IIoT) Test Bed", das an der HTW Dresden im Verbund Saxony5 mit 4 anderen Hochschulen und dem Fraunhofer IPMS in Sachsen für anspruchsvolle Ausbildung und Forschung in der Fabrik der Zukunft betrieben wird (https://www.htw-dresden.de/hochschule/fakultaeten/info-math/forschung/smart-production-systems).

16.4 CAD/CAM-Systeme

16.4.1 2½D-CAM-Systeme

16.4.1.1 Einsatzbereich

Die geometrische Grundlage für ein 2½D-CAM-System ist ein zweidimensionales Koordinatensystem. Geometrische Elemente sind Punkt, Gerade und Kreis und entsprechende Verbindungselemente. Sie sind unabhängig von CAD-Systemen und haben eigene Funktionen zur Eingabe der zu fertigenden Werkstückgeometrie. Die Funktionen sind i. Allg. auf das „Nachkonstruieren" von Werkstückzeichnungen optimiert und erlauben eine sehr einfache und schnelle Eingabe der Geometrie, insbesondere da je nach Anspruch nicht das gesamte Werkstück vollständig beschrieben, sondern nur der Punkt, die entsprechen-

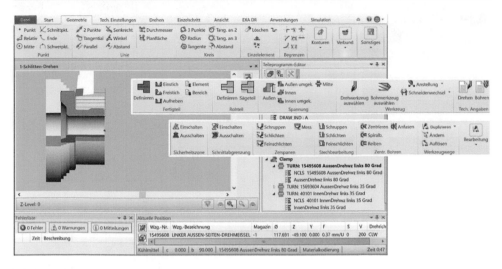

Abb. 16.13 2½D-CAM-System – Geometrie- und Technologiemenü
(Quelle: EXAPT Systemtechnik GmbH, Aachen, www.exapt.de)

de Kontur oder Fläche für die Bearbeitung detailliert werden muss. Wahlweise erfolgt die Übernahme von 2D-CAD-Daten über Standardformate wie DXF oder IGES.

Im Bereich der Drehbearbeitung werden 2½D-CAM-Systeme nach wie vor mit gutem Erfolg eingesetzt, da die zu fertigende Drehkontur eine 2D-Schnittkontur des Werkstückes darstellt und schnell und einfach mit den Hilfsmitteln des 2½D-CAM-Systems beschrieben werden kann (Abb. 16.13). Der Trend geht aber auch hier zu 3D-CAM-Systemen. Sie bieten für die immer breiter eingesetzten Dreh-/Fräs-Zentren deutliche Vorteile. Reine Drehmaschinen sind zunehmend seltener im Einsatz und werden dann vor allem durch WOP-Programmierung mit Programmen versorgt.

Im Gegensatz zur Drehbearbeitung sind im Bereich Bohren/Fräsen 2½D-CAM-Systeme zunehmend durch 3D-CAM-Systeme ersetzt worden. Die begrenzten Möglichkeiten bzgl. der Visualisierung von prismatischen Werkstücken sowie von Volumenoperationen zur Rohteilaktualisierung und Kollisionsbetrachtung setzen hier 2½D-CAM-Systemen starke Grenzen.

16.4.1.2 Ausführungsbeispiele

2½D-CAM-Systeme unterstützen die 2½D-NC-Bearbeitung, d. h. die Bearbeitung erfolgt in 2 Achsen, z. B. (x, y). Die 3. Dimension wird über lineare Zustellung erreicht, bei der die Zustellrichtung in beliebigen Achsen erfolgen kann. Parallel- und Stellachsen sind zusätzlich möglich. Die Systeme sind i. Allg. auf einzelne Fertigungsverfahren zugeschnitten und verfügen über sehr umfangreiche fertigungstechnische Funktionalitäten von der Einzelschrittprogrammierung bis hin zu vollautomatischen Abläufen (Abb. 16.14). Sie haben sich dort bewährt, wo keine 3D-CAD-Modelle für die CAM-Planung zur Verfügung stehen, wie z. B. für Lohnfertiger oder in der Ersatzteilproduktion.

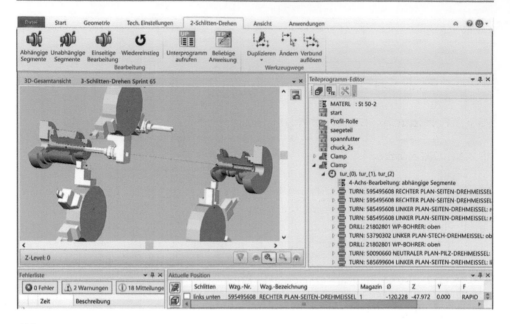

Abb. 16.14 Programmierung von Mehrkanal-CNC-Maschinen – Synchrone 3-Schlitten-Bearbeitung (Quelle: EXAPT Systemtechnik GmbH, Aachen, www.exapt.de)

Für den Einsatz ergeben sich vielfältige Vorteile und Möglichkeiten:

- Leistungsfähige Technologiefunktionen bei gleichzeitiger Simulation der Bearbeitung
- Grafisch-interaktive Arbeitsweise und teilweise alternative Spracheingabe zur Programmierung der Bearbeitungsaufgabe in frei wähl- bzw. mischbarer Funktionalität
- Umfangreiche Möglichkeiten zur unmittelbaren interaktiven Änderung der programmierten Bearbeitungen
- Die integrierte Nutzung von Verwaltungs- und Organisationssystemen, insbesondere für Betriebsmittel, Fertigungs- und Technologiedaten

Eine funktionale Unterstützung erfolgt je nach Leistungsfähigkeit des CAM-Systems u. a. für die

- automatische Werkzeugauswahl,
- automatische Operationsfolgeermittlung und Schnittaufteilung,
- kollisionsfreie Werkzeugwegermittlung,
- Einzelschrittprogrammierung frei im Raum bzw. geometrie- bzw. konturgebunden,
- Definition von parametrischen Abläufen,
- automatische Schnittwertermittlung,
- Berücksichtigung effektiver Maschinenwerte,
- Ablaufsimulation.

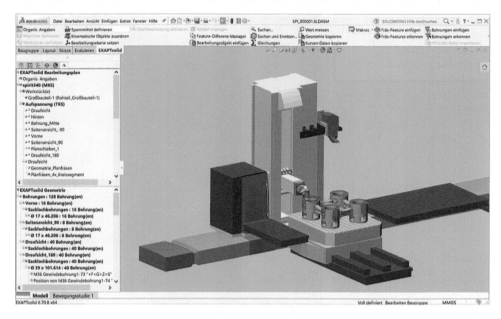

Abb. 16.15 CAM-Planung einer Großteilbearbeitung auf einem Bearbeitungszentrum mit Visualisierung des Maschinenumfeldes (Quelle: EXAPT Systemtechnik GmbH, Aachen, www.exapt.de)

16.4.2 3D-CAM-Systeme

16.4.2.1 Einsatzbereich

3D-CAM-Systeme sind heute der Stand der Technik für die CAM-Planung. Sie bauen geometrisch auf einem Volumenmodellierer auf. Damit wird es möglich das Werkstück realitätsnah auf dem Bildschirm zu visualisieren, zu drehen und von allen Seiten und auch im Schnitt zu betrachten sowie das Maschinenumfeld mit einzubeziehen (Abb. 16.15). Das bietet dem NC-Programmierer deutliche Vorteile hinsichtlich der Transparenz, Produktivität und Sicherheit für seine Arbeit.

3D-CAM-Systeme unterstützen sowohl die 2½D-NC-Bearbeitung als auch die 3- bis 5-Achs-Simultanbearbeitung beliebiger Flächen (Abb. 16.16).

Die Systeme sind für die Bearbeitung von Werkstücken auf CNC-Maschinen, die einen Verfahrensmix aus Drehen, Bohren und Fräsen erfordern bzw. ermöglichen, ausgelegt.

Die fertigungstechnische Leistungsfähigkeit beinhaltet den Umfang der 2½D-CAM-Systeme erweitert um die Möglichkeiten, die sich aus der 3D-Welt ergeben. Das betrifft z. B. das Aufsetzen der einzelnen Bearbeitung auf dem aktualisierten Rohteil aus der vorhergehenden Bearbeitung (Abb. 16.17) sowie Volumenoperationen oder adaptive Werkzeugwege beim Fräsen. Speziallösungen orientieren auf einzelne Verfahren oder Technologien, wie z. B. die Zahnradbearbeitung oder additive Verfahren.

Voraussetzung ist ein 3D-CAD-Modell des Werkstückes jeweils als Roh- und Fertigteil. Für das Zusammenwirken mit dem CAD-System ergeben sich folgende Wege:

Abb. 16.16 5-Seiten und simultane 5-Achs-Bearbeitung auf einem Bearbeitungszentrum (*Werkbild: Gebr. Heller Maschinenfabrik GmbH, Nürtingen,* www.heller.biz)

Abb. 16.17 Fräsbearbeitung am aktualisierten Rohteil – Tauchfräsen bei der Prototypenfertigung einer Kurbelwelle aus Rundmaterial (Quelle: EXAPT Systemtechnik GmbH, Aachen, www.exapt.de)

- Stand-Alone CAM-Systeme, die von CAD unabhängig sind und Daten in allen gängigen 3D-Formaten übernehmen
- Plug-In-Lösungen, die optional in die Oberfläche eines CAD-Systems integriert werden
- Vollständige CAD/CAM-Integration, d. h. das CAM-System ist Bestandteil des CAD-Systems

Damit werden jeweils verschiedene Arbeitsorganisationen unterstützt. So haben Auftragsfertiger ohne eigene Konstruktion andere Anforderungen als der Produzent mit eigener Erzeugnisentwicklung.

Abb. 16.18 Programmierung einer synchronen Drehbearbeitung auf der Gegenspindel einer 2-Schlitten/2-Spindel-Drehmaschine (Quelle: EXAPT Systemtechnik GmbH, Aachen, www.exapt.de)

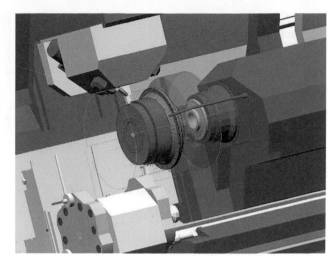

16.4.2.2   Ausführungsbeispiele

Beim Einsatz von 3D-CAD/CAM-Systemen werden die Geometriedaten des Fertigteils im Normalfall von CAD übernommen. Für den Fall, dass nur die Zeichnung vorliegt, besteht die Möglichkeit, diese Geometrie ebenfalls über Menüfunktionen interaktiv zu modellieren. Die gleiche Aufgabe steht für die Festlegung des Rohteiles. Insbesondere bei Gussteilen bewährt sich eine Übernahme von CAD-Daten. Für Halbzeugnormalien stehen i. Allg. spezielle Funktionen für eine schnelle Definition des Rohteiles zur Verfügung.

Die Arbeit im 3D-System hat den Vorteil, dass das Werkstück und alle Werkzeuge und Aggregate während der Programmierung in der räumlichen Ausdehnung zur Verfügung stehen (Abb. 16.18). Damit kann das Programm schnell und sicher erzeugt werden. Die zur

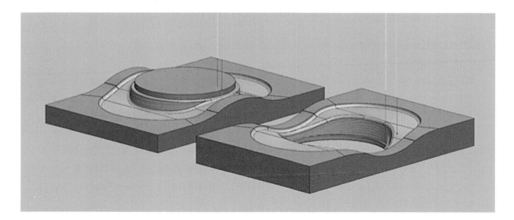

Abb. 16.19 Werkzeugwege einer Freiformflächenbearbeitung im Formenbau durch simultane 5-Achs-Anstellung des Werkzeugs (Quelle: EXAPT Systemtechnik GmbH, Aachen, www.exapt.de)

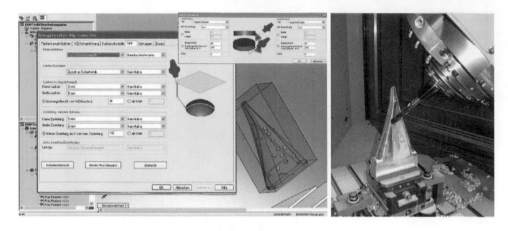

Abb. 16.20 Simultanes mehrachsiges Fräsen – Programmierung und Bearbeitung eines Sonderbauteiles (*Werkbild: manroland web produktionsgesellschaft mbH, Augsburg,* www.manroland-wp. com)

Abb. 16.21 Simultanes mehrachsiges Fräsen an einem Maschinenbauteil (Quelle: EXAPT Systemtechnik GmbH, Aachen, www.exapt.de)

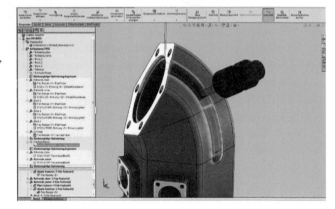

Qualitätssicherung nachfolgende und unabdingbare Simulation setzt ebenfalls auf diesen Elementen auf.

3D-CAM-Systeme sind Voraussetzung für die Bearbeitung von komplexen Werkstückgeometrien, die nicht durch Regelgeometrie abgebildet werden können. Solche Anforderungen liegen vor allem im Formenbau und bei Sonderbauteilen vor (Abb. 16.19, 16.20).

Auch im allgemeinen Maschinenbau wird die Topologie der Werkstücke zum einen aus der geometrischen und funktionalen Optimierung der Bauteile und zum andern aus ästhetischen Gesichtspunkten zunehmend komplexer, so dass an klassischen rotationssymmetrischen oder prismatischen Werkstücken zunehmend Freiformelemente bearbeitet werden müssen (Abb. 16.21, 16.22).

Abb. 16.22 Simultanes mehrachsiges Fräsen – Werkzeugweg resultierend aus linearer und rotierender Bewegung (Quelle: EXAPT Systemtechnik GmbH, Aachen, www.exapt.de)

16.5 Durchgängiger CAD/CAM-Prozess

16.5.1 Von CAD und CAM zu CAD/CAM

16.5.1.1 Vom Werkstückmodell zum Bearbeitungsmodell

Die Vorteile der 3D-Modellierung in der Konstruktion kommen erst dann richtig zum Tragen, wenn die dort erstellten Daten in den nachfolgenden Prozessen weiter verarbeitet werden können, d. h. das 3D-Modell wird zusammen mit seinen Referenzen zum Träger aller Informationen für den CAD/CAM-Prozess.

Nicht alle CAD- und CAM-Prozesse sind gegenwärtig in dieser Richtung durchgängig ausgestaltet, so dass verschiedene Zwischenstufen Berücksichtigung finden müssen.

Die im Konstruktionsprozess erstellten Werkstückmodelle enthalten zunächst die funktionsorientierte Fertigteilgeometrie. Fertigungsrelevante Informationen wie Gewinde, Passungen, Form- und Lagetoleranzen oder Oberflächenqualität usw. werden dabei geometrisch nicht modelliert. Sie werden dann in der parallel erstellten Zeichnung oder in Tabellen festgelegt. Für den folgenden CAM-Prozess muss die funktionsorientierte Bauteilgeometrie dann in eine fertigungsgerechte Geometrie überführt werden. Dafür gibt es je nach Ausgestaltung der CAD-Konstruktion verschieden aufwendige Strategien, die von der manuellen Nachbearbeitung bis zur vollautomatischen Datenübernahme reichen (Abb. 16.23).

Die aufwendige manuelle Eingabe der fertigungsrelevanten Informationen muss in einem CAM-System immer gewährleistet werden, damit auch bei unterschiedlich ausgeprägten CAD-Prozessen eine 100%ige Bearbeitung der Werkstücke gewährleistet ist.

Abb. 16.23 Strategien zur Überführung eines Werkstückmodells in ein Bearbeitungsmodell (Quelle: EXAPT Systemtechnik GmbH, Aachen, www.exapt.de)

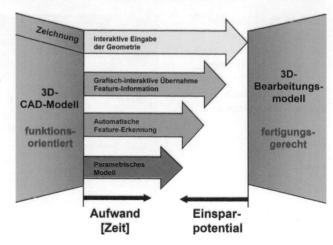

Höhere Automatisierungsstufen verkürzen den dafür notwendigen Aufwand, besonders den Anteil der Routinetätigkeit. Gleichzeitig erfolgt eine Verringerung der Fehlerhäufigkeit durch manuelle Eingaben. Sie bedingen eine strategisch durchgängige Betrachtung des CAD/CAM-Prozesses. Erforderlich ist oft ein hoher Initial- und Pflegeaufwand, da sich firmenspezifische Prozesse selten automatisch ohne Anpassung erzeugen lassen und sich ständig weiterentwickeln.

16.5.1.2   CAD-Attribute für die Bearbeitung

Für die Automatisierung der Weiterverarbeitung von CAD-Daten in CAM-Systemen existieren verschiedene Lösungen, die teilweise in Kombination eingesetzt werden. Im einfachsten Fall werden die Geometriedaten im nativen CAD-Format bzw. über Standardschnittstellen wie DXF, STEP oder IGES übernommen. Dabei erfolgt jedoch nur ein reiner Geometrietransfer ohne zusätzliche fertigungstechnische Informationen. Werden im Konstruktionsprozess CAD-Elemente mit entsprechenden Attributen versehen, so können diese in einem CAM-System automatisch ausgelesen und weiterverarbeitet werden. Diese fertigungstechnischen Attribute können durch die Nutzung verschiedener Strategien während der Bauteilmodellierung festgelegt werden, wie z. B.

- Feature-Assistenten des CAD-Systems,
- Vordefinierte nutzerspezifische Konstruktionsfeature im CAD-System als Bauteilbibliotheken (Abb. 16.24),
- Farbkodierung – das CAM-System identifiziert die CAD-Elemente über RGB-Wert und leitet die Bearbeitung ab (Abb. 16.25),
- Kodierung über Layer (analog Farbattribut nur auf die Layer bezogen),
- Verwendung von Textattributen (z. B. als benutzerdefinierte Eigenschaft von CAD-Elementen),
- PMI oder
- Kombinationen der aufgeführten Strategien.

Muttergeometrie: B_1TG

Komplexität: 2-stufig Grundbohrung

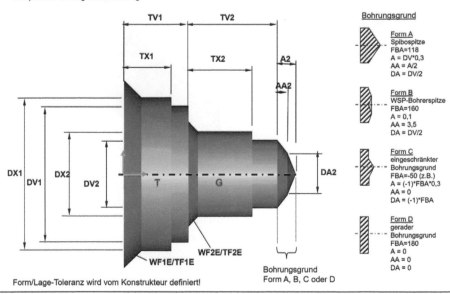

Bohrungsgrund

Form A
Spibospitze
FBA=118
A = DV*0,3
AA = A/2
DA = DV/2

Form B
WSP-Bohrerspitze
FBA=160
A = 0,1
AA = 3,5
DA = DV/2

Form C
eingeschränkter
Bohrungsgrund
FBA=-50 (z.B.)
A = (-1)*FBA*0,3
AA = 0
DA = (-1)*FBA

Form D
gerader
Bohrungsgrund
FBA=180
A = 0
AA = 0
DA = 0

Form/Lage-Toleranz wird vom Konstrukteur definiert!

Bohrungsgrund
Form A, B, C oder D

T = Toleranzbohrung   G = Gewindebohrung

Abb. 16.24 Funktionselemente zur Definition von Bohrungsfeature mit Ausprägung des Bohrungsbodens für die Werkzeugauswahl (*Werkbild: manroland web produktionsgesellschaft mbH, Augsburg,* www.manroland-wp.com)

Abb. 16.25 3D-Modell mit
Farbeattributen, Beispiel:
blau: Passbohrung
gelb: Gewindebohrung
cyan: einfach Bohrung
rosa: Schlichten
rotbraun: Schruppen
(Quelle: EXAPT System-
technik GmbH, Aachen,
www.exapt.de)

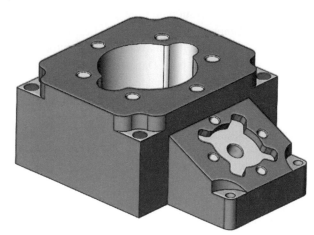

16.5.1.3   Product Manufacturing Information

Moderne CAD-Systeme enthalten Techniken zur unmittelbaren Anreicherung der geometrischen Modelle mit Informationen, die in späteren Prozessen benötigt werden, und deren Abspeicherung in zugeordneten Datenstrukturen, d. h. Fertigungsinformationen und Fer-

Abb. 16.26 3D-Modell mit
PMI für Bohrungen (Quelle:
EXAPT Systemtechnik GmbH,
Aachen, www.exapt.de)

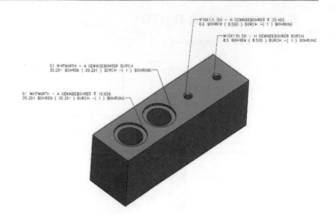

tigungsstrategien werden bereits mit dem CAD-Modell verbunden (Abb. 16.26). Diese
Daten werden als Product Manufacturing Information (PMI) bezeichnet und sind vom Inhalt her wesentlich umfangreicher als die o. g. Einzelattribute. Im CAM-System können
die PMI mit dem geometrischen Feature übernommen, ausgewertet und für eine teil- oder
vollautomatische Programmierung weiterverarbeitet werden.

16.5.1.4 Automatische Feature-Erkennung

In der CAM-Planung ist es erforderlich, die im CAD-Prozess erstellten Werkstückgeometrien zu erkennen, zu ordnen und zu verarbeiten. 3D-CAD/CAM-Systeme verfügen dazu
über eine Vielzahl von Analysefunktionen zur Strukturierung des Werkstücks in einzelne Bearbeitungsoperationen. Eine innovative Vorgehensweise dafür ist die Automatische
Feature-Erkennung (AFR – Automatic Feature Recognition).

Im CAD-System wird das Werkstück über formale Geometrie oder Form- bzw. Funktionselemente beschrieben. Dabei wird eine Gruppierung von geometrischen Elementen,
die unter konstruktiven Aspekten eine Einheit bilden, im Modell implementiert sind und
manipuliert werden können, als Konstruktionsfeature oder CAD-Feature bezeichnet. Sie
können einen über die formale Geometrie hinausgehenden höheren Informationsgehalt
besitzen (s. Kapitel 16.5.1.2), auf die im CAM-System zugegriffen werden kann.

Mit der Automatic Feature Recognition werden das gesamte 3D-Werkstück gescannt,
die enthaltenen CAD-Feature bzgl. ihrer Topologie analysiert, geordnet und für die weitere Verarbeitung aufbereitet. Neben der reinen Geometrie des CAD-Feature werden die
Lage im Maschinen- und Werkstückkoordinatensystem sowie die Grundgeometrie der
CAD-Feature, z. B. Bohrungen, Flächen, Taschen usw., aufbereitet und das priorisier-
te Fertigungsverfahren abgeleitet. Gleiche CAD-Feature werden zu Mustern, wie z. B.
Bohrmuster, zusammengefasst. Im Ergebnis der Feature-Erkennung steht die Fertigungs-
geometrie geordnet für die CAM-Planung zur Verfügung (Abb. 16.27).

Im CAM-System werden die CAD-Feature mit nichtgeometrischen Informationen,
z. B. Operationsfolgen und Bearbeitungsparameter, zu einem Fertigungsfeature ergänzt.
In einem Fertigungsfeature ist die komplette Bearbeitung des CAD-Feature in einzelne

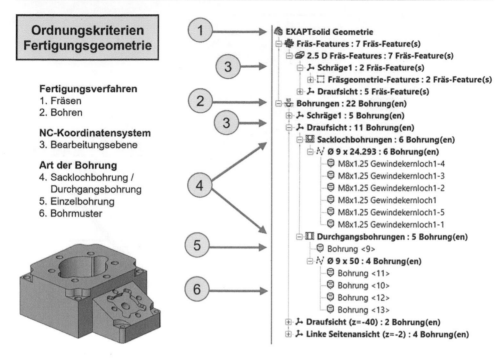

Abb. 16.27 Geordnete Geometrie als Ergebnis der automatischen Feature-Erkennung (Quelle: EXAPT Systemtechnik GmbH, Aachen, www.exapt.de)

Abb. 16.28 Geometrie aus Sicht der Konstruktion und der Fertigung: Das Fertigungsfeature „Komplexbohrung" enthält die Position und Richtung der Bohrung sowie die Elementar-Bearbeitungsobjekte Vorbohren – Aufbohren und Ansenken (Quelle: EXAPT Systemtechnik GmbH, Aachen, www.exapt.de)

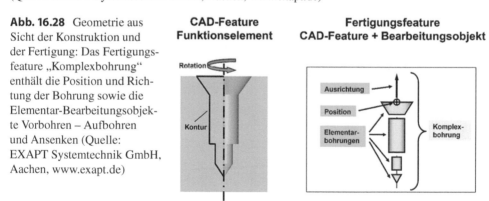

Elementar-Bearbeitungsobjekte aufgeteilt, die jeweils mit einem Werkzeug vollständig bearbeitet werden können (Abb. 16.28).

Zu beachten ist, dass das CAD-Modell oft eine reine Repräsentation des Fertigteils und auf Toleranzmitte konstruiert ist, jedoch keine fertigungstechnisch notwendigen Zwischenzustände und Toleranzen enthält. Gewinde sind selten geometrisch als solche zeichnungsgerecht ausgeführt, sondern nur als eine Bohrung mit Nennmaß oder Kernloch-

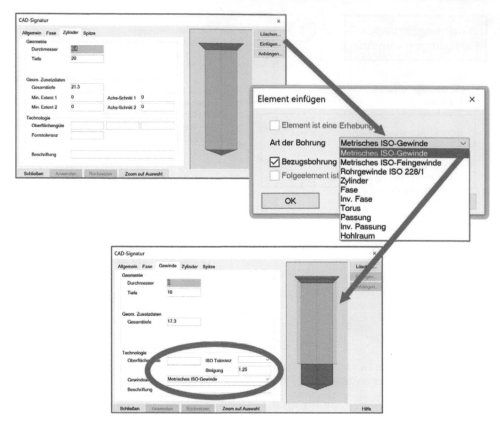

Abb. 16.29 Interaktive Ergänzung einer Bohrung mit Gewindeattributen
(Quelle: EXAPT Systemtechnik GmbH, Aachen, www.exapt.de)

durchmesser. Im CAM-Prozess müssen folglich die fehlenden Informationen als fertigungstechnische Attribute interaktiv zugefügt werden (Abb. 16.29).

Anschließend wird einzelnen oder einer Gruppe von CAD-Feature ein Bearbeitungsobjekt zugeordnet (Feature-Mapping). Dieser Vorgang erfolgt interaktiv, teil- oder vollautomatisch, wobei vom CAM-System auf Grund der Topologie des CAD-Features Vorschläge unterbreitet werden. Die Bearbeitungsvorschläge sind auf die gesamte Bearbeitung des Features z. B. mit Vor- und Fertigbearbeitung, Vorzugswerkzeugen und Schnittwerten sowie NC-Funktionen für Schmiermittel usw. ausgelegt. Dabei wird intern auf die geometrischen Werkstückdaten aus dem CAD-Feature zugegriffen, so dass keine diesbezügliche Eingaben notwendig sind.

Die Bearbeitungsabläufe sind in einer Datenbank abgelegt und werden den betrieblichen Erfordernissen angepasst und optimiert. Durch die konsequente Nutzung dieser Abläufe wird eine Normierung der CAM-Planung, verbunden mit einer deutlichen Reduzierung der Programmierzeit, sowie eine höhere Qualität erreicht. Dieses betriebseigene

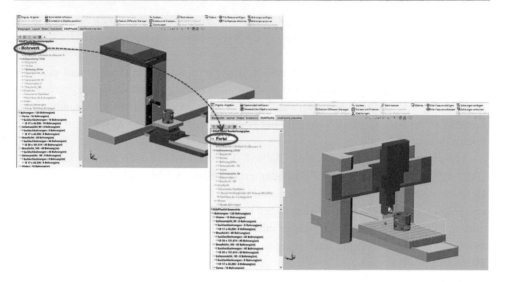

Abb. 16.30 Operative Verlagerung eines Werkstückes von einer horizontalen auf eine vertikale CNC-Maschine im CAM-System mit Neuberechnung aller Operationen und interaktiver Eingriff bei nicht übertragbaren Aggregaten, Werkzeugen und Operationen (Quelle: EXAPT Systemtechnik GmbH, Aachen, www.exapt.de)

Fertigungswissen nimmt mit zunehmender Komplexität der Werkstücke und Fertigungsabläufe einen großen Umfang an und stellt einen hohen Wert dar.

Vor allem im Bereich der Bohrbearbeitung lässt sich in hoch ausgebauten CAD/CAM-Systemen der Ablauf weitgehend automatisieren. Auf der Basis der CAD-Feature werden mit anwenderseitig gut angepassten Bearbeitungsabläufen die einzelnen Operationen einschließlich Zwischenstufen und aller Werkzeuge generiert.

16.5.2   Änderungsprogrammierung

Der Prozess der Bauteilherstellung ist oft kein linearer Prozess, sondern erfordert eine mehrstufige intensive Kommunikation zwischen den einzelnen beteiligten Abteilungen und Personen. Es kann sich herausstellen, dass ein zunächst angedachter Fertigungsablauf kosten-, ressourcen- oder zeitmäßig bzw. technologisch nicht erfolgreich umsetzbar ist. Änderungen im Fertigungsablauf sind die Folge, d. h. auch bereits fertige NC-Programme müssen geändert werden.

Einfache Änderungen der technologischen Parameter oder Werkzeuge sind dabei unkompliziert zu realisieren. Aufwendiger ist das Ändern der Reihenfolge von Bearbeitungen. Eine vorteilhafte Technik im CAM-System ist dafür das interaktive Verschieben der betreffenden Fertigungsfeature in einem Bearbeitungsbaum mit anschließender Neuberechnung des gesamten CAM-Planungsablaufes.

Nach gleicher Strategie erfolgt die Umsetzung der häufigen Aufgaben eines NC-Programmierers bei der operativen Änderung der Maschinenbelegung aufgrund der Feinplanung in der Werkstatt (Abb. 16.30).

In beiden Fällen kann durch das CAM-System automatisch der neue Ablauf generiert werden. Der Vorteil liegt dabei darin, dass insbesondere die zeitaufwendig ausgearbeiteten Bearbeitungsoperationen wiederverwendet werden. Wenn aus technischen Gründen keine automatische Lösung möglich ist, wird der NC-Programmierer vom System aufgefordert, interaktiv einzugreifen.

Anders sieht es aus, wenn sich das Bauteil, d. h. das CAD-Modell, konstruktiv ändert.

Es ist üblich und aus Aufwandgründen erforderlich, bei Modifikationen von Bauteilen oder ähnlichen Bauteilen auf bestehende NC-Programme zurückzugreifen und diese entsprechend den geänderten Bedingungen zu modifizieren. Diese Ähnlichkeitsprogrammierung ist sehr effektiv, bedingt aber eine gute Unterstützung für diese Technik durch das CAM-System. Für eine durchgängige Lösung müssen bereits in die CAM-Planung übernommene Geometriedaten und ggf. Attribute im CAM-System nachgeführt werden. Das kann mit sehr viel Aufwand verbunden sein. Eine durchgängige Änderung ist dann gegeben, wenn der Modellierkern des CAM-Systems assoziativ auf das CAD-Modell zugreift. Das ist der Fall, wenn das CAM-Modul voll integriert in einem CAD-System ist, d. h. direkt auf dem gleichen Modellierkern arbeitet, oder vom Modellierkern des CAM-Systems direkt auf die CAD-Daten einschließlich der Datenstruktur zugegriffen werden kann.

16.6 Simulation des Bearbeitungsablaufes

16.6.1 Aufgabe der Simulation

Die mit dem CAM-System erzeugten NC-Programme müssen vor der Abarbeitung auf der CNC-Maschine sowohl hinsichtlich Geometrieeinhaltung als auch hinsichtlich Kollisionsfreiheit überprüft werden, damit die Qualität gesichert, Maschinenschaden vermieden und die Einfahrzeiten auf der Maschine minimiert werden. Für diese Aufgaben werden Simulationstechniken eingesetzt, die sowohl die berechneten Werkzeugwege als auch den Bearbeitungsfortschritt am Werkstück und ggf. auch Abweichungen von der Zielgeometrie evaluieren und grafisch visualisieren können. Die Bearbeitung kann in verschiedenen Detailierungsstufen vom Einzelschritt bis zur dynamischen Gesamtsimulation am 3D-Werkstückmodell mit Maschinenraum und Werkzeugdarstellung angesehen werden.

16.6.2   Simulationsstrategien

Für die Simulation können unterschiedliche Eingangsdaten für die Werkzeugwege zu Grunde gelegt werden. Dadurch ergeben sich verschiedene Simulationsstrategien (Abb. 16.31).

Die unterschiedlichen Simulationsstrategien schließen sich nicht gegenseitig aus, sondern ergänzen sich. Sie unterscheiden sich nicht nur hinsichtlich der Datenbasis, die simuliert wird, sondern insbesondere auch hinsichtlich des Anwendungsbereiches und des Aufwandes, z. B. für die Maschinen-, Werkzeug- und Spannmittelmodelle, der Soft- und Hardware sowie der Verfügbarkeit der betreffenden Simulationssysteme.

Die Planungssimulation ist vor allem geeignet, um Schritt für Schritt während der CAM-Planung das Ergebnis schnell zu visualisieren und zu evaluieren. Fehler können sofort erkannt und behoben werden. Spätere ggf. sehr umfangreiche Änderungen im gesamten Programmablauf können damit vermieden werden. Allerdings wird nicht das NC-Programm interpretiert, sondern der intern berechnete Werkzeugweg. Maschinenbefehle bzgl. der dynamischen Achsanstellungen und -bewegungen können nicht steuerungssynchron dargestellt und spätere Fehler des Postprozessors nicht erkannt werden.

Demgegenüber wird bei der NC-Satzsimulation das NC-Programm interpretiert, wobei die Genauigkeit durch die Nutzung von steuerungsspezifischen Simulationskernen weiter verbessert werden kann. Je genauer das NC-Programm interpretiert wird, desto besser ist die Reproduzierbarkeit auf der CNC-Maschine.

Eine wirksame NC-Programmkontrolle wird mit beiden Strategien in die Planungsbereiche vorverlegt. Sie garantieren jedoch keine 100%ige Sicherheit.

Während die Planungssimulation und NC-Satzsimulation im Vorfeld der Fertigung erfolgt, wird bei der Echtzeit-Kollisionskontrolle das Steuerungssignal aus der CNC-Steue-

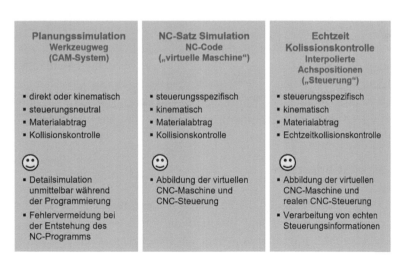

Abb. 16.31 Simulationsstrategien

Abb. 16.32 Maschinensimulation auf der CNC-Steuerung mit Echtzeit Kollisionskontrolle und im Millisekunden-Bereich vorlaufendem Werkzeug zur Kollisionsprüfung (*Werkbild: ModuleWorks, Aachen,* www.moduleworks. com)

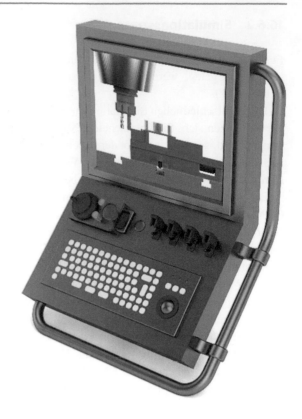

rung unmittelbar bei der Bearbeitung des Werkstückes auf der CNC-Maschine ausgewertet und somit Kollision wirklich vermieden (Abb. 16.32).

Unabhängig von der Simulationsstrategie hängt die Aussagekraft und Sicherheit eines Simulationsergebnisses wesentlich von der Qualität der verwendeten Eingangsgrößen ab. Während die aktiven und passiven Werkzeugwege vom CAM-System oder von der CNC-Steuerung generiert werden, wird für die Darstellung der Werkzeugmaschine, Spannmittel und Werkzeuge auf 3D-Daten zurückgegriffen, die in den entsprechenden Dateien oder Datenbanken hinterlegt sind. Die Vollständigkeit und Genauigkeit dieser Daten, vor allem der kollisionsrelevanten Bereiche, sind entscheidend für die Aussagekraft der Simulation.

16.6.3   Simulationsarten

Im CAM-System werden i. Allg. die berechneten Werkzeugwege auf dem bearbeiteten Werkstück grafisch im Eilgang und Vorschub mit unterschiedlichen Farben dargestellt. Zur Verdeutlichung der Eingriffsbedingungen des Werkzeugs kann auch die Schneidenkontur und/oder Werkzeugkontur mit dargestellt werden (Abb. 16.33).

Abb. 16.33 Simulation der
berechneten Werkzeugwege
im CAM-System (Quelle:
EXAPT Systemtechnik GmbH,
Aachen, www.exapt.de)

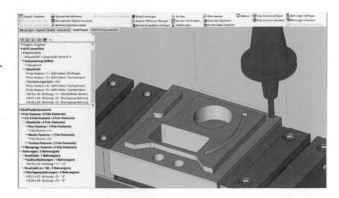

Abb. 16.34 Maschinen-
simulation mit Spannturm
(manroland web produktionsgesellschaft mbH, Augsburg,
www.manroland-wp.com)

In dieser Darstellung werden die Werkzeugwege sehr detailliert wiedergegeben und
können interaktiv Schritt für Schritt auch hinsichtlich der fertigungstechnischen Details
nachvollzogen werden. Eine Kontrolle der kinematischen Bewegungen auf der CNC-
Maschine ist jedoch nicht möglich.

Für die Visualisierung und Evaluation des gesamten Bewegungsablaufs auf der CNC-
Maschine einschließlich der Werkstück- und Werkzeugspannung ist deshalb zusätzlich
eine dynamische Simulation des gesamten Bearbeitungsablaufes erforderlich. Dazu können sowohl die in den meisten CAM-Systemen enthaltenen Simulationsmodule als auch
nachgeschaltete spezielle Simulationsprogramme eingesetzt werden.

Abb. 16.35 Maschinensimulation mit mehrachsiger Anstellung des Werkzeugs über das Drehen des Tisches und Schwenken des Werkzeugkopfes (Werkbild: manroland web produktionsgesellschaft mbH, Augsburg, www.manroland-wp.com)

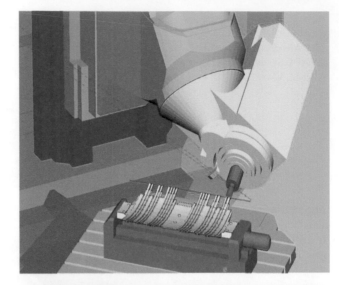

Abb. 16.36 Maschinensimulation einer Mehrfachspannung mit Schwenktisch (Quelle: EXAPT Systemtechnik GmbH, Aachen, www.exapt.de)

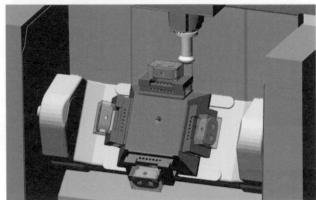

Dabei werden folgende Simulationsarten unterschieden:

- Direkte Simulation: Das Werkstück steht fest, das Werkzeug wandert um das Werkstück, keine Darstellung der Maschinenbewegungen.
- Kinematische Simulation: Berücksichtigung der Achsbewegungen auf der Maschine sowohl bezogen auf das Werkstück, z. B. Rund- oder Schwenktische, als auch auf die Werkzeuge, z. B. Winkelköpfe.
- Maschinensimulation: Zusätzlich zur kinematischen Simulation wird die Maschine mit allen bewegten Aggregaten und Achsen, wie z. B. Schwenktische, Winkelköpfe oder Parallelachsen, dargestellt (Abb. 16.34, 16.35, 16.36). Unterschiedliche Detailierungsstufen bzgl. der visualisierten Maschinenelemente sind dabei schaltbar.

Abb. 16.37 Dynamische Simulation des Materialabtrages (Quelle: EXAPT Systemtechnik GmbH, Aachen, www.exapt.de)

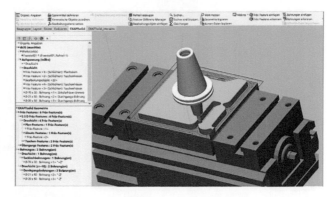

Abb. 16.38 Roh- und Fertigteilvergleich: Farbige Markierung des Restaufmaßes (Quelle: EXAPT Systemtechnik GmbH, Aachen, www.exapt.de)

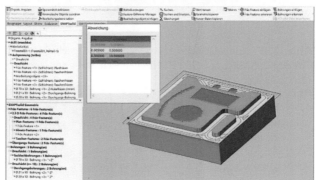

Der Vorteil der direkten Simulation liegt in der höheren Geschwindigkeit, während die kinematische Simulation und vor allem die Maschinensimulation eine sehr viel realistischere Visualisierung des Bearbeitungsablaufes auf der CNC-Maschine ermöglichen, aber mehr Zeit benötigen.

Parallel zur Simulation der Werkzeugbewegung wird die sich durch den Bearbeitungsprozess fortschreitende Änderung des Werkstückes simuliert (Abb. 16.37). Durch den Bearbeitungsprozess bis zum Fertigteil ändert sich nach jedem Schritt das Rohteil für die nächste Bearbeitung. Diese dynamische Rohteilaktualisierung ist nicht nur für die Kollisionsbetrachtung von Bedeutung, sondern auch für die Berechnung von Werkzeugwegen zur Vermeidung von Luftschnitten. Weiterhin können durch einen Roh- und Fertigteilvergleich Restaufmaße visualisiert werden (Abb. 16.38).

Grundsätzlich ist bei allen Simulationsarten zu beachten, dass die Genauigkeit und damit die Aussagefähigkeit der Ergebnisse entscheidend von der Qualität der Modelle von Werkstück, Werkzeug, Spannmittel und Werkzeugmaschinen abhängen.

Die Berechnung der Werkzeugwege erfolgt auf der Basis einer detaillierten Beschreibung der Werkzeugschneide und sind damit auf den Schnittweg der aktiven Hauptschneide bezogen kollisionsfrei. Für die komplette Kollisionskontrolle ist jedoch die Prüfung einer möglichen Kollision zwischen dem gesamten Werkzeug einschließlich Schaft und Einspannung und dem Werkstück und allen Maschinenelementen bei aktiven und passiven

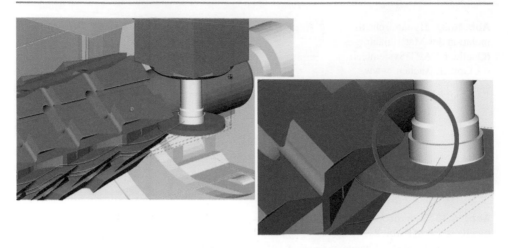

Abb. 16.39 Kollisionsgefahr zwischen Werkzeugschaft und Werkstück (Werkbild: SMS group GmbH, Hilchenbach, www.sms-group.com)

Abb. 16.40 Darstellung der Kollision zwischen Vorrichtung und Spindelstock – rot eingefärbt (Quelle: EXAPT Systemtechnik GmbH, Aachen, www.exapt.de)

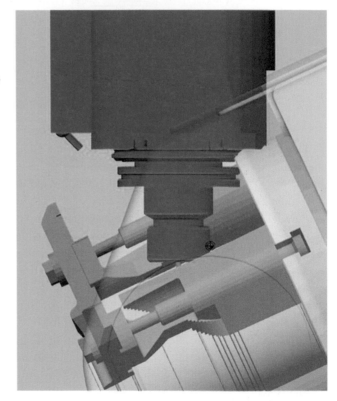

Bewegungen notwendig. Dazu sind von den jeweiligen Elementen detaillierte 3D-Modelle erforderlich, ansonsten wird eine Scheinsicherheit erzeugt, die in der Produktion zu Maschinenschaden führen kann (Abb. 16.39, 16.40). Die Kollisionsprüfung kann interaktiv erfolgen – bei dem Auftreten von Kollision wird der Ablauf angehalten und die kollidierenden Elemente eingefärbt – oder aus Zeitgründen im Batch. Unabhängig davon wird die Überprüfung protokolliert.

16.7   Daten Distribution

16.7.1   Datenarten

Für den Betrieb einer CNC-Maschine werden die Steuerinformationen in Form eines NC-Programms in der jeweiligen Codierung der Steuerung benötigt. Zusätzlich sind die tatsächlichen Einstellmaße für die Werkzeuge erforderlich. Die NC-Programme stehen im Ergebnis des CAD/CAM-Prozesses in digitaler Form zur Verfügung. Die Werkzeugeinstelldaten sind das Ergebnis der Werkzeugvoreinstellung und ebenfalls digital verfügbar.

Während der CAD/CAM-Planung werden jedoch noch wesentlich mehr Informationen erzeugt, die im weiteren gesamtbetrieblichen Ablauf benötigt und verarbeitet werden. Es handelt sich dabei vor allem um die

- Zeitberechnungen,
- Werkzeuglisten,
- Werkzeug-IST-Daten,
- Magazinplatz- und Korrekturschalterbelegungen,
- Spanndokumentation.

Diese Daten müssen gesammelt, organisiert und für die nachfolgenden Prozesse sowie für den wiederholten Einsatz zur Verfügung gestellt werden. Die Speicherung aller Informationen in der zentralen Datenbank der Produktionsdatenorganisation bietet sich für die Forderung nach multivalentem Zugriff an (s. Abschn. 15.5 und 15.6).

16.7.2   Datentransfer

Die NC-Programme und Werkzeugvoreinstelldaten können entweder offline, z. B. über USB-Stick und bzgl. der Werkzeugeinstelldaten auch über andere Medien (s. Abschn. 15.5.2.3), oder über ein Netzwerk an die CNC-Steuerung der Maschine übertragen werden. In einer modernen Fertigung unter dem Gesichtspunkt Industrie 4.0 ist die Übertragung der NC-Programme über ein Netzwerk Standard bzw. Voraussetzung. Die Übertragungstechnik über Netzwerk von einem Rechner an die CNC-Steuerung bezeichnet man als DNC (Direct Numerical Control). Im Netzwerk können dabei verschiedene Fertigungseinrichtungen angeschlossen werden.

Abb. 16.41 Durchgängiges
Daten- und Informationsma-
nagement mit DNC-Betrieb
(Quelle: EXAPT System-
technik GmbH, Aachen,
www.exapt.de)

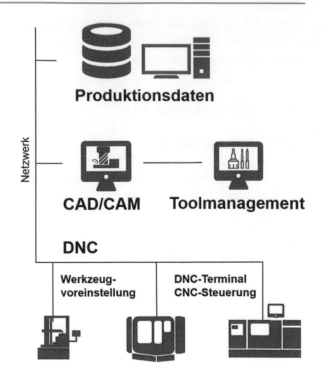

Die Aufgaben des DNC-Systems bestehen in der

- direkten und damit fehlerfreien sowie bedarfsgerechten Übertragung von NC-Program-
  men optional auch mit den dazugehörigen Werkzeugeinstelldaten von einem zentralen
  Server an eine oder mehrere CNC-Steuerungen,
- Rückübertragung von NC-Programmen, die an den Maschinen ggf. geändert bzw. auch
  erstellt wurden,
- Rückübertragung von Prozessdaten, wie z. B. Werkzeugeinsatzzeiten,
- Verwaltung aller NC-Programme auf dem Server.

Insbesondere der letztgenannte Aspekt, der über den rein technischen Aspekt der formalen
Datenübertragung hinausgeht, verdient Beachtung. Der gesamte NC-Programmbestand,
der für den Betrieb einen beträchtlichen Wert verkörpert, wird damit organisiert und gesichert sowie für die wiederholte Nutzung zur Verfügung gestellt. Die Organisation der
NC-Programme ist ebenfalls die Voraussetzung für eine durchgängige Qualitätskontrolle
und die Steigerung der Produktivität (Abb. 16.41).

16.8 Testfragen zum Kapitel 16

1. Welche Stufen werden in dem Prozess vom CAD-Modell bis zum fertigen Bauteil durchlaufen?
2. Welche Methoden der NC-Programmierung werden unterschieden?
3. Welche Arbeitsschritte bei der Erstellung eines NC-Programms werden durch ein CAM-System wesentlich vereinfacht?
4. Mit welchen Prozessen korrespondiert der CAD/CAM-Prozess im betrieblichen Umfeld?
5. Was versteht man unter Industrie 4.0?
6. Was sind die Merkmale der Kommunikation in der CAD-CAM-NC-Prozesskette
7. Was sind die wesentlichen Einsatzbereiche für ein 2½D-CAM-System?
8. Was sind die wesentlichen Einsatzbereiche für ein 3D-CAM-System?
9. Was sind die Vorteile eines 3D-CAM-System gegenüber einem 2½D-CAM-System?
10. Welche Strategien zur Überführung eines Werkstückmodells in ein Bearbeitungsmodell gibt es?
11. Was versteht man unter einem CAD-Attribut und welche Strategien gibt es zur Definition von CAD-Attributen für die Weiterverarbeitung in CAM-Systemen?
12. Was versteht man unter Product Manufacturing Information?
13. Welche Sortierreihenfolge für die Geometrie gibt es nach der automatischen Feature-Erkennung?
14. Was ist die Aufgabe der Simulation des Bearbeitungsablaufs in einem CAM-System?
15. Welche Simulationsstrategien gibt es?
16. Welche Simulationsarten gibt es?
17. Welche Vorteile bietet die dynamische Rohteilaktualisierung?
18. Welche Voraussetzungen müssen erfüllt sein, damit die Genauigkeit und damit die Aussagefähigkeit der Ergebnisse der Bearbeitungssimulationen keine Pseudo-Sicherheit darstellt?
19. Was sind die Aufgaben eines DNC-Systems?

Literatur

DIN 66025: Programmaufbau für numerisch gesteuerte Arbeitsmaschinen, Beuth Verlag GmbH, Ausgabedatum 1983-01
ISO 6983: Automationssysteme und Integration – Steuerung von Maschinen – Programmformat und Definition von Adresswörtern, Beuth Verlag GmbH, Ausgabedatum 2009-12
BMBF20: BMBF, Industrie 4.0, Fabrik von morgen. https://www.bmbf.de/de/zukunftsprojekt-industrie-4-0-848.html. Zugegriffen: 20. Februar 2020

Abtragen

17

Der spanenden Bearbeitung sind Grenzen gesetzt, die sich aus den Festigkeitswerten der zu bearbeiteten Materialien, den begrenzten Möglichkeiten der Schneidstoffe der Werkzeuge und durch den Kompliziertheitsgrad der Werkstückgeometrie ergeben. Es gibt auch Anwendungsfälle, wo die charakteristische Oberflächenstruktur des Erodierens gewünscht wird.

In der DIN 8580 sind in der Hauptgruppe 3 (Trennen) die Verfahren des Abtragens (Gruppe 3.4) eingeordnet, die auf thermischen, chemischen und elektrochemischen Prinzipien eine Veränderung der Form und/oder der Eigenschaften der Werkstücke bewirken.

Die Bearbeitung schwer zerspanbarer Materialien stellt die klassische Spanungstechnik häufig vor größere Probleme, so dass Verfahren des Abtragens eine gute Alternative oder Ergänzung darstellen. Die Verfahren der elektrochemischen Bearbeitung ECM (electro chemical machining) werden auf Grund ihrer Bedeutung in diese Auflage neu aufgenommen.

17.1 Abtragen durch Funkenerosion

Das physikalische Prinzip beruht auf einen Materialabtrag durch elektrische Entladungen zwischen zwei elektrisch leitenden Teilen, d. h. Werkstück und Elektrode. Beide befinden sich in einer isolierenden Flüssigkeit (dielektrisch). Die durch einen Generator zur Verfügung gestellte Gleichspannung führt bei Annäherung der Elektrode an das Werkstück auf einen Mindestabstand (Arbeitsspalt) zu einer Ionisierung des Dielektrikums, die Spannung entlädt sich und ein Funke springt über, der an der Auftreffstelle zum Schmelzen bzw. Verdampfen des Werkstückmaterials führt. Die Spannung wird schlagartig unterbrochen, Spannung und Strom fallen auf Null und es kommt zu einem Ausschleudern des Abtragproduktes aus dem Arbeitsspalt. Für eine wirtschaftliche Anwendung des Verfahrens sind mehrere hunderttausend Funken pro Sekunde erforderlich. Da nicht nur an der als Kathode gepolten Werkstückelektrode Material abgetragen wird, sondern auch an der

© Springer Fachmedien Wiesbaden GmbH, ein Teil von Springer Nature 2020
J. Dietrich, A. Richter, *Praxis der Zerspantechnik*,
https://doi.org/10.1007/978-3-658-30967-1_17

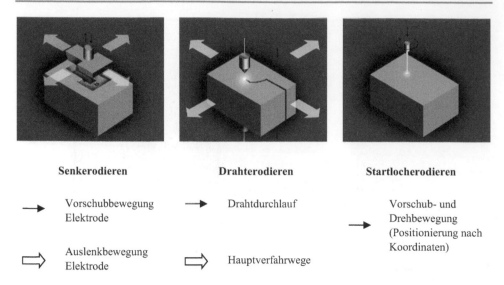

Abb. 17.1 Prinzipdarstellung des Erodierens (*Quelle: FEZ Mengemann, Dresden*)

als Anode gepolten Werkzeugelektrode, muss durch die Einstellparameter (Impuls- und Pausendauer, Form und Art der Impulse) erreicht werden, dass der Verschleiß der Werkzeugelektrode klein bleibt. Mit der Funkenerosion können sehr gute Genauigkeiten und sehr gute Oberflächen erzielt werden.

Die wesentlichen Verfahrensvarianten der Funkenerosion, das Senken (Senkerodieren) und das Schneiden (Drahterodieren) werden nachfolgend vorgestellt. Im Abb. 17.1 sind das Senkerodieren, das Drahterodieren und das Startlocherodieren für ein nachfolgendes Drahterodieren im Prinzipbild dargestellt.

17.1.1 Senkerodieren

17.1.1.1 Definition
Das Senkerodieren ist ein abbildendes Verfahren, bei dem die Form der dreidimensionalen Elektrode durch Funkenerosion im Werkstück erzeugt wird. Beide Partner befinden sich in einem Behälter mit nicht elektrisch leitender Flüssigkeit (Kohlenwasserstoffbasis, teilweise auch wasserbasierte Dielektrika für die Schruppbearbeitung) und die Vorschubbewegung der Elektrode erfolgt in Z-Richtung. Neuere Maschinen zum Planetär- und Bahnerodieren können zusätzliche Bewegungen (z. B. Drehbewegung der Elektrode oder Bewegungen in anderen Achsen) realisieren, damit sind dann Hinterschnitte und komplexe Formen unter Verwendung einfacherer Elektroden möglich.

Abb. 17.2 Senkerodiermaschine (*links*) und Fräsen einer Graphitelektrode (*rechts*) (*Werkfoto: Pro-Forma GmbH Radeburg*)

17.1.1.2 Verfahrensdurchführung

In der Prozesskette zur Fertigung von Urform-, Umform- und Zerteilwerkzeugen ist das funkenerosive Senken sowohl für Teilaufgaben (tiefe, nicht durch Fräsen bearbeitbare Bereiche) als auch für komplexe Konturen im Einsatz.

In Abb. 17.2 ist eine Senkerodiermaschine für den Werkzeug- und Formenbau mit der Bearbeitungssituation für einen Gesenkeinsatz dargestellt.

Die dargestellte Senkerodiermaschine ZK genius 1200 verfügt über einen Tisch von 1200 × 850 mm, kann Werkstückgewichte bis 3000 kg und Werkzeugelektroden bis 100 kg (ohne Rotation) und bis 15 kg (mit Rotation) aufnehmen. Die 5-Achsen-CNC-Steuerung ermöglicht auch eine Bahnbearbeitung. Der statische Impulsgenerator lässt sich sowohl hinsichtlich der Impulsdauer, der Leerlaufspannung und dem Impulsstrom optimal auf die Bearbeitungsaufgabe einstellen und über entsprechende adaptive Regeleinrichtungen werden die Bearbeitungsbedingungen im Arbeitsspalt überwacht und ständig angepasst, so dass ein unbeaufsichtigter Betrieb der Maschine möglich wird.

Die im Abb. 17.3 dargestellte automatisierte Senkerodiermaschine genius 602 verfügt über einen Elektrodenwechsler und kann somit im Drei-Schicht-System auch an Wochenenden ohne Bediener arbeiten. Die zusätzliche Einordnung eines Werkstückwechslers führt zur Erweiterung der Automatisierungslösung und verbessert die Wettbewerbssituation für den Anwender.

Abb. 17.3 Automatisierte Senkerodiermaschine genius 602 (*links*) und Ansicht der Elektrodenhalter (*rechts*) (*Werkfoto: Zimmer & Kreim GmbH & Co. KG, Brensbach*)

Abb. 17.4 Elektroden für Formwerkzeuge (*Werkfoto: ProForma GmbH Radeburg*)

Die Bearbeitung im Senkerodierverfahren setzt die Bereitstellung der entsprechenden Werkzeugelektroden voraus. Als Elektrodenmaterial kann jedes elektrisch leitende Material eingesetzt werden, aber in der Regel kommen Elektrolytkupfer oder Graphit zur Anwendung, da diese Materialien über gute elektrische Eigenschaften verfügen und optimal durch HSC-Fräsen bearbeitet werden können. Die Genauigkeitsanforderungen an die Elektroden sind immer in Relation zum zu fertigenden Werkstück zu sehen und erfordern bei hohen Anforderungen, Elektroden mit einer höheren Genauigkeit als das Werkstück. In Abb. 17.4 sind beispielhaft zwei Graphitelektroden für Formwerkzeuge dargestellt.

Die Graphitelektrode im Abb. 17.4 (rechts) war 21 Stunden im Einsatz, um die Kontur in Aluminium zu erodieren (Rippenbreite 4 mm, Tiefe 50 mm).

Die Abtragsrate beim Senkerodieren wird auf das abgetragene Volumen pro Zeiteinheit bezogen:

$$v_\mathrm{w} = \text{abgetragenes Volumen/Zeit } (\mathrm{mm^3/min}) = V_\mathrm{ab}/t \ (\mathrm{mm^3/min})$$

Sie kann in Abhängigkeit von den eingestellten Parametern für die Vorbearbeitung bis zu $400\,\mathrm{mm^3/min}$ betragen. Das abgetragene Volumen verhält sich umgekehrt proportional zur Oberflächenqualität, d. h. für die Erreichung einer Feinschlichtqualität sinkt die Abtragsrate auf Werte $< 5{,}0\,\mathrm{mm^3/min}$. Große Werte für die Abtragsrate verursachen auch entsprechenden Verschleiß an der Elektrode, so dass eine Optimierung erforderlich ist.

Das Dielektrikum muss in ausreichender Menge zur Verfügung stehen, bei der ZK 1200 sind es $800\,\mathrm{l}$ und dieses muss über ein Filtersystem ständig gereinigt werden. Das Dielektrikum hat auch die Aufgabe der Spülung, d. h. die Entfernung der Abtragprodukte aus dem Arbeitsspalt und die Abführung der Wärme. Entsprechend VDI-Richtlinie 3402 sind sowohl Maßnahmen zur Brandvermeidung, d. h. automatisch ansprechende Feuerlöscheinrichtungen als auch Mindestüberdeckung der Bearbeitungsstelle von $40\,\mathrm{mm}$ und Absaugeinrichtungen für die entstehenden Erodierdämpfe erforderlich.

Das Startlocherodieren (Erodierbohren) ist eine Variante des Senkerodierens und wird meistens mit dünnen Messingröhrchen (Durchmesser $0{,}3$–$3\,\mathrm{mm}$) ausgeführt, diese rotieren und erhalten in Z-Richtung ihren Vorschub. Die Funktion einer Startlochbohrung für ein nachfolgendes Drahterodieren lässt größere Abtragsraten zu, denn die Bohrung ist anschließend im Abfallteil enthalten. Bei größeren Löchern kommt das Senkerodieren zum Einsatz. Das Erodierbohren kommt auch für die Entfernung von abgebrochenen Werkzeugen (z. B. Bohr- oder Gewindebohrwerkzeugen) zum Einsatz.

17.1.1.3 Bearbeitungsbeispiele und Ausblick

Der Schwerpunkt des Einsatzes des Senkerodierens liegt im Werkzeug- und Formenbau und ist bei extremen Tiefen-/Breiten-Verhältnissen alternativlos (siehe Abb. 17.5 und 17.6).

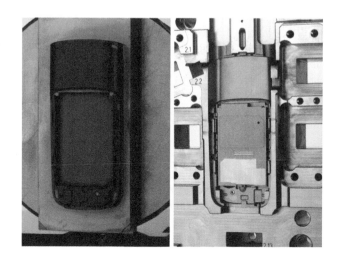

Abb. 17.5 Beispiel Handy: *links* Elektrode, *rechts* erodierte Form (*Werkfoto: Zimmer & Kreim GmbH & Co. KG, Brensbach*)

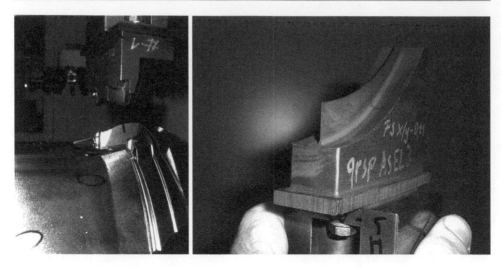

Abb. 17.6 Erodieren eines Einsatzes in ein vorgefrästes Werkzeug (*links*) und Elektrode mit Aspekt-verhältnis 10 (*rechts*) (*Werkfoto: ProForma GmbH Radeburg*)

In Abb. 17.7 ist ein Konzept für den Werkzeug- und Formenbau dargestellt, das es erlaubt für eine gegebene Aufgabenstellung die möglichen Varianten aufzuzeigen und die Vorteile der jeweiligen Verfahren (HSC-Fräsen und Erodieren) optimal für ein wirtschaftliches Ergebnis zu nutzen. Die globale Wettbewerbssituation im Werkzeug- und Formenbau erfordert eine ständige Optimierung der Abläufe und die Nutzung kosten- und möglichst auch zeitoptimaler Prozesse.

In Abb. 17.8 ist das modulare Konzept der Firma Zimmer & Kreim für eine automatisierte flexible Bearbeitungszelle zum Senkerodieren enthalten.

Sowohl die HSC-Fräsbearbeitung der Elektroden, die Übergabe der Elektroden an das Werkzeugmagazin, der Transport der Werkstücke zu den beiden Senkerodiermaschinen als auch der Elektrodenwechsel erfolgen automatisch. Auch eine Messmaschine ist integriert, so dass eine autonome Fertigung im mannlosen Betrieb möglich wird. Dieses prozessorientierte Konzept ermöglicht eine Reduzierung der Durchlaufzeit und eine Verbesserung der Kapazitätsauslastung.

17.1.2 Drahterodieren (Schneiden)

17.1.2.1 Definition

Beim Drahterodieren erfolgt durch eine kontinuierlich bewegte Drahtelektrode eine Erosion an der Werkstückelektrode, so dass durch die teilweise in mehreren Achsen gesteuerte Relativbewegung auch komplexe Werkstücke ausgeschnitten werden können. Bei der

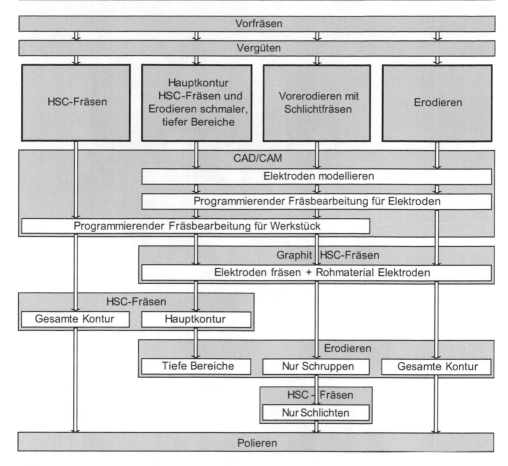

Abb. 17.7 Technologievergleich im Werkzeug- und Formenbau

Herstellung von Schneidwerkzeugen können z. B. Stempel und Matrize aus gehärtetem Material geschnitten werden, im Idealfall gleichzeitig. Als Dielektrikum kommt meist deionisiertes Wasser zum Einsatz, so dass es keine Probleme mit dem Brandschutz wie beim Senkerodieren gibt. Eine Filterung und entsprechende Maßnahmen zur Einhaltung der Leitfähigkeit und Partikelfreiheit sind unbedingt erforderlich.

17.1.2.2 Verfahrensdurchführung

Die Erosion erfolgt mit ablaufender Drahtelektrode, die nur einen geringen Durchmesser aufweist (0,02–0,35 mm). Die geringe mechanische und thermische Belastbarkeit der Drahtelektrode erlaubt nur eine sehr kurze Impulsdauer (0,2–0,4 μs) bei relativ langer Pausendauer verglichen mit dem Senkerodieren. Die Impulsgeneratoren arbeiten mit Spannungen bis 400 V und Strömen bis ca. 1000 A. Als Drahtmaterial kommt Kup-

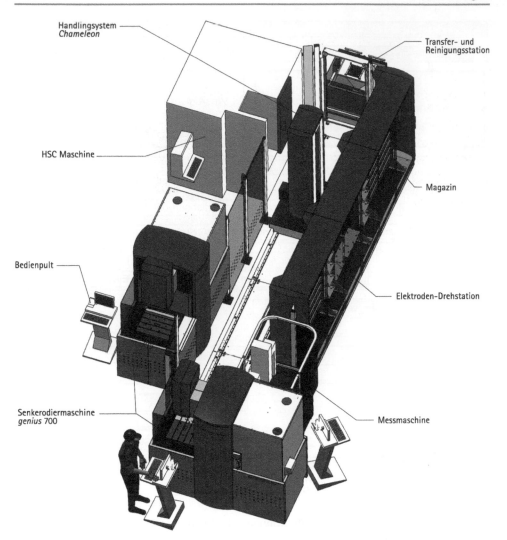

Handlingsystem
Chameleon

Transfer- und
Reinigungsstation

HSC Maschine

Magazin

Bedienpult

Elektroden-Drehstation

Senkerodiermaschine
genius 700

Messmaschine

Abb. 17.8 Automatische Bearbeitungszelle zum Senkerodieren (*Werkfoto: Zimmer & Kreim GmbH & Co. KG, Brensbach*)

fer, Messing oder verkupferter Stahldraht zum Einsatz, der auf Rollen aufgenommen wird. Die maximale Dicke der Werkstücke ist maschinenabhängig bis 300 mm. Durch die Durchbiegung des Drahtes (Vorspannkraft begrenzt) gibt es Formabweichung in der Drahtvorschubrichtung. Im Abb. 17.9 ist eine Drahterodiermaschine mit den Drahtführungsrollen und die Drahteinführungssituation zu sehen.

Das Einfädeln des Drahtes erfolgt automatisch, sowohl bei Arbeitsbeginn als auch im Falle eines Drahtbruches, so dass eine effektive Bearbeitung möglich ist.

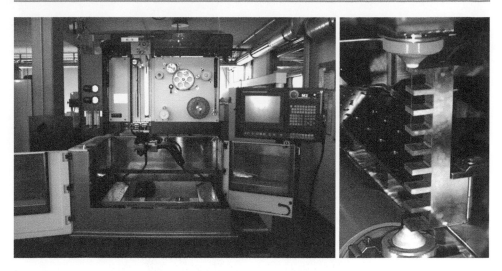

Abb. 17.9 Drahterodiermaschine SEIBU M 500 S (*links*) und Darstellung der Drahteinführsituation (*rechts*) (*Werkfotos: FEZ Mengemann, Dresden; Elo-Erosion GmbH*)

Die Gefahr des Drahtbruches wird durch die kathodische Polung der Werkzeugelektrode verringert, weiterhin wird die Entladeenergie in den Draht möglichst nahe am Werkstück über Schleifkontakte eingeleitet, um die elektrischen Verluste gering zu halten.

Das auf dem Arbeitstisch gespannte Werkstück wird in x- und y-Richtung zur Erzeugung zweidimensionaler Formen in der programmierten Vorschubgeschwindigkeit bewegt. Bei zusätzlicher Steuerung der u- und v-Achse der Einspannstellen des Drahtes ober- und unterhalb des Werkstückes sind konische Konturen herstellbar (bei der M 500 S – siehe Abb. 17.9 – ist ein Winkel von 32° möglich). Wie beim Senkerodieren muss das Dielektrikum mindestens 40 mm über der Werkstückoberfläche stehen, wenn mit einer Badspülung gearbeitet wird, ansonsten erfolgt die Spülung des Arbeitsspaltes von oben und von unten durch einen Freistrahl.

Die Bearbeitungsfolge beim Drahtschneiden beinhaltet je nach gewünschter Oberflächenqualität die Durchführung mehrerer Schnitte. Im ersten Schnitt wird mit maximaler Schnittrate gearbeitet, während bei den nachfolgenden Schnitten (bis zu 8) mit verringerter Schnittrate Rauheiten von bis zu $R_a = 0,1\,\mu\mathrm{m}$ erzielbar sind.

Die Schnittrate v_w wird beim Drahterodieren bezogen auf die geschnittene Fläche pro min angegeben. Neuere Maschinen erlauben Schnittraten v_w bis zu 500 mm^2/min bei der Vorbearbeitung.

$$v_w = \text{Schnittfläche/Zeit [mm}^2/\text{min]} = A_s \cdot t \; [\text{mm}^2/\text{min}]$$

In Tab. 17.1 sind Oberflächennormalien nach der VDI 3400 aufgeführt, die in der Praxis eine schnelle Beurteilung der Oberflächenqualität ermöglichen. Aus der Praxis sind

Tab. 17.1 Gegenüberstellung der VDI-Nummern, der Rauheitswerte und erforderliche Schnittanzahl

VDI-Nr.	6	9	12	15	18	21	24	27	30	33	36	39	42	45
R_a	0,2	0,3	0,4	0,55	0,8	1,1	1,6	2,2	3,2	4,5	6,3	9,0	12,5	18,0
R_z	1,2	1,8	2,4	3,3	4,8	6,6	10	14	19	27	38	54	75	110
Anzahl der Schnitte		ca. 6				ca. 3			2	1				

zur Erreichung der angegebenen Rauheitswerte einige Richtwerte angegeben (Anzahl der Schnitte).

17.1.2.3 Bearbeitungsbeispiele und Berechnungsaufgabe

In der Abb. 17.10 sind einige typische Bearbeitungsbeispiele von Stempeln und Schneidplatten von Schneidwerkzeugen bis zu Verzahnungen dargestellt.

Berechnungsbeispiel (Drahterodieren)

Die skizzierte Schneidplatte (Abb. 17.11) aus gehärtetem Werkzeugstahl 1.2379 soll drahterodiert werden. Es sollen dabei drei zylindrische Konturen mit einer Oberflächenrauheit von $R_Y = 4\,\mu\mathrm{m}$ eingebracht werden. Die einzelnen Startlöcher mit einem Durchmesser von 6 mm für den Draht wurden vor dem Härten bereits gebohrt und sind in der Zeichnung bemaßt. Die Schneidplatte ist 30 mm dick und wurde schon plangeschliffen:

Hinweis R_Y ist ein in der Funkenerosion gebräuchlicher Rauheitswert nach DIN EN ISO 4287, annähernd vergleichbar mit R_{max}.

gegeben

Tab. 17.2 Ausgewählte Schnittwerte für Plattendicke 30 mm und zwei Drahtstärken (Wasserbaderodiermaschine FEZ Mengemann, Dresden)

Draht-Durch-messer (mm)	Material	v_w (mm²/min) Schnitt 1	v_w (mm²/min) Schnitt 2	v_w (mm²/min) Schnitt 3	R_Y (µm) Schnitt 1	R_Y (µm) Schnitt 2	R_Y (µm) Schnitt 3
0,1	Cu	225	96	54	14	13	4
0,1	HM	90	90	24	13	13	12
0,1	Wz-Stahl	189	147	42	15	14	3,5
0,25	Cu	315	81	69	13	12	3,5
0,25	HM	135	78	78	13	12	3,2
0,25	Wz-Stahl	270	144	138	14	13	3,5

Legende: Cu ... Kupfer, HM ... Hartmetall, Wz-Stahl ... Werkzeugstahl

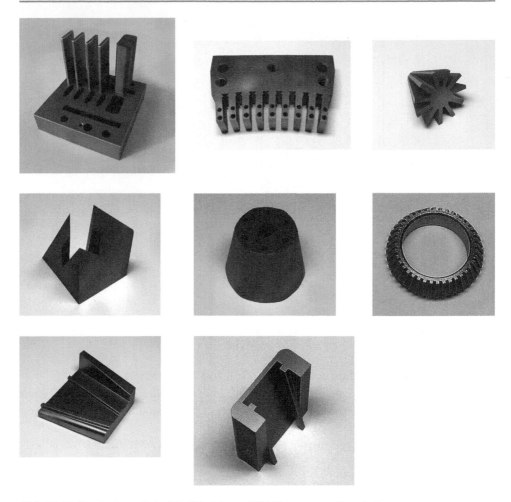

Abb. 17.10   Bearbeitungsbeispiele (*Werkfotos: FEZ Mengemann, Dresden*)

gesucht
1. Wahl der zu verwendenden Drahtstärke
2. Bestimmung der Anzahl der Schnitte
3. Gesamtbearbeitungszeit für die Konturen

Lösung
1. **Wahl der zu verwendenden Drahtstärke**

   Entscheidend hierfür sind die Eckradien der zu fertigenden Kontur. Die geforderten Eckradien der ersten Kontur sind in unserem Beispiel nur mit Drahtdurchmesser 0,1 mm herstellbar. Ein Umrüsten der Erodiermaschine auf eine andere Drahtstärke für die zwei weiteren Konturen ist zu zeitaufwändig und somit nicht effektiv genug. Es wird mit dem Draht 0,1 mm weitergeschnitten.

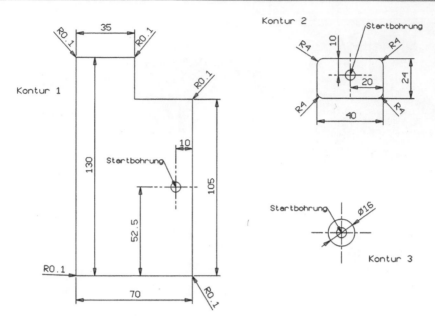

Abb. 17.11 Schneidplatte mit drei Innenkonturen (Quelle: R. Mengemann, FEZ Dresden)

2. **Bestimmung der Anzahl der Schnitte**
   Die geforderte Oberflächenrauheit ist nur mit mindestens drei aufeinander folgenden Schnitten herstellbar. In der Bearbeitungszeitberechnung sind also für alle drei Konturen jeweils drei Schnitte zu berücksichtigen.
3. **Gesamtbearbeitungszeit für die Konturen**
3.1 Die Schnittrate ist beim Drahterodieren auf die in der Zeiteinheit geschnittene Fläche bezogen:

$$v_\mathrm{w} = \text{Schnittfläche/Zeit } [\mathrm{mm^2/min}] = A_\mathrm{s}/t \; [\mathrm{mm^2/min}]$$

Aus Tab. 17.2 ergeben sich für den zu bearbeitenden Werkzeugstahl und die geforderte Oberflächenrauheit folgende Schnittraten:
   1. Schnitt: $v_\mathrm{w} = 189\,\mathrm{mm^2/min}$
   2. Schnitt: $v_\mathrm{w} = 147\,\mathrm{mm^2/min}$
   3. Schnitt: $v_\mathrm{w} = 42\,\mathrm{mm^2/min}$
3.2 Bestimmung der Schnittflächen

$$Schnittfläche_{\text{Kontur X}} = Umfang_{\text{Kontur X}} \cdot Höhe_{\text{Kontur X}}$$
$$A_{\text{Kontur X}} = U_{\text{Kontur X}} \cdot h_{\text{Kontur X}}$$

Hinweise

a) $Höhe_{\text{Kontur X}}$ entspricht im Beispiel der Plattendicke.

b) Anfahrt von der Mitte der Startbohrung bis zur Kontur muss berücksichtigt werden.

c) Zum Zwecke der Optimierung ist die kürzeste Anfahrt von der Startbohrung zur Erodierkontur zu verwenden.

d) Für eine vereinfachte Rechnung wird auf die Werkzeugbahnkorrektur verzichtet und die zu schneidende Kontur wird als Verfahrweg des Erodierdrahtes angenommen.

Kontur 1:

1. Schnitt: $A_{\text{Kontur 1}} = U_{\text{Kontur 1}} \cdot h_{\text{Kontur 1}} = (400\,\text{mm} + 7\,\text{mm}) \cdot 30\,\text{mm} = 12.210\,\text{mm}^2$

2. Schnitt: $A_{\text{Kontur 1}} = U_{\text{Kontur 1}} \cdot h_{\text{Kontur 1}} = 400\,\text{mm} \cdot 30\,\text{mm} \qquad = 12.000\,\text{mm}^2$

3. Schnitt: $A_{\text{Kontur 1}} = U_{\text{Kontur 1}} \cdot h_{\text{Kontur 1}} = 400\,\text{mm} \cdot 30\,\text{mm} \qquad = 12.000\,\text{mm}^2$

Kontur 2:

1. Schnitt: $A_{\text{Kontur 2}} = U_{\text{Kontur 2}} \cdot h_{\text{Kontur 2}} = (127{,}56\,\text{mm} + 7\,\text{mm}) \cdot 30\,\text{mm} = 3826{,}8\,\text{mm}^2$

2. Schnitt: $A_{\text{Kontur 2}} = U_{\text{Kontur 2}} \cdot h_{\text{Kontur 2}} = 127{,}56\,\text{mm} \cdot 30\,\text{mm} \qquad = 3616{,}8\,\text{mm}^2$

3. Schnitt: $A_{\text{Kontur 2}} = U_{\text{Kontur 2}} \cdot h_{\text{Kontur 2}} = 127{,}56\,\text{mm} \cdot 30\,\text{mm} \qquad = 3616{,}8\,\text{mm}^2$

Kontur 3:

1. Schnitt: $A_{\text{Kontur 3}} = U_{\text{Kontur 3}} \cdot h_{\text{Kontur 3}} = (57{,}24\,\text{mm} + 5\,\text{mm}) \cdot 30\,\text{mm} = 1657{,}5\,\text{mm}^2$

2. Schnitt: $A_{\text{Kontur 3}} = U_{\text{Kontur 3}} \cdot h_{\text{Kontur 3}} = 50{,}24\,\text{mm} \cdot 30\,\text{mm} \qquad = 1507{,}2\,\text{mm}^2$

3. Schnitt: $A_{\text{Kontur 3}} = U_{\text{Kontur 3}} \cdot h_{\text{Kontur 3}} = 50{,}24\,\text{mm} \cdot 30\,\text{mm} \qquad = 1507{,}2\,\text{mm}^2$

3.3 Bestimmung der Bearbeitungszeit je Kontur und Schnitt

$$Bearbeitungszeit_{\text{Schnitt Y}} = Schnittfläche_{\text{Kontur X}} / Schneidrate_{\text{Schnitt Y}}$$

$$t_{\text{Schnitt Y}} = A_{\text{Kontur X}} / v_{w\,\text{Schnitt Y}}$$

Kontur 1:

1. Schnitt: $t_{\text{Schnitt 1}} = A_{\text{Kontur 1}} / v_{w\,\text{Schnitt 1}} = 12.210\,\text{mm}^2 / 189\,\text{mm}^2/\text{min} = 64{,}6\,\text{min}$

2. Schnitt: $t_{\text{Schnitt 2}} = A_{\text{Kontur 1}} / v_{w\,\text{Schnitt 2}} = 12.000\,\text{mm}^2 / 147\,\text{mm}^2/\text{min} = 81{,}6\,\text{min}$

3. Schnitt: $t_{\text{Schnitt 3}} = A_{\text{Kontur 1}} / v_{w\,\text{Schnitt 3}} = 12.000\,\text{mm}^2 / 42\,\text{mm}^2/\text{min} = \underline{285{,}7\,\text{min}}$

$$t_{\text{Kontur 1}} = t_{\text{Schnitt 1}} + t_{\text{Schnitt 2}} + t_{\text{Schnitt 3}} = 431{,}9\,\text{min}$$

Kontur 2:

1. Schnitt: $t_{\text{Schnitt 1}} = A_{\text{Kontur 2}}/v_{w\,\text{Schnitt 1}} = 3826{,}8\,\text{mm}^2/189\,\text{mm}^2/\text{min} = 20{,}25\,\text{min}$

2. Schnitt: $t_{\text{Schnitt 2}} = A_{\text{Kontur 2}}/v_{w\,\text{Schnitt 2}} = 3616{,}8\,\text{mm}^2/147\,\text{mm}^2/\text{min} = 24{,}6\,\text{min}$

3. Schnitt: $t_{\text{Schnitt 3}} = A_{\text{Kontur 2}}/v_{w\,\text{Schnitt 3}} = 3616{,}8\,\text{mm}^2/\ 42\,\text{mm}^2/\text{min} = \underline{86{,}1\,\text{min}}$

$$t_{\text{Kontur 2}} = t_{\text{Schnitt 1}} + t_{\text{Schnitt 2}} + t_{\text{Schnitt 3}} = 130{,}95\,\text{min}$$

Kontur 3:

1. Schnitt: $t_{\text{Schnitt 1}} = A_{\text{Kontur 3}}/v_{w\,\text{Schnitt 1}} = 1657{,}5\,\text{mm}^2/189\,\text{mm}^2/\text{min} = 8{,}77\,\text{min}$

2. Schnitt: $t_{\text{Schnitt 2}} = A_{\text{Kontur 3}}/v_{w\,\text{Schnitt 2}} = 1507{,}2\,\text{mm}^2/147\,\text{mm}^2/\text{min} = 10{,}25\,\text{min}$

3. Schnitt: $t_{\text{Schnitt 3}} = A_{\text{Kontur 3}}/v_{w\,\text{Schnitt 3}} = 1507{,}2\,\text{mm}^2/\ 42\,\text{mm}^2/\text{min} = \underline{35{,}89\,\text{min}}$

$$t_{\text{Kontur 3}} = t_{\text{Schnitt 1}} + t_{\text{Schnitt 2}} + t_{\text{Schnitt 3}} = 54{,}97\,\text{min}$$

3.4 Bestimmung der Gesamtbearbeitungszeit

$$\text{Gesamtbearbeitungszeit } t_{\text{gesamt}} = Zeit_{\text{Kontur 1}} + Zeit_{\text{Kontur 2}} + Zeit_{\text{Kontur 3}}$$
$$t_{\text{gesamt}} = t_{\text{Kontur 1}} + t_{\text{Kontur 2}} + t_{\text{Kontur 3}}$$
$$t_{\text{gesamt}} = 431{,}9\,\text{min} + 130{,}95\,\text{min} + 54{,}97\,\text{min} = 617{,}82\,\text{min}$$
$$= \underline{10{,}3\,\text{h}}$$

Die Durchbrüche für die Schneidplatte in gehärtetes Stahlmaterial können für die geforderte geringe Rautiefe und die kleinen Radien in 10,3 Stunden durch Drahterodieren erzeugt werden.

Wie Sie mit Hilfe der Tab. 17.2 berechnen können, würde sich die Gesamtbearbeitungszeit auf 6,96 Stunden verkürzen, wenn der Radius an der Kontur 1 geringfügig auf 0,125 mm vergrößert würde und damit der Einsatz eines Drahtes mit Durchmesser 0,25 mm möglich wird.

Bei einem Einsatz von Hartmetall für diese Schneidplatte würde dagegen eine wesentlich höhere Zeit benötigt werden.

17.1.3   Mikroerodieren

Der Bedarf an Produkten im Mikro- oder gar Nanobereich wie Mikrosensoren, Mikromechanismen, Mikrostanz- und Spritzgießwerkzeugen u. Ä. steigt ständig. Die geforderten Abmessungen werden immer kleiner und die Anforderungen an die Genauigkeit, (Toleranzen teilweise $< \pm 1{,}5\,\mu\text{m}$) und die Oberflächengüte ($\text{Ra} < 0{,}1\,\mu\text{m}$) werden immer höher. Vielfach sind die Grenzen der spanenden Mikrofertigungstechnik (Bohren, Drehen, Fräsen und Schleifen) erreicht, so dass abtragende Verfahren wie Laser-, Elektronenstrahl- und Erodierverfahren eingesetzt werden müssen.

Abb. 17.12 μ-EDM-Maschine
SX-100 HPM *(Werkfoto:*
SARIX SA, Losone, Schweiz)

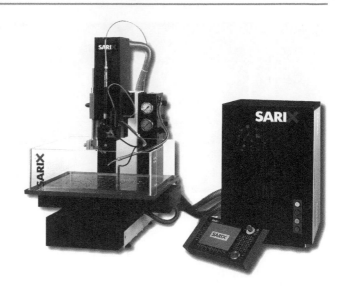

Die Mikroerodiertechnik wird schon längere Zeit für das Einbringen von Kühlbohrungen in Turbinenschaufeln genutzt. Dort kommt es allerdings nicht auf hohe Genauigkeit an. Bei Bohrungen für Einspritzdüsen sind die kleinen Durchmesser und hohe Genauigkeit und Oberflächenqualität gefragt. Bei Mikrowerkzeugen für das Umformen, Zerteilen und Spritzgießen und bei Mikromechanismen sind diese hohen Anforderungen gleichfalls zu beachten.

17.1.3.1   Verfahrensanwendung und Beispiele

In Abb. 17.12 ist eine μ-EDM-Maschine abgebildet, die komplexe Formen in gehärtetes Material, Diamant und leitende Keramiken mit hoher Präzision einbringen kann.

Die technischen Paramater der SX-100 HPM sind in Tab. 17.3 dargestellt.

Tab. 17.3 Technische Daten der μ-EDM SARIX SX-100 HPM

Arbeitstischfläche L × B /mm/	510 × 270
Verfahrweg X-Achse /mm/	250
Verfahrweg Y-Achse /mm/	150
Verfahrweg Z-Achse /mm/	150
Verfahrweg W-Achse /mm/	150
Vorschubgeschwindigkeit X-,Y-, Z-Achse /mm/min/	600
Positioniergenauigkeit μm	±2 μm
Auflösung	0,1 μm
Tischbelastung /kg/	∼ 20
Nettogewicht /kg/	∼ 175
Abmessungen L × B × H /mm/	700 × 800 × 1200

Abb. 17.13 μ-EDM-Maschine mit SX-WDRESS-Einheit (*rechts*) (*Werkfoto: SARIX SA, Losone, Schweiz*)

In Verbindung mit einer kontinuierlichen automatischen Kompensation des Elektrodenverschleißes ist eine 3D-Mikro-Bahnbearbeitung möglich. Zusätzlich wird durch eine eingebaute Mikro-Drahterodiereinrichtung eine Bearbeitung der Erodierelektroden für den jeweiligen Bearbeitungsfall ermöglicht (siehe Abb. 17.13). Der Generator ist speziell auf die Feinbearbeitung abgestimmt und ermöglicht hohe Genauigkeiten und Oberflächengüte.

Die Drahterodiereinheit ermöglicht die Herstellung von Werkzeugelektroden jeder beliebiger Größe bis zum Durchmesser von 5 μm für die Herstellung von Mikrolöchern. Für das Mikro-Einsenken von rechteckigen, dreieckigen, halbrunden oder konischen Formen können mit Hilfe der Drahterodiereinheit und dem Einsatz einer indexierbaren Rotationsspindel (C-Achse) aus Standard-Rundprofilelektroden diese speziellen Elektroden gefertigt werden.

In Abb. 17.14 sind eine durch Drahterodieren bearbeitete Elektrode und erodierte Formen in Werkzeugen dargestellt.

Die Fertigung dieses Werkzeuges wies besondere Schwierigkeiten auf, denn das fortlaufende Radiusprofil sollte perfekt mit der Halbkugel und der winkelförmigen, glatten Fläche auf der Spitze der Halbkugel verbunden werden. Zusätzlich waren für das Werkstück fünf gratfreie Schlitze mit scharfen Ecken nötig.

Folgende geometrische Abmessungen liegen vor:

- Kavitätsdurchmesser: 5,2 mm; Tiefe: 1,7 mm
- Halbkugelradius: 1,5 mm
- Breite der Schlitze: 0,18 mm; Tiefe: 0,4 mm

Dieses Werkzeug wurde mit folgender Technologie erzeugt:

1. Schruppen mit Elektrode Durchmesser 0,87 mm
2. Vorschlichten mit einer Elektrode Durchmesser 0,38 mm

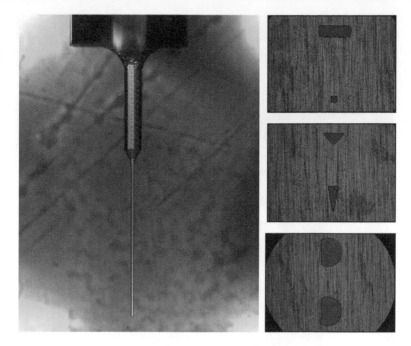

Abb. 17.14 Mikroelektrode mit Durchmesser 5 μm hergestellt mit SX-WDRESS (*links*) und einge-senkte Formen (*rechts*) (*Werkfoto: SARIX SA, Losone, Schweiz*)

3. Schlichten mit einer Elektrode Durchmesser 0,38 mm
4. Schlitze Schlichten mit einer Elektrode Durchmesser 0,13 mm

Die Bearbeitungszeit einschließlich Herstellung der Elektroden durch Drahterodieren be-trug 30 Stunden für den Prototyp. Nach Optimierung der Parameter konnte dieses Werk-zeug komplett in 20 Stunden hergestellt werden.

In Abb. 17.16 ist ein Beispiel der Albert-Ludwig-Universität Freiburg (IMTEK) dar-gestellt, das die Fertigung eines Mikrospritzgießwerkzeuges in rostfreien Stahl für eine medizinische Anwendung enthält.

Für dieses Beispiel wurde eine Bearbeitungszeit von 35 Stunden einschließlich der Her-stellung der vier Elektroden (Durchmesser 0,45; 0,31; 0,14 und 0,07 mm) für den Prototyp benötigt. Nach Optimierung der Parameter betrug die Herstellzeit 25 Stunden.

17.1.3.2 Ausblick

Die Mikroerodierbearbeitung ist eine sich dynamisch entwickelnde Technologie die noch große Fortschritte erwarten lässt. Die Gebiete der Mikromechanik, der Mikrowerkzeug- und Formenbau, die Herstellung von Kleinmechanismen und weitere Anwendungen sind erst am Anfang einer neuen Entwicklung.

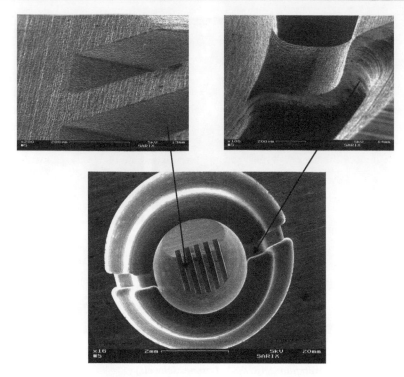

Abb. 17.15 Mikrospritzgießwerkzeug aus rostfreien Stahl Außendurchmesser 6 mm (*Mitte*), Detailvergrößerung der Schlitze (*links*), Detailvergrößerung (*rechts*) (*Werkfoto: SARIX SA, Losone, Schweiz*)

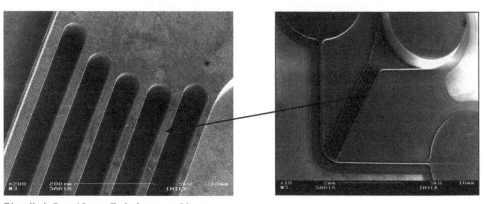

Einzelheit Steg 19 µm, Zwischenraum 80 µm

Abb. 17.16 Mikro-Spritzgießwerkzeug (Fluidic Chip) für medizinische Anwendung (*Werkfoto: SARIX SA, Losone, Schweiz; IMTEK Uni Freiburg*)

17.2   Abtragen durch elektrochemische Bearbeitung

17.2.1   Prinzip der elektrochemischen Bearbeitung

Die elektrochemische Bearbeitung, auch abgekürzt ECM (Electro Chemical Machining) genannt, erfolgt auf der Basis der Elektrolyse, bei der nach dem Faraday'schen Gesetz eine teilweise Auflösung (molekularer Bereich) von elektrisch leitenden Metallen berührungslos vorgenommen wird. In der Literatur wird auch von einem anodisch-elektrochemischen Abtragen oder anodischen Abtragen gesprochen. Der sich einstellende Arbeitsspalt ist eine wichtige Prozessgröße. Es ist ein abbildendes Verfahren, d. h. die Form der Werkzeugelektrode wird auf das Werkstück mit sehr hoher Genauigkeit übertragen.

Die Bearbeitung ist nicht vom Gefügezustand und den mechanischen Eigenschaften wie Härte und Zähigkeit der Metalle abhängig, d. h. sowohl harte als auch weiche Materialien können gleich gut abgetragen werden. Die Bearbeitung von Serienteilen, besonders aus schwer zerspanbaren Materialien, ist deshalb vorteilhaft mit der elektrochemischen Bearbeitung durchführbar.

In Abb. 17.17 ist das Bearbeitungsprinzip dargestellt.

Das Werkzeug (Kathode) wird mit dem negativen und das Werkstück (Anode) mit dem positiven Pol eines Gleichstromgenerators verbunden. Zwischen beiden strömt ein wässriger Elektrolyt, der auch die Abtragpartikel abtransportiert. Die Werkzeugelektrode bewegt sich mit einer vorgegebenen Senkgeschwindigkeit auf das Werkstück zu. Bei den chemischen Reaktionen entstehen Metallkationen, die in der Lösung bleiben oder unlösliche Metallhydroxide, die aus der Lösung ausfallen. Die Abtragpartikel werden im Kreislaufverfahren aus der Elektrolytlösung herausgefiltert. Das bei der Wasserzerlegung entstehende gasförmige Reaktionsprodukt Stickstoff (H_2) wird abgesaugt. In Abb. 17.17 (rechts) sind diese chemischen Reaktionen mit dem zu bearbeitenden Metall dargestellt.

In Abb. 17.18 wird das Realisierungsprinzip dargestellt. Die Elektrolytlösung wird mit Druck zwischen die Kathode und Anode gespült, im dargestellten Fall durch eine Mittelbohrung im Werkzeug und anschließend von den Abtragpartikeln durch eine Filteranlage gereinigt. Dieser Kreislauf kann je nach Einsatzfall durch weitere Einrichtungen wie pH-Wertüberwachung oder Temperaturregelung ergänzt werden.

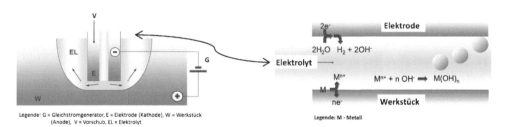

Legende: G = Gleichstromgenerator, E = Elektrode (Kathode), W = Werkstück (Anode), V = Vorschub, EL = Elektrolyt

Legende: M - Metall

Abb. 17.17 Schematische Darstellung der elektrochemischen Bearbeitung (Quelle: Irmato ECM, Veghel [NL])

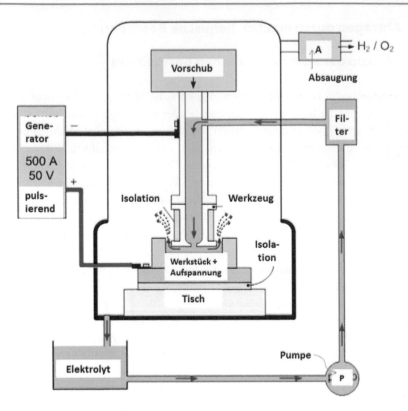

Abb. 17.18 Realisierungsprinzip (Quelle: Irmato ECM, Veghel [NL])

Der Gleichstromgenerator ist entsprechend der Bearbeitungsaufgabe ausgelegt und kann auch mit pulsierenden Spannungen und Strömen arbeiten. Das Werkstück wird in einer Vorrichtung auf dem Tisch befestigt, wobei dieser elektrisch isoliert zur Vorrichtung ausgeführt ist. Das Werkzeug wird in der Z-Achse mit der programmierten Vorschubgeschwindigkeit zum Werkstück bewegt, wobei der Arbeitsspalt zwischen Kathode und Anode die Regelgröße darstellt.

In den nachfolgenden Bildern sind einige charakteristische Werkstücke des ECM-Senkens abgebildet (siehe Abb. 17.19, 17.20 und 17.21).

17.2.2 Verfahrensvarianten

Das ECM-Verfahren wird für das Entgraten, Senken und Polieren eingesetzt. Das herkömmliche ECM-Senken wurde, wie hier dargestellt werden soll, zur präzisen ECM-Bearbeitung (PECM) von 3D-Strukturen weiterentwickelt. Damit können jetzt in Schrupp- und Schlichtbearbeitung Bauteile mit hoher Genauigkeit hergestellt werden (Abb. 17.22).

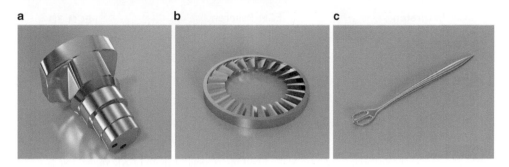

Abb. 17.19 Charakteristische ECM-Werkstücke aus Automobilbau, Luftfahrt und Medizin (Quelle: Irmato ECM, Veghel [NL])

Abb. 17.20 Kalanderwalze zur Tablettenherstellung, Roh- und Fertigteil (Quelle: Maschinenfabrik Köppern GmbH & Co. KG, www.koeppernecm.com)

Abb. 17.21 ABS-Verzahnung einer Vorderachse, Roh- und Fertigteil (Quelle: Maschinenfabrik Köppern GmbH & Co. KG, www.koeppernecm.com)

ECM-Entgraten   ECM-Polieren   PECM 3D-
                               von Durchbrüchen   Bearbeitung

Abb. 17.22 Verfahrensvarianten der ECM-Bearbeitung (Quelle: Irmato ECM, Veghel [NL])

Abb. 17.23 Bearbeitungsbeispiel zum Entgraten (Quelle:
Irmato ECM, Veghel [NL])

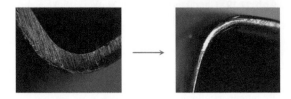

Beim ECM-Entgraten werden Grate einer vorhergehenden konventionellen Bearbeitung (Gießen, Spanen usw.) auch an unzugänglichen Stellen effektiv entfernt (siehe
Abb. 17.23).

ECM-Polieren wird zur Verbesserung der Oberflächenqualität in der Endbearbeitung
eingesetzt, wobei materialabhängig Rauheitswerte bis zu Ra 0,01 μm erreicht werden können.

Die neuentwickelte 3D-PECM-Bearbeitung erfolgt, wie in Abb. 17.24 zu sehen ist, mit
einer schwingenden Elektrodenbewegung, die mit der pulsierenden Spannung und dem
pulsierenden Strom abgestimmt ist. Es handelt sich hierbei, wie bereits ausgeführt, um
eine Weiterentwicklung des herkömmlichen ECM-Senkens, das zu einer höheren Genauigkeit und verbesserter Oberflächenqualität führt.

In Abb. 17.25 ist ein Bearbeitungsbeispiel zu sehen.

Die PECM-Bearbeitung von 3D-Konturen erfolgt in der Regel in verschiedenen Stufen,
wie in Abb. 17.26 zu sehen ist.

Bei der Herstellung von 3D-Konturen ist eine gestufte Vorgehensweise anzuwenden
und in der Regel für die Endqualität noch ein ECM-Polieren erforderlich.

Die Form der Werkzeugelektrode wird auf das Werkstück übertragen, so dass auch sehr
komplizierte Geometrien mit hoher Genauigkeit erzeugt werden können.

17.2.2.1 Elektrolyte

Für die elektrochemische Bearbeitung werden je nach Variante wässrige Lösungen von
Salzen, Laugen oder Säuren zur Anwendung gebracht. Die wichtigsten Aufgaben der
Elektrolyten können wie folgt benannt werden:

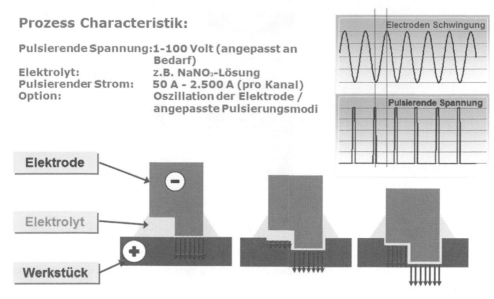

Prozess Characteristik:

Pulsierende Spannung:1-100 Volt (angepasst an Bedarf)
Elektrolyt: z.B. NaNO₃-Lösung
Pulsierender Strom: 50 A - 2.500 A (pro Kanal)
Option: Oszillation der Elektrode / angepasste Pulsierungsmodi

Abb. 17.24 Prinzip der PECM-Bearbeitung (Quelle: Irmato ECM, Veghel [NL])

Konus 2 mm tief in ein Werkstück von ⌀ 0.9 mm eingesenkt.
Radius an der Spitze: ≤ 50 µm

Abb. 17.25 PECM-Bearbeitungsbeispiel (Werkzeug – *oben links*, Werkzeugdetail – *oben rechts*, Einsenkung im Werkstück – *unten links*; Bohrungsansicht an Oberfläche das Werkstückes – *unten rechts*) (Quelle: Irmato ECM, Veghel [NL])

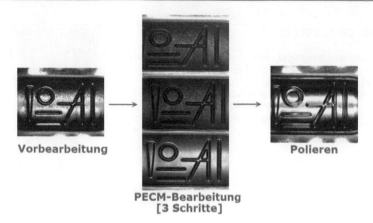

Abb. 17.26 PECM-Bearbeitung von 3D-Konturen (Quelle: Irmato ECM, Veghel [NL])

- Leitung des elektrischen Stroms zwischen dem zu bearbeitenden Werkstück und dem Werkzeug
- Bereitstellung der Ladungsträger (Elektronen)
- Abtransport der Abtrags- und Reaktionsprodukte
- Reinigung des Arbeitsspaltes und Abtransport der Reaktionswärme

Die meisten Elektrolyte sind auf Grund ihrer chemischen Eigenschaften korrosiv wirkend auf alle beteiligte Bauteile, d. h. es müssen geeignete Werkstoffe für die Anlagenteile gewählt werden. Durch die Veränderung der Zusammensetzung der Elektrolyten während der Bearbeitung sind im Elektrolytaggregat Einrichtungen zur pH-Wert-Überwachung i. d. R. mit automatischer Nachdosierung, Temperaturreglung für Heiz- und Kühlsystem und die Leitwertüberwachung vorgesehen.

Die in der ECM-Bearbeitung eingesetzten Elektrolyte sind:

- Natriumnitrat ($NaNO_3$): Die wässrigen $NaNO_3$-Lösungen werden vielfältig für die Bearbeitung von Stählen, Aluminium- und Nickelbasislegierungen eingesetzt.
- Natriumchlorid (NaCl): Für schwierige Materialien, wie z. B. Titan- und Titanlegierungen erzielt man mit NaCl-Lösungen bessere Ergebnisse.
- Säuren: Sowohl Salz-, Salpeter- als auch Schwefelsäuren kommen für bestimmte Fälle der ECM-Bearbeitung von kleinen Bohrungen zum Einsatz.

17.2.3 Verfahrensdurchführung

Die Umsetzung des ECM-Verfahrens erfolgt in Abhängigkeit von der Bearbeitungsaufgabe und kann sowohl als manuelle Variante bis hin zur vollautomatische Produktionsanlage ausgeführt werden.

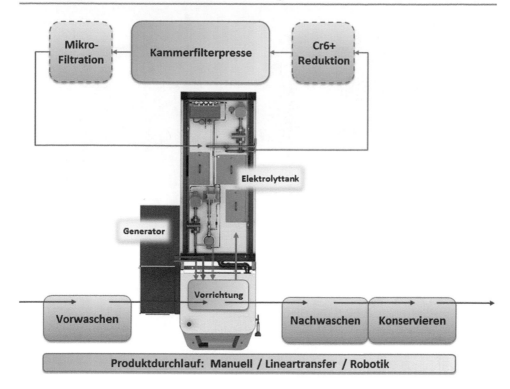

Abb. 17.27   Schematischer Systemaufbau einer PECM-Anlage (Quelle: Irmato ECM, Veghel [NL])

Wie in Abb. 17.27 zu sehen ist, erfolgt nach einer Vorwaschstation die eigentliche ECM-Bearbeitung, der sich ein Nachwaschen zum Entfernen von anhaftenden Ab- produkten und Elektrolytlösung anschließt. Die metallischen Werkstücke werden abschließend noch konserviert. Dieser Produktdurchlauf kann je nach Auslegung der Produktionsanlage manuell, über Lineartransfer oder durch Roboter teil- oder auch vollautomatisiert realisiert werden. Die Aufbereitung des Elektrolyten ist beispielhaft mit eingeschlossener Mikrofiltration, Kammerfilterpresse und Cr^{6+}-Reduktion dargestellt.

In Abb. 17.28 sind zwei handelsübliche Anlagen einschließlich Elektrolyttank abgebildet: a manuelle Beladung (Optimo I-M) und b automatische Beladung (Optimo II-A).

Einige Leistungsdaten für die Optimo-Anlagen sind nachfolgend aufgeführt:

- DC-Ströme bis zu 10.000 A (größere Ströme auf Anfrage)
- Pulsströme gestuft von 50 A bis zu 2500 A pro Kanal (größere Pulsströme auf Anfrage)
- Pulstechnik bis zu 100 kHz
- Leistungsaggregate wassergekühlt
- Industrie-PC mit 15″ Touchscreen Monitor
- Grafische Visualisierung mit ergonomischer Bedienerschnittstelle
- Automatisierungsschnittstellen softwaretechnisch vorbereitet

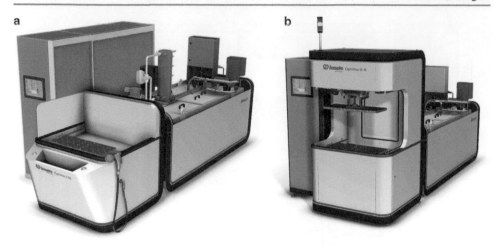

Abb. 17.28 Anlagen der Optimo-Serie (Quelle: Irmato ECM, Veghel [NL])

- Elektrolytaggregat:
  1. Standardvolumen: 600, 1000 und 1600 Liter
  2. Temperaturregelung von Heiz- und Kühlsystem
  3. pH-Wert-Regulierung mit automatischer Säuredosierung
  4. Leitwertüberwachung
  5. Prozess-, Kühl- und Filtrationspumpen
- Pinolenhub pneumatisch (Z-Achse) 300 mm mit Sicherheitsverriegelung
- Pinolenaufspannfläche 820 × 300 mm
- Sicherheitslichtvorhang
- 2-Hand-Bedienung
- Z-Achse: hochpräziser Servoantrieb ±0,1 μm
- Oszillationssystem 0–50 Hz
- X-, Y- und C-Achse (Prozessachsensteuerung)
- Vorrichtungsschnellwechselsystem
- Filtrationssysteme:
  1. Kammerfilterpresse
  2. Mikrofiltersystem
  3. System zur Cr^{6+}-Reduzierung
- Vor- und Nachreinigung:
  1. Geräte variierbar mit Öl-Skimmer und Filtration
  2. Oszillationshub (Zeit und Weg einstellbar)
  3. Heizung
  4. Ultraschall
- Automation (Nachrüstung möglich):
  1. Lineartransfer
  2. Robotik
  [26]

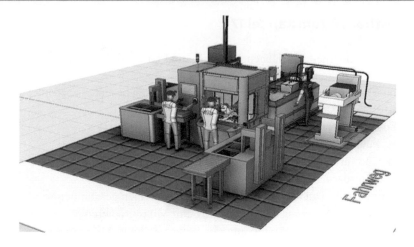

Abb. 17.29   3D-Darstellung einer PECM-Anlage (Quelle: Irmato ECM, Veghel [NL])

Abb. 17.29 zeigt in einer 3D-Darstellung die mögliche Umsetzung für eine PECM-Anlage.

17.2.4   Vorteile des PECM-Verfahrens

Die PECM-Technologie der Firma Irmato bietet weitreichende Vorteile für den Anwender wie:

- Reproduzierbarkeit in der Senktiefe 1 bis 2 μm
- Abbildungsgenauigkeit von 2D- und 3D-Flächen ≤ 10 μm
- Erzeugung von maßgenauen Radien (Entgraten)
- Rautiefen bis zu Ra 0,01 μm (materialabhängig)
- reduzierte Betriebskosten
- Eliminierung von Bedien- und Folgefehlern
- Bearbeitung von weichen und gehärteten Bauteilen
- keine Gefügeveränderung bzw. Materialermüdungen
- geringer Elektrodenverschleiß
- geregelter Prozessablauf
- automatisierte Prozesskontrolle
- Anlagenkonzept inklusive Automatisierung aus einer Hand
  [26]

17.3   Testfragen zum Kapitel 17

1. Welche Besonderheiten zeichnen das Senk- und Drahterodieren im Vergleich zu den spanenden Verfahren aus?
2. Welche Einsatzgebiete sind für diese beiden Verfahren besonders bedeutend?
3. Wie erfolgt der Abtrag bei der Funkenerosion?
4. Welche Werkstoffe kommen für die Elektroden zum Einsatz?
5. Welche Funktion und Aufgaben hat die Arbeitsflüssigkeit?
6. Warum sind für die Erreichung guter Oberflächenwerte beim Drahterodieren mehrere Schnitte erforderlich?
7. Wie können beim Drahterodieren auch konische Formen geschnitten werden?
8. Wo liegen die Anwendungsschwerpunkte beim Mikroerodieren?
9. Wie kann eine effektive Profilierung der Elektrode beim Mikroerodieren vorgenommen werden?
10. Auf welcher Basis erfolgt die elektrochemische Bearbeitung (ECM)?
11. Welche Verfahrensvarianten kommen beim ECM zum Einsatz?
12. Welche Elektrolyte kommen bei der elektrochemischen Bearbeitung zum Einsatz?
13. Welche Einsatzfelder sind für ECM besonders erwähnenswert?
14. Welche Vorteile weist die PECM-Technologie auf?

Kühl- und Schmiermittel für die Zerspanung

18

18.1 Einführung

Die im Zerspanungsprozess aufgewandte Energie wird fast ausschließlich wieder in Wärme frei, d. h. je nach Verfahren wird diese Wärmeenergie prozentual unterschiedlich im Werkstück, im Span und im Werkzeug verteilt nachgewiesen. Beim Hochgeschwindigkeitsfräsen gelingt es, wie im Kap. 14 behandelt, dass die Energie fast vollständig mit dem Span abgeführt wird.

Für die Gestaltung des Zerspanungsprozesses ist es wichtig, dass diese Wärmeenergie möglichst geringe negative Auswirkungen auf das Werkstück, das Werkzeug und die Werkzeugmaschine entwickelt bzw. es muss eine negative Auswirkung verhindert werden. Den Kühl- und Schmiermitteln kommen für den Zerspanungsprozess deshalb folgende Aufgaben zu:

- Verminderung des Werkzeugverschleißes (höhere Standzeiten),
- Erzielung einer guten Maßhaltigkeit der Werkstücke (Wärmedehnungen vermindern),
- Erzielung einer guten Oberflächenqualität der Werkstücke,
- Unterstützung des Späneabtransports,
- Reduzierung der Wärmebelastung für die Werkzeugmaschine.

In den letzten Jahren haben die erheblich gestiegenen Kosten für den Einsatz, der Aufbereitung und Entsorgung der Kühlschmierstoffe in Verbindung mit veränderten Gesetzen zum Umwelt- und Gesundheitsschutz und auch zukünftig in dieser Richtung zu erwartende Verschärfung der Gesetzgebung, zu erheblichen wissenschaftlichen Anstrengungen und ersten praktischen Ergebnissen geführt.

Die in Verbindung mit der HSC-Bearbeitung möglich gewordene Trockenbearbeitung bringt in dieser Beziehung die größten Effekte, jedoch sind die Probleme mit dem Werkzeugverschleiß und der Wärmeentwicklung am Werkstück und am Werkzeug nicht unerheblich. Als Alternative zwischen dem konventionellen Einsatz von Kühlschmierstoffen

© Springer Fachmedien Wiesbaden GmbH, ein Teil von Springer Nature 2020
J. Dietrich, A. Richter, *Praxis der Zerspantechnik*,
https://doi.org/10.1007/978-3-658-30967-1_18

Tab. 18.1 Einteilung der Schmierstoffarten

Schmierungsart	Bezeichnung	Verwendete Menge
Nassbearbeitung	Überflutung, Vollstrahlschmierung	10 bis 100 l/min
Reduzierte Schmierung	Mindermengenschmierung (MMS)	50 ml/h bis 1–2 l/h
	Minimalmengen-Kühlschmierung (MMKS)	< 50 ml/h
Ohne Schmierung	Trockenbearbeitung	Keine

und der Trockenbearbeitung bietet sich die Minimalmengenschmierung an. Die Einteilung der Schmierstoffanwendungen ist in Tab. 18.1 dargestellt.

18.2   Nassbearbeitung

Die Aufgabe Kühlung wird, bedingt durch die höhere spezifische Wärmekapazität und auch höhere Wärmeleitfähigkeit von Wasser im Vergleich zum Mineralöl, durch Wasser besser wahrgenommen. Die Aufgabe Reibung zu vermindern dagegen wird durch Mineralöl und entsprechende Additive wesentlich besser erfüllt.

Je nach Bearbeitungsverfahren (z. B. Schleifen siehe Kap. 11, Tab. 11.24) finden wir sowohl Vollstrahlschmierung mit nichtwassermischbarem Kühlschmierstoff (Basis: Mineralöl entsprechender Viskosität) als auch Wasserkühlung (Korrosionschutz-Additive zugesetzt). Die aus einem Gemisch aus wassermischbaren Mineralölen und Wasser bestehenden Emulsionen weisen allerdings gegenwärtig die größte Häufigkeit bei den Kühlschmierstoffen auf. Der Anteil an Mineralöl beträgt dabei ca. 5 bis 7 %.

Die Kühlschmierstoffe müssen, unterstützt durch die Zusatzstoffe (Additive), folgende weitere Eigenschaften aufweisen:

- physiologische Unbedenklichkeit für das Bedienungspersonal,
- Umweltverträglichkeit und Entsorgungsfähigkeit,
- Korrosionsschutz für Werkstück und Maschine,
- Ausbildung des Schmierfilms,
- Spül- und Netzfähigkeit (Reduzierung der Oberflächenspannung der Flüssigkeit),
- Beständigkeit gegen Mikroorganismen,
- Beständigkeit gegen Farben und Lacke,
- Filtrierbarkeit.

Die Auswahl eines geeigneten Kühlschmierstoffes erfolgt nach der Bearbeitungsaufgabe, gegebenenfalls nach Richtlinien des Maschinenherstellers, aber auch Kriterien wie in der Firma angewandte Schmierstoffsysteme, Preis, Lagerfähigkeit, Verträglichkeit mit den weiteren an der Maschine eingesetzten Ölen, Entsorgungskosten und nicht zuletzt physiologische Unbedenklichkeit (DIN Sicherheitsdatenblatt des Kühlschmierstoffes, gegebenenfalls auch Hautgutachten) sind heranzuziehen.

Kühlschmierstoffe sind im Einsatz ständigen Veränderungen und Beeinflussungen unterworfen und müssen regelmäßig überwacht und gepflegt werden. Mikroorganismen wie Bakterien, Pilze oder Hefen können Emulsionen negativ beeinflussen, deshalb muss auch das komplette Schmierstoffsystem der Werkzeugmaschine von Zeit zu Zeit gründlich gereinigt und gespült werden, bevor eine neue Emulsion eingefüllt werden kann.

18.3 Minimalmengen-Kühlschmierung (MMKS)

Die MMKS wurde in den letzten Jahren als Alternative zur herkömmlichen Vollstrahlschmierung für einige Zerspanungsverfahren entwickelt. Durch eine sehr feine Verteilung einer geringen Menge (ca. 20 ml pro Arbeitsstunde) eines Luft-Öl-Gemisches auf die Kontaktstelle zwischen Werkzeug und Werkstück in der Bearbeitung wird ein guter Kühl-Schmiereffekt an der Eingriffsstelle erreicht. Die thermischen Einflüsse auf die Maschine können allerdings damit nicht ausreichend reduziert werden. Die MMKS verbindet demnach die Vorteile der Trockenbearbeitung (Senkung der Kühlschmierstoff- und Entsorgungskosten, Sauberkeit der Maschine usw.) mit einer guten Schmier- und Kühlwirkung an der Wirkstelle. Vielfach wird deshalb auch von einer quasi-Trockenbearbeitung gesprochen, denn das Werkstück und auch die Späne sind nach dem Zerspanungsprozess weitestgehend trocken und bei der Verwendung von biologisch abbaubaren Schmierstoff kann eine erhebliche Reduzierung der Schmier- und Entsorgungskosten erreicht werden. Dem Anwender stehen je nach Bearbeitungsverfahren, Werkzeugmaschinentyp und Werkzeug unterschiedliche Minimalschmier-Systeme zur Nachrüstung zur Verfügung. Moderne Maschinen werden optional bereits beim Maschinenhersteller mit MMKS-Systemen ausgerüstet. Hauptunterscheidungsmerkmal zur herkömmlichen Umlaufkühlschmierung sind die unterschiedlichen Systeme für die Förderung der KSS. Es kommen Niederdruck-, Überdruck- und Dosierpumpensysteme zum Einsatz (siehe Tabelle). Die MMKS-Systeme werden mit der i. R. an jeder Werkzeugmaschine verfügbaren Druckluft betrieben und der KSS wird teilweise als Tropfen oder als Luft-Öl-Gemisch, kontinuierlich oder impulsartig in den gewünschten geringen Mengen aufgebracht.

Die Geräte können von Hand eingeschaltet, oder über die jeweilige Maschinensteuerung (Magnetventil 24V) angesteuert werden (siehe Tab. 18.2).

Tab. 18.2 Minimalmengen-Schmiertechnik

System	Bemerkungen	Hersteller (Beispiele)
Unterdrucksprühsysteme	Venturi-Effekt genutzt	Steidle
Überdruck-Sprühsysteme a) Gemischbildung erst an Düse b) Gemischbildung im Behälter	Überdruck im Behälter, der die Förderung des Mediums übernimmt	Menzel, MicroJet, Sinis
Kolbenpumpen-Sprühsystem	Förderung durch Pumpe, impulsartig	Steidle; WERUCON

Tab. 18.3 Vergleich der Schmierstoffkosten (*Quelle: Heidenreich, DA BMW AG, 2001*)

	Firma A	Firma B	Firma C
Werkstück	Al-Zylinderkopf	Al-Zylinderkopf	Al-Getriebegehäuse
Kühlschmierstoff (KSS)	10%ige Emulsion	7,5%ige Emulsion	10%ige Emulsion
Kosten für Fertigung	79,2%	82,4%	85,8%
Kosten für KSS	16,8%	13,6%	11,8%
Kosten für Werkzeuge	4,0%	4,0%	2,4%

Welche positiven Effekte sich durch den Einsatz der MMKS-Systeme erzielen lassen ist u. a. aus Untersuchungen der Automobilindustrie bekannt, die aussagen, dass die konventionellen Schmierstoffkosten schon das 3- bis 4-fache der Werkzeugkosten betragen (siehe Tab. 18.3).

Aufbau und Funktionsprinzip eines Mikro-Dosierautomaten der Firma CeBeNetwork WERUCON GmbH, Bremen

Der Standard-Dosierautomat Abb. 18.1, kann mit max. 6 Dosierpumpen bzw. 12 Düsen und 2 Impulsgeneratoren und einem Druckregelventil für die Sprühluft ausgestattet werden. Sonderausführungen können auch mit weitaus umfangreicheren Komponenten realisiert werden.

Die Dosierdüsen werden über koaxiale Schlauchgarnituren versorgt. Diese sind trennbar über koaxiale Verschraubungen mit dem Dosierautomat verbunden. Schmierstoff und Sprühluft werden separat zur Düsenmündung geführt. Erst an der Düsenmündung wird ein mikrofeiner Sprühkegel erzeugt. Die Länge der Schlauchgarnituren kann bis zu 10 m betragen. Dieses Gerät bietet wahlweise eine elektrische, pneumatische oder manuelle An-

Abb. 18.1 Mikrodosierautomat, *1* Schmiermittelbehälter, *2* Steuergeräte, *3* Dosierdüsen *(Werkfoto der Fa. CeBeNetwork WERUCON GmbH, Bremen)*

Abb. 18.2 Dosierpumpe
(Werkfoto der Fa. CeBeNet-
work WERUCON GmbH,
Bremen)

steuerung. Ein weites Spektrum an Dosierdüsen steht zur Verfügung. Das Schmiermittel ist in den Größen von 0,5 bis 3,0 Liter verfügbar.

1. **Funktionsprinzip**
   Das Schmiermittel fließt aufgrund der Schwerkraft und der Dosierpumpen-Ansaugleistung aus dem Schmiermittelbehälter über eine Schlauchleitung in die Dosierpumpen. Die Dosierpumpe ist eine pneumatisch betriebene Verdrängerpumpe. Diese kann einfach wirkend (Regelfall) oder auch doppelt wirkend angeschlossen werden. Bei Verwendung von dickflüssigen Schmiermitteln sollte die Pumpe doppelt wirkend betrieben werden (siehe Abb. 18.2).
   Wird die Pumpe mit Druckluft beaufschlagt, fährt der Verdrängerstößel vor und drückt eine definierte Schmiermittelmenge durch ein Rückschlagventil in den Pumpenausgang. Nach pneumatischer Umschaltung fährt der federvorgespannte Verdrängerstößel wieder in die Ausgangstellung. Dieser beschriebene Vorgang wird durch den einstellbaren Impulsgenerator ständig wiederholt. Die Hubtiefe des Verdrängerstößels und somit auch die Schmiermittel-Fördermenge pro Hub, kann über den Einstelldrehknopf stufenlos verändert werden. Das Schmiermittel wird vom Pumpenausgang über eine Schlauchleitung bis zur Mündung der Dosierdüse gefördert. Diese Schmiermittelleitung ist in einem Druckluftschlauch mit größerem Durchmesser eingezogen (Schlauchgarnitur). Der somit entstandene Ringkanal zwischen den beiden koaxial angeordneten Schläuchen dient der Blasluftzuführung.
   Im Zentrum der Dosierdüsenmündung befindet sich die Schmiermittel-Austrittsöffnung. Die Blasluft wird über einen definierten Ringspalt um diese Öffnung geführt. Durch ein solches Düsenprinzip wird erst an der Düsenmündung ein optimal reproduzierbarer, mikrofeiner Schmierstoff-Sprühkegel erzeugt. Die Sprühkegelgröße kann durch das Druckregelventil dem Anwendungsfall angepasst werden.

2. **Einstellungen der Dosierpumpe**

   Der Pumpeneinstellbereich liegt zwischen 0 und 35 mm³ Schmiermittel pro Betätigungshub. Die Einstellung erfolgt stufenlos.

3. **Einstellungen des Impulsgenerators**

   Mit der Einstellschraube kann die Impulsfrequenz von 1 bis 150 Impulse/Minute eingestellt werden. Der übliche Frequenzbereich liegt bei 30 bis 90 Impulsen/Minute.

4. **Vorteile der Dosierpumpentechnik**

   - Schmiermittelfördermenge kann zu jeder Zeit reproduziert werden.
   - Einstellung der Dosierpumpe wird durch eine Skalenanzeige überwacht.
   - Das Schmiermittel tritt nach Ansteuerung ohne Zeitverzögerung aus den Dosierdüsen aus.
   - Großer stufenloser Einstellbereich der Dosierpumpe von 0,1 cm³/min bis 3 cm³/min
   - Geringer Schmiermittelverbrauch zwischen 5 und 30 ml/h

5. **Anwendung der Minimalmengenschmierung**

   Überall dort wo die Reibung durch Auftragen eines Schmiermittels minimiert werden kann. Dies gilt praktisch für alle spangebenden Fertigungsverfahren, aber auch für das Stanzen und einige andere Umformverfahren.

18.4 Trockenbearbeitung

Die Bearbeitung ohne jegliche Kühlschmierstoffe kann zu erheblich größeren wirtschaftlichen als auch ökologischen Vorteilen führen. Um die Trockenbearbeitung aber anwenden zu können, müssen die Funktionen der Kühlschmierstoffe durch andere Maßnahmen ersetzt werden. Man rechnet etwa mit folgender Aufteilung der Hauptfunktionen der Kühlschmiermittel:

- 70 % Spänetransport,
- 20 % Kühlen und
- 10 % Schmieren.

Gegenwärtig gibt es intensive Untersuchungen in verschiedenen Forschungseinrichtungen, um das Entwicklungspotential der Trockenbearbeitung auszuloten. Neben der richtigen Wahl der Zerspanungsparameter in Abhängigkeit vom zu bearbeitenden Werkstoff, sind es vor allem Werkzeugfragen (Schneidstoffzusammensetzung; neuartige Hartstoffbeschichtungen, Modifikationen der Schneidengeometrien usw.), die für einen breiteren Einsatz der Trockenbearbeitung gelöst werden müssen.

18.5   Testfragen zum Kapitel 18

1. Welche Aufgaben müssen Kühl- und Schmiermittel bei spanenden Vorgängen übernehmen?
2. Stellen Sie die Nassbearbeitung und die Minimalmengen-Kühlschmierung gegenüber?
3. Was sind die Bedingungen für die Durchführung einer Trockenbearbeitung?

Kraftmessung beim Zerspanen

19

19.1 Einführung

Die rasante Entwicklung neuer Werkstoffe und vor allem die ständige Weiterentwicklung der Schneidstoffe, der Werkzeuge und der Werkzeugmaschinen fordert ständig die Bereitstellung von Richtwert-Tabellen für den optimalen Einsatz der Werkzeuge. Die von den Werkzeug- oder Werkstoffherstellern zur Verfügung gestellten Tabellen oder Datenempfehlungen sind in der Regel sehr allgemein gehalten und können die in der jeweiligen Fertigungsstätte vorliegenden Bedingungen und Erfahrungen nicht berücksichtigen, sodass vielfach eine eigene Ermittlung der Spanungsdaten sinnvoll ist.

Durch einen einfachen Versuch zur Messung der Zerspankräfte lassen sich neue Werkzeuge und auch die Zerspanbarkeit von Werkstoffen beurteilen.

Ein weiterer wichtiger Einsatzfall für die Messung von Zerspanungskräften liegt auf dem Gebiet der Überwachung des Spanungsprozesses zur Realisierung eines störungsfreien Produktionsprozesses.

Die Messung der Komponenten der Zerspanungskraft (vgl. Kap. 2) mit geeigneten Sensoren ermöglicht eine rechtzeitige Erkennung von Werkzeugbruch und Verschleiß, so dass Werkzeug, Werkstück und auch die Werkzeugmaschine vor Schäden bewahrt werden können.

Erste indirekte Messungen der Schnittkräfte erfolgten bereits zu Beginn des 19. Jahrhunderts durch F.W. Tylor, der diese über die Stromaufnahme des Antriebsmotors der Werkzeugmaschine ermittelte. Wesentlich genauere Ergebnisse bei der Bestimmung der Kräfte bei den meisten Zerspanungsverfahren können heute durch direkte Schnittkraftmesser auf der Basis von Piezo-Quarzen erreicht werden.

Die Schnittkraftmesser müssen über eine hohe statische Steifigkeit, eine hohe Eigenfrequenz bei einer geringen Temperaturempfindlichkeit verfügen. Durch geeignete Anordnung der Piezo-Quarze wird auch die gegenseitige Beeinflussung der Einzelkomponenten kompensiert.

© Springer Fachmedien Wiesbaden GmbH, ein Teil von Springer Nature 2020
J. Dietrich, A. Richter, *Praxis der Zerspantechnik*,
https://doi.org/10.1007/978-3-658-30967-1_19

Abb. 19.1 Prinzipieller
Aufbau eines 3-Kompo-
nenten-Schnittkraftmessers
(Quelle: Kistler AG, Winter-
thur/Schweiz)

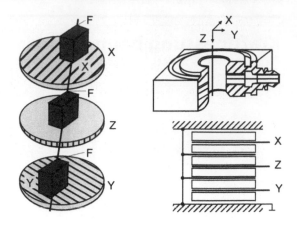

In Abb. 19.1 ist der prinzipielle Aufbau eines Schnittkraftmessers dargestellt. Die druckempfindlichen Quarzringe messen die Kraftkomponente F_z und die schubempfindlichen Quarzringe die Kraftkomponenten F_x und F_y.

19.2   Kraftmessung beim Drehen

Beim Drehen werden die drei Komponenten der Zerspankraft F_z:

- Schnittkraft F_c
- Vorschubkraft F_f und
- Passivkraft (Verdrängkraft) F_p

mittels 3-Komponenten-Schnittkraftmesser ermittelt.

Die erforderliche Messkette ist im Abb. 19.2 zu sehen, wobei das Messsignal des Dynamometers im Ladungsverstärker in eine der gemessenen Kraft proportionale elektrische Spannung umgewandelt wird. Über geeignete Schnittstellen kann sowohl eine Darstellung der Kraftverläufe auf einem Oszillographen, aber heute vielfach direkt auf dem Bildschirm eines PCs erfolgen.

Im Abb. 19.3 ist ein 4-Komponenten-Schnittkraftmesser 9272, der sowohl beim Bohren als auch beim Drehen auf konventionellen Drehmaschinen zum Einsatz kommen kann, zu sehen.

Die Kräfte bei der Bearbeitung eines Stahlwerkstoffes E295 mit einem Hartmetalldrehmeißel wurden bei folgenden Zerspanungsdaten ermittelt:

Schnittgeschwindigkeit $v_c = 61$ m/min
Einstellwinkel $\varkappa = 70°$
Schnitttiefe $a_p = 2,5$ mm
Vorschub $f = 0,112$ mm/U

Die Versuchsergebnisse sind im Abb. 19.4 dargestellt.

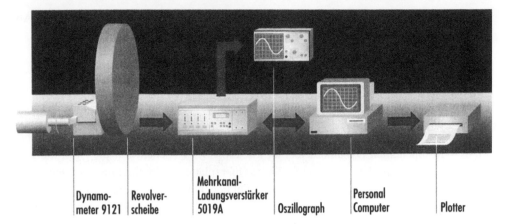

| Dynamo- | Revolver- | Mehrkanal-Ladungsverstärker | | Personal | |
| meter 9121 | scheibe | 5019A | Oszillograph | Computer | Plotter |

Abb. 19.2 Messkette bei der Kraftmessung beim Drehen (Quelle: Kistler AG, Winterthur/Schweiz)

Abb. 19.3 Versuchsanordnung
zur Schnittkraftmessung beim
Drehen (*Foto: HTW Dresden/
Kistler AG*)

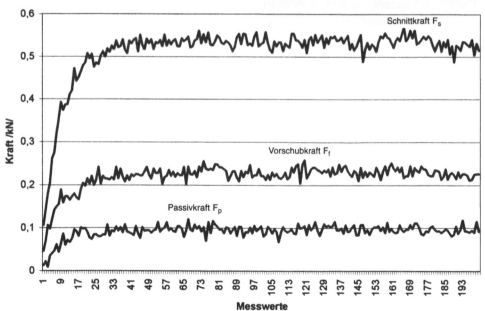

Abb. 19.4 Versuchsergebnisse zum Drehen ($\varkappa = 70°$; $a_p = 2,5\,\text{mm}$; $f = 0,112\,\text{mm/U}$)

Der Vergleich zwischen gemessenen und berechneten Schnittkräften bringt eine Abweichung, die unter 10 % liegt.

19.3 Kraftmessung beim Bohren und Fräsen

Beim Bohren und auch beim Fräsen wird bedingt durch die Rotationsbewegung des Werkzeugs die Schnittkraft über das auftretende Moment gemessen. Der schematische Aufbau eines 4-Komponenten Dynamometers ist im Abb. 19.5 zu sehen. Für die Ermittlung eines Moment M_z werden schubempfindliche Quarzplatten so in einem Kreis angeordnet, dass ihre schubempfindlichen Achsen tangential liegen. Die Vorschubkraft F_f wird mittels Druckquarz gemessen.

Der Messaufbau für die Ermittlung des Momentes und der Vorschubkraft beim Bohren ins Volle und beim Aufbohren unter Verwendung eines 4-Komponenten-Dynamometers 9272 ist im Abb. 19.6 zu sehen. Das Messsignal wird wiederum über einen Ladungsverstärker und einem Analog-Digital-Wandler direkt im PC verarbeitet und mittels Software „Testpoint" auf dem Bildschirm sichtbar gemacht.

Die Messungen bei der Bearbeitung eines Stahlwerkstoffes E295 wurden bei folgenden Zerspanungsdaten vorgenommen:

$$\text{Vorschub } f = 0{,}15; 0{,}2; 0{,}3; 0{,}36 \, \text{mm/U}; \quad n_c = 900 \, \text{min}^{-1}; \quad d = 12 \, \text{mm}; \text{HSS}$$

Die Versuchsergebnisse sind im Abb. 19.7 dargestellt.

Beim Fräsen kommen in Abhängigkeit vom Messbereich verschiedene 3-Komponenten-Dynamometer und neuerdings auch rotierende Schnittkraft-Dynamometer zum Einsatz (siehe Abb. 19.8) die sich den Schnittkraftmessern auf der Basis von Dehnmessstreifen, induktiver oder kapazitiver Messelemente als überlegen erwiesen haben. Das rotierende Schnittkraft-Dynamometer besteht aus Rotor, Stator, Verbindungskabel und Signal Conditioner. Im Rotor sind der piezoelektrische 2-Komponenten Sensor (M_z und F_z), 2 Ladungsverstärker, sowie die digitale Übertragungselektronik eingebaut. Die Übertragung des Messsignals auf den Stator erfolgt berührungslos.

Dieses Dynamometer ist auch für die Untersuchung der Hochgeschwindigkeits-Zerspanung beim Bohren und Fräsen am rotierenden Werkzeug geeignet und wird auch für die Überwachung der Zerspankräfte bei kritischen Werkzeugen und teuren Werkstücken eingesetzt.

Abb. 19.5 Schematischer
Aufbau eines 4-Komponenten-
Dynamometers

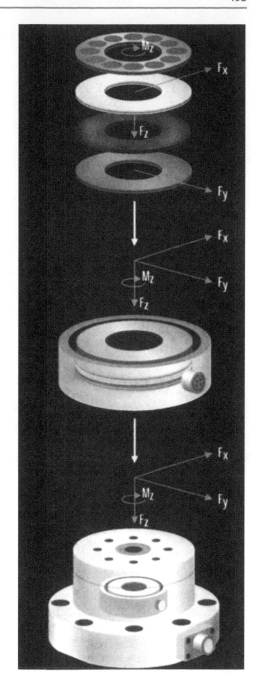

Abb. 19.6 Versuchsaufbau
zur Kraft- und Momentmes-
sung beim Bohren (*Foto: HTW
Dresden, Zerspanpraktikum*)

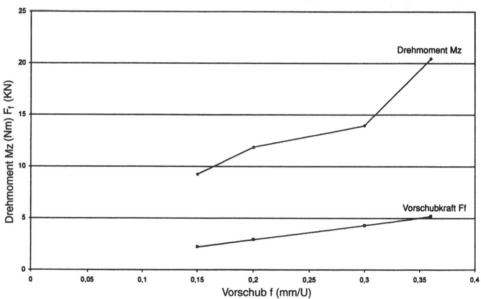

Abb. 19.7 Versuchsergebnisse beim Bohren ins Volle (Bohrerdurchmesser $d = 12\,\text{mm}$; Schneidstoff HSS; Drehzahl $n_c = 900\,\text{min}^{-1}$)

Abb. 19.8 Rotierendes
Schnittkraft-Dynamometer
[Quelle: Kistler AG, Winter-
thur/Schweiz]

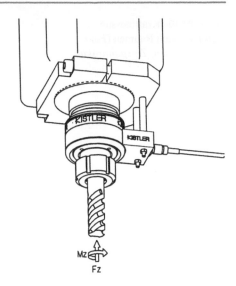

19.4   Kraftmessung beim Räumen

Die Ermittlung der Zerspankraft beim Räumen erfolgt mittels Kraftmessdose Typ U3 (50
kN) auf der Basis von Dehnmessstreifen. Die prinzipielle Darstellung der Messkette ist
im Abb. 19.9 zu sehen.

Zur Aufnahme des Kraft-Wegverlaufs wurde zusätzlich noch ein induktiver Wegaufnehmer montiert.

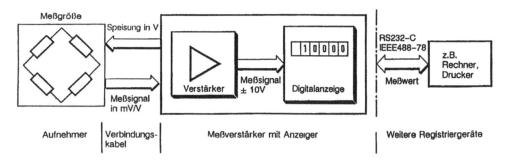

Abb. 19.9 Prinzipielle Darstellung der Messkette (Quelle: HBM Mess- und Systemtechnik GmbH,
Darmstadt)

Abb. 19.10 Kraftmessung
beim Versuch Räumen (*Foto:
HTW Dresden, Zerspanpraktikum*)

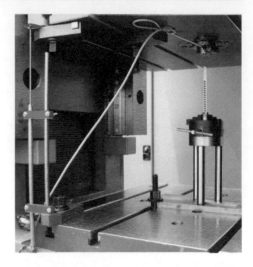

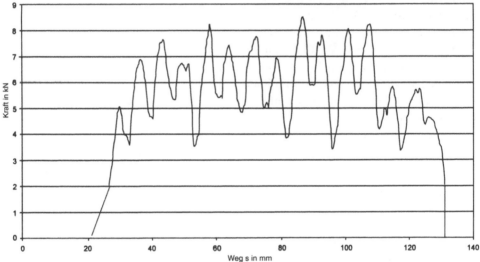

Abb. 19.11 Versuchsergebnisse zum Räumen (Räumwerkzeug aus HSS; für Nutbreite 5 mm; Länge
$l = 170$ mm; Innendurchmesser der Buchse $d = 16$ mm; Zähnezahl $z = 16$; Räumtiefe = 1,4 mm)

In Abb. 19.10 ist die Anordnung zu sehen und in Abb. 19.11 sind die Versuchsergebnisse dokumentiert. Im Abschn. 7.11 befindet sich der Link zum Praktikum Räumen mit
einem Video der Versuchsdurchführung.

19.5   Testfragen zum Kapitel 19

1. Welches Messprinzip kommt bei einem 3-Komponentenschnittkraftmesser für das Drehen zum Einsatz?
2. Wie erfolgt die Kraftmessung mittels Schnittkraftmesser beim Bohren und Fräsen?
3. Welches Messprinzip kommt bei der Kraftmessdose für die Kraftmessung beim Räumen zum Einsatz?

Allgemeine Tabellen

20

Tab. 20.1 Spezifische Schnittkräfte

Werkstoff	$k_{c1,1}$ in N/mm	z	Spezifische Schnittkraft k_{ch} in N/mm² für h in mm						
			0,1	0,16	0,25	0,4	0,63	1,0	1,6
S 235 JR	1780	0,17	2630	2030	2250	2080	1930	1780	1640
E 295	1990	0,26	3620	3210	2850	2530	2250	1990	1760
E 335	2110	0,17	3120	2880	2670	2070	2280	2110	1950
E 360	2260	0,30	4510	3920	3430	2980	2600	2260	1960
C 15	1820	0,22	3020	2720	2070	2230	2020	1820	1640
C 35	1860	0,20	2950	2680	2050	2230	2040	1860	1690
C 45, C 45 E	2220	0,14	3070	2870	2700	2520	2370	2220	2080
C 60 E	2130	0,18	3220	2960	2730	2510	2320	2130	1960
16 MnCr 5	2100	0,26	3820	3380	3010	2660	2370	2100	1860
18 CrNi 6	2260	0,30	4510	3920	3430	2980	2600	2260	1960
34 CrMo 4	2200	0,21	3630	3290	3000	2720	2070	2200	2030
GJL 150	1020	0,25	1810	1610	1440	1280	1150	1020	910
GJL 250	1160	0,26	2110	1870	1660	1470	1310	1160	1030
GE 260	1780	0,17	2630	2030	2250	2080	1930	1780	1640
Hartguss	2060	0,19	3190	2920	2680	2050	2250	2060	1880
Messing	780	0,18	1180	1090	1000	920	850	780	720

© Springer Fachmedien Wiesbaden GmbH, ein Teil von Springer Nature 2020
J. Dietrich, A. Richter, *Praxis der Zerspantechnik*,
https://doi.org/10.1007/978-3-658-30967-1_20

Tab. 20.2 ISO-Grundtoleranzen in μm (Auszug aus DIN EN ISO 286-1)

Toleranz-Reihe IT	Nennmaße in mm					
	6–10	18–30	30–50	50–80	80–120	180–250
4	4	6	7	8	10	14
5	6	9	11	13	15	20
6	9	13	16	19	22	29
7	15	21	25	30	35	46
8	22	33	39	46	54	72
9	36	52	62	74	87	115
10	58	84	100	120	140	185
11	90	130	160	190	220	290
12	150	210	250	300	350	460
13	220	330	390	460	540	720

Die Grundlage der Toleranzen bildet die internationale Toleranzeinheit i

$$i = 0{,}45 \cdot \sqrt[3]{D} + 0{,}001 \cdot D$$

i internationale Toleranzeinheit in μm
D geometrisches Mittel der Nennmaßbereiche in mm
a, b Nennmaße in mm

$$D = \sqrt{a \cdot b}$$

Qualität IT	5	6	7	8	9	10	11	12
Toleranz	$7i$	$10i$	$16i$	$25i$	$40i$	$64i$	$100i$	$160i$

Tab. 20.3 Zuordnung von Bearbeitungszeichen und Rautiefe $Rz(Rt)$ nach DIN 3141 (zurückgezogen)

Art der Bearbeitung	Rautiefe $Rz(Rt)$ in μm			
	Gruppe			
	1	2	3	4
Schruppbearbeitung	160	100	63	25
Schlichtbearbeitung	40	25	16	10
Feinschlichtbearbeitung	16	6,3	4	2,5
Feinstbearbeitung	–	1	1	0,4

Tab. 20.4 Lastdrehzahlen für Werkzeugmaschinen (Auszug aus DIN 804)

Nennwerte min^{-1}

Grundreihe					Abgeleitete Reihen	
R 20	R 20/2	R 20/3			R20/4	
		(.. 2800 ..)			(.. 1400..)	(.. 2800 ..)
$\varphi = 1,12$	$\varphi = 1,25$	$\varphi = 1,4$			$\varphi = 1,6$	$\varphi = 1,6$
1	2	3			4	5
100						
112	112	11,2				112
125			125			
140	140			1400	140	
160		16				
180	180		180			180
200				2000		
220	220	22,4			220	
250			250			
280	280			2800		280
315		31,5				
355	355		355		355	
400				4000		
450	450	45				450
500			500			
560	560			5600	560	
630		63				
710	710		710			710
800				8000		
900	900	90			900	
1000			1000			

Tab. 20.5 Zulässige Abweichungen für Maße ohne Toleranzangabe (Auszug aus DIN 7168)

Genauigkeits-grad	Zahlenwerte für Längenmaße in mm							
	Nennmaßbereich							
	über 0,5 bis 3	über 3 bis 6	über 6 bis 30	über 30 bis 120	über 120 bis 315	über 315 bis 1000	über 1000 bis 2000	über 2000 bis 4000
fein	±0,05	±0,05	±0,1	±0,15	±0,2	±0,3	±0,5	±0,8
mittel	±0,1	±0,1	±0,2	±0,3	±0,5	±0,8	±1,2	±2
grob	–	±0,2	±0,5	±0,8	±1,2	±2	±3	±4
sehr grob	–	±0,5	±1	±1,5	±2	±3	±4	±6

Tab. 20.6 Werkzeugkegel (Auszug aus DIN 228-1), alle Maße in mm

Morse-kegel	d_1	d_2	d_3	d_5	d_6	d_7	d_4	l_1	l_2	l_3	l_4
0	9,045	9,212	6,453	–	6,1	6,0	6,0	49,8	53,0	56,5	59,5
1	12,065	12,200	9,396	M 6	9,0	8,7	9,0	53,5	57,0	62	65,5
2	17,780	17,980	14,583	M 10	14,0	13,5	14,0	64,0	69,0	75	80
3	23,825	20,051	19,784	M 12	19,1	18,5	19,0	81,0	86,0	94	99
4	31,267	31,543	25,933	M 16	25,2	20,5	25,0	102,5	109,0	117,5	120
5	44,399	44,731	37,574	M 20	36,5	36,0	36,0	129,5	136,0	149,5	156
6	63,348	53,905	53,905	M 20	52,4	51,0	51,0	182,0	190,0	210	218

Morse-kegel	a Größt-maß	b h 13	l_5	l_6 Kleinst-maß	r_1	r_2	r_3	l_8	l_7	d_{10}	d_{11}	d_{12}	Kegel
0	3	3,9	10,5	–	4	1	0,2	–	2,5	–	–	–	1 : 19,212 = 0,05205
1	3,5	5,2	13,5	16	5	1,2	0,2	4	3	6,4	8	8,5	1 : 20,047 = 0,04988
2	5	6,3	16	20	6	1,6	0,2	5	4	10,5	12,5	13,2	1 : 20,020 = 0,04995
3	5	7,9	20	28	7	2	0,5	6	4	13	15	17	1 : 19,922 = 0,05020
4	6,5	11,9	20	32	8	2,5	1	8	5	17	20	22	1 : 19,254 = 0,05194
5	6,5	15,9	30	40	11	3	2,5	11	6	21	26	30	1 : 19,002 = 0,05263
6	8	19	44	50	17	4	4	12	7	25	31	36	1 : 19,180 = 0,05214

a) Kegelschaft mit Anzugsgewinde

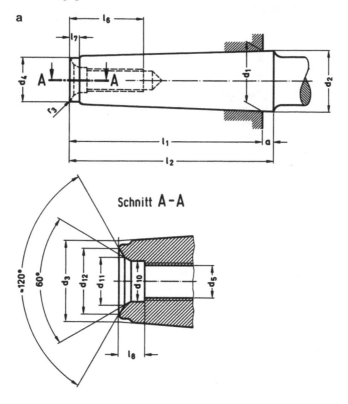

Schnitt A-A

b) Kegelschaft mit Austreiberlappen

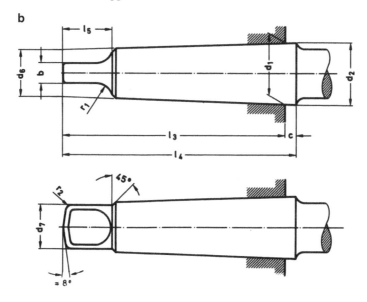

Tab. 20.7 Werkzeugkegel (Auszug aus DIN 228-1), alle Maße in mm, C Kegelhülsen (1 für Schäfte mit Austreiblappen, 2 für Kegelschäfte mit Anzugsgewinde)

Größenbezeichnung		D	d_6	d_7 Kleinstmaß	l_5	l_6	l_7	C A 13	l_{13}
Metrischer Kegel	4	4	3	–	25	21	20	2,2	8
	6	6	4,6	–	34	29	28	3,2	12
Morsekegel	0	9,045	6,7	–	52	49	45	3,9	15
	1	12,065	9,7	7	56	52	47	5,2	19
	2	17,780	14,9	11,5	67	63	58	6,3	22
	3	23,825	20,2	14	84	78	72	7,9	27
	4	31,267	26,5	18	107	98	92	11,9	32
	5	44,399	38,2	23	135	125	118	15,9	38
	6	63,348	54,8	27	187	177	164	19	47
Metrischer Kegel	80	80	71,4	33	202	186	172	26	52
	100	100	89,9	39	200	220	202	32	60
	120	120	108,4	39	276	254	232	38	68
	(140)	140	126,9	39	312	286	262	44	76
	160	160	145,4	52	350	321	292	50	84
	(180)	180	163,9	52	388	355	332	56	92
	200	200	182,4	52	420	388	352	62	100

Tab. 20.8 Bohrung, Nuten und Mitnehmer für Fräser (Auszug aus DIN 138)

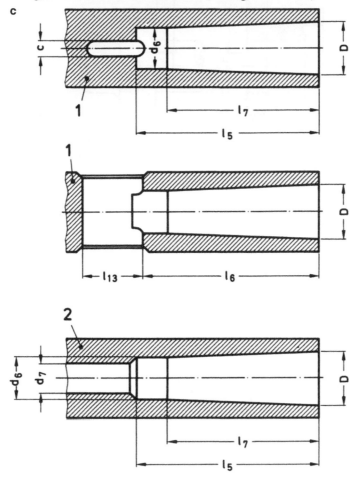

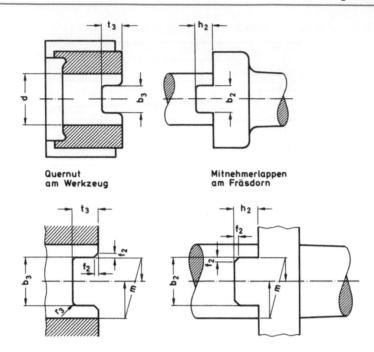

Die Gestaltung braucht der bildlichen Darstellung nicht zu entsprechen; nur die angegebenen Maße sind einzuhalten, alle Maße in mm.

Bohrung									m in μm
d H 7	b_2 h 11	b_3 H 11	h_2 h 11	t_3 H 12		zul. Abw.		zul Abw.	Zulässige Außermittigkeit des Mitnehmerlappens und der Quernut
8	5	5,4	3,5	4	0,6	−0,2	0,4	+0,1	100
10	6	6,4	4	4,5	0,8		0,5		
13	8	8,4	4,5	5	1				
16	8	8,4	5	5,6		−0,3	0,6	+0,2	
22	10	10,4	5,6	6,3	1,2				
27	12	12,4	6,3	7			0,8		
32	14	14,4	7	8	1,6	−0,4			
40	16	16,4	8	9	2	−0,5	1	+0,3	
50	18	18,4	9	10					
60	20	20,5	10	11,2					125
70	22	22,5	11,2	12,5	2,5		1,2		
80	20	20,5	12,5	14					
100	20	20,5	14	16	3		1,6	+ 0,5	

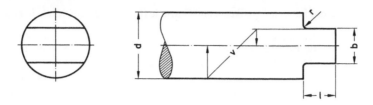

Tab. 20.9 Mitnehmer an Werkzeugen mit Zylinderschaft (Auszug aus DIN 1809), alle Maße in mm (siehe obige Abb.)

Durchmesserbereich d	b h 12	l ± IT 16	r	v
3–6,5	1,6–3	2,2–3	0,2	0,05
über 6,5 bis 8	3,5	3,5	0,2	0,06
über 8 bis 9,5	4,5	4,5	0,4	
über 9,5 bis 11	5	5	0,4	
über 11 bis 13	6	6	0,4	
über 13 bis 15	7	7	0,4	0,03
über 15 bis 18	8	8	0,4	
über 18 bis 21	10	10	0,4	
über 21 bis 20	11	11	0,6	0,10
über 20 bis 27	13	13	0,6	
über 27 bis 30	14	14	0,6	
über 30 bis 34	16	16	0,6	
38–50	18–24	18–22	1	0,15

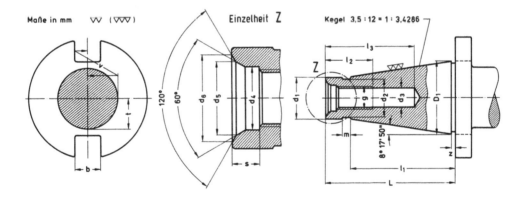

Tab. 20.10 Werkzeugschäfte mit Steilkegel und Gewinde (DIN 2080), alle Maße in mm (siehe auch obige Abb.)

Steil-kegel Nr	Außenkegel und Führungszapfen							Mitnehmerschlitze		
	D_1	d_1	d_2	L Größt-maß	l_1	m	z ± 0,4	b +0,25	t Größt-maß	v
30	31,75	17,4	16,5	70	50	3	1,6	16	16	0,03
40	44,45	25,3	20	95	67	5	1,6	16	22,5	0,03
50	69,85	39,6	38	130	105	8	3,2	25,6	35	0,04
60	107,95	60,2	58	210	165	10	3,2	25,6	60	0,04

Steil-kegel Nr	Bohrung				d_4	d_5 Größt-maß	d_6 Größt-maß	l_2	l_3	s
	g Me-trisch	Zoll	d_3 f. metr. Gewin-de	f. Zollge-winde						
30	M 12	$\frac{1}{2}$–13	10	$\frac{27}{64}$	12,5	15	16	20	50	6
40	M 16	$\frac{5}{8}$–11	13,75	$\frac{17}{32}$	17	20	23	30	60	7
50	M 20	1–8	20,75	$\frac{7}{8}$	25	30	35	45	90	11
60	M 30	$1\frac{1}{4}$–7	26	$1\frac{7}{54}$	31	36	42	56	110	12

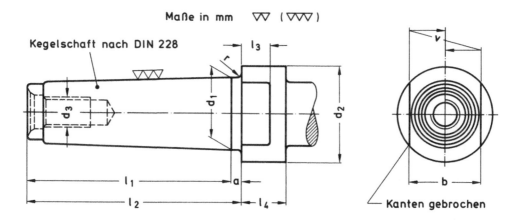

Tab. 20.11 Werkzeugschäfte für Fräswerkzeuge (DIN 2207), alle Maße in mm (Anschlussmaße für Frässpindelköpfe nach DIN 2201)

Kegel nach DIN 228	d_3 Tol. mittel		a	b d 9	d_1	d_2	l_1 Größtmaß	l_2 Größtmaß	l_3	l_4 Kleinstmaß	r	v
	Metr.	Whitw.										
Morsekegel												
3	M 12	$\frac{1}{2}''$	5	20	23,825	36	81	86	12	18	1,6	0,03
4	M 16	$\frac{3}{8}''$	6,5	32	31,267	43	102,5	109	15	23	1,6	
5	M 20	$\frac{3}{4}''$	6,5	45	44,399	60	129,5	136	18	28	2	
6	M 20	$1''$	8	55	63,348	84	182	190	25	39	3	
Metrischer Kegel												
80	M 30	$1\frac{3}{8}''$	8	80	80	120	196	204	28	44	3	0,04
100	M 36	$1\frac{3}{8}''$	10	100	100	145	232	202	30	48	3	
120	M 36	$1\frac{3}{8}''$	12	120	120	170	268	280	34	54	4	
160	M 48	$1\frac{3}{4}''$	16	160	160	220	340	356	42	66	4	0,05
200	M 48	$2''$	20	200	200	270	412	432	50	78	6	0,07

Tab. 20.12 Bohrdurchmesser für Kernlöcher für metrische ISO-Regelgewinde nach DIN 13 (Auszug aus DIN 13), alle Maße in mm

Gewinde-Nenndurchmesser d	Steigung	Bohrer- oder Senkerdurchmesser
M 3	0,5	2,5
M 4	0,7	3,3
M 5	0,8	4,2
M 6	1	5
M 8	1,25	6,8
M 10	1,5	8,5
M 12	1,75	10,2
M 16	2	14
M 20	2,5	17,5
M 20	3	21
M 27	3	20
M 30	3,5	26,5
M 36	4	32

Tab. 20.13 Durchmesser der Gewindekernlochbohrer für Whitworthgewinde, alle Maße in mm

Gewinde-Nenndurchmesser	Bohrer-durchmesser	Gewinde-Nenndurchmesser	Bohrer-durchmesser	Gewinde-Nenndurchmesser	Bohrer-durchmesser
$\frac{1}{16}$	1,2	$\frac{7}{16}$	9,2	$1\frac{1}{2}$	33,5
$\frac{3}{32}$	1,9	$\frac{1}{2}$	10,5	$1\frac{5}{8}$	35,5
$\frac{1}{8}$	2,5	$\frac{5}{8}$	13,5	$1\frac{3}{4}$	39
$\frac{5}{32}$	3,2	$\frac{3}{4}$	16,5	$1\frac{7}{8}$	41
$\frac{3}{16}$	3,6	$\frac{7}{8}$	19,25	2	44
$\frac{7}{32}$	4,5	1	22	$2\frac{1}{4}$	50
$\frac{1}{4}$	5,1	$1\frac{1}{8}$	20,5	$2\frac{1}{2}$	57
$\frac{5}{16}$	6,5	$1\frac{1}{4}$	27,5	$2\frac{3}{4}$	62
$\frac{3}{8}$	7,9	$1\frac{3}{8}$	30,5	3	68

Tab. 20.14 Durchgangslöcher nach DIN EN 20273 für Schrauben oder ähnliche Teile mit metrischem-, oder Feingewinde – Genauigkeitsgrad mittel – (Auszug aus DIN EN 20273), Maße in mm

Gewindedurchmesser d_1	d_2 mittel	Gewindedurchmesser d_1	d_2 mittel
1	1,2	27	30
1,2	1,4	30	33
1,4	1,6	33	36
1,5	1,8	36	39
1,7	1,9	39	42
2	2,4	42	45
2,3	2,7	45	48
2,5	2,9	48	52
2,6	3	52	56
3	3,4	56	62
3,5	3,9	60	66
4	4,5	64	70
5	5,5	68	74
6	6,6	72	78
7	7,6	76	82
8	9	80	86
10	11	90	96
12	14	100	106
14	16	110	116
16	18	120	126
18	20	130	136
20	22	140	146
22	20	150	157
20	26		

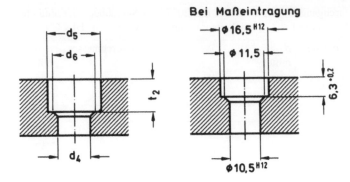

Tab. 20.15 Senkungen für Innensechskantschrauben nach DIN EN ISO 4762, Maße in mm (siehe auch obige Abb.)

Ausführung	m					f				
Gewinde-durchmesser	d_4 H 12	d_5 H 12	d_6	t_2	zul. Abw.	d_4 H 12	d_5 H 12	d_6	t_2	zul. Abw.
4	4,8	8	–	4,6	+0,2	4,3	7,4	–	4,2	+0,2
5	5,8	10	–	5,7		5,3	9,4	–	5,2	
6	7	11	–	6,8		6,4	10,4	–	6,2	
8	9,5	14,5	–	9		8,4	13,5	9,4	8,3	
10	11,5	17,5	–	11		10,5	16,5	11,5	10,3	
12	14	20	–	13		13	19	15	12,3	
14	16	20	–	15		15	23	17	14,3	
16	18	26	–	17,5		17	25	19	16,5	
18	20	29	–	19,5		19	28	21	18,5	
20	23	33	–	21,5		21	31	23	20,5	
22	25	36	–	23,5		23	34	25	22,5	
20	27	39	30	25,5		25	37	28	20,5	
27	30	43	33	28,5		28	41	31	27,5	
30	33	48	36	32	+0,3	31	46	34	31	+0,3
33	36	53	39	35		34	51	37	34	
36	39	57	42	38		37	55	40	37	
42	45	66	48	44		43	64	46	43	
48	52	76	56	50		50	74	54	49	

Anhang

21

21.1 Firmenanschriften

Folgende Firmen haben uns freundlicherweise Bild- und Informationsmaterial zur Verfügung gestellt.

Dafür danken wir. A. Richter und J. Dietrich

Abtragen
- *FEZ Funken-Erosions-Zentrum*
  Thomas Schwarz (ehemals Bernd Mengemann)
  www.mengemann.de
- *Irmato ECM, Veghel[NL]*
  www.irmato.com
- *pro forma*
  Leistungen für den Werkzeugbau GmbH
  www.pro-forma-gmbh.de
- *Elo-Erosion GmbH*
  www.eloerosion.com
- *ZIMMER & KREIM GmbH & Co. KG*
  www.zk-system.com
- *SARIX SA*
  www.sarix.com

© Springer Fachmedien Wiesbaden GmbH, ein Teil von Springer Nature 2020
J. Dietrich, A. Richter, *Praxis der Zerspantechnik*,
https://doi.org/10.1007/978-3-658-30967-1_21

Bohren und Bohrwerkzeuge

- *DSW-Remscheid*
  www.dsw-remscheid.de
- *Gühring KG*
  www.guehring.de
- *Hermann Bilz GmbH & Co. KG*
  www.hermann-bilz.de
- *Maschinenfabrik Köppern GmbH & Co KG*
  www.koeppernecm.de
- *LMT Fette Werkzeugtechnik GmbH & Co. KG*
  www.lmt-tools.de
- *August Beck GmbH & Co. KG Präzisionswerkzeugfabrik*
  www.beck-tools.de
- *Walter Deutschland GmbH*
  www.walter-tools.com
- *KENNAMETAL DEUTSCHLAND GMBH*
  www.kennametal.com

Gewindeschneidwerkzeuge

- *Johs. Boss GmbH & Co. KG*
  www.johs-boss.de
- *WuP Präzisionswerkzeuge GmbH*
  www.gertus.de
- *PILTZ Präzisionswerkzeuge GmbH & Co.*
  www.piltz-tools.de
- *Robert Stock AG Präzisionswerkzeuge*
  www.stock.de

Ausdrehwerkzeuge

- *Wohlhaupter GmbH*
  www.wohlhaupter.de
- *Röhm GmbH*
  www.roehm.biz
- *peiseler GmbH & Co. KG*
  www.peiseler.de

Reibwerkzeuge

- *August Beck GmbH & Co. KG Präzisionswerkzeugfabrik*
  www.beck-tools.de
- *Werkö GmbH*
  www.werkoe.de

Räumen – Räumwerkzeuge

- *Karl Klink GmbH*
  www.karl-klink.de

Drehen und Drehwerkzeuge

- *BÖHLER-UDDEHOLM Deutschland GmbH*
  www.bohler.de
- *BOEHLERIT GmbH und Co KG*
  www.boehlerit.com
- *Burgsmüller GmbH*
  www.burgsmueller.de
- *EMAG Holding GmbH, Salach;*
  www.emag.com
- *Lach Diamant Jakob Lach GmbH & Co. KG*
  www.lach-diamant.de
- *KENNAMETAL DEUTSCHLAND GMBH*
  www.kennametal.com
- *KOMET Group GmbH*
  www.kometgroup.com
- *Saint Gobain Diamant Werkzeuge GmbH & Co. KG*
  www.winter-superabrasives.com
- *Sandvik Tooling Deutschland GmbH*
  www.sandvik.coromant.de
- *Sumitomo Eletric Hartmetall GmbH*
  www.sumitomotool.com
- *TRIBO Hartstoffe GmbH*
  www.tribo.de
- *Tungaloy Germany GmbH*
  www.tungaloy.de

Fräsen und Fräswerkzeuge

- *Alberg Remscheid Berghaus GmbH*
  Postf. 140102; 42822 Remscheid
  www.albergtools.com
- *ALZMETALL Werkzeugmaschinenfabrik und Gießerei Friedrich Gmbh & Co. KG*
  www.alzmetall.com
- *Franken GmbH Fabrik für Präzisionswerkzeuge*
  www.emuge-franken3.com
- *Gebr. Saacke GmbH & Co. KG*
  www.saacke-pforzheim.de

- *ILIX Präzisionswerkzeuge GmbH*
  www.ilix.de
- *KENNAMETAL DEUTSCHLAND GMBH*
  www.kennametal.com
- *METROM Mechatronische Maschinen GmbH*
  www.metrom-mobil.com
- *miTec-Microtechnologie GmbH*
  www.mitec-microtechnologie-gmbh.de
- *Stefan Hertweck GmbH & Co. KG*
  www.hertweck-praezisionswerkzeuge.de
- *Walter Deutschland GmbH*
  www.walter-tools.com
- *LMT Fette Werkzeugtechnik GmbH & Co. KG*
  www.lmt-tools.de

Honen – Honwerkzeuge und Halterungen

- *Hommel+Keller GmbH & Co. KG*
  www.hommel-keller.de
- *Gehring* Technologies *GmbH*
  www.gehring.de
- *Winter Maschinen und Werkzeuge GmbH & Co. KG* (KGS Group)
  www.winter-io.de
- *Nagel Maschinen- und Werkzeugfabrik GmbH*
  www.nagel.com

Sägen – Sägewerkzeuge (Sägeblätter, Sägebänder und Kreissägeblätter)

- *FLAMME Sägen- und Werkzeug GmbH*
  www.flamme-saegen.de
- *KOMET Group GmbH*
  www.kometgroup.com
- *Arntz GmbH & Co. KG*
  www.arntz.de
- *August Blecher KG*
  www.blecher.com
- *Dress-Werkzeuge Hentschke GmbH und Co.*
  www.dress-tools.de
- *ILIX Präzisionswerke GmbH*
  www.ilix.de

Schleifen – Schleifwerkzeuge zum Flächen-, Rund- und spitzenlosen Schleifen

- *Fickert + Winterling Maschinenbau GmbH*
  www.fickertwinterling.de
- *Lach Diamant Jakob Lach GmbH & Co. KG*
  www.lach-diamant.de
- *NAXOS-DISKUS Schleifmittelwerke GmbH*
  www.naxos-diskus.de
- *ELB-Schliff-Werkzeugmaschinen GmbH*
  + aba Grinding Technologies GmbH
  www.autania-grinding.de
- *Carborundum Dilumit Schleiftechnik GmbH*
  www.carborundum-dilumit.de
- *DISKUS WERKE AG*
  diskus-werke-ag.dvs-gruppe.com

Stahlhalter und Schnellwechselhalter

- *Hufnagel GmbH*
  www.hufnagel-werkzeuge.de
- *BOEHLERIT GmbH & Co. KG*
  www.boehlerit.com
- *Albert Klopfer GmbH*
  www.original-klopfer.de
- *Komet Group GmbH*
  www.kometgroup.com
- *MAG IAS GmbH*
  www.mag-ias.com
- *Röhm GmbH*
  www.roehm.biz
- *Trautwein Vertriebs-GmbH*
  www.trautwein-gmbh.de

Dreh- und Bohrfutter

- *ZCC Cutting Tools Europe GmbH*
  www.zccct-europe.com
- *Eugen Fahrion GmbH & Co. KG*
  www.fahrion.de
- *Forkardt Deutschland GmbH*
  www.forkardt.com

- *Kelch GmbH*
  www.kelch.de
- *Albert Klopfer GmbH*
  www.original-klopfer.de

Fräserspannwerkzeuge, Spanndorne, Klemmhülsen

- *Hahn + Kolb Werkzeuge GmbH*
  www.hahn-kolb.de
- *Wilhelm Bahmüller Maschinenbau Präzisionswerkzeuge GmbH*
  www.bahmueller.de
- *EMUGE Richard Glimpel GmbH & Co. KG*
  www.emuge-franken.de
- *LMT Fette Werkzeugtechnik GmbH & Co. KG*
  www.lmt-tools.de
- *RINGSPANN GmbH*
  www.ringspann.de
- *SCHUNK GmbH & Co. KG*
  Spann- und Greiftechnik
  www.schunk.com
- *Karl Schüssler GmbH & Co. KG*
  www.k-schuessler.de
- *Hainbuch GmbH*
  Spannende Technik
  www.hainbuch.com

Produktionsdatenorganisation

- *ANDREAS MAIER GmbH &Co. KG*
  www.maf.de
- *Balluff GmbH*
  www.balluff.com
- *E. ZOLLER GmbH & Co. KG*
  www.zoller.info
- *EXAPT Systemtechnik GmbH*
  www.exapt.de
- *Gebr. Heller Maschinenfabrik GmbH*
  www.heller.biz
- *manroland web produktionsgesellschaft mbH*
  www.manroland-wp.com
- *Kardex Germany GmbH*
  www.kardex-remstar.de

- *Mahr GmbH*
  www.mahr.com
- *SMS Group GmbH*
  www.sms-group.com

CAD/CAM

- *EXAPT Systemtechnik GmbH*
  www.exapt.de
- *Gebr. Heller Maschinenfabrik GmbH*
  www.heller.biz
- *KUKA AG*
  www.kuka.com
- *MAN Energy Solutions SE*
  www.man-es.com
- *manroland web produktionsgesellschaft mbH*
  www.manroland-wp.com
- *ModuleWorks*
  www.moduleworks.com
- *SMS Group GmbH*
  www.sms-group.com

Herstellernachweis für Werkzeugmaschinen siehe:

1 Bezugsquellenverzeichnis der Fachgemeinschaft Werkzeugmaschinen und des Vereins Deutscher Werkzeugmaschinenfabriken e. V. (VDW) Geschäftsstelle: 60948 Frankfurt; Postf. 710864.
2 Wer baut Maschinen – Fachquellenverzeichnis für Maschinen und Maschinenelemente. Zu beziehen beim: Verlag Hoppenstedt GmbH, Havelstr. 9; 64295 Darmstadt.
3 Schweizer Werkzeugmaschinen und Ausrüstungen für die Fertigungstechnik (VSM), Kirchenweg 4, CH-8032 Zürich.

21.2   Gegenüberstellung von alter (DIN) und neuer (Euro-Norm) Werkstoffbezeichnung

Eine Gegenüberstellung der DIN Normen alt und neu sind auf der Verlagshomepage beim Buch zu finden.

Literaturverzeichnis (weiterführende Literatur)

Bücher und Fachartikel

1 Bergmann, W.: Werkstofftechnik Teil 1 und 2. Hanser Fachbuch, München (2009)
2 Berns, H.: Eisenwerkstoffe – Stahl und Gusseisen. Springer Verlag, Berlin (2012)
3 Verein Deutscher Eisenhüttenleute: Stahl-Eisen-Liste. 10. Aufl. Verlag Stahleisen, Düsseldorf (1998)
4 Seidel, W., Hahn, F.: Werkstofftechnik, 9. Aufl. Hanser Fachbuchverlag, München (2012)
5 Weißbach, W.: Werkstoffkunde. 18. Aufl. Vieweg+Teubner, Wiesbaden (2012)
6 Schatt, W., Wieters, K.-P.; Kieback, B.: Pulvermetallurgie – Technologie und Werkstoffe. Springer Verlag, Berlin (2007)
7 Schäning, DIN-Normenheft 3 Werkstoffkurznamen und Werkstoffnummern für Eisenwerkstoffe. 10. Aufl. Beuth Verlag, Berlin (2007)
8 Spur, G., Stöferle, T.: Handbuch der Fertigungstechnik Band 3 Spanen. Carl Hanser Verlag, München (1980)
9 König, W.: Fertigungsverfahren. Springer Verlag (VDI-Buch), Berlin
   Band 1: Drehen, Fräsen, Bohren (2008)
   Band 2: Schleifen, Honen, Läppen (2005)
   Band 3: Abtragen und Generieren (2006)
10 Degner, W., Lutze, H., Smekal, E.: Spanende Formung. Hanser Fachbuch (2009)
11 Fritz, A.H., Schulze, G. (Hrsg.): Fertigungstechnik. Springer Verlag, Berlin (2012)
12 Denkena, B., Tönshoff, H.K.: Spanen. Springer Verlag, Berlin, Heidelberg (2011)
13 Warnecke, H.-J., Westkämper, J.: Einführung in die Fertigungstechnik. Vieweg+Teubner, Wiesbaden (2010)
14 Spur, G.: Keramikbearbeitung. Carl Hanser Verlag (1989)
15 Paucksch, E. u. a., Zerspantechnik. Vieweg+Teubner Verlag, Wiesbaden (2008)
16 Dillinger, J. u. a.: Fachkunde Metall, Europa Lehrmittel. Haan-Gruiten (2013)
17 Krist, Th.: Formeln und Tabellen Zerspantechnik. Vieweg Verlag, Wiesbaden (1996)
18 Biermann, D., Weinert, K. (Hrsg.) : Spanende Fertigung. Vulkan Verlag, Essen (2013)
19 Salje, E.: Begriffe der Schleif- und Konditioniertechnik. Vulkan Verlag, Essen (1991)

© Springer Fachmedien Wiesbaden GmbH, ein Teil von Springer Nature 2020
J. Dietrich, A. Richter, *Praxis der Zerspantechnik*,
https://doi.org/10.1007/978-3-658-30967-1

20 Wojahn, U., Zipsner, T.: Aufgabensammlung Fertigungstechnik. Vieweg Verlag, Wiesbaden (2008)

21 Bruins, D.H., Dräger, H.J.: Werkzeuge und Werkzeugmaschinen Teil 1. Carl Hanser Verlag, München (1989)

22 Tschätsch, H., Charchut, W.: Werkzeugmaschinen. Carl Hanser Verlag, München (2000)

23 Weck, M.: Werkzeugmaschinen und Fertigungssysteme. Springer Verlag Berlin
   Band 1: (2013)
   Band 2: (2006)
   Band 3: (2013)
   Band 4: (2006)
   Band 5: (2006)

24 Künanz, Knösel, Seifert, Lösche, Gaßmann: Werkstückqualität und Produktivität beim Drahttrennläppen von nichtmetallischen und metallischen Werkstoffen. In: Jahrbuch Schleifen, Honen, Läppen und Polieren, Ausgabe 61, S. 233 (2004)

25 Flores, G.: Innovative Honverfahren. VDI-Z 152(11/12), 28–31 (2010)

26 Ficker, Th.: Fertigung von profilierten Ringen durch Verfahrenskombination Umformen – Spanen. Dresdner Transferbrief 3/97

27 Voelkner, W., Ficker, Th.: Verfahrenskombination Umformen – Spanen zur Fertigung von profilierten Ringen. Umformtechnik 01/1998

28 Ficker, Th., Hardtmann, A.: Axialprofilrohr-Walzen/Drehen. Umformtechnik 04/2010

29 Dietrich, J., Tschätsch, H.: Praxis der Umformtechnik, Springer Vieweg (2013)

30 Ficker, Th., Hardtmann, A.: Axialprofilrohrwalzen von Getrieberingen. UTF Science II/2011

31 Weber, B.: Die Hermle MPA Technologie – Ein hybrides Verfahren für die generative Fertigung; Firmenschrift der Hermle Maschinenbau GmbH Ottobrunn (2016)

32 Kang, K., Won, J., Bae, G., Ha, S., Lee, C.: Interfacial bonding and microstructural evolution of Al in kinetic Spraying. J Mater Sci 47, 4649–4659 (2012)

33 Informationsmaterial der Firma EMAG GmbH & Co. KG, Salach (2016)

Stichwortverzeichnis